Reihe
Germanistische
Linguistik 67

Herausgegeben von Helmut Henne, Horst Sitta
und Herbert Ernst Wiegand

Thomas Kropf

Kommunikative Funktionen des Dialekts im Unterricht

Theorie und Praxis in der deutschen Schweiz

Max Niemeyer Verlag
Tübingen 1986

CIP-Kurztitelaufnahme der Deutschen Bibliothek

Kropf, Thomas:
Kommunikative Funktionen des Dialekts im Unterricht : Theorie u. Praxis in d. dt. Schweiz / Thomas Kropf. – Tübingen : Niemeyer, 1986.
(Reihe germanistische Linguistik ; 67)
NE: GT

ISBN 3-484-31067-7 ISSN 0344-6778

Printed in Germany. Druck: Weihert-Druck GmbH, Darmstadt.

Die vorliegende Arbeit wurde von der Philosophischen Fakultät I der Universität Zürich im Wintersemester 1985/86 auf Antrag von Prof. Dr. Horst Sitta als Dissertation angenommen.

INHALTSVERZEICHNIS

VORWORT

Es hat mich früher in der Schule manchmal irritiert, dass wir während des Unterrichts 'Hochdeutsch' reden mussten - wäre doch sonst vieles viel einfacher gewesen! Ich mag mich aber auch erinnern, dass sich unsere Lehrer ab und zu ganz schön ärgerten, wenn wir Schüler untereinander - selbstverständlich in der Mundart - unsere Sprüche machten, und zwar gerade so laut, dass sie sie noch knapp verstehen konnten...

Die vorliegende Arbeit stellt, wenn man es einmal so betrachten will, unter anderem auch den Versuch dar, eigene Erfahrungen aus der Schulzeit noch einmal aufzugreifen und, unter einer veränderten Perspektive, zu verarbeiten.

Ich bin nicht der einzige, der solche Erfahrungen gemacht hat: Aehnlich ging und geht es sozusagen allen Deutschschweizer Kindern und Jugendlichen, die mit ihrem Dialekt in die Schule kommen und dort, teils mit kleineren, teils mit grösseren Schwierigkeiten kämpfend, die deutsche Standardsprache lernen und ab einer bestimmten Klasse der Primarschule auch als offizielle Unterrichtssprache sprechen müssen.

'Standard und Dialekt in der Schule' war aber auch an der Universität Zürich, wo ich studiert habe, ein Thema, das gründlicher bisher wohl noch nirgendwo sonst in der Schweiz angegangen wurde: Im Sommer 1980 fand ein erstes Seminar statt, im Wintersemester 1983/84 und im Sommersemester 1984 folgte ein weiteres, das erste Ergebnisse vertiefte und den Fragenkreis ausweitete. Zudem lief vom Frühjahr 1982 bis zum Frühjahr 1985 ein Forschungsprojekt, das vom Schweizerischen Nationalfonds unterstützt wurde: Gegenstand der Untersuchungen, die unter der Leitung der Professoren R. Schläpfer (Basel) und H. Sitta (Zürich) standen, war das Verhältnis von Dialekt und Standard in der deutschen Schweiz in seiner historischen wie aktuellen Ausprägung, wobei sich die Arbeitsgruppe in Basel der ausserschulischen, jene in Zürich der schulischen Bereiche annahm.

Dank dafür, dass diese Arbeit entstehen konnte, gebührt insbesondere Herrn Professor H. Sitta für seine verständnisvolle Betreuung, für Ermunterung und Kritik, aber auch für seine Einladung, an den Sitzungen des Nationalfonds-Projekts teilzunehmen, die für mich stets ausserordentlich anregend waren. Während der recht mühsamen Startphase waren auch die Gespräche mit Peter Sieber hilfreich. Zu danken ist aber auch all jenen Studenten, die während des Seminars von 1983/84 Unterrichtslektionen besucht, auf Tonband aufgenommen und transkribiert haben und dieses Material danach für weitere Auswertungen freigaben. Christine Weyerke und Stephan Sauthoff danke ich für fruchtbare Diskussionen sowie für die Durchsicht des Manuskripts.

Meine Freunde - fast alle Nicht-Germanist(inn)en - sorgten

dafür, dass ich im einsamen Dschungel sprachwissenschaftlicher Beschäftigung nicht bleich wurde und so die Freude am Thema behielt - auch das muss erwähnt werden!

Widmen aber möchte ich die Arbeit meiner Mutter.

TEIL I

EIN THEORETISCHER ANSATZ

0. EINLEITUNG

Dass das Thema 'Standardsprache und Dialekt im Deutschschweizer Schulunterricht' in den Medien nicht die ihm gebührende Beachtung finden würde, wird zur Zeit wohl kaum jemand behaupten können[1]. An dieser Aufmerksamkeit scheinen mir insbesondere zwei Aspekte bemerkenswert: Einerseits ist es die Intensität, mit der sich vor allem jene Kreise zu Wort melden, für die eine weitere Stärkung des Dialekts einer existentiellen Bedrohung der Standardsprachkultur auch in der Schule gleichkommt. Andererseits muss es angesichts dieses Interesses doch erstaunen, dass an wissenschaftlichen Veröffentlichungen zu diesem Thema in der Schweiz so gut wie nichts zu finden ist. Während in der Bundesrepublik Deutschland das Nebeneinander verschiedener Varietäten der deutschen Sprache in der Schule im Lauf der späten Siebzigerjahre zu einem oft diskutierten Thema linguistischer Forschung wurde, die Dialektologie sich neben der rein geographischen nun auch vermehrt einer pragmatischen und soziologischen Dimension öffnete, ist der Problemkreis 'Standard und Dialekt im Unterricht' in der Schweiz wohl Objekt von Diskussionen in der Oeffentlichkeit und in schulischen Gremien und Behörden geworden; eine entsprechende wissenschaftliche Auseinandersetzung fand jedoch kaum statt. So fehlt denn sowohl diesen Diskussionsbeiträgen in den Medien als auch den wenigen Veröffentlichungen linguistischer Provenienz in den meisten Fällen die materielle Grundlage, von der aus fundiert argumentiert werden könnte: Erhebungen zum Thema wurden zwar da und dort im kleinen Rahmen durchgeführt, ohne dass man jedoch Repräsentativität angestrebt und systematische Auswertungen vorgenommen hätte[2].

---

[1] Zu den Argumentationslinien in der öffentlichen Diskussion siehe Sieber, Peter / Sitta, Horst (1986): Mundart und Standardsprache als Problem der Schule. (=Sprachlandschaft, Bd.3) Aarau. S.27 f.

[2] Ausnahmen bilden nach wie vor die Arbeiten von Stirnemann (1980), der sich mit dem Einfluss der geschriebenen Standardsprache und des Dialekts auf die gesprochene Standardsprache beschäftigt, und von Joss (1974), dessen Untersuchung zum Sprachverhalten von 7-jährigen Berner Kindern allerdings nur beschränkt für die Situation der Schule Aussagen liefern kann, da sie anhand von ausserschulischen Daten entstand. Stirnemann, Knut (1980): Zur Syntax des gesprochenen Schweizer Hochdeutschen. Eine Untersuchung zur Sprache des Deutschunterrichtes an der Luzerner Kantonsschule. (=Studia Linguistica Alemannica, Bd.7) Frauenfeld; Joss, Hans (1974): Sprechverhalten in Mundart und Hochsprache. Ein Vergleich zwischen 7-jährigen Kindern und Erwachsenen. Diss. Bern. Für kleinere Veröffentlichungen sei auch auf das Literaturverzeichnis bei Sieber / Sitta (1986) verwiesen.

Die Arbeit von Sieber und Sitta: 'Mundart und Standardsprache als Problem der Schule', die 1986 erscheinen wird, stellt als Resultat eines mehrjährigen Forschungsprojekts den ersten umfassenden Versuch dar, einerseits das Verhältnis von Standard und Dialekt an Deutschschweizer Schulen darzustellen, andrerseits "unter verschiedenen Gesichtspunkten Erklärungsperspektiven zu entwickeln und Argumentationslinien aufzuzeigen, aus denen Prinzipien abgeleitet werden können - einmal (abstrakter) für die Bildungspolitik, zum andern (konkreter) für die praktische Arbeit in den Schulen."[3]

Auch die vorliegende Arbeit ist im Bemühen entstanden, auf der Grundlage systematisch erhobener Daten aus der Unterrichtspraxis begründete Verallgemeinerungen zum Gebrauch der beiden Varietäten Standard und Dialekt in der Schule zu gewinnen - nun allerdings unter sehr viel engerer Fragestellung, als dies bei Sieber und Sitta der Fall ist. Primäres Ziel ist es, den Varietätenwechseln von der Standardsprache zum Dialekt im standardsprachlichen Deutschschweizer Unterricht nachzugehen und zu prüfen, ob diesen Wechseln als solchen unter den jeweils spezifischen Umständen ihres Auftretens eine jeweils spezifische kommunikative Funktion zugeordnet werden kann. Wenn - wie schon im Titel der Arbeit - im folgenden von den 'kommunikativen Funktionen des Dialekts' die Rede ist, sind also, genau genommen, stets die kommunikativen Funktionen des <u>Wechsels</u> von der Standardsprache zum Dialekt angesprochen[4].

Ausgangspunkt der Ueberlegungen bildet dabei die Ansicht, dass Sprachvarietäten, wie sie die Standardsprache und der Dialekt in der deutschen Schweiz darstellen, unter bestimmten Bedingungen zum 'Transportmittel' von sozial-situativer Information werden können; dass also ein Informationspotential, das sich längerfristig durch assoziative Zuordnung zwischen den Varietäten einerseits, der sozialen Position ihrer Benützer sowie der situativen Einbettung ihres Gebrauchs andererseits aufbaut, im konkreten Sprechakt aktualisiert werden kann und die Kommunizierenden so die Möglichkeit haben, über die Varietätenwahl die momentane soziale Beziehung der Partner zueinander sowie die Situation, in der sie (sprachlich) handeln, zu interpretieren und diese Interpretation durch den Akt der Wahl selbst auch mitzuteilen[5]. Die Arbeit ist in diesem Sinn einer 'kommunikativen' Dialektologie verpflichtet, wie sie von Mattheier (1980) skizziert wird[6], die primär die sozialen und situativen Bedingungen und Funktionen des Gebrauchs

---

3 Sieber / Sitta (1986), Vorwort.

4 Es versteht sich, dass dem Dialekt auch noch andere Funktionen zukommen können als diejenigen, die hier für die Situation des Wechsels von der Standard- zur Dialektform im schulischen Rahmen beschrieben werden.

5 Vgl. Ris, Roland (1978): Sozialpsychologie der Dialekte und ihrer Sprecher. In: Ammon / Knoop / Radtke (Hrsg.)(1978), S. 93 - 115. S. 96, 107.

6 Mattheier, Klaus J. (1980): Pragmatik und Soziologie der Dialekte. Einführung in die kommunikative Dialektologie des Deutschen. Heidelberg.

von dialektalen und standardsprachlichen Varietäten zum Gegenstand hat, bei der also der Kommunikationsakt selbst gegenüber dem geographischen Aspekt stärker im Vordergrund steht.

Eine der Voraussetzungen dafür, dass solche kommunikativen Funktionen des Dialekts im standardsprachlichen Unterricht postuliert werden können, bildet freilich die varietätenspezifische Variationsfähigkeit der Kommunikationspartner - eine Voraussetzung, die gerade in der Schule in sehr unterschiedlichem Mass erfüllt ist, bildet doch das Lernen / Lehren des Standards in der deutschen Schweiz eine der Hauptaufgaben nicht nur des Sprach-, sondern des Unterrichts allgemein. Solche kompetenzbedingten Unterschiede bei den Kommunizierenden werden zu berücksichtigen sein, da sie sich zweifellos auch darauf auswirken, welche kommunikative Bedeutung einem Varietätenwechsel zukommt. Man kann aber, wenn die Hypothese stimmt, dass dem Dialektgebrauch im Standardunterricht unter bestimmten Bedingungen kommunikative Funktionen zugeschrieben werden können, auch annehmen, dass die Kommunikationspartner im Unterricht neben der linguistischen Kompetenz und als Teil ihrer kommunikativen Kompetenz eine je nach Entwicklungsstand unterschiedliche Fähigkeit aufbauen, die verschiedenen Varietäten zum Zweck der Mitteilung sozial-situativer Information einzusetzen.

Die Arbeit ist in zwei Teile gegliedert, einen theoretisch ausgerichteten, der die Kapitel 1 bis 4 umfasst, und einen unterrichtsanalytischen, bestehend aus den Kapiteln 5 bis 7.

Ziel des ersten Teils ist es, ein Analyseinstrument zu entwickeln, das theoretisch fundiert ist und es einem Unterrichtsbeobachter ermöglichen soll, jene Faktoren zu erfassen, die die Varietätenwahl einer bestimmten Aeusserung beeinflussen können, die also auch zur Interpretation der varietären Komponente dieser Aeusserung herangezogen werden müssen. Dieses Instrumentarium wird in verschiedenen Konkretisierungsstufen entwickelt:

Kapitel 1 entwirft ein kommunikatives Modell, das unabhängig von jeglicher spezifischen Anwendungssituation jene kommunikativ relevanten Faktoren zusammenzutragen erlauben soll, die eine Aeusserung in ihren verschiedenen Aspekten festlegen, wobei unterschieden wird zwischen der situativen Plazierung einer kommunikativen Handlung, dem Aspekt der Partnerbezogenheit, der medialen Ausprägung dieser Handlung sowie dem Aspekt des Informationsaustausches, der dabei stattfindet. Vieles von dem, was in diesem Kapitel abgehandelt wird, ist in der Linguistik wohlbekannt; dass dennoch so ausführlich darauf eingegangen wird, hängt damit zusammen, dass die in Kapitel 1 dargestellten Faktoren eine Art 'Grundgerüst' bilden, auf das sowohl im theoretischen als auch im unterrichtsanalytischen Teil immer wieder zurückgegriffen wird. Kapitel 2 versucht - als erste Konkretisierungsstufe - die so gewonnenen Faktoren für das Anwendungsgebiet des Schulunterrichts zu spezifizieren. Im Mittelpunkt stehen dort nicht mehr kommunikationstheoretische Ueberlegungen, sondern es werden Fragen behandelt, die die Schule als gesellschaftliche Institution betreffen oder unterrichtstheoretischer Natur sind, wobei stets der Bezug zum in Kapitel 1 entwickelten Modell gesucht wird. Kapitel 3 zeichnet dann in einer zweiten Konkretisierungsstufe in geraffter

Form ein Bild, wie sich die Verteilung der beiden Varietäten Standard und Dialekt ausser- und innerhalb der Schule in der deutschen Schweiz präsentiert. Kapitel 4 befasst sich mit der kommunikativen Relevanz von Varietätenwahl und Varietätenwechsel und weist, in kritischer Auseinandersetzung mit der Arbeit von Ramge (1978)[7], dem Dialektgebrauch im deutschschweizerischen Unterricht verschiedene Grundfunktionen zu. Ebenfalls im Anschluss an Ramge wird der Begriff der kommunikativen Funktion dialektalen Sprechens diskutiert. Diesen ersten Teil abschliessend, werden die kommunikativ relevanten Faktoren, die in den Kapiteln 1 bis 3 entwickelt wurden und auch als Bestimmungsfaktoren der kommunikativen Funktionen des Dialekts gelten können, tabellarisch zusammengefasst.

Ziel des zweiten Teils ist es, anhand des im ersten gewonnenen unterrichtsanalytischen Instrumentariums und der zur Verfügung stehenden Datenbasis zu prüfen, welchen Varietätenwechseln von der Standardsprache zum Dialekt welche kommunikative Funktion zugesprochen werden kann.

Kapitel 5 beschäftigt sich dabei mit jenen Sprachformvariationen, die zwar gegen die offizielle Norm verstossen, die den Gebrauch der Standardsprache im Unterricht vorschreibt, aber mit interaktionell zustande gekommenen, meist nirgends explizit formulierten klasseninternen Normen im Einklang stehen und somit als 'interaktionell legalisiert' gelten können. In den beiden folgenden Kapiteln stehen dann die andern Varietätenwechsel im Mittelpunkt, jene also, bei denen ein solcher Rekurs auf interaktionelle Normen nicht möglich ist. Kapitel 6 befasst sich mit den kommunikativen Funktionen, die dem Dialektgebrauch auf Lehrerseite zukommen können. Als 'Vorlage' für die Erörterung dieser Funktionen dient der bereits erwähnte Aufsatz von Ramge (1978), dessen Kategoriensystem vor dem Hintergrund der Ausführungen im theoretischen Teil der Arbeit diskutiert wird. Keinerlei Vorarbeiten existieren dagegen für den Bereich der kommunikativen Funktionen dialektalen Sprechens der Schüler, die in Kapitel 7 erörtert werden. Es wird dabei vor allem zu prüfen sein, ob Varietätenwechsel in Abhängigkeit vom Alter der Schüler unterschiedliche Funktionen erfüllen können, welche Bedeutung diese Wechsel im Vergleich zum Dialektgebrauch des Lehrers haben können und worauf solche möglichen Unterschiede zurückgeführt werden könnten. Kapitel 8 schliesslich hält Rückschau und versucht, die Ergebnisse zusammenzufassen.

Auseinandersetzungen, seien diese nun wissenschaftlicher Art oder nicht, deren Objekt das Verhältnis von Standard und Dialekt in der Schule ist, sind häufig darauf ausgerichtet, Handlungsanweisungen zu gewinnen, wie mit dem meist spannungsgeladenen Nebeneinander der verschiedenen Varietäten umgegangen werden kann; sie zielen also auf eine 'praktische Anwendung', vor allem in Form von didaktischen Hinweisen für den Lehrer. Oft wird dabei von

---

7 Ramge, Hans (1978): Kommunikative Funktionen des Dialekts im Sprachgebrauch von Lehrern während des Unterrichts. In: Ammon / Knoop / Radtke (Hrsg.) (1978), S. 197 - 227.

einer schmalen Basis an einigermassen gesichertem Wissen zum Thema aus argumentiert, und die Ergebnisse fallen dementsprechend meist recht undifferenziert und pauschal aus. Die vorliegende Arbeit hat nicht das Ziel, die gewonnenen Ergebnisse in solche praktischen Handlungsanweisungen umzusetzen; es sei im Gegenteil ausdrücklich vor einer vorschnellen Umsetzung gewarnt. Die Arbeit ist vielmehr als Versuch zu betrachten, den möglichen Stellenwert des Dialekts in einem prinzipiell standardsprachlich zu führenden Unterricht abzuschätzen dadurch, dass theoretisch begründete kommunikative Funktionen des Varietätenwechsels postuliert und anhand von realen Unterrichtsdaten exemplarisch aufgezeigt werden. Da dieser Versuch anhand der deutschschweizerischen Schul- und Sprachverhältnisse durchgeführt wird, sind auch die Ausführungen im theoretischen ersten Teil von einem gewissen Konkretisierungsgrad an auf diese Verhältnisse zugeschnitten. Sollte es jedoch gelingen, zumindest Teilen der Varietätenwechsel von der Standardsprache zum Dialekt im Deutschschweizer Unterricht sowohl auf Lehrer- als auch auf Schülerseite kommunikative Bedeutung zu unterlegen in dem Sinn, dass die Kommunikationspartner durch diese Wechsel Informationen austauschen können, die ihre gemeinsame Beziehung sowie die Situation, in der sie miteinander interagieren, betreffen und beeinflussen, so dürften sich daraus sicher auch Fragen ergeben, die sich beziehen auf Varietätenwahl und Varietätenwechsel sowie daraus unter bestimmten Bedingungen möglicherweise resultierende kommunikative Funktionen in andern Sprachgemeinschaften, in denen ebenfalls verschiedene Sprachformen von denselben Sprechern gebraucht werden können.

1. EIN KOMMUNIKATIVES MODELL

Das Hauptziel dieser Arbeit ist es, im Unterricht an schweizerdeutschen Schulen vermutete kommunikative Funktionen des Wechsels von der Standardsprache zum Dialekt an empirischem Material aufzuzeigen und zu versuchen, sie von einem geeigneten theoretischen Rahmen aus zu begründen. Dieses Forschungsziel hat mit traditioneller Dialektologie nicht mehr viel gemeinsam und führt auch weg von einem traditionell philologischen Wissenschaftsverständnis. Im Mittelpunkt des Interesses stehen nicht sprachliche Besonderheiten der beiden in der Schweiz benutzten Varietäten der deutschen Sprache und auch nicht Charakteristika ihrer formalen, strukturellen Ausbildung, die mit einem stärker systemlinguistischen Ansatz angehbar wären, der von konkreten Verwendungssituationen der Sprachvarietäten weitgehend abstrahieren kann. Es geht aber auch nicht um Interferenzprobleme im Sinn einer kontrastiven Linguistik, die ihr Augenmerk ebenfalls primär auf sprachsystematische Zusammenhänge richtet.

Eine Darstellung kommunikativer Funktionen verschiedener Sprachvarietäten und des Wechsels von einer Varietät zu einer andern kann - das geht eigentlich bereits aus der Kennzeichnung 'kommunikativ' hervor - nicht absehen von den Individuen, die diesen Wechsel sprechend vornehmen, und sie kann auch nicht absehen von der sozialen Situation, in der gesprochen wird. Es scheint mir also grundsätzlich notwendig zu sein, die interessierenden Kommunikanten - in diesem Fall die am Schulunterricht beteiligten Schüler und Lehrer - in ihrer individuellen und gesellschaftlich vermittelten Dimension, in ihrer persönlichen und der gemeinsamen Vergangenheit mit zu berücksichtigen beim Versuch, die eingangs angesprochenen Fragen anzugehen; ebensolches gilt auch für das soziale Erfahrungsfeld, auf dem die Beteiligten interagieren, den Schulraum als solchen einerseits, seine Verankerung in einem grösseren gesellschaftlichen Rahmen andrerseits.

Es muss also vorerst ein kommunikationstheoretischer Rahmen gefunden werden, der geeignet sein könnte, verbales Agieren aus seinen Entstehungsbedingungen heraus zu begreifen, der also jene Faktoren (es wird von ihnen in der Folge als von den 'kommunikativ relevanten Faktoren' die Rede sein) aufzuzeigen vermag, die gesprochene Sprache in der Komplexität ihrer Entstehung und ihres aktuellen Gebrauchs - und damit auch die Sprachformwahl und den Sprachformwechsel - zu erfassen erlauben. Diese sprachtheoretische Konzeption soll, nachdem sie im Anschluss an dieses erste Kapitel für die schweizerischen Schulverhältnisse konkretisiert worden ist, als Grundlage dienen für eine fundierte Beschreibung der varietätenspezifischen Regularitäten und der kommunikativen Funktionen der Sprachformwahl.

Ein solches Kommunikationsmodell muss demnach insbesondere folgende zwei Bedingungen erfüllen:

a) Es muss Kommunikation als Form sozialer Interaktion ausweisen können. Kommunikation kann demnach nicht im platten Sinn informationstheoretisch als reines Verarbeitungssystem aufgefasst werden, das von (sozial-)psychologischen Komponenten absieht; vielmehr wird sie grundsätzlich im Sinn von Watzlawick u.a. (^{4}1974)[8] verstanden, wobei das Interesse primär - aber nicht ausschliesslich - auf die sprachliche Komponente gerichtet ist[9]. Ferner steht dabei - insofern ja Sprache im Schulalltag erfasst werden soll - der Bereich kommunikativer Performanz im Mittelpunkt.

b) Es muss offen genug sein, um neben rein linguistischen Kriterien auch solche aus andern Fachbereichen miteinbeziehen zu können: Soll nicht eine Reduktion auf sprachimmanente Wirkmechanismen zwischen verschiedenen Sprachvarietäten - falls es solche im Bereich von Sprache im Gebrauch überhaupt gibt - vorgenommen werden, so wird es notwendig sein, auch soziologische (und dort insbesondere institutionsspezifische), pädagogische, didaktische, entwicklungs- und sozialpsychologische Gesichtspunkte zu berücksichtigen, soweit sie als sprachformwahlbeeinflussend erkannt sind oder vermutet werden.

Kommunikation wird - stark verkürzt - verstanden als Austausch von Information (im weitesten Sinn) zwischen verschiedenen Menschen in einer bestimmten Situation. Diese verschiedenen Aspekte von Kommunikation, die die Summe der kommunikativ relevanten Faktoren in sich beinhalten sollten, bilden die innere Gliederung dieses Kapitels:

a) Der Aspekt der situativen Einbettung von Kommunikation wird an den Anfang der Ausführungen gerückt, weil er in sich als der komplexeste von allen erscheint und in der Literatur in letzter Zeit auch ausführlich und uneinheitlich diskutiert wird. Er ist auch aufs engste verknüpft mit den andern Bereichen (b-d), von denen eine Abgrenzung versucht werden soll. Zentral ist dabei,

---

8 Watzlawick, Paul / Beavin, Janet H. / Jackson, Don D. (^{4}1974): Menschliche Kommunikation. Formen, Störungen, Paradoxien. Bern. S. 23.

9 Im Hinblick auf spätere Ausführungen (s. Abschnitt 4.2) sei bereits in diesem Zusammenhang erwähnt, dass mir Watzlawicks Axiom, dass nicht nicht kommuniziert werden kann (Watzlawick u.a. (^{4}1974), S. 50 ff.), nicht haltbar zu sein scheint, wenn man Kommunikation als soziales Phänomen auffasst: Wohl braucht sie nicht 'erfolgreich' (als (ungefähre) Uebereinstimmung von beabsichtigter und wahrgenommener Mitteilung) zu sein oder auch nur durch gleichzeitiges Vorhandensein von Absicht und Wahrnehmung gekennzeichnet; hingegen scheint es mir notwendig zur Herstellung einer sozialen Beziehung, dass zumindest einseitig entweder Absicht mit einem Zeichen verbunden oder aber ein (vermeintlich beabsichtigtes) Zeichen wahrgenommen wird; es dürfte ferner nun auch klar sein, dass im Zusammenhang dieser Arbeit hauptsächlich die kommunikative Funktion der Sprache im Mittelpunkt steht.

dass als Komponenten der situativen Einbettung von Kommunikation nicht nur das real existierende, sinnlich wahrnehmbare Lebensumfeld der Kommunikanten begriffen wird, sondern auch individuelle und soziale Merkmale, die während des aktuellen Kommunizierens nicht physisch-real, sondern nur psychisch in den Kommunikationsteilnehmern 'präsent' sind.

b) Der Aspekt der Partnerbezogenheit fasst Kommunikation als intentionalen und erwartungsgesteuerten Akt zwischen verschiedenen Menschen, die jeweils nicht nur als einmalige Individuen, sondern stets auch als Mitglieder grösserer oder kleinerer gesellschaftlicher Gruppierungen auftreten. Die Ausführungen zu diesem Aspekt geschehen also auch in Anlehnung an rollentheoretische Ueberlegungen.

c) Der mediale Aspekt bezieht sich auf die verschiedenen Gesichtspunkte, unter denen kommunikative Akte als solche betrachtet werden können: Fragen der medialen Ausformung einzelner kommunikativer Beiträge sollen umrissen werden, wobei, wie erwähnt, die verbale Komponente dominant gesetzt wird; aber auch formale und strukturelle Merkmale von verbalem Agieren als zusammenhängende grössere kommunikative Einheiten von verschiedenen Partnern müssen ins Blickfeld genommen werden.

d) Der informative Aspekt von Kommunikation schliesslich rückt die inhaltliche Komponente von Mitteilungen in den Mittelpunkt und fragt nach den verschiedenen Arten von Information, die, zeichenhaft umgesetzt, mitgeteilt bzw. empfangen wird - wobei von der Alltagserfahrung ausgegangen wird, dass nicht nur das als Information gelten kann, was auch ausdrücklich verbalisiert und intendiert wird.

Das Ziel dieses ersten Kapitels ist es also, eine sprachzentrierte kommunikationstheoretische Grundlage zu schaffen, die, unabhängig von jeglichem konkreten Anwendungsgebiet, zur Beschreibung und Erklärung von Sprachformwahl und Sprachformwechsel herangezogen werden könnte für Sprachgemeinschaften, in denen die gleichen Sprecher verschiedene Sprachen oder Varietäten einer Sprache gebrauchen. In Kapitel 2 soll dann diese Basis konkretisiert werden für das Anwendungsgebiet 'Schulunterricht', während in Kapitel 3 noch die spezifisch schweizerischen Verhältnisse hinzugenommen werden.

1.1 Der Aspekt der situativen Einbettung von Kommunikation

1.1.1 Die Diskussion um den Begriff der 'Situation'

Dass Kommunikation und damit auch die Tätigkeit des 'Sprechens' als in die Lebenswelt der jeweils miteinander Sprechenden eingebettet betrachtet werden muss, wenn versucht werden soll, sie in ihrer ganzen Komplexität zu erfassen, ist nicht erst bekannt seit der stärkeren Zuwendung der Linguistik zu 'pragmatischen' Fragestellungen in den beiden letzten Jahrzehnten; ja, es gehört wohl zum Allgemeinwissen praktisch eines jeden Sprachbenützers, dass Faktoren wie 'Thema', 'räumliche und zeitliche Gegebenheiten' usw. das aktuelle Sprachverhalten beeinflussen. Die Alltagssprache verwendet für diese Faktoren zusammenfassend üblicherweise die Begriffe 'Verhältnisse', 'Lage der Dinge', 'Situation'[10] etc., wobei allen, der Fülle und der Natur des damit gemeinten entsprechend, ein weiter Bedeutungsspielraum eigen ist.

Aber auch in der neueren Literatur, die sich mit dem Aspekt der 'Situationsbezogenheit' von Kommunikation beschäftigt, herrscht bezüglich Forschungsobjekt und Terminologie alles andere als Klarheit und Einigkeit: 'Sprechsituation', 'soziale Situation', 'Kommunikationssituation', 'sozialer Kontext', 'situativer Kontext', 'Voraussetzungssituation', 'Redekonstellation' oder schlicht 'Situation' sind nur einige der in diesem Forschungsbereich verwendeten Termini, und auch diese sind in der Literatur nicht einheitlich gebraucht[11].

Eine Arbeit, in deren Zentrum die Wechselmechanismen zwischen zwei Varietäten einer Sprache im Schulalltag stehen, wird nicht darum herumkommen, sich mit diesem schillernden Begriff der 'Situation' und der dazugehörigen Forschungslage zu beschäftigen und ihn dem eigenen Erkenntnisinteresse entsprechend genauer zu fassen.

Die weitestmögliche Definition von 'Situation' gibt wohl Scherer[12], wenn er schreibt, dass es heute als unbestreitbar gelte, "dass das kommunikative Verhalten von Gesprächspartnern von einer Fülle unterschiedlicher Parameter gesteuert" werde, und die Gesamtheit dieser Parameter mit dem Terminus 'Situation' fasst. Damit ist für die Bestimmung des hier interessierenden Phänomens natürlich noch nicht viel gewonnen: Die Frage verschiebt sich lediglich auf die nächsttiefere Stufe in der Terminushierarchie, in diesem Fall auf jene der 'Parameter'[13].

Andere Autoren haben, je nach dem Forschungsstand ihrer Zeit, ihrem Forschungsinteresse und dem gewählten methodischen Zugang,

---

10 Zum Gebrauch des Wortes 'Situation' in der Alltagssprache s. Bayer, Klaus (1977). Sprechen und Situation. Aspekte einer Theorie der sprachlichen Interaktion. (=Reihe Germanistische Linguistik, Bd.6) Tübingen. S. 84 ff.

11 Die Feststellung Bayers (1977), S. 89, dass "in der neueren linguistischen und pragmatischen Literatur die unterschiedlichsten Situationsbegriffe [Hervorhebung T.K.] in Verwendung" seien, die zudem "vielfach nur unzulänglich präzisiert" würden, gilt uneingeschränkt auch heute noch.

12 Scherer, Hans Siegfried (1984): Sprechen im situativen Kontext. Theorie und Praxis der Analyse spontanen Sprachgebrauchs. (=Romanica et Comparatistica, Bd.3) Tübingen. S. 27.

13 Zweifellos hat Lux (1981), S. 78, damit recht, dass die sozialwissenschaftliche Diskussion allmählich zu einer Ausweitung des Situationsbegriffs geführt habe. Lux, Friedemann (1981): Text, Situation, Textsorte. (=Tübinger Beiträge zur Linguistik, Bd.172.) Tübingen.

dieses weit gesteckte Feld mehr oder weniger eingegrenzt[14].

Geht man jedoch davon aus, dass als 'Situation' die Gesamtheit der Parameter gefasst werden kann, die das kommunikative Verhalten von Gesprächspartnern steuern - und die Anzahl solcher Parameter ist sicherlich prinzipiell unbeschränkt -, so darf es nicht verwundern, dass die Fülle mehr oder weniger enger Definitionen von 'Situation' und die Anzahl von Situations-Parameter-Typologien schon heute kaum mehr überblickbar ist (grundsätzlich müsste sich ja, will man Scherer (1984) folgen, jeder Forscher, der sich mit

---

[14] Wegener (1885), der schon vor hundert Jahren mit seinen 'Untersuchungen über die Grundfragen des Sprachlebens' (Halle) den interaktionellen Aspekt der Sprache und die Situationsabhängigkeit von Bedeutung hervorhob, fasst 'Situation' als Summe von Faktoren, die zu kennen notwendige Voraussetzung ist, um eine Aeusserung adäquat verstehen zu können, wobei die "umgebenden Verhältnisse und die Gegenwart der angeredeten Person" (S. 21) ebenso entscheidend sind wie Inhalte der Erinnerung des Sprechenden (S. 22), Empfindungen und Gefühle während der Aeusserung (S. 23), das Temperament des Sprechers (S. 24), die "Weltanschauung des Menschen" (S. 26) und die "Cultursituation" (S. 27). Steger u.a. (1972), auf die in diesem Zusammenhang immer wieder zurückgegriffen wird (etwa in Schlieben-Lange, Brigitte (^{2}1979): Linguistische Pragmatik. Stuttgart / Berlin / Köln / Mainz. S. 104 f.; Deutrich, Karl-Helge / Schank, Gerd (1980): Redekonstellation und Sprachverhalten I. In: Funk-Kolleg Sprache (^{7}1980), S. 242 - 252. S. 247 - 251), sprechen von einer 'Redekonstellation' und definieren diese als "die in einem bestimmten Kommunikationsakt auftretende Kombination aussersprachlicher [Hervorhebung T.K.] Verhaltenselemente [...]" (Steger, Hugo / Deutrich, Helge / Schank, Gerd / Schütz, Eva (1972): Redekonstellation, Redekonstellationstyp, Textexemplar, Textsorte im Rahmen eines Sprachverhaltensmodells. In: Moser u.a. (Hrsg.)(1972), S. 39 - 97. S. 60.). Diese 'Redekonstellation' unterteilen sie wiederum in 9 'Redekonstellationselemente' (S. 78 ff.). Psychologische Merkmale sind, dem soziolinguistischen Interesse entsprechend, ganz beiseite gelassen. Lux (1981) findet im Kern aller von ihm vorgeführten Ansätze einen 'context of situation', von dem der Text ('the verbal action of the participants') nun aber, im Gegensatz etwa zu Steger u.a. (1972), integraler Bestandteil ist, zusammen mit andern Komponenten; Situation und Text werden damit zur Einheit, Situations- und Texttypologie fallen zusammen (besonders S. 78 - 83). Wunderlich (1971) zählt phonologisch-syntaktische Eigenschaften der Aeusserung sowie deren kognitiven Gehalt ebenfalls zur 'Sprechsituation' (Wunderlich, Dieter (1971): Pragmatik, Sprechsituation, Deixis. In: Zeitschrift für Literaturwissenschaft und Linguistik, Heft 1/2, 1. Jg., S. 153 - 190. S. 177 f.). Zum Verhältnis von 'Situation' und Aeusserung/Text s. auch Scherer (1984), S. 40; Lux (1981), S. 92.

'Sprache im Gebrauch' beschäftigt, auch mit ihrer 'Situationsbezogenheit' beschäftigen!)[15].

Ausgespart wurde bisher die Frage nach dem 'Wirklichkeitswert' jener Parameter, die die 'Situation' ausmachen, oder, aus anderer Blickrichtung, die Frage, wie diese Parameter in der Lebenspraxis das kommunikative Verhalten der Kommunikationsteilnehmer steuern. Arbeiten, in deren Mittelpunkt eine - möglichst vollständige - Auflistung und Systematisierung solcher Parameter stand, gaben diesen meist explizit[16] oder implizit[17] den Status quasi 'objektiv' vorgegebener Elemente einer konkreten, räumlich-zeitlichen Lebenswelt, die also erschliessbar waren ohne 'Umweg' über die Kommunikationsteilnehmer, in denen sie, der allgemein akzeptierten Meinung gemäss, steuernd wirksam werden sollten. Es ist sicherlich ein Verdienst Bayers (1977), die Kommunikationsteilnehmer als Instanz, die die Situationsparameter sozusagen 'aktualisiert' und diese damit erst eigentlich für die Erforschung konkreter Kommunikationsprozesse relevant werden lässt, stärker in den Mittelpunkt der Diskussion gerückt zu haben. Der Begriff der 'Situation', Grundkategorie seines theoretischen Ansatzes, wird bei ihm[18] definiert als "die subjektive Umweltinterpretation und -orientierung des einzelnen Kommunikators [Hervorhebung T.K.], soweit sie als komplexe Voraussetzung der jeweils wissenschaftlich zu erklärenden Handlung fungiert." Durch diese Verlagerung des Blickwinkels von einer prinzipiell unendlichen Menge von (objektiven) situationskonstituierenden Parametern zur (subjektiven) Interpretation ebensolcher Parameter durch die jeweils an der Kommunikation Beteiligten verliert die 'Situation' natürlich auch ihr statisches Moment, ihre objektive Vorgegebenheit und damit Unveränderbarkeit - und gewinnt prozesshaften Charakter: Als (psychische) Repräsentation der subjektiven Umweltinterpretation und -orientierung unterliegt sie einer permanenten Umdefinition, indem das Individuum die vorgenommenen Interpretationen und Orientierungen ständig (Bayer spricht hier davon, dass dies an "jeweils handlungstheoretisch für relevant erachteten Stelle[n]"[19] geschehe) neu überprüft und revidiert - wobei die 'Situation', die eben gerade der Umdefinition unterliegt, bereits wieder zur Menge der Faktoren gezählt werden kann, die die nächstfolgende

---

15 Germain (1973) gibt in seiner Monographie einen Ueberblick über die Verwendung des Begriffs 'Situation' im linguistischen Fachbereich bis 1973 (Germain, Claude (1973): La notion de situation en linguistique. Ottawa). Weitere Ausführungen zum bisher angesprochenen Fragenkreis finden sich bei Hymes, Dell (1973): Modelle für die Wechselwirkung von Sprache und sozialer Situierung. In: Kochan, Detlef C. (Hrsg.) (1973), S. 80 - 108; Wunderlich (1971); Steger u.a. (1972); Schmidt, Siegfried J. (^{2}1976): Texttheorie. Probleme einer Linguistik der sprachlichen Kommunikation. München; Scherer (1984) etc.

16 S. etwa Deutrich (1980), S. 249.

17 Beispielsweise Steger u.a. (1972).

18 Bayer (1977), S. 101.

19 Bayer (1977), S. 101, 105.

'Situation' konstituieren werden[20]. Bayer bezeichnet diesen Prozess der permanenten Umweltinterpretation und -orientierung als 'Definition der Situation' im Gegensatz zur 'Situation' als der aus diesem Prozess resultierenden Struktur[21]. Damit umfasst der Begriff auch nicht mehr - prinzipiell - unendlich viele, sondern nur noch eine ganz bestimmte Menge subjektiv gedeuteter und gewichteter Parameter bzw. Aspekte davon, die als Voraussetzung des einzelnen konkreten Kommunikationsaktes je individuell aus dem Gesamt an (möglichen) Parametern - bei Bayer wohl am ehesten mit der 'objektiven Lage' gleichzusetzen - aktualisiert werden[22]. Der Interaktionsprozess kann damit gedeutet werden als Folge von Situationen, die die Kommunikationsteilnehmer ständig neu definieren und die einander ebenfalls wieder, vermittelt durch die daraus resultierenden (Sprech-)Handlungen, wechselseitig beeinflussen[23].

Dass ein hochkomplexer Prozess, wie ihn die 'Definition der Situation' darstellt, gar nicht ablaufen kann ohne Rückgriff auf Regeln, Schemata der Umweltinterpretation und -orientierung, ist - schlicht - evident: Ohne sie wäre die Menge der sich dauernd verändernden situationskonstituierenden Daten gar nicht zu verarbeiten. Für die Existenz solcher Schemata und Regeln spricht aber auch ein Verständnis des Menschen, das ihn als soziales Wesen betrachtet, das in der Interaktion mit seinen Mitmenschen u.a. auch <u>gelernt</u> hat, Merkmale seiner Umwelt aufgrund von Aehnlichkeit und Vergleichbarkeit zu strukturieren, zu klassifizieren und sie damit wiedererkennbar zu machen. Es ist hier sicher nicht der Ort, der Entstehung solcher Regeln und Schemata weiter nachzu-

---

20 Vgl. zu diesem permanenten Definitionsprozess auch Scherer (1984), S. 47; Mattheier (1980), S. 103; Boettcher, Wolfgang / Sitta, Horst ([2]1981): Der andere Grammatikunterricht. München. S. 94.

21 Bayer (1977), S. 93 - 98, 101.

22 Die genaue Definition der 'objektiven Lage' lautet bei Bayer (1977): "aus der Sicht eines nicht an der Interaktion teilnehmenden Beobachters interaktionsrelevante Gegebenheiten, die u.U. in die subjektiven Situationen der Kommunikatoren <u>nicht</u> Eingang finden" (S. 101). Beim 'teilnehmenden Beobachter' handelt es sich wohl um einen 'idealen' Beobachter, der grundsätzlich in der Lage ist, <u>alle möglichen</u> 'interaktionsrelevanten Gegebenheiten' zu erfassen. Zur Auswahl kommunikationssteuernder Elemente in der jeweils aktuellen Interaktion äussern sich u.a. auch Schmidt ([2]1976), S. 104 f.; Mattheier (1980), S. 103 f.

23 Bayer (1977) fasst die "Menge der Situationen der einzelnen Kommunikatoren" und die "Menge der zwischen diesen Situationen bestehenden Relationen" in einer Interaktion als System, das er als 'Sozialsituation' bezeichnet. S. 101, 110 - 113.

gehen[24]. Festzuhalten bleibt jedoch, dass auch die 'objektive Lage' (Bayer), an der sich die einzelnen Kommunikatoren, soweit sie sie (bewusst oder unbewusst) wahrnehmen[25], orientieren und die sie zur subjektiven Situation interpretieren, solchen Typisierungen unterliegt, von denen angenommen werden darf, dass sie einerseits sozialen (gruppenspezifischen), andererseits individuellen Charakter haben. Erst unter der Annahme, dass die 'Definition der Situation' jeweils - zumindest teilweise - unter Rückgriff auf soziale Regeln und Schemata erfolgt, dass also auch die 'Situation', auch wenn sie, wie bei Bayer, individuell-subjektiv gefasst wird, bis zu einem gewissen Grad Ausdruck sozialer Umweltorientierung und -interpretation ist, wird es letztlich auch möglich, als 'realer' Beobachter[26] einer Interaktion Aussagen über diese Interaktion zu machen.

1.1.2 Zur 'Situationsbezogenheit von Kommunikation' in dieser Arbeit

1.1.2.1 Definitionen

Als Fazit der bisherigen Ausführungen kann man feststellen: 'Situation' ist eine Kategorie, die nach der übereinstimmenden Meinung wohl aller Autoren, die sich mit dem Objekt 'Sprache im Gebrauch' befassen, von zentraler Bedeutung für die Steuerung des Sprachgebrauchs ist; über die inhaltliche Füllung dieser Kategorie sowie die Art, wie sie den Sprachgebrauch steuert, besteht hingegen (noch) keine Einigkeit.

Es wird im folgenden nun notwendig sein, den Begriff der 'Situation' sowie eventuelle weitere damit zusammenhängende terminologische Unterscheidungen näher zu explizieren, wie sie im Verlauf der Arbeit verwendet werden sollen; dies deshalb, weil hier davon ausgegangen wird - und diese Annahme gilt es u.a. im Teil II zu prüfen -, dass die 'Situation' auch die Wahl eines Sprechers zwischen verschiedenen Sprachen bzw. Varietäten von Sprachen mitsteuern und damit auch für Sprach(varietät)enwechsel verant-

---

24 Für unseren speziellen Zusammenhang siehe Bayer (1977), S. 95 - 98; Mattheier (1980), S. 96 f.; Braunroth, Manfred / Seyfert, Gernot / Siegel, Karsten / Vahle, Fritz (1975): Ansätze und Aufgaben der linguistischen Pragmatik. Frankfurt a. M., S. 87 ff. Mattheier, S. 20, spricht diesbezüglich von 'sozialen Gruppen', die die objektiven gesellschaftlichen Bedingungen ähnlich interpretieren, damit auch ähnliche Situationsdefinitionen vornehmen und vergleichbare Sozialhandlungsmuster entwickeln.

25 Zur Frage nach dem Bewusstheitsgrad dieser Prozesse siehe u.a. Hymes (1973), S. 89; Scherer (1984), S. 29. Sie wird uns sicher im Lauf der Arbeit noch beschäftigen müssen.

26 Vgl. Anm. 22.

wortlich sein kann[27]. Es wird sicher eine der Aufgaben sein, Faktoren der 'Situation' zu finden, die im hier interessierenden Untersuchungsfeld des standardsprachlichen Schulunterrichts den Gebrauch des Dialekts nahelegen und damit zu Varietätenwechseln führen können. Insofern nach diesen relevanten Situationsfaktoren erst noch gesucht werden muss und zudem anzunehmen ist, dass die einzelnen Faktoren nicht in gleichem Mass, sondern je nach der konkreten Interaktion in je spezifischer Intensität auf die Varietätenwahl einwirken, halte ich es für legitim und im Hinblick auf eine möglichst systematische Erfassung des Phänomens auch notwendig, hier im 'Vorfeld' der praktischen Untersuchung die Palette der möglichen relevanten Faktoren eher breit anzulegen, auf die Gefahr hin, dass sich einzelne davon als nicht varietätenwahlsteuernd erweisen sollten.

Würde man durch die komplexen Interaktionsphänomene, die wir eingangs als 'Kommunikation' bezeichnet haben, an einem beliebigen Punkt auf der realen Zeitachse einen Schnitt legen, dann liesse sich dieser Schnittpunkt von einem 'idealen', d.h. u.a. auch über das gesamte Wissen um die auf alle - auch zeitlichen - Ebenen sich erstreckenden psychischen Vorgänge der Kommunikationsteilnehmer und die Welt, in der sich dieser Prozess abspielt, verfügenden Analysator wohl in eine Summe einzelner Faktoren zerlegen und gliedern, die u.a. auch die Kommunikationsteilnehmer in all ihren diesbezüglich relevanten Aspekten, das 'Kommunikat' als verbal-nonverbales Produkt des Interaktionsprozesses sowie die verschiedenen, realen und subjektiven 'Wirklichkeiten' der Kommunikationsteilnehmer, die das Kommunikat hergestellt haben, umfassen würde. Ein solcher Schnittpunkt in der Kommunikation soll hier als 'Kommunikationssituation' bezeichnet werden. Kommunikation präsentiert sich damit als Folge von Kommunikationssituationen[28]. Kommunikationssituationen in diesem Sinne sind, insofern von einzelnen Schüler- und Lehreräusserungen ausgegangen wird, die in ihrer Plazierung im schulischen Handlungsumfeld unter einzelnen Aspekten erfasst und gedeutet werden sollen, auch die eigentlichen Untersuchungseinheiten dieser Arbeit.

Die Menge aller Faktoren, die aus der Sicht eines nicht an der Interaktion teilnehmenden Beobachters interaktionsrelevant werden könnten und damit die Voraussetzung bilden, unter der die Kommunikationsteilnehmer miteinander kommunizieren, wird im folgenden 'objektive Voraussetzungssituation' genannt; die Menge der Faktoren, die für einen einzelnen Kommunikationsteilnehmer interaktionsrelevant werden, d.h. die Voraussetzung, unter der dieser

---

27 Vgl. zur Erforschung des situationsgesteuerten Dialekt- und Standardsprachgebrauchs im deutschen Sprachraum Mattheier (1980), insbesondere S. 90 - 106.

28 Von der 'Situation' als auch von der 'objektiven Lage' im Sinne Bayers unterscheidet sich die hier definierte Kommunikationssituation insbesondere dadurch, dass damit nicht nur die Voraussetzungen des Kommunikationsaktes, sondern auch dieser Kommunikationsakt selbst - und damit auch das Kommunikat - gefasst werden.

Kommunikationsteilnehmer seinen Kommunikationsbeitrag produziert, wird dementsprechend 'subjektive Voraussetzungssituation' genannt[29]. Idealerweise beinhaltet die objektive Voraussetzungssituation auch die subjektiven Voraussetzungssituationen aller möglichen Kommunikationsteilnehmer.

Ferner kann diese Voraussetzungssituation aufgegliedert werden in die Wahrnehmung und Interpretation des unmittelbaren kommunikativen Umfeldes, das die Kommunikationsteilnehmer als eben jetzt gegebene 'Wirklichkeit' erleben, sowie die mögliche Aktualisierung von Komponenten, die dem Wissen, der Erfahrung zuzurechnen sind, die sich die betreffenden Kommunikationsteilnehmer bis zu diesem Zeitpunkt angeeignet haben[30]. So fliessen etwa in einen kommunikativen Prozess, bei dem sich die Partner vorher bereits kannten, sowohl momentane gegenseitige Einschätzungen als auch die früheren Erfahrungen miteinander in die Kommunikationsbeiträge ein. Das Gleiche gilt ebenso für Faktoren, die nicht die Kommunikationsteilnehmer betreffen, wie etwa räumliche Verhältnisse oder das behandelte Thema. Das Verhältnis zwischen Wahrnehmung / Interpretation des aktuellen Kommunikationsumfeldes und der potentiellen Aktualisierung von Wissen / Erfahrung darf - verkürzt und vergröbert - sicher so gesehen werden, dass ersteres mit dem Wechsel von einer Kommunikationssituation zur nächstfolgenden zu einem Bestandteil von letzterem wird. Hinsichtlich der Voraussetzungssituation lässt sich also von einer 'real-aktuellen'[31] und einer 'individuell-erfahrungsmässigen' Voraussetzungssituation sprechen.

Im folgenden Abschnitt soll nun versucht werden, eine Reihe von kommunikativ relevanten Faktoren der Voraussetzungssituation zusammenzustellen, von denen angenommen werden kann, dass sie die Sprachformwahl beeinflussen können. Zuvor muss jedoch noch kurz auf die oben vorgeschlagene Gliederung der Summe der Faktoren, die die Kommunikationssituation konstituieren, eingegangen werden, die Kommunikationsteilnehmer, Kommunikat und Voraussetzungssituation auseinanderhält, wobei letztere wieder zerfällt in eine real-aktuelle und eine individuell-erfahrungsmässige Komponente. Einem Beobachter, dem man einen Ausschnitt aus einem face-to-face-Kommu-

---

29 Bayer (1977) würde von der 'objektiven Lage' bzw. von der 'Situation' sprechen.

30 Diese Unterscheidung ist, insofern sie auf dem Kontinuum der Zeitachse willkürlich einen Einschnitt vornimmt, eine rein analytische, die zudem aus der jeweiligen subjektiven Sicht der Kommunikationsteilnehmer wohl nicht in dieser Schärfe vollzogen wird. Für eine 'objektive' - im Sinn von: durch einen Aussenstehenden unternommene - Erfassung des Sprachverhaltens dürfte sie jedoch praktischen Wert besitzen.

31 Es versteht sich, dass auch die Wahrnehmung und Interpretation des unmittelbaren kommunikativen Umfeldes ein subjektiver Akt ist und dass nur diese subjektive Komponente kommunikativ relevant ist. Der Begriff 'real-aktuell' verweist also auf den Umstand, dass die damit bezeichnete Voraussetzungssituation von allen Kommunizierenden zu einem bestimmten Zeitpunkt wahrgenommen und interpretiert werden kann.

nikationsprozess vorlegen würde, würde zweifellos zunächst einmal feststellen können, dass da verschiedene Menschen - die Kommunikationsteilnehmer - u.a. sich sprachlich verständigen - Kommunikate austauschen -, und dies in einer durch seine Wahrnehmung begrenzten materiell-räumlichen 'Umwelt'. Sind wir aber an der Frage interessiert, welche Faktoren wie dazu beigetragen haben, dass ein Kommunikat eben genau so und nicht anders 'produziert' wurde, so werden wir nicht nur besagte 'Umwelt' zu den Voraussetzungen zählen müssen, unter denen das Kommunikat entstand und die als interpretierte 'Daten' die Produktion des Kommunikats potentiell mitgesteuert haben, sondern auch den Adressaten und sogar den betreffenden Sprecher selbst. Es sind somit alle Elemente des Kommunikationsprozesses, den unser Beobachter vor sich hatte - ausser gerade dem Kommunikat selbst -, auch Elemente der Voraussetzungen, unter denen (sprachlich) produziert wird und die damit kommunikationssteuernd wirken können[32]. Faktoren, die die Kommunikationsteilnehmer und das durch sie konstituierte Interaktionsgefüge betreffen, werden demnach teilweise dem Aspekt der Partnerbezogenheit von Kommunikation zugewiesen - nämlich insofern sie als Sprecher/Adressat(en) einem bestimmten Kommunikat zugeordnet werden können; sie werden aber auch teilweise dem Aspekt der (real-aktuellen) Voraussetzungssituation zugerechnet, und zwar dann, wenn sie das gesamte Gefüge von Kommunikationsteilnehmern betreffen, unabhängig von der Funktion, die diese zu einem bestimmten Zeitpunkt bezüglich eines speziellen Kommunikats erfüllen[33].

Schematisch zusammengefasst präsentieren sich die bisherigen Definitionen und Ausführungen wie folgt:

---

32 Dass die bezüglich der Kommunikationssituation vorgenommene Unterscheidung auch aus einem weiteren Grund nicht unproblematisch ist, sei kurz an einem Beispiel erläutert: Stellen wir uns eine Kommunikationssituation vor als bestehend aus 2 Teilnehmern, die miteinander direkt im Gespräch sind, sowie x anderen Personen, die an diesem Gespräch teilhaben, ohne jedoch sprachlich selber einzugreifen. Soll nun das kommunikative Beziehungsgeflecht, das diese x+2 Personen bilden, dem Bereich der Partnerbezogenheit zugerechnet werden - es handelt sich ja bei allen Personen um aktive Sprecher und/oder Hörer - oder jenem der (real-aktuellen) Voraussetzungssituation, weil jene Personenkonstellation unabhängig von den einzelnen, untereinander verschiedenen Kommunikationssituationen über einen längeren Zeitraum konstant bleibt? Ausgehend von der Kommunikationssituation als massgebende Grösse wird die letzte Variante als die sinnvollere erachtet.

33 Zweifellos liesse sich in vielen Fällen über die Zuordnung der Faktoren zu den einzelnen Kategorien der Kommunikationssituation - und auch über diese selbst, wie oben angedeutet - argumentieren, schon nur deshalb, weil sie in ständiger Wechselbeziehung stehen und eine strenge Abgrenzung zwischen ihnen damit kaum möglich ist.

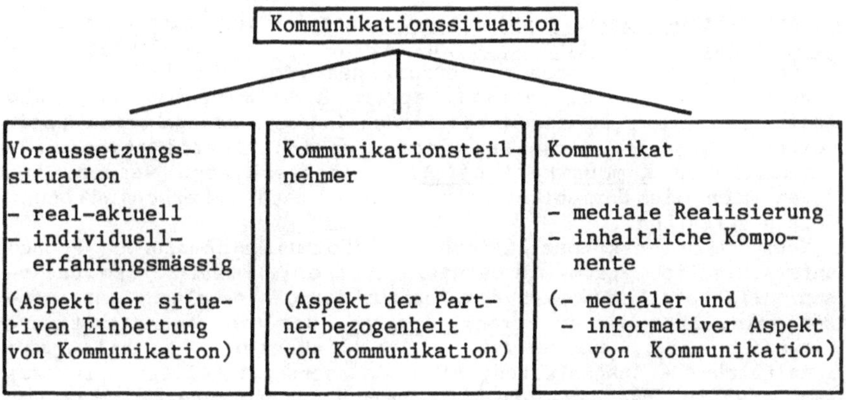

1.1.2.2 Die einzelnen kommunikativ relevanten Faktoren der Voraussetzungssituation

1.1.2.2.1 Die real-aktuelle Voraussetzungssituation:

1. Faktoren der Zeit: Der Zeitpunkt, zu dem kommuniziert wird, wird von den meisten Autoren, die sich zur Situationsbezogenheit sprachlicher Kommunikation äussern, als einer der Aspekte beschrieben, die kommunikatives Verhalten mitsteuern[34]. Ausserdem dürfte auch die Zeitdauer eines Kommunikationsprozesses sprachsteuernd wirken: Eine kurze Interaktion wird u.U. sprachlich anders konzipiert und realisiert als eine lange.

2. Faktoren des Raumes: Auch die räumlichen Verhältnisse, in denen sich Kommunikation abspielt, werden unter dem Stichwort 'Situation' meist aufgeführt[35]. Zu erwähnen sind hier der eigentliche 'Raum' und dessen Struktur, die geographische und soziale Plazierung, in der die Kommunikation stattfindet; ferner gilt es, die räumliche Distanz zwischen den Kommunikationsteilnehmern zu beachten[36].

---

34 Z.B. Hymes (1973), S. 97; Wunderlich (1971), S. 177 f.; Boettcher / Sitta (^{2}1981), S. 93; Steger u.a. (1972), S. 58; Scherer (1984), S. 51 ff.

35 Z.B. Hymes (1973), S. 97; Wunderlich (1971), S. 177 f.; Boettcher / Sitta (^{2}1981), S. 93; Steger u.a. (1972), S. 58; Scherer (1984), S. 51 ff.

36 Ich beschränke mich hier auf Kommunikationssituationen, in denen die beteiligten Teilnehmer alle gleichzeitig präsent sind und optisch und akustisch direkten Kontakt haben oder haben könnten; eng mit diesem Aspekt hängt natürlich jener des 'Kanals' zusammen, der für die Kommunikation gewählt wird. Siehe dazu den Abschnitt 1.3.

3. Interaktionsspezifische Faktoren: Hier ist vor allem einmal die Kommunikationskonstellation zu nennen[37]: Es soll darunter das Beziehungsgefüge verstanden werden, das sämtliche Teilnehmer an einem bestimmten Kommunikationsprozess bilden, die zu einem bestimmten Zweck an einem bestimmten Ort zusammengekommen sind. Weiter können bei derselben Kommunikationskonstellation u.U. verschiedene Kommunikationsformen unterschieden werden, bei denen sich die Kommunikationsteilnehmer nach unterschiedlichen Regeln verhalten.

Kommunikationskonstellationen und Kommunikationsformen können unterschiedlich stark standardisiert, die Teilnehmer also unterschiedlich starken Normen des kommunikativen Verhaltens unterworfen sein. Auch dieser Formalitätsgrad, der eine Kommunikationssituation prägt, dürfte mit an der konkreten - formalen wie inhaltlichen - Ausgestaltung einer Aeusserung beteiligt sein, was sich etwa im Grad der Vorbereitetheit bzw. Spontaneität, mit der gesprochen wird, oder in der Formelhaftigkeit der Aeusserungen niederschlagen wird[38].

Eng mit dem Grad der Standardisierung und damit der Formalität einer Kommunikationskonstellation bzw. -form hängt der Grad ihrer Oeffentlichkeit zusammen: Sowohl Kommunikationskonstellation als auch möglicherweise darin vorkommende Kommunikationsformen können sich durch unterschiedliche Rigidität der Zulassungsbedingungen für mögliche Teilnehmer auszeichnen. Auch dieser Faktor wird das Sprachverhalten der am kommunikativen Prozess Teilhabenden beeinflussen.

Ebenfalls zu berücksichtigen wird sein, wie bekannt die Kommunikationsteilnehmer einander sind: Je niedriger der Grad der Bekanntheit ist, desto geringer wird z.B. auch die Menge des sie verbindenden 'Vorwissens' sein, auf das assoziativ zurückgegriffen werden könnte, und desto ausführlicher werden demnach ihre (sprachlichen) Aeusserungen sein.

Als letzter interaktionsspezifischer Faktor sei hier der Grad der Offenheit von Kommunikation angeführt, wobei unter Offenheit die Möglichkeit verstanden werden soll, freiwillig und jederzeit einen Kommunikationsprozess zu eröffnen oder einem bereits bestehenden beizutreten und daraus auch wieder freiwillig und jederzeit zurückzutreten bzw. ihn abzuschliessen; geschlossen wäre eine Kommunikationskonstellation / -form demgegenüber dann, wenn

---

37 Vgl. dazu die Begriffe 'sozialer Anlass' und 'Relevanzbereich' bei Bayer (1977), S. 105 - 109.

38 Ausführlicher zum Faktor 'Formalität' siehe Mattheier (1980), S. 105 f.; ebd. auch zum nächsten Faktor ('Oeffentlichkeitsgrad') und zur Beziehung zwischen Formalität und Oeffentlichkeit.

diese Möglichkeiten nicht bestünden[39]. Auch von diesem Merkmal darf man annehmen, dass es das (Sprech-)Verhalten der Kommunizierenden mitsteuern wird.

4. Das Umfeld der Aeusserung: Kommunikation ist, wie wir gesehen haben, immer auch ein Austausch von Information (im weitesten Sinn): Mit jeder einzelnen Aeusserung wird von den einen Kommunikationsteilnehmern Information zu andern Teilnehmern übertragen. Dass diese Information vielschichtig ist und auch mittels verschiedener 'Kanäle' übermittelt wird, haben u.a. auch Watzlawick u.a. mit ihrer Unterscheidung in Inhalts- und Beziehungsaspekt der Kommunikation hervorgehoben[40]. Wenn hier vom Thema einer Aeusserung die Rede ist, so ist damit das Objekt, die Handlung, die Idee etc. gemeint, über die die Kommunikationsteilnehmer explizit miteinander sprechen und die in der Aeusserung verbal repräsentiert ist. Insofern sprachliche Kommunikation auch als Folge von Aeusserungen gesehen werden kann, die alle eine thematische Komponente haben, lassen sich die thematischen Komponenten jener Aeusserungen, die einer ganz bestimmten Aeusserung vorangegangen sind, als deren thematische Voraussetzung bzw. deren thematisches Umfeld auffassen[41].

---

39 Siehe dazu etwa Boettcher / Sitta (^{2}1981), S. 93. Ein Rückzug aus dem Kommunikationsprozess kann aus räumlichen Gründen, aber auch durch die Teilnehmer selbst verunmöglicht werden: So ist es bei einer Sprecherzusammenstellung, die sich durch starke Komplementarität auszeichnet, sicherlich berechtigt, ebenfalls von einer 'geschlossenen' Kommunikationskonstellation zu sprechen, da zumindest einem Teil der Kommunikationsteilnehmer die Möglichkeit kaum oder gar nicht gegeben ist, sich z.B. aus der Kommunikation zurückzuziehen.

40 Diese Unterscheidung ist, u.a. wegen der Beziehung zwischen den beiden Aspekten, problematisch und wurde im Anschluss an Watzlawick u.a. (^{4}1974) auch ausführlich diskutiert. Siehe Portmann, Paul R. (1981): 'Kommunikation' als Problem der Sprachdidaktik. Untersuchungen zur Integration kommunikationstheoretischer Modelle in einige neuere Theorien des Sprachunterrichts. (=Reihe Germanistische Linguistik, Bd.33) Tübingen. Abschnitt 3.1.1; Boettcher / Sitta (^{2}1981), S. 58 - 62.

41 Als sprachsteuernder Faktor wird das thematische Umfeld beinahe bei allen Autoren genannt, die sich mit einer Typologie solcher Faktoren beschäftigen. Als Beispiele unter vielen seien genannt: Steger u.a. (1972), S. 59, die von 'spezieller Motiviertheit' sprechen; Hymes (1973), S. 100 ('topic'); Wunderlich (1971), S. 177 f. ('kognitiver Inhalt der Aeusserung'). Bezüglich der Steuerung der Wahl von Sprachvarietäten: Mattheier (1980), S. 104 ('Sprechhandlungsgegenstand'); Kolde, Gottfried (1981): Sprachkontakte in gemischtsprachigen Städten. Vergleichende Untersuchung über Voraussetzungen und Formen sprachlicher Interaktion verschiedensprachiger Jugendlicher in den Schweizer Städten Biel / Bienne und Fribourg / Freiburg i. Ue. (=Beiheft Nr. 37 der Zeitschrift für Dialektologie und Linguistik) Wiesbaden. S. 235 ('Gegenstand der Interaktion').

Eine Aeusserung ist jedoch nicht nur eingebettet in ein thematisches Umfeld. Sie bildet im allgemeinen ein Element aus einer im zeitlichen Ablauf sich bildenden Struktur von (sprachlichen und nicht-sprachlichen) Aeusserungen, wobei sowohl die Sprachform selbst der vorangegangenen Aeusserung(en), also die varietäre Plazierung, sich auf die varietäre Realisierung eines Redebeitrags auswirken kann als auch der Umstand, ob es sich bei dieser vorangegangenen Aeusserung um eine eher initiierende oder eher reagierende (Sprech-)Handlung handelt[42]. Auch die Adressierung des vorangegangenen Beitrags mag die Varietätenwahl beeinflussen[43].

1.1.2.2.2 Die individuell-erfahrungsmässige Voraussetzungssituation:

Neben den bisher erwähnten, der real-aktuellen Voraussetzungssituation zugerechneten Faktoren, wird das Sprachverhalten auch durch solche mitgesteuert, die nicht aus der unmittelbar gegebenen Lebenswirklichkeit der Kommunizierenden erschlossen werden können: Faktoren, die im 'Wissen'[44], in der Erfahrung des Einzelnen über die Welt und ihr Funktionieren gespeichert sind und die eher im Sinn von Konstanten denn als ständig neu vorgenommene Interpretation von konkreten Gegebenheiten verhaltensregulierend wirken. Zu diesen konstanten Faktoren, die hier in ihrer Gesamtheit als 'individuell-erfahrungsmässige Voraussetzungssituation' bezeichnet werden, gehört sicherlich die Summe der Normen, die durch Erfahrung oder vermittelt durch andere Personen während der Sozialisation[45] gelernt, bestätigt oder verändert werden und die die Funktion haben, das Verhalten der Angehörigen einer Gruppe - und damit auch deren sprachliches Verhalten - zu steuern.

Von Bedeutung für den Umgang mit diesen Normen ist u.a. auch die Art ihrer Fixierung: Von solchen, die explizit kodifiziert sind, die also eine verbindliche öffentliche Formulierung erfahren haben, lassen sich jene unterscheiden, bei denen dies nicht der Fall ist, die deswegen aber nicht weniger wirksam zu sein brauchen: Als internalisierte Verhaltensregulativa sind diese nichtkodifizierten Normen ebenso Teil der Erwartungshaltung der Mit-

---

42 Vgl. Ramge (1978), S. 211.

43 Nicht eigentlich zur Voraussetzungssituation gehört die Reaktion der andern Kommunikationsteilnehmer auf eine Aeusserung; zur Interpretation eines zu analysierenden Redebeitrags ist sie jedoch meist notwendig.

44 Vgl. Anmerkung 221 in Teil I.

45 Sozialisation wird hier als Prozess verstanden, der über jenen zeitlichen Grenzwert hinausgeht, der häufig als 'Reife' oder 'Mündigkeit' bezeichnet wird, und der grundsätzlich lebenslänglich anhält. Siehe dazu etwa Weinert, Franz E. / Graumann, Carl Friedrich / Heckhausen, Heinz / Hofer, Manfred (Hrsg.) ([6]1978): Pädagogische Psychologie. (=Funk-Kolleg Pädagogische Psychologie) Bd.1. Frankfurt a. M. S. 422.

glieder einer Gruppe wie jene kodifizierten Normen. Wegen des Fehlens einer verbalisierten Grundlage dürfte dagegen der Grad der Bewusstheit nicht-kodifizierter Normen im allgemeinen geringer sein als jener der kodifizierten, Norminhalt und Verbindlichkeitsbereich diffuser; der Umgang mit ihnen, ihre Erlernung wie auch die Massnahmen, die zu ihrer Aufrechterhaltung vorgesehen sind, werden problematischer sein, da ein Hinweis und Rückgriff auf eine genau definierte, für alle Gruppenmitglieder verbindliche Formulierung der Norm nicht möglich ist[46].

Für die in dieser Arbeit interessierenden Fragen wird es deshalb wichtig sein, zunächst einmal jene kodifizierten Normen als sprach(wahl)steuernde Faktoren festzuhalten, die die Varietätenverwendung selbst betreffen. Die nicht-kodifizierten Normen, die 'inoffiziellen Regeln' sozusagen, die die Wahl zwischen Standardsprache und Dialekt beeinflussen, sowie ihr Verhältnis zu den 'offiziellen Regeln' werden sich demgegenüber stets erst aus der Analyse des Verhaltens der Gruppe, für die sie Geltung haben, ergeben. Es gehört in diesem Sinn auch zu den Zielen dieser Arbeit, solchen nichtkodifizierten Sprachwahlregeln nachzugehen und den Versuch zu unternehmen, sie - verallgemeinert - zu formulieren[47].

Es ist ferner die Möglichkeit in Betracht zu ziehen, dass Gruppennormen, die nicht primär das sprachliche Verhalten der Mitglieder betreffen, ebenfalls ihren 'sprachlichen Niederschlag' finden in den - kodifizierten oder nicht-kodifizierten - das Sprachverhalten betreffenden Normen: So ist es etwa denkbar, dass Rang-, oder allgemeiner: Rollenverhältnisse unter den Gruppenmitgliedern, die unabhängig von der real-aktuellen Voraussetzungssituation, in der eben kommuniziert wird, vorhanden sind, sprachsteuernd wirken[48]. Auch die früheren gemeinsamen Erfahrungen der Gruppenmitglieder mit ähnlichen Kommunikationskonstellationen und -formen, mit den räumlichen, zeitlichen und thematischen Bedingungen in Verbindung mit solchen Konstellationen und Formen - insbesondere dann, wenn sie stark standardisiert sind -, müssen in diesem Zusammenhang genannt werden.

---

46 Zum Normaspekt unter linguistischer Blickrichtung siehe z.B. Nündel, Ernst (1976): Zur Grundlegung einer Didaktik des sprachlichen Handlens. Kronberg Ts.

47 Da die nicht-kodifizierten Normen nicht den Charakter von offiziell verbalisierten Setzungen haben, sondern aus der Interaktion der Gruppenmitglieder resultieren und diese Interaktion ständig regulierend begleiten, ohne jedoch fixiert zu werden, sind sie viel stärker als die kodifizierten Normen der (langsamen) Veränderung zugänglich; insofern sie also in ständiger Wechselwirkung stehen mit der ablaufenden (auch sprachlichen) Interaktion, sind sie auch eng mit jenen Faktoren gekoppelt, die oben zur 'real-aktuellen Voraussetzungssituation' gezählt wurden, sind demnach teilweise auch Folgen dieser real-aktuellen Voraussetzungssituation.

48 Nochmals sei hier auf die Abschnitte verwiesen, die die Partnerbezogenheit der Kommunikation behandeln, wo näher auf die Aspekte der Rollenverteilung eingegangen wird.

Neben den Normen - mögen sie direkt die Sprache der Gruppenmitglieder zum Objekt haben oder nicht - ist ferner zu vermuten, dass auch Persönlichkeitsmerkmale sprach(wahl)beeinflussend wirken können, wie etwa das Alter der Kommunikationsteilnehmer, das sicher auch mit der kommunikativen bzw. der linguistischen Kompetenz korreliert[49].

Als letzte Merkmalsgruppe der Voraussetzungssituation seien schliesslich jene Faktoren genannt, die die in der jeweiligen Sprachgemeinschaft benützten Sprachen bzw. Varietäten selbst betreffen: deren geographische und soziale Verteilung, ihr sozialpsychologischer Status etc. - Faktoren also, die ganz sicher in starkem Mass das Sprechverhalten prägen und auf die genauer in den Kapiteln 3 und 4 einzugehen sein wird.

Es wäre m.E. falsch, die individuell-erfahrungsmässige Voraussetzungssituation, wie sie hier kurz skizziert wurde, als Fundus von Faktoren, welche möglicherweise die Wahl zwischen Standard und Dialekt in der konkreten Kommunikationssituation mitsteuern, ausser acht zu lassen. Insofern es sich dabei aber um einen hochkomplizierten Bereich handelt, und zwar nicht nur bezüglich der Fülle der in Frage kommenden Faktoren und ihrer Wirkmechanismen in den hier interessierenden Zusammenhängen, sondern auch bezüglich einer praktikablen Erfassung dieser Faktoren im konkreten Untersuchungsfall - denken wir daran, dass viele von ihnen in der Kommunikationssituation nicht beobachtbar präsent sind, sondern, im besseren Fall (z.B. bei kodifizierten Normen), nur über die Analyse des gegebenen Handlungsumfeldes, im schlechteren Fall nur indirekt durch Personenbefragungen etc. zugänglich sind -, insofern es sich also um einen so komplexen Bereich handelt[50], muss es im Rahmen dieser Arbeit genügen, einzelne Faktoren der individuell-erfahrungsmässigen Voraussetzungssituation miteinzubeziehen, von denen eine Beeinflussung des Sprachwahlverhaltens angenommen werden dann.

1.2 Der Aspekt der Partnerbezogenheit von Kommunikation

Kommunikation ist Austausch von Information zwischen Menschen; sie ist eine soziale Handlung, die stattfindet zwischen verschiedenen Individuen, die ihrerseits als eingebettet in die soziale Struktur einer bestimmten historischen Gesellschaftsform zu

---

49 Weiter würden dazu etwa die emotionale und kognitive Strukturierung der Persönlichkeit gehören, die in der real-aktuellen Voraussetzungssituation jeweils ebenfalls ihre Entsprechungen haben (z.B.: Emotionale Strukturierung - momentane 'Stimmung'); sie sollen hier jedoch nicht weiter verfolgt werden.

50 In der Literatur werden Faktoren, die hier zur individuell-erfahrungsmässigen Voraussetzungssituation gezählt würden, dementsprechend auch wesentlich seltener als situative sprachsteuernde Elemente genannt als solche der real-aktuellen Voraussetzungssituation.

begreifen sind. Insofern in diesem Zusammenhang die Meinung[51] vertreten wird, dass Gesellschaft und Individuum in einem ständigen wechselseitigen Beeinflussungsverhältnis stehen, ist es möglich, die Kommunikationsteilnehmer jeweils unter zwei Aspekten zu betrachten: Sie treten einerseits auf als Individuen mit eigenen Wert- und Zielvorstellungen, agieren andererseits aber auch als Mitglieder einer sozialen Struktur, deren Normen und Erwartungen sie in der kontinuierlichen Auseinandersetzung mit ihr in modifizierter oder unveränderter Form übernommen haben.

1.2.1 Anlehnung an Ueberlegungen der Rollentheorie

Im Umfeld sozialwissenschaftlicher Ueberlegungen zu diesem Bereich ist das Konzept der 'sozialen Rolle' wohl das am meisten verbreitete. Es wird als Erklärungsmodell akzeptiert und angewendet, obwohl damit eine ganze Reihe von Problemen verbunden ist: So unterliegt der Terminus, der sowohl in der wissenschaftlichen Theoriebildung als auch im Alltag Verwendung findet, etwa der Gefahr, vieldeutig, vage zu werden; dies nicht zuletzt deshalb, weil auch in den Sozialwissenschaften selbst eine grosse Vielfalt und Unterschiedlichkeit rollentheoretischer Ansätze vorzufinden ist[52].

Ableitbar ist der Rollenbegriff nach Ullrich (1978)[53] aus der sozialen Normierung und der sozialen Differenzierung, indem das gesellschaftliche Normensystem und die arbeitsteilige Aufgabendifferenzierung das Handlungsfeld der einzelnen Menschen bestimmen. An einen Positionsinhaber[54] werden dabei positionsspezifische Verhaltenserwartungen gerichtet, denen er nachkommen kann oder auch nicht. Die Summe der positionell verfestigten Erwartungen

---

51 Der Begriff 'Meinung' ist bewusst gewählt worden: Er ist zugleich Ausdruck der Unmöglichkeit, beim heutigen Stand der Forschung zu einem tragfähigen Konsens hinsichtlich der Anlage-Umwelt-Problematik zu gelangen.

52 Einen neueren Ueberblick mit Schwerpunkt 'Lehrerrolle' gibt Kickhöfer, Botho (1981): Rolle und Handeln. Beispiel: Lehrer. Zum Erkenntnispotential rollentheoretischer Ansätze. Weinheim / Basel.

53 Ullrich, Otto (1978): Soziale Rolle in der Industriegesellschaft. (Unter Mitarbeit von Dieter Claessens) München. S.14 f.

54 Position wird hier mit Ullrich (1978), S. 11, definiert als Ort innerhalb einer gesellschaftlichen Struktur, an dem eine bestimmte Aufgabe erfüllt werden muss, an den also eine bestimmte Funktion gebunden ist. Aehnlich bei Kickhöfer (1981), S. 11.

wird dabei als 'Rolle' bezeichnet[55]. Für Ullrich wie auch für Kickhöfer[56] schliesst die Erwartung im Rollenbegriff auch immer die Möglichkeit der Abweichung mit ein: Erwartungskonformes Verhalten stellt sich damit nicht automatisch ein. Zu diesem als 'Rollendistanz' bezeichneten Phänomen referiert Kickhöfer[57] Parsons: Dieser sah den Einzelnen nicht per se voll gesellschaftlich integriert, sondern vertrat die Ansicht, dass die normativen Erwartungsstrukturen erst einer Interpretation bedürften, um dadurch Realität zu werden; es sei nicht möglich, aus Erwartungen kurzerhand auf Handlungen zu schliessen. Die Annahme der Möglichkeit des Einzelnen, zwischen verschiedenen Graden von rollenkonformem bzw. rollendistanziertem Verhalten wählen zu können, bildet m.E. auch die theoretische Grundlage, auf der es möglich wird, von Kommunikation als einer intentionalen[58] und erwartungsgesteuerten[59] Handlungsform zu sprechen.

Fasst man Rolle als verfestigte Erwartungsstruktur hinsichtlich eines Positionsinhabers auf, so lässt sich diese Rolle relativ zu

---

55 Ullrich (1978), S. 12; Kickhöfer (1981), S. 114; letzterer weist zudem darauf hin, dass es sich bei den Rollen um Vorstellungen (!) regelhaften Handelns handelt, die sich in den Personen, die sie repräsentieren, jeweils realisieren (S. 112).

56 Ullrich (1978), S. 17; Kickhöfer (1981) geht von einem empirisch-analytischen Rollenverständnis aus, wendet sich jedoch explizit gegen alle Ansätze, in denen Verhaltenserwartungen als dem sozialisierten Individuum vollständig verinnerlicht dargestellt werden, Ansätze also, die Veränderungen des Sozialsystems gar nicht zu thematisieren erlauben (z.B. S. 204 f.).

57 Kickhöfer (1981), S. 133.

58 Den Intentionen, die als Aspekt des Kommunikationsaktes der individuellen Ebene zugerechnet werden, entsprechen auf interaktioneller Ebene die Funktionen, die die entsprechenden Handlungen in bestimmten Interaktionssituationen zu erfüllen haben. Siehe dazu Wiersing, Erhard (1983): Prozessualität und Situationsbezogenheit kommunikativer Akte im Unterricht. In: Ehlich / Rehbein (Hrsg.)(1983), S. 355 - 370. S. 366.

59 Rosemann, Bernhard (1978): Bedingungsvariablen der Lehrer - Schüler - Beziehung. In: Psychologie in Erziehung und Unterricht, Heft 1, 25. Jg., S. 39 - 50. Er unterscheidet (S. 40) zwei Bedeutungen von Erwartung: Während die Erwartung als Antizipation (=Verhaltensantizipation) auf die gedankliche Vorwegnahme des zukünftigen Partnerverhaltens verweist, sind mit der Erwartung als normativer Aussage Forderungen an das Verhalten gemeint. Die zweite Bedeutungsvariante bezieht sich dabei auf einen Aspekt der Rollenkonstitution - Rollen wurden ja als verfestigte Verhaltenserwartungen definiert -, die erste weist einen flexibleren Charakter auf, ist an die konkrete Interaktionssituation gebunden und schliesst die Möglichkeit von Rollendistanz mit ein. Es bedarf aber der Erwähnung, dass auch bei der Erwartung als Verhaltensantizipation der normative Aspekt als Vergleichspunkt stets miteinbezogen wird.

den andern Positionen als Bezugspunkte im sozialen Gefüge in eine Anzahl von 'Rollensektoren' unterteilen[60].

Wichtig in unserem Zusammenhang wird es im nächsten Kapitel vor allem sein, nach charakteristischen Merkmalen der Positionen 'Schüler' und 'Lehrer' in der Interaktionskonstellation 'Schulunterricht' zu suchen sowie nach dem Grad der Verfestigung der an diese Positionen gebundenen Verhaltenserwartungen. Je stärker fixiert solche Erwartungen sind, je festgefügter also die Rollensektoren - denn es handelt sich dabei ja nur um Teilaspekte der Lehrer- wie der Schülerrolle! -, desto eher wird ein rollentheoretischer Ansatz in der Lage sein, als Modell soziale Zusammenhänge zu erhellen.

1.3 Der mediale Aspekt von Kommunikation

Kommunikation ist Austausch von Information zwischen verschiedenen Menschen, oder genauer: Uebertragung von Signalen, denen die Kommunikationspartner aufgrund gleicher oder ähnlicher Zeichenrepertoires gleiche oder ähnliche Inhalte zuordnen. Scherer (1979 a) charakterisiert die dabei zur Verfügung stehenden 'Uebertragungskanäle' oder '-modalitäten' durch die jeweils zur Rezeption benutzten Sinnesorgane und unterscheidet auditive, visuelle, olfaktorische, taktile, thermale und gustatorische Mitteilungen. Unter primär sprachorientierter Perspektive ist die Trennung von verbalen und nonverbalen Signalen gebräuchlich, wobei für natürliche Kommunikationssituationen die Bedeutung nonvokaler (Mimik, Gestik etc.) und vokaler (Intonation, Lautstärke etc.) nonverbaler Signale für die Bedeutungskonstitution gesprochener Aeusserungen immer wieder hervorgehoben wird[61]. Dies gilt sicher auch für die Kommunikation im Klassenzimmer, und mittlerweile setzt sich in der Forschung die Auffassung immer mehr durch, dass u.U. etwas Wesentliches ausgelassen wird, wenn der nonverbale Bereich bei der Analyse von Unterrichtsgesprächen nicht miteinbezogen wird. Insbesondere dann, wenn es darum geht, die mit einer Aeusserung verbundene Intention eines Sprechers adäquat einzuschätzen, bieten nonverbale Signale z.T. entscheidende Anhaltspunkte, können sich doch verbaler und nonverbaler Bedeutungsgehalt einer kommunikativen Handlung diametral entgegenstehen - wobei dann vom Kommunika-

---

60 Ullrich (1978), S. 19; Kickhöfer (1981), S. 28.

61 Scherer, Klaus R. (1979 a): Kommunikation. In: Scherer / Wallbott (Hrsg.) (1979), S. 14 - 24. S. 19. Zu den spezifischen Funktionen des nonverbalen Bereichs, der parallel zum sprachlichen verläuft und diesen ständig mitbeeinflusst, s. etwa Scherer, Klaus R. (1979 b): Die Funktionen des nonverbalen Verhaltens im Gespräch. In: Scherer / Wallbott (Hrsg.)(1979), S. 25 - 32; Heinemann, Peter (1976): Grundriss einer Pädagogik der nonverbalen Kommunikation. Kastellaun / Saarbrücken. S. 56 - 58.

tionspartner meist der nonverbale Teil als der 'wahrere' gedeutet wird[62].

Dass der nonverbale sprachbegleitende Bereich trotz dieser Einsichten in der vorliegenden Arbeit nicht systematisch einbezogen wird, hat verschiedene Gründe: Eine Kommunikationsanalyse, welche den nonverbalen Bereich berücksichtigen möchte, müsste sich technisch aufwendiger Verfahren (Video) bedienen, die zudem den Nachteil haben, den gewohnten, 'natürlichen' Unterrichtsablauf stark zu beeinträchtigen; das hier zugrundeliegende Datenmaterial besteht hingegen 'nur' aus transkribierten Tonbandaufnahmen sowie den Bandaufnahmen selbst. Andererseits steht m.W. aber auch noch kein erprobtes und taugliches Analyseinstrument für nonverbales Verhalten zur Verfügung, was natürlich zusammenhängt mit der Komplexität des nonverbalen Systems, seinen besonderen Charakteristika gegenüber der verbalen Modalität sowie dem dadurch bedingten Stand der Forschung[63]. Vokale nonverbale sowie einige wenige mitprotokollierte nonvokale nonverbale Merkmale werden jedoch in die Analyse miteinbezogen, soweit dies möglich ist.

Bei der Betrachtung von Kommunikationskonstellationen, in denen nicht nur ein, sondern mehrere Teilnehmer verbal aktiv im Kommunikationsprozess eingeschaltet sind, sind die <u>Organisation der Redewechsel</u> sowie eventuelle <u>gleichzeitig verlaufende Haupt- und Nebenkommunikationsstränge</u> innerhalb des gleichen Kommunikationsprozesses zu beachten. Ueberlegungen und Beobachtungen zur Verteilung von Dialekt und Standardsprache sowie den kommunikativen Funktionen des Wechsels von der einen Varietät zur andern im Interaktionsfeld 'Schulunterricht' werden sich also nicht auf die isolierten einzelnen Redebeiträge von Lehrer und Schülern beschränken können, sondern werden ebenfalls die zeitliche Abfolge dieser Beiträge und deren Plazierung auf verschiedenen parallelen Kommunikationssträngen miteinbeziehen müssen; eine Beschränkung des Blickwinkels auf den kommunikativen Hauptstrang scheint mir insbesondere deswegen nicht legitim zu sein, weil schon aus 'vorwissenschaftlicher' Unterrichtsbeobachtung unmittelbar einsichtig wird, dass faktisch parallel neben dem Hauptstrang häufig kommunikative Nebenstränge einherlaufen, die mit jenem oft in Wechselbeziehung stehen.

Dass Sprecher einer Sprachgemeinschaft nicht alle identische verbale Repertoires haben, ist bekannt: Innerhalb einer Sprache lassen sich gewöhnlich verschiedene Varietäten unterscheiden, die einen Sprecher kennzeichnen je nach Region, sozialer Zugehörigkeit etc. Zu den verschiedenen Dialekten, Soziolekten, zur Standardsprache und zu weiteren Varietäten seines erfahrbaren Sprachraumes entwickelt ein Sprecher spezifische <u>Einstellungen</u> und verfügt in

---

62 Mühlen-Achs, Brigitta (1983): Non-verbale Kommunikation im Unterricht. In: Ehlich / Rehbein (Hrsg.)(1983), S. 130 - 136. S. 132.

63 Nonverbale Merkmale werden nur bei ganz wenigen Unterrichtsbeobachtungssystemen einbezogen. Siehe Derner, Norbert (1978): Die Analyse verschiedener Lehrer - Schüler - Interaktionen und ihre Auswirkungen auf Leistung und Leistungsmotivation im naturwissenschaftlichen Unterricht. Stuttgart. S. 11.

den verschiedenen Varietäten auch über unterschiedlich stark ausgeprägte Kompetenzen. Diese beiden Faktoren, deren Einfluss[64] auf die Wahl der Sprachform im hier interessierenden Fall im allgemeinen wohl eher unter- als überschätzt wird, werden aber auch im Rahmen dieser Arbeit nicht die ihnen gebührende Behandlung erfahren: Genauere Untersuchungen zur Einstellung von Schülern und Lehrern gegenüber Standardsprache und Schweizerdeutsch[65] sind m.W. noch nicht durchgeführt worden - eine Lücke, die hier natürlich nicht zu schliessen ist. Es scheint mir jedoch dringend notwendig - und dies nicht allein mit Blick auf die speziellen Verhältnisse an den Schulen -, dass diesem Fragenkreis aus sozialpsychologischer Sicht vermehrt Beachtung geschenkt wird. Bis dahin wird man noch mit mehr oder weniger begründeten Vermutungen und Ueberlegungen sowie mit den gängigen diesbezüglichen Stereotypen operieren müssen. Aehnliches ist auch für den Bereich des Spracherwerbs zu sagen: Wohl liegt eine Vielzahl von Arbeiten zum Zweitspracherwerb vor, doch befassen sich diese mit dem Erwerb verschiedener Sprachen und nicht verschiedener Varietäten; ob überhaupt und gegebenenfalls welche Erkenntnisse unverändert oder modifiziert übernommen werden könnten, ist noch offen. Auch hier werden wir uns also mit sehr allgemein gehaltenen Angaben zufriedengeben müssen.

Die Ausführungen zum medialen Aspekt der Kommunikation im Unterricht werden also primär betreffen: die Aeusserungen selbst, die Organisation der verbalen Beiträge von Lehrer und Schülern (die verbalkommunikative Struktur von Unterricht) sowie, unter Berücksichtigung der eben erwähnten Einschränkungen, die spezifisch schulische Ausprägung sprachlicher Kompetenzen und sprachbetreffender Einstellungen.

1.4 Der Aspekt des Informationsaustausches von Kommunikation[66]

Kommunikation ist Austausch von Information zwischen verschiedenen Menschen, sie ist situationsgebunden im oben dargelegten Sinn und kann unterschiedliche mediale Ausprägungen erfahren. Im Zusammenhang mit dem 'thematischen Umfeld' der real-aktuellen Voraussetzungssituation ist der Aspekt des Informationsaustausches

---

64 Zur Bedeutung des Einflusses von Stereotypen auf das Sprachverhalten siehe Ris (1978).

65 Der Terminus wird hier gebraucht als Sammelbezeichnung für die Gesamtheit schweizerdeutscher Dialekte; dasselbe gilt auch, wenn für die deutschschweizerische Sprachlandschaft der 'Standardsprache' gesamthaft der 'Dialekt' gegenübergestellt wird. Siehe Kühn, Peter (1980): Deutsche Sprache in der Schweiz. In: Althaus / Henne / Wiegand (Hrsg.)(²1980), S. 531 - 536.

66 Es sei nochmals darauf hingewiesen, dass der Begriff 'Information' hier weiter gefasst wird als in 'nachrichtentechnischen' Modellen. Vgl. S. 9.

bereits aufgegriffen worden: Es war vom 'Thema' einer Aeusserung die Rede, und es wurden darunter die Inhalte verstanden, die von den Kommunizierenden explizit verbalisiert werden. Diese Engführung des Aspekts des Informationsaustausches auf den thematischen Bereich soll im folgenden wieder etwas ausgeweitet werden, damit auch andere Dimensionen Berücksichtigung finden, die hier besonders interessieren.

Eine verbale Aeusserung A, die X hervorbringt, wobei er sich an seinen Kommunikationspartner Y richtet, wird von diesem nicht als A verstanden, sondern als A'. Dass die Aeusserung von Y in modifizierter Form (A') verstanden wird, liegt einerseits daran, dass natürliche Sprachen - im Gegensatz etwa zu mathematischen - u.a. aufgrund ihrer komplexen Erwerbsmechanismen durch den Einzelnen und trotz ihrer Konventionalität (auch diese unterliegt dem historischen Wandel) niemals eindeutig sind; Verstehen ist schon von dieser individuell-historischen Konstituiertheit der Sprache her - im besten Fall - nur in Näherungsversuchen an das Gemeinte möglich. Es liegt andererseits aber auch daran, dass die Aeusserung A selbst mehr als nur das explizit formulierte 'Thema' enthält: Vokales und nonvokales nonverbales Verhalten von X müssen ebenfalls als Teile der Gesamtinformation betrachtet werden: Sie können von X als solche gemeint sein - mit welchem Bewusstheitsgrad auch immer - und sind von Y als solche potentiell auch interpretierbar. Diese Informationsteile erreichen bei allen beteiligten Kommunikationspartnern zwar kaum je den Bewusstheitsgrad der verbalisierten Daten und bieten wegen der geringeren Normierung, der grösseren Ambiguität der entsprechenden Zeichensysteme einen (noch) grösseren Interpretationsspielraum als diese. Es wäre jedoch falsch, diesem Bereich von Informationen weniger Gewicht für die an der Interaktion Beteiligten zuzumessen: Watzlawick u.a. (^{4}1974)[67], die diesbezüglich Inhalts- und Beziehungsaspekt auseinanderhalten, stellen letzteren bedeutungsmässig bewusst über den ersten - nicht nur, weil er von der logischen Relation her als Metainformation zu diesem zu betrachten ist[68].

Dass die Wahl der Sprachform in Sprachgemeinschaften, die dadurch gekennzeichnet sind, dass in ihnen verschiedene Sprachen bzw. verschiedene Varietäten einer Sprache nebeneinander von denselben Sprechern gesprochen werden, ebenfalls dazu benützt werden kann, Information zu vermitteln, gehört zu den grundlegenden Voramahmen dieser Arbeit, und es ist ihre zentrale Aufgabe, diesem Gedanken theoretisch nachzugehen und entsprechende Möglichkeiten der Kommunikationspartner in der konkreten Unterrichtsrealität aufzuzeigen. Welcher Art diese Information ist, welche kommunikativen Intentionen ein Sprecher mit der Wahl einer bestimmten Sprachform verbindet, oder anders, welche kommunikative Funktion diese Sprachformwahl in einer bestimmten Kommunikationssituation zu erfüllen hat, hängt, wie die Wahl der Sprachform selbst, von jenen 'kommunikativ relevanten Faktoren' ab, auf die in diesem und in den nächsten Kapiteln eingegangen wird.

---

67 Watzlawick u.a. (^{4}1974), S. 153 ff.
68 Watzlawick u.a. (^{4}1974), S. 55.

2. KOMMUNIKATION IM SCHULUNTERRICHT (Konkretisierung I)

Eine Arbeit, die den Versuch unternehmen will, Sprachverhalten in der Schule zu beschreiben und zu erklären, wird sich auch mit den Funktionen und den spezifischen Merkmalen der Schule als gesellschaftlicher Institution befassen müssen, will sie nicht Gefahr laufen, möglicherweise entscheidende Determinanten dieses Sprachverhaltens ausser acht zu lassen[69].

Ziel dieses Kapitels soll es sein, die bisher ohne Bezug auf die schulische Interaktion entwickelten Gedanken institutionsspezifisch zu konkretisieren.

2.0 Die Institution 'Schule' und ihre gesellschaftlichen Funktionen

Fend (1980)[70] definiert Schulsysteme als "Institutionen der gesellschaftlich kontrollierten und veranstalteten Sozialisation", wobei er unter Sozialisation jenen Prozess versteht, "durch den gleichzeitig die Persönlichkeit von Heranwachsenden konstituiert und gesellschaftliche Verhältnisse reproduziert werden."[71] Damit sind auch bereits die zentralen Aufgaben und Funktionen der Schule angesprochen, die hier kurz referiert seien, da sie mit zu den Determinanten des Handelns - auch des sprachlichen Handelns - der am Schulunterricht Beteiligten gerechnet werden müssen.

Mit Bezug auf den aktuellen Theoriestand hinsichtlich des Verhältnisses von Bildungssystem und Gesellschaft nennt Fend drei Grundfunktionen der Schule:

1. Qualifizierungsfunktion: Die Schule sorgt für die Reproduktion kultureller Systeme; sie vermittelt Wissen und Fertigkeiten, die notwendig sind, um am gesellschaftlichen Leben teilnehmen zu können[72].
2. Selektionsfunktion: Die Schule sorgt für die Reproduktion der Sozialstruktur der Gesellschaft, indem sie mittels ebenfalls

---

69 Ehlich / Rehbein (1980), S. 338, bemängeln nicht ohne Grund, dass die meisten Arbeiten im Bereich 'Sprache in Insitutionen' "nicht von expliziten Erörterungen oder gar einer Theorie der Institution" ausgehen. Ehlich, Konrad / Rehbein, Jochen (1980): Sprache in Institutionen. In: Althaus / Henne / Wiegand (Hrsg.) (^{2}1980), S. 338 - 345.

70 Fend, Helmut (1980): Theorie der Schule. München / Wien / Baltimore. S. 2.

71 Ebd., S. 6.

72 Ebd., S. 15 f., 19 - 29.

institutionalisierter Selektionsmechanismen die Positionsverteilung innerhalb der gesellschaftlichen Sozialstruktur massgeblich mitbestimmt[73].

3. Legitimationsfunktion: Die Schule reproduziert gesellschaftliche Normen, Werte und Interpretationsmuster und trägt so zur Sicherung der bestehenden Herrschaftsverhältnisse bei[74].

Der gesellschaftlichen Kontrolle unterliegt das Schulsystem von verschiedenen Seiten: Neben den normativen Rahmenbedingungen, die vom Staat vorgegeben werden - Organisation des Schulsystems, Zuweisung von Personal, Lehr- und Lerninhalten, Eingangs- und Abschlussbedingungen, Verteilung von Kompetenzen etc. -, üben verschiedenste gesellschaftliche Gruppierungen wie Eltern, Parteien, Kirche, fachwissenschaftliche Verbände Einfluss auf das Schulsystem und die darin Agierenden aus: Fend (1980) nennt sie zusammenfassend den 'subjektiven Faktor'[75]; und schliesslich ist die Schule ökonomischen, sozialen und kulturell-technologischen Randbedingungen unterworfen, so dass schulische und gesellschaftliche Lebensbereiche eng miteinander verflochten sind[76]. Wenn auch ausser Zweifel steht, dass auch von der Schule Impulse ausgehen, die auf die Gesellschaft zurückwirken, so sind es doch die gesellschaftlichen Faktoren, die auf vielfältige Weise schulische Interaktion prägen, die hier im Vordergrund des Interesses stehen.

---

73 Fend (1980), S. 16, 29 - 39.

74 Ebd., S. 16, 39 - 49. Tuzinski (1981), S. 40 ff., nimmt eine Fünfteilung der grundlegenden Funktionen der Schule vor: Die Bereiche der 'Qualifikation' und 'Selektion' stimmen mit der Einteilung Fends überein; die Funktionen der 'Legitimation' und 'Sozialisation' fallen m.E. mit Fends Legitimationsfunktion zusammen, während die 'Persönlichkeitsbildung' als Aufgabe der Schule z.T. bei Fend unberücksichtigt bleibt, insofern damit Dimensionen des Individuums angesprochen sind, die nicht auf das gesellschaftliche Bezugssystem ausgerichtet sind oder in Opposition zu diesem stehen (z.B. 'Tätigkeit zur Selbstfindung'; vgl. dazu die Ausführungen zur 'Rollendistanz' in den Abschnitten 1.2, 2.2). Tuzinski, Konrad (1981): Funktionen der Schule: Historische, gesellschafts- und bildungstheoretische sowie didaktische Aspekte. In: Frommer (Hrsg.)(1981), Bd.1, S. 35 - 72. Zu den gesellschaftlichen Funktionen der Schule siehe auch Leschinsky, Achim / Roeder, Peter Martin (1981): Gesellschaftliche Funktionen der Schule. In: Twellmann (Hrsg.)(1981), Bd.3, S. 107 - 154.

75 Fend (1980), S. 50.

76 Ebd., S. 50 - 54.

2.1 Schulunterricht als Gefüge standardisierter Interaktionssituationen

Es genügt wohl nicht, festzuhalten, dass alle Individuen einer bestimmten Gesellschaftsstruktur ähnlichen (sozialisierenden) Einwirkungen ausgesetzt sind und somit auch ähnliche kognitive Strukturen und Verhaltensdispositionen entwickeln, wenn man den spezifischen Charakter von Schulunterricht erfassen will[77]. Aus den Funktionen, die die Schule zu erfüllen hat, und den gesellschaftlichen und institutionellen Bedingungen, denen sie unterliegt, lassen sich jedoch Normen, Zielvorstellungen und z.T. konkrete Arbeitsbedingungen herleiten, die den Unterricht prägen werden, unabhängig von den Personen, die daran teilnehmen. Wie stark und auf welche Weise diese die einzelnen Unterrichtsstunden tatsächlich beeinflussen, hängt aber auch von ihrer Interpretation durch den Lehrer als ihrem 'Stellvertreter' ab sowie durch die Schüler als von diesem Unterricht 'zu verändernde' Personen.

Schulunterricht lässt sich nach verschiedensten Gesichtspunkten analysieren; Einigkeit scheint in der Literatur jedoch darüber zu herrschen, dass Erziehung und Unterricht als "Sonderfall von zwischenmenschlicher Begegnung"[78] über relativ stabile Merkmale und Strukturen verfügen[79]. Solche Merkmale und Strukturen lassen sich auch hinsichtlich der Faktoren finden, die gemäss Abschnitt

---

77 Siehe Fenner, Hans-Jörg (1978): Soziale Interaktionsformen I: Lehrer - Schüler - Interaktion. In: Minsel / Roth (Hrsg.) (1978), S. 91 - 109. S. 107.

78 Ulich (1974), zitiert nach Derner (1978), S. 3.

79 Ramge, Hans (1983): Unterrichtspläne als komplexe Handlungsformen im Deutschunterricht. In: Ehlich / Rehbein (Hrsg.)(1983), S. 157 - 176. S. 162; Gebauer, M. / Holefleisch, U. / Niessen, M. / Seiler, H. / Vogelsberg, R. (1977): Praxis der Unterrichtsvorbereitung. - Ein Studienbuch. Stuttgart. Sie sprechen von 'routinemässiger Handhabung' der organisatorischen und materiellen Voraussetzungen (S. 27.). Ulich (1981), S. 163, fasst seine Ausführungen zur Schüler - Lehrer - Interaktion wie folgt zusammen: "Insgesamt sorgt jedoch die Institutionalisierung für die Entwicklung relativ stabiler sozialer Beziehungsstrukturen und Verhaltenserwartungen". Ulich, Dieter (1981): Die Lehrer - Schüler - Interaktion. In: Twellmann (Hrsg.) (1981), Bd.1, S. 161 - 177. Aehnlich auch Weissbrodt, Werner (1982): Lehrer, Schüler, Klasse. In: Frommer (Hrsg.)(1982), Bd.2, S. 349 - 389. S. 376; Fend (1980), S. 253; Nickel, Horst (1976): Die Lehrer - Schüler - Beziehung aus der Sicht neuerer Forschungsergebnisse. Ein transaktionales Modell. In: Psychologie in Erziehung und Unterricht, Heft 3, 23. Jg., S. 153 - 172. S. 164 - 166; bezüglich Sprachverhalten des Lehrers: Spanhel, Dieter (1971): Die Sprache des Lehrers. Grundformen des didaktischen Sprechens. (=Sprache und Lernen, Bd.12) Düsseldorf. S. 105.

1.1 die 'Voraussetzungssituation' konstituieren[80]:

2.1.1 Die real-aktuelle Voraussetzungssituation im Schulunterricht

1. Faktoren der Zeit: Die Schulpflicht legt fest, dass jedes Kind von einem bestimmten Alter an eine bestimmte Mindestanzahl Jahre in der Schule unterrichtet und erzogen werden muss. Insofern schulischer Unterricht auch organisierter Unterricht ist, der von einem Lehrer und einer grösseren Schülergruppe veranstaltet wird, ist er auch zeitlich fixiert: Die Gesamtdauer und die Verteilung des Unterrichts über das Jahr sind festgesetzt; der Stundenplan regelt einen Teil des Tagesablaufs, zerlegt ihn in eine alternierende Abfolge von gleich langen Unterrichtseinheiten und gleich kurzen Pausen[81]. Weitere externe zeitliche Gliederungen gibt es nicht, wohl aber solche, die sich als Folge der inneren Organisation des Unterrichts einstellen: Hingewiesen sei in diesem Zusammenhang lediglich auf die didaktisch-methodische Gliederung, die die Unterrichtsstunden üblicherweise prägt[82], sowie auf ritualisierte Handlungen der Interaktionspartner wie Begrüssung und Verabschiedung, die sich nicht auf den Unterrichtsinhalt beziehen, als gewohnheitsmässige Bestandteile der Unterrichtseinheiten und Interaktionsregulativa jedoch ebenfalls ihren festen Platz im

---

80 Die bei zunehmender Dauer der Interaktion und gleichbleibender Personenkonstellation grössere Stabilität der Interaktionsstrukturen erwähnen Priesemann, Gerhard (1971): Zur Theorie der Unterrichtssprache. Düsseldorf. S.193 und Rosemann (1978), S.46.

81 Zur zeitlichen Gliederung von Unterricht siehe etwa Schmidt, Wolfgang (1978 b): Unterricht und Unterrichtsvorbereitung. In: Schmidt (Hrsg.) (1978 a), S. 13 - 30. S. 16; Steindorf, Gerhard (1981): Grundbegriffe des Lehrens und Lernens. Bad Heilbrunn Obb. S. 14; Plotke, Herbert (1979): Schweizerisches Schulrecht. (=Schriftenreihe der Schweizerischen Konferenz der kantonalen Erziehungsdirektoren (EDK), Bd.3) Bern. S. 172 - 175; Mayer, Joachim (1982): Interaktionsverläufe und unterrichtlicher Kontext. Eine Methode zur handlungsorientierten Analyse von Unterrichtsdokumenten. München. Besonders S. 97 - 99.

82 Siehe etwa Aeblis (1983) Unterteilung anhand von 4 'Lernprozessfunktionen': Problemlösendes Aufbauen / Durcharbeiten / Ueben und Wiederholen / Anwenden (Aebli, Hans (1983): Zwölf Grundformen des Lehrens. Eine allgemeine Didaktik auf psychologischer Grundlage. Stuttgart.), oder die 'Phasen' der klassischen Unterrichtsmodelle in der Zusammenfassung bei Ramge (1983), S. 165.

zeitlichen Ablauf einer Schulstunde haben[83].

Unter temporalem Aspekt ist es also sicher nicht verfehlt, von 'stabilen Strukturen' des Schulunterrichts zu sprechen. Man kann auch davon ausgehen, dass diese zeitlichen Strukturen das Verhalten der am Unterricht Beteiligten in starkem Mass prägen (Erziehung zur Pünktlichkeit (Sanktionen!), Konzentration der eigenen Aktivität auf bestimmte zeitliche Bereiche des Unterrichts etc.) und zuweilen auch zu Problemen und Konflikten führen: Gramer (1981)[84] weist darauf hin, dass Konfliktsituationen häufig zu Beginn der Stunden auftreten würden; auch Pallasch / Strehlow (1978)[85] erwähnen, dass Probleme im Unterricht nahe beim Uebergang von Pause und Unterricht häufiger seien sowie generell nach Unterbrüchen des Schulrhythmus' (Ferien, Wochenende); auch die Fächerverteilung im Stundenplan kann zu Problemen führen[86]. Geissler (1981)[87] bemerkt, dass Lehrer, die frontal unterrichten, ihre Aufmerksamkeit gegen Stundenende sowie von Stunde zu Stunde im Verlauf eines Schultages in zunehmendem Mass stärker den leistungsmässigen Spitzen der Klasse zuwenden; auch Zahl und Richtung von Lob und Tadel seien in diesem Sinn an den zeitlichen Ablauf des Tages gebunden[88].

Nach dem bisher Gesagten liegt die Vermutung nahe, dass der Zeitpunkt, zu dem kommuniziert wird, als (temporales) Korrelat von externen oder internen Organisationsformen des Unterrichts auch das sprachliche Verhalten von Lehrer und Schülern beeinflussen wird. Hinsichtlich der Zeitdauer eines Kommunikationsaktes als sprachsteuerndem Faktor wäre hier ein Exkurs zur Kommunikationsstruktur zwischen Schülern und Lehrer im Unterricht notwendig. Da diese in Abschnitt 2.3 ausführlicher dargestellt wird, genüge hier vorerst der Hinweis, dass die Zeitdauer eines Kommunikationsaktes im Kommunikat selbst derart repräsentiert ist, dass für unsere Zwecke von dieser Grösse ausgegangen werden kann.

2. Faktoren des Raumes: Kaum ein Schüler oder Lehrer wird ein Schulhaus oder ein Klassenzimmer betreten, ohne dass gleichzeitig bestimmte Emotionen und Erwartungen in ihm hinsichtlich dessen, was sich mit wem wie in diesen Räumen üblicherweise abspielt, wachgerufen werden. Die Unterrichtsteilnehmer sind also aufgrund

---

83 Auch die 'Sozialformen' - bzw. 'Kommunikationsformen' - des Unterrichts (s.u.) scheinen - meist wohl als Folge des gewählten didaktisch-methodischen Vorgehens - eine typische Verteilung innerhalb der Schulstunden zu kennen. Siehe Geissler, Erich E. (1981): Allgemeine Didaktik. Grundlegung eines erziehenden Unterrichts. Stuttgart. S. 169.

84 Gramer, Egon (1981): Lehrerrolle - Schülerrolle. In Frommer (Hrsg.) (1981), Bd.1, S. 75 - 102. S. 96.

85 Pallasch, Waldemar / Strehlow, Volker (1978): Probleme in der Schul- und Unterrichtssituation. In: Lohmann / Minsel (Hrsg.) (1978), S. 132 - 156. S. 140 f.

86 Ebd.

87 Geissler (1981), S. 157.

88 Siehe auch Fischer, Hardi (1981): Allgemeine Didaktik für höhere Schulen. Zürich. S. 234.

ihrer früheren Erfahrungen in der räumlich-sozialen Umgebung 'Schule' bereits in spezifischer Weise 'eingestimmt'[89].

Schulhäuser und Klassenzimmer als Unterrichtsräume sind in der Regel wegen ihrer typischen Grösse, Gestalt und Ausstattung auch sofort von anderen Gebäuden und Räumen zu unterscheiden.

Klassenzimmer sind üblicherweise nicht veränderbar, wohl aber die Struktur des Raumes: Häufig lässt sich z.B. die Sitz- und Tischordnung umstellen. Niermann (1981)[90] hat auf die Bedeutung aufmerksam gemacht, die diese räumlichen Gestaltungsmöglichkeiten für gruppenspezifische und individuelle Unterrichtsprozesse haben können: Je nach Sitz- und Tischanordnung werden verschiedene Primäradressaten und damit auch formal und inhaltlich unterschiedliche Interaktionsformen (z.B. Frontalunterricht vs. Gruppenarbeit) impliziert. Geht man aber davon aus, dass unterschiedliche Interaktionsformen wegen der veränderten Sprecher - Adressaten - Konstellation auch Aenderungen des Sprachverhaltens nach sich ziehen, so wird man solche räumlichen Faktoren mit in Betracht ziehen müssen, wenn es um die Verteilung von Standardsprache und Dialekt im Unterricht geht[91].

Die räumliche Distanz zwischen Lehrer und Schülern wird variieren je nach momentaner Sprecher - Adressaten - Konstellation (s.u.). Am häufigsten wird jene räumliche Anordnung anzutreffen sein, die dem Frontalunterricht entspricht: Der Lehrer bewegt sich 'vorn' im Klassenraum, die Schüler sitzen verteilt im Rest des

---

89 Stellmacher (1977) weist darauf hin, dass die Rollenbeziehung der Unterrichtsteilnehmer durch die Schulumgebung nachdrücklich verstärkt wird, und zitiert dazu Bock (1968): "[...] to say that a certain part of a building is a classroom is to imply that during certain socially defined periods of time ('class-time') the social roles of 'teacher' and 'pupils' are expected to occur within it." Stellmacher, Dieter (1977): Kommunikation und Redesituation. Zur Analyse des Sprachverhaltens von Schülern in einer soziolinguistischen Untersuchung. In: Goeppert (Hrsg.)(1977), S. 303-318. S. 312.

90 Niermann, Johannes (1981): Methoden der Unterrichtsdifferenzierung. Düsseldorf.

91 Niermann (1981), S. 104, weist zudem auf 'Störfaktoren' bei der Veränderung des Klassenraumes hin wie Lärm, Schwatzen und Zeitverlust beim Umstellen etc. Diese Aktivitäten dürften ebenfalls ihren spezifischen Platz haben hinsichtlich des Verhältnisses von Standard und Dialekt. Ehlich / Rehbein (1976 a), S. 67, weisen auf weitere kommunikative Auswirkungen einer 'Geographie des Klassenzimmers' hin. Ehlich, Konrad / Rehbein, Jochen (1976 a): Sprache im Unterricht - linguistische Verfahren und schulische Wirklichkeit. In: Studium Linguistik, Heft 1, 1. Jg., S. 47 - 69. Zum Einfluss räumlicher Faktoren - allerdings nicht bezüglich ihrer sprachlichen Auswirkungen - siehe auch Pallasch / Strehlow (1978), S. 138 f. und Priesemann (1971), S. 193; Geissler (1981), S. 166. Unter nonverbaler Perspektive siehe Knapp, Mark L. (1979): Nonverbale Kommunikation im Klassenzimmer. In: Scherer / Wallbott (Hrsg.)(1979), S. 320 - 329.

Zimmers. Weiter sind jedoch verschiedene 'Näherungsstufen' anzutreffen bis hin zum Dialog, bei dem sich Lehrer und Schüler unmittelbar gegenüberstehen bzw. -sitzen[92].

Zusammenfassend lässt sich sagen, dass schulischer Unterricht hinsichtlich seiner räumlichen Austragung insgesamt stark normiert ist, da er fast ausnahmslos im 'Klassenzimmer' stattfindet; dass innerhalb der Klassenzimmer gewisse räumlich-strukturelle Differenzierungen, insbesondere was die Tisch- und Sitzordnung angeht, aber möglich sind. Auch die Distanz zwischen den Interaktionspartnern zeigt typische Muster.

3. Interaktionsspezifische Faktoren: Die Kommunikationskonstellation - so, wie sie oben definiert worden ist - ist für den Fall 'Schulunterricht' konstant: Das Beziehungsgefüge besteht stets aus einer bestimmten Anzahl Schüler, die als 'Klasse' über eine längere Zeit den Schulunterricht gemeinsam besuchen, sowie einem Lehrer, der zur Erteilung dieses Unterrichts verpflichtet worden ist. Beide, Schüler und Lehrer, kommen zu einem bestimmten gleichbleibenden Zweck (s.o.) am jeweils gleichen Ort zusammen.

Innerhalb der einzelnen Schulstunden läuft die Lehrer - Schüler - Interaktion jedoch nicht dauernd nach dem gleichen Muster ab; vielmehr lassen sich verschiedene Interaktionstypen unterscheiden, die in der Literatur uneinheitlich auch als Unterrichts-, Lehr-, Sozial-, Aktions-, Arbeitsformen, Lehrverfahren etc. zusammengefasst werden[93]. Als Abgrenzungskriterium dient dabei die Zusammensetzung der jeweils gemeinsam miteinander Interagierenden bzw. die Verteilung der Aktivitäten auf Schüler und Lehrer. Diesen teilweise hoch elaborierten Typologien allgemeindidaktischer Provenienz[94] aus kommunikationsorientierter Sicht zu folgen ist aber deshalb nicht möglich, weil sie wohl an kommunikativen Prozessen ausgerichtet sind, jedoch - explizit oder implizit - nur an solchen, bei denen die zu vermittelnden Wissensinhalte im Vordergrund stehen[95]. Unterrichtssequenzen, bei denen dies nicht der Fall ist, werden damit prinzipiell aus der Betrachtung ausgeschlossen, auch wenn sie von der Interaktionszusammensetzung her durchaus noch in den Kategorienrahmen passen würden.

In Anlehnung an diese didaktischen Typologien, jedoch mit der erwähnten Erweiterung des Interessefeldes auf den gesamten Unterricht, soll bezüglich der im Unterricht jeweils vorherrschenden

---

92 Zu diesem Faktor siehe Knapp (1979), S. 322 f.

93 Pütt, Heinz (1981): Organisations- und Interaktionsformen des Unterrichts. Ueberlegungen zur Unterrichtsmethode. In: Twellmann (Hrsg.)(1981), Bd.4.1, S. 375 - 391. S. 375.

94 Siehe etwa Steindorf (1981), S. 130 - 174; Fischer (1981), S. 167 - 264; Gebauer u.a. (1977), S. 71 - 80; Geissler (1981), S. 148 - 172; Neidenbach, Norbert (1978): Methodik - Medien. In: Schmidt (Hrsg.)(1978 a), S. 74 - 119. S. 90 - 99.

95 Siehe etwa Steindorf (1981), S. 130, der zu Definitionszwecken Rank (1961) folgendermassen zitiert: "'Unterrichtsformen sind Ausprägungen personaler Verhältnisse [...] beim Aneignen der Bildungsinhalte.'"

Kommunikationsformen[96] folgende Unterscheidung vorgenommen werden:

a) Frontalunterricht[97]: Trapp (1981), der sich als einer der wenigen bei seiner Einteilung der 'Sozialformen' des Unterrichts ausdrücklich nicht von den Aktivitäten der Schüler und des Lehrers beim Lern-/Lehrprozess leiten lässt, sondern allein die Art und Weise, wie diese interagieren, zum Kriterium wählt, definiert Frontalunterricht als die "Sozialform [...], bei der die gesamte Klasse als geschlossener Verband (Grossgruppe) mit dem Lehrer interagiert."[98] Diese in der Praxis vorherrschende Form des Unterrichts ist meist gekennzeichnet durch stark asymmetrische Kommunikationsstrukturen mit dem Lehrer in dominanter Position[99]: Er legt die Inhalte fest, über die kommuniziert wird, und regelt die einzelnen kommunikativen Abläufe, die meist über ihn verlaufen: Direkte Schüler - Schüler - Interaktionen sind eher selten, ihre Aktivitäten haben vorwiegend rezeptiven und reaktiven Charakter. Die Sitzordnung ist meist so gewählt, dass alle Schüler zum Lehrer hin ausgerichtet sind, was Schüler - Schüler - Interaktionen zusätzlich erschwert. Bei den Hauptaktivitäten kann grob unterschieden werden zwischen dem Unterrichtsgespräch[100] und der

---

96 Es sei darauf hingewiesen, dass die im folgenden aufgezählten Kommunikationsformen nicht mit der Relation Sprecher - Adressat(en) in der konkreten Kommunikationssituation verwechselt werden dürfen. So kann es während einer Unterrichtssequenz zu Sprechpartnerkonstellationen kommen, die für die eben vorherrschende Kommunikationsform nicht typisch sind, etwa eine Adressierung des Lehrers an die ganze Klasse während einer Phase des 'Einzelunterrichts'.

97 Der Begriff 'Unterricht' impliziert einerseits die Orientierung an einem bestimmten vorgegebenen Bildungsinhalt, der vom Lehrer gelehrt, von den Schülern gelernt werden soll; er meint andererseits aber auch das Insgesamt der Interaktionen zwischen Lehrer und Schülern während einer Schullektion. Nach den obigen Ausführungen dürfte einsichtig sein, dass 'Unterricht' hier in dieser zweiten Bedeutung angesprochen wird.

98 Trapp, Sigmar (1981): Sozialformen des Unterrichts. In Frommer (Hrsg.)(1981), Bd.1, S. 277 - 300. S. 278.

99 Häufig werden als Beleg dafür die empirischen Befunde von Tausch / Tausch (^{7}1973) zur Verteilung der sprachlichen Aktivitäten von Lehrer und Schülern zitiert (Tausch, Reinhard / Tausch, Anne-Marie (^{7}1973): Entwicklungspsychologie. Psychologische Prozesse in Erziehung und Unterricht. Göttingen. S. 212 - 216), so z.B. bei Geissler (1981), S. 155 f.; Trapp (1981), S. 279; Spanhel (1971), S. 114 f.

100 Bei Steindorf (1981) entspricht dies den Kategorien Frage-, Impuls- und Gesprächsunterricht, S. 139 - 155; Rollet, Brigitte (1981): Formen der Unterrichtsorganisation: Unmittelbarer und mittelbarer Unterricht. In: Twellmann (Hrsg.)(1981), Bd.4.1, S. 392 - 405. S. 392, spricht von 'erarbeitendem Unterricht', ebenso Neidenbach (1978), S. 92; Siehe auch Trapp (1981), S. 278; Geissler (1981), S. 152, 159 ff. ('entwickelnder Unterricht' und 'Frage - Antwort - Betrieb').

Lehrerdarbietung[101].

b) Gruppenunterricht: Analog zur Definition des Frontalunterrichts lässt sich der Gruppenunterricht definieren als diejenige Sozial- bzw. Kommunikationsform, bei der die Mitglieder in Schülergruppen entweder untereinander oder zusammen mit dem Lehrer kommunizieren. Partnerarbeit[102] wird dabei als Sonderform des Gruppenunterrichts betrachtet[103]. Dadurch, dass im Gruppenunterricht die Gruppenmitglieder Träger des Interaktionsprozesses sind - und zwar meistens auch dann, wenn der Lehrer sich zu einer Gruppe gesellt -, verändert sich auch die Kommunikationsstruktur gegenüber dem Frontalunterricht: Diegritz und Rosenbusch (1977) konnten mit ihrer 'pragmatisch-dynamischen Methodenkombination' zeigen, dass sich die beiden Kommunikationsformen in einer ganzen Reihe von Merkmalen deutlich unterscheiden[104]. Gesamthaft lässt sich sagen, dass die Regeln, die das kommunikative Verhalten leiten, im Gruppenunterricht der Alltagskommunikation von Gruppen stark angenähert sind[105]. Gebauer u.a. (1977)[106] weisen zu Recht darauf hin, dass Gruppenunterricht in der Regel mit Frontalunterricht verbunden ist: Aufgabenverteilung, Präsentation von Arbeitsergebnissen, Anweisungen von seiten des Lehrers während der Arbeit der Gruppen sind wieder als Frontalunterricht aufzufassen, wenn sich der Lehrer an die gesamte Klasse wendet, auch dann, wenn die Sitzord-

---

101 Steindorf (1981), S. 130 - 139; Rollet (1981), S. 392, unterteilt die darbietende Form weiter in 'vortragen', 'vormachen' und 'vorführen'; Trapp (1981), S. 378, nennt Lehrervortrag und Demonstration, desgleichen Neidenbach (1978), S. 92. Zu dieser Zweiteilung in 'Unterrichtsgespräch' und 'Lehrerdarbietung' siehe auch Gebauer u.a. (1977), S. 72.

102 Steindorf (1981), S. 162 ff.; Neidenbach (1978), S. 95 ff.; Trapp (1981), S. 280 - 284; Fischer (1981), S. 208 - 233.

103 Geissler (1981), S. 168, macht dagegen den Einwand, dass zwei Personen von gruppentheoretischem Standpunkt aus noch nicht als Gruppe bezeichnet werden können. Zur Diskussion des Gruppencharakters der Klasse als ganze siehe Weissbrodt (1982), S. 358 - 361; Lüttge, Dieter / Martens, Sönke / Sumaski, Werner (1978): Aspekte der sozialen Interaktion in Erziehung und Unterricht. (=Hildesheimer Beiträge zu den Erziehungs- und Sozialwissenschaften, Bd.9) Hildesheim / New York. S. 126 - 141. Beide gelangen zu ähnlichen Schlüssen und bezeichnen die Schulklasse als 'Sonderform von Gruppe' (Lüttge u.a.) bzw. als 'soziale Gruppe mit besonderem Charakter' (Weissbrodt).

104 Diegritz, Theodor / Rosenbusch, Heinz S. (1977): Kommunikation zwischen Schülern. Schulpädagogische und linguistische Untersuchungen. Didaktische Konsequenzen. München / Wien / Baltimore. Nachfolgeuntersuchungen stimmten in den Ergebnissen mit den Resultaten von Diegritz und Rosenbusch überein: Ebd., S. 135.

105 Ausführlicher zum Gruppenunterricht siehe Neidenbach (1978), S. 95 - 99; Trapp (1981), S. 284 - 299; Steindorf (1981), S. 166 - 174; Geissler (1981), S. 165 - 168; Fischer (1981), S. 208 - 228.

106 Gebauer u.a. (1977), S. 76.

nung für den Gruppenunterricht bestehen bleibt[107].

c) Einzelunterricht: Diese 'Kommunikationsform' ist dadurch gekennzeichnet, dass die Schüler alleine arbeiten, ohne mit andern Mitgliedern der Klasse zu kommunizieren. Sie wäre insofern für eine an kommunikativen Abläufen interessierte Untersuchung nicht von Belang, wenn nicht, wie während aller andern Kommunikationsformen auch, parallel zur offiziellen Hauptkommunikation eine inoffizielle Nebenkommunikation einhergehen könnte, auf die in Abschnitt 2.3 gesamthaft eingegangen wird. Erwähnt sei hier lediglich noch, dass Einzelunterricht ähnlich wie der Gruppenunterricht normalerweise mit Frontalunterricht gekoppelt ist[108] und, entsprechend den damit verbundenen Lernprozessen des Wiederholens, Anwendens und Vertiefens, meist gegen Stundenende angesetzt wird[109].

d) Uebergangsunterricht: Den bisher erwähnten Kommunikationsformen, die stark von didaktisch-methodischen Ueberlegungen des Lehrers geprägt sind, stehen Phasen des Unterrichts gegenüber, für die eine derartige Ausrichtung nicht gegeben ist: Im wesentlichen handelt es sich dabei um die Eingangsphase des Unterrichts, die üblicherweise so lange dauert, bis der Lehrer sich erstmals an die Schüler wendet; um die Abschlussphase, also jene Zeitspanne vom Moment an, da der Lehrer die Lektion für die Klasse offiziell als beendet erklärt, bis zur Auflösung der unterrichtskonstituierenden Relation Lehrer - Schüler im Rahmen der jeweiligen Lektion: Persönliche Verabschiedungen können darunter fallen oder auch einzelne Gespräche zwischen dem Lehrer und einem oder mehreren Schülern; und schliesslich sind jene Unterrichtsphasen dazuzurechnen, die den Uebergang zwischen den andern Kommunikationsformen bilden, wenn sie nicht bruchlos ineinander übergehen: Meist handelt es sich um unterrichtsorganisatorische Tätigkeiten wie das Umstellen von Sitzordnungen, den Gang hin zu einem Ort des speziellen Interesses (Demonstration eines Experiments etc.) und zurück usw. Auch während solcher Phasen des Uebergangsunterrichts wird natürlich zwischen den einzelnen Mitgliedern der Klasse (inkl. Lehrer) kommuniziert. Insofern damit jedoch Tätigkeiten verbunden sind, die nicht direkt auf einen Lerninhalt hin ausgerichtet sind, Lehrer und Schüler damit auch nicht im gleichen Mass auf ihre Rollen als Lehrende bzw. Lernende verpflichtet sind, kann man wiederum ein spezifisches Sprechverhalten der Kommunikationsteilnehmer vermuten.

Formalitätsgrade unterrichtlicher Kommunikation: Interaktionsnormen als Kriterien zur Unterscheidung verschiedener Formalitäts-

---

107 Die Sitzordnung trägt wie im Fall des Frontalunterrichts auch für den Gruppenunterricht entscheidend zur Erleichterung der Ausprägung der erwähnten Kommunikationsstrukturen bei; s.o. den Abschnitt zu den Faktoren des Raumes.

108 Gebauer u.a. (1977), S. 79.

109 Geissler (1981), S. 169. Ausführlicher zum Einzelunterricht siehe Steindorf (1981), S. 156 - 162; Gebauer u.a. (1977), S. 79 f.; Geissler (1981), S. 168 - 170; Fischer (1981), S. 178 - 207.

grade unterrichtlicher Kommunikation sind keine unabhängigen Variablen, sondern ihrerseits wieder gebunden an die Interaktionspartner, deren Verhalten sie steuern, sowie die aktuelle Kommunikationssituation, in der diese sich befinden. Innerhalb des Kategoriensystems, das in diesem Abschnitt entwickelt werden soll, handelt es sich beim jeweiligen Formalitätsgrad also um eine Resultante vorwiegend aus den Faktoren 'Kommunikationspartner-Konstellation', 'vorherrschender Rollenaspekt', 'Kommunikationsform' und 'Thema'. Wenn auch innerhalb der Unterrichtslektionen sicherlich Feineinteilungen hinsichtlich der Formalität einzelner Interaktionsabläufe vorgenommen werden könnten, so hat schulischer Unterricht als solcher doch eher formellen Charakter - sowohl von seiner gesellschaftlich-institutionellen Verankerung als auch von seiner 'üblichen' Durchführung in der Praxis her gesehen.

Oeffentlichkeitsgrade unterrichtlicher Kommunikation: Unterricht als Interaktionsform ist, gesamthaft betrachtet, dadurch gekennzeichnet, dass im Normalfall nur eine bestimmte Anzahl von Personen daran teilnimmt und dass die personale Zusammensetzung, der jeweils ein erwachsener Lehrer sowie mehrere (meist) noch nicht erwachsene Schüler angehören, über einen längeren Zeitraum konstant gehalten wird. Die Teilnehmer sind überdies verpflichtet, den Unterricht regelmässig zu besuchen. Der Oeffentlichkeitsgrad schulischen Unterrichts ist demnach, betrachtet man ihn gesamthaft, normalerweise konstant und nicht-öffentlich in dem Sinn, als nicht jedermann dazu Zutritt hat; vielmehr handelt es sich dabei um eine 'geschlossene Gesellschaft mit Teilnahmepflicht'. Schaut man jedoch auf die kommunikative Struktur innerhalb des Unterrichts, so lassen sich verschiedene Unterrichtsabläufe mit unterschiedlichem Oeffentlichkeitsgrad unterscheiden: Nicht alle sprachlichen Aktivitäten sind an alle Unterrichtsteilnehmer gerichtet, und nicht alle Unterrichtsteilnehmer nehmen jeweils alle sprachlichen Aeusserungen wahr. Als Kriterium einer Zweiteilung der sprachlichen Aeusserungen im Unterricht in 'öffentlich' und 'nicht-öffentlich' soll hier versuchsweise die (vermutete) Absicht des Sprechers gewählt werden, alle Teilnehmer einer Kommunikationsform anzusprechen oder aber einzelne von ihnen von der Wahrnehmung seiner Aeusserung auszuschliessen[110].

---

110 Diese Unterscheidung deckt sich nicht mit jener der Arbeitsgruppe Braunschweig (1983), die 'Haupt-' und 'Nebenkommunikation' auseinanderhält; dort wird als Differenzierungsmerkmal die Lehrziel- bzw. Nicht-Lehrzielorientiertheit einer Interaktion gewählt. Wenn es jedoch - wie bei meiner Unterscheidung übrigens auch - darum geht, mit dem Begriff der 'Nebenkommunikation' jene "zahlreiche[n] nicht-erwünschte[n] oder nicht-beachtete[n] Formen [...] in verbaler oder non-verbaler Form" (S. 103) vor, während und nach dem Unterricht besser fassen zu können, so mutet es doch etwas merkwürdig an, wenn eine Unterhaltung des Lehrers mit der ganzen Klasse in die Kategorie 'Nebenkommunikation' fällt, weil sie eben "nicht oder nicht direkt auf Lehrplanung, Lernorganisation und Lernkontrolle zu beziehen" ist (S. 103). Arbeitsgruppe Braun-

Bekanntheitsgrad der Unterrichtsteilnehmer: Je nachdem, wieviele Fächer ein Lehrer in einer Klasse unterrichtet und wie lange Lehrer und Schüler einander kennen, werden sie mehr oder weniger feste Vorstellungen voneinander, mehr oder weniger feste Erwartungen aneinander hinsichtlich des Verhaltens im Unterrichtsraum haben; sie werden also auch die Normen und Regeln des Sprachgebrauchs besser oder schlechter kennen und im Umgang mit ihnen sicherer oder unsicherer agieren, werden wissen - oder eben nicht -, ob und wann gewisse (sprachliche) Verhaltensmuster im Sinn von nicht-kodifizierten Normen interpretiert werden können.

Ein Versuch, den oder eigentlich die jeweiligen Bekanntheitsgrade innerhalb einer Klasse als aussenstehender Beobachter analytisch zu eruieren mit all ihren Implikationen für das Sprachverhalten der Unterrichtsteilnehmer[111], ist m.W. noch nicht unternommen worden und ist hier auch nicht zu leisten. Eine Angabe, wie oft pro Woche[112] die untersuchte Klasse mit demselben Lehrer Unterricht hat und wie lange der Lehrer diese Klasse bereits unterrichtet, könnte jedoch einen ersten Anhaltspunkt geben im Hinblick auf Existenz und Verbindlichkeit besonders inoffizieller, nichtkodifizierter Normen und Regeln.

Offenheit schulischer Kommunikation: Was die Sprecher - Hörer - Konstellation Lehrer - ein/mehrere/alle Schüler, die in dieser Arbeit am meisten interessiert, angeht, kann unter Verweis auf die Ausführungen in Abschnitt 2.2 kurz folgendes gesagt werden: Dadurch, dass der Lehrer in seiner Funktion als Lehrer jeweils die Verantwortung übernimmt für die Leitung auch des sprachlichen Geschehens im Unterricht, also bestimmen kann, wer wann was sagen soll[113], die Schüler hingegen eine vorwiegend reaktive und rezeptive Haltung zeigen als Folge der schulischen Rollenverteilung und sich zudem diesem Beziehungsmuster nicht entziehen oder sich ihm widersetzen können, ohne im allgemeinen mit schwerwiegenden Sanktionen rechnen zu müssen, handelt es sich bei der Lehrer - Schüler - Beziehung grundsätzlich um eine 'geschlossene' Kommuni-

---

schweig (1983): Zum Verhältnis von Haupt- und Nebenkommunikation im Unterricht. In: Ehlich / Rehbein (Hrsg.)(1983), S. 102 - 129. An der Feststellung von Ehlich / Rehbein (1976 a), S. 48, dass die meisten Analyseverfahren schulischer Kommunikation jene sprachlichen Aktivitäten, die nicht dem offiziellen Unterrichtsdiskurs angehören, ausblenden, hat sich im übrigen seither wenig geändert. Zum Oeffentlichkeitsgrad von Unterricht als solchem siehe auch Wellendorf, Franz ([2]1979): Schulische Sozialisation und Identität. Zur Sozialpsychologie der Schule als Institution. Weinheim / Basel. S. 44.

111 Anzumerken wäre hier vielleicht noch, dass Bekanntheitsgrad und Sprachverhalten natürlich in einem wechselseitigen Beeinflussungsverhältnis stehen.

112 Die Woche kann als Folge des Stundenplans als 'schulische Grundzeiteinheit' betrachtet werden.

113 Siehe Hymes (1972), S. 6, zitiert nach Ehlich / Rehbein (1976 a), S. 59.

kationskonstellation[114]. Da wir es bei diesem Kommunikationsmerkmal von Unterricht mit einer Konstanten zu tun haben, erübrigt es sich, sie weiter zu verfolgen[115].

4. Das Umfeld der Aeusserung: Die thematische Komponente schulischer Kommunikation: Von den drei Grundfunktionen der Schule, die oben erwähnt wurden, findet die Qualifikationsfunktion im Schulalltag den explizitesten Ausdruck: Dem Lehrer tritt sie in Form des Lehrplans, nach dem er sein Handeln ausrichtet, entgegen, der Schüler wird konfrontiert mit einer Fülle bislang unbekannten Wissens und neuer Fertigkeiten, die er sich anzueignen hat. Auch bei der Selektion, die in der Schule stattfindet, dienen ausdrücklich nur dieses Wissen und diese Fertigkeiten als Leistungsmassstäbe, während gesellschaftliche Normen, Werte und Interpretationsmuster (Fend (1980): Legitimationsfunktion) weit weniger offensichtlich und bewusst intendiert vermittelt werden. Zur tatsächlichen Durchdringung der beiden Bereiche im Unterricht schreibt Fend (1980):

> "Der Schüler begegnet also nicht der Kultur an sich; er erfährt sie im kommunikativen Kontext unterrichtlichen Handelns der Lehrer. Er lernt dabei gleichzeitig, wie Anforderungen durchgesetzt werden, welche Formen legitim und welche illegitim sind. Er lernt nicht nur Inhalte kennen, sondern Modi der sozialen Kontrolle, Umgangsformen, Beeinflussungsformen, Erziehungsweisen - wie immer man diese Handlungstypen bezeichnen mag."[116]

Wenn oben das 'Aeusserungsthema' als die Objekte, Handlungen, Ideen etc. definiert wurde, über die die Kommunikationsteilnehmer explizit miteinander sprechen, so handelt es sich bei den Aeusserungsthemen im Unterricht demnach primär um jenes Wissen, jene Fähigkeiten, um derentwillen Schule 'eigentlich' veranstaltet

---

114 Vgl. Boettcher, Wolfgang (1975): Kommunikation und Sprache in der Schule. In: Sowinski (Hrsg.)(1975), S. 64 - 78.

115 Interne Differenzierungen liessen sich hier anbringen, werden für unsere Fragestellungen jedoch kaum relevant: So ist etwa die Schüler - Schüler - Kommunikation sicher eine 'offene', und auch bei der Schüler - Lehrer - Konstellation lassen sich Ausnahmen von der erwähnten Regel finden.

116 Fend (1980), S. 167. Zu verweisen ist hier auf die Diskussion um das 'heimliche Curriculum'. Siehe Zinnecker, Jürgen (Hrsg.) (1975): Der heimliche Lehrplan. Untersuchungen zum Schulunterricht. Weinheim / Basel; Fend (1980), S. 4, 226; Kickhöfer (1981), S. 52. Geissler (1981), S. 151 f., spricht in diesem Zusammenhang davon, dass Erziehung "auf dem 'Rücken von Unterricht'" geschehen würde.

wird[117].

Hat eine Aeusserung (offizielle) curriculare Inhalte zum Thema, so soll sie fortan als 'lerninhaltzentriert' bezeichnet werden[118]. Keine Unterrichtsstunde wird sich aber lediglich aus lerninhaltzentrierten Aeusserungen zusammensetzen; vielmehr werden sich Schüler und Lehrer auch zur Organisation des Lehr- / Lernprozesses äussern (hierzu gehören auf Lehrerseite Handlungsanweisungen an die Schüler hinsichtlich der Lerninhalte, die Aufgabenverteilung, aber auch Lob und Tadel nach lerninhaltzentrierten Schüleräusserungen etc.; auf Schülerseite beispielsweise Fragen, Kommentare etc. zum Vorgehen hinsichtlich der Lerninhalte) sowie zum Unterrichtsprozess an sich, unabhängig vom Lerninhalt, aber auf die Ermöglichung bzw. Verbesserung der Lehr- und Lernprozesse hin ausgerichtet (auf Lehrerseite: Handlungsanweisungen, die der Aufrechterhaltung des Unterrichts dienen, seien sie personaler Art (z.B. Verwarnungen bezüglich des Schülerverhaltens) oder die temporalen bzw. lokalen Bedingungen des Unterrichts betreffend). Insofern es sich bei diesen beiden Typen jeweils um Aeusserungen handelt, die nicht die Lerninhalte selbst zum Thema haben, deren Thema aber an diese Inhalte gebunden ist in dem Sinn, dass durch die Aeusserungen die lerninhaltzentrierten Prozesse ermöglicht, aufrechterhalten, verbessert etc. werden sollen, werden sie hier als 'lerninhaltorientierte' Aeusserungen zum Lehr- / Lernprozess bzw. zum Unterrichtsprozess bezeichnet. Im weiteren können auch Bereiche thematisiert werden, die wohl mit dem aktuellen Unterricht oder mit Unterricht überhaupt zu tun haben, nicht aber mit dem aktuellen Lehr- / Lernprozess in Zusammenhang stehen (nicht lerninhaltorientierte Aeusserungen zum Unterricht) sowie solche, die mit 'Schule' nichts zu tun haben (nicht schulisch orientierte Aeusserungen). Und schliesslich ist unter thematischem Blickwinkel jene Kategorie von Aeusserungen zu nennen, die direkt kein Thema erkennen lassen, über das die Kommunikanten sich unterhalten würden, wie Anreden, Gruss- und Abschiedsformeln, Ausrufe etc.

---

117 Steindorf (1981), S. 13 f., zeigt sehr schön auf, welche Merkmale dieses Wissen als durch die Schule 'vermittelte Welt' aufweist: Durch die Reduktion von Komplexität wird einerseits die didaktische Präsentation erleichtert, andererseits geht dadurch die Verbindung der Inhalte mit der konkreten Lebenswirklichkeit, ihre Einbettung in diese verloren, was dann zur von Schülerseite oft beklagten 'Lebensferne' des Schulunterrichts führt.

118 Eine zusätzliche Differenzierung dieser 'lerninhaltzentrierten' Aeusserungen, beispielsweise anhand des Kriteriums der emotionalen Nähe zum Thema, des Bezugs zur eigenen konkreten Erfahrungswelt des Schülers, soll hier unterbleiben, obwohl sich daraus sicher ebenfalls interessante Aufschlüsse im Hinblick auf die in dieser Arbeit interessierenden Fragen ergeben würden. Siehe Kropf, Thomas (1983): Zur gesprochenen Standardsprache in der Primarschule. Fallstudie in 2 Klassen der Unterstufe im Kanton Zürich. Ungedruckte Lizentiatsarbeit. Zürich. S. 21 f. Vgl. dazu auch die Forderungen bei Boettcher (1975), S. 64.

Im Ueberblick ergibt sich demnach hinsichtlich des Themabezugs einer Aeusserung folgendes Bild:

- lerninhaltzentrierte Aeusserung
- lerninhaltorientierte Aeusserung: - zum Lehr- / Lernprozess
  - zum Unterrichtsprozess
- nicht lerninhaltorientierte Aeusserung zum Unterricht
- nicht schulisch orientiere Aeusserung
- themalose Aeusserung

Diese Kategorien können nun aber ausser zur thematischen Klassifizierung einer einzelnen Aeusserung auch herangezogen werden, um das 'thematische Umfeld' zu kennzeichnen, das ja Teil der real-aktuellen Voraussetzungssituation ist. Beim 'lerninhaltzentrierten thematischen Umfeld' dürfte sich im konkreten Fall eine weitere Unterteilung anhand der verschiedenen Schulfächer als sinnvoll erweisen, da nicht in allen von ihnen der Sprache als Medium und teilweise als Gegenstand des Unterrichts die gleiche Bedeutung zugeschrieben wird und sich infolgedessen auch verschiedene kommunikative Umgangsformen entwickeln werden.

2.1.2 Die individuell-erfahrungsmässige Voraussetzungssituation

5. Kodifizierte Normen, die die schulische Kommunikation betreffen: Dass Lehren und Lernen sich vorwiegend im Medium der Sprache vollziehen, dass Unterricht sich als Folge seines Auftrags, kulturelle Wissens- und Wertsysteme zu vermitteln, in seiner heute üblichen Organisationsform durch eine - fächerübergreifende - Dominanz der sprachlichen gegenüber anderen Interaktionsmodi auszeichnet, ist bekannt[119] und spiegelt sich auch in den sprachsteuernden offiziellen Regelungen zum schulischen Sprachgebrauch: So ist es etwa ein unbestrittenes zentrales Anliegen der Gymnasien, den Schülern zu einem fehlerlosen Gebrauch der 'Muttersprache' zu verhelfen, wobei diese Aufgabe nicht allein dem Deutschunterricht zugewiesen wird, sondern auch allen andern Fächern[120].

6. Nicht-kodifizierte Normen, die die schulische Kommunikation regeln: Gesamthaft betrachtet betreffen die kodifizierten Normen den Sprachgebrauch in einem umfassenden Sinn, sie stecken grobe Ziele ab und orientieren sich an einem Unterrichtsbegriff, der lediglich den didaktischen Lehr- / Lernprozess umfasst. Differenzierungen finden sich allenfalls noch bezüglich der Fächereinteilung, während auf weitere spezifische Charakteristika des Unterrichts nicht eingegangen wird. Von diesen Normen darf also

---

119 Fischer (1981), S. 178; Spanhel (1971), S. 155, 157; Ehlich / Rehbein (1976 a), S. 47.

120 Fischer (1981), S. 40; Plotke (1979), S. 166 - 169. Siehe weiter dazu die einzelnen kantonalen Schulgesetze und Verordnungen.

nicht erwartet werden, dass sie den Sprachgebrauch der Unterrichtsteilnehmer auch nur annähernd regeln; sie werden grobe Richtlinien bilden, mehr nicht. Dass im schulischen Unterricht jedoch jeweils ein ganzes System sprachsteuernder Regeln aufgebaut wird, legt allein schon die hier ausführlich dargelegte Ansicht nahe, dass es sich beim schulischen Unterricht um ein relativ starres Interaktionsgefüge handelt, das dem Verhalten - auch dem sprachlichen - der Teilnehmer nur wenig Freiraum lässt. Ein solches sprachsteuerndes Regelsystem wird, wie in andern Institutionen auch, überwiegend von nicht-kodifizierten Normen gebildet, die, je nach der Funktion, die sie erfüllen, zu den kodifizierten in Uebereinstimmung stehen oder in einem mehr oder weniger scharf ausgeprägten Spannungsverhältnis. Dass sie im Einzelfall nur anhand einer Kommunikationsanalyse des betreffenden Unterrichts ermittelt werden können, wurde bereits erwähnt.

7. Persönlichkeitsmerkmale als sprachsteuernde Faktoren im Unterricht: Spezifisch schulisches Sprachverhalten von Lehrer und Schülern im Unterricht wird kaum adäquat erklärt werden können, wenn nicht auch aus entwicklungspsychologischer Sicht an die dabei auftauchenden Fragen herangegangen wird: Abhängig vom Entwicklungsstand - vergröbert: vom Alter - der Interagierenden sind u.a. die linguistische und die kommunikative Kompetenz, die Fähigkeit zur Wahrnehmung und Uebernahme von Rollenmerkmalen[121], die Entwicklung und Festigung sprachbezogener Einstellungen usw.

Nun ist schulischer Unterricht im Normalfall ja dadurch gekennzeichnet, dass Schüler gleichen Alters und mithin etwa gleichen Entwicklungsstandes zu Klassen zusammengefasst werden. Der Unterschied bezüglich der erwähnten Merkmale zum Lehrer dürfte infolgedessen für alle Schüler einer Klasse etwa gleich gross sein. Je nach Klasse, in der ein Lehrer unterrichtet, wird er sich dem Entwicklungsstand - auch dem sprachlichen - anzupassen haben, wird sein Sprachverhalten anders ausgeprägt sein. Umgekehrt wird auch das entsprechende Verhalten der Schüler je nach Entwicklungsstand ein anderes sein, und es spricht einiges dafür, dass auch die Wechselmechanismen zwischen der Standardsprache und dem Dialekt im deutschschweizerischen Schulunterricht von diesem Faktor abhängig sind[122].

Es wird also sicher notwendig sein, das Alter der Schüler und dasjenige des Lehrers - auch sein kommunikatives Verhalten verändert sich ja noch, wenn auch nicht mehr im gleichen Ausmass wie im Schüleralter - als Hinweis auf verschieden ausgebildete kommunikative Voraussetzungen mit in die Ueberlegungen einzubeziehen.

---

121 Siehe z.B. Flavell, John H. (1977): Die Entwicklung der Rollenübernahme- und Kommunikationsfähigkeiten bei Kindern (Auszüge). In: Kochan, Barbara (Hrsg.)(1977), S. 281 - 315.

122 Kropf (1983), S. 58 - 62. Dort wurden als Ergebnis eines Vergleichs verschiedener Wechseltypen von der Standardsprache zum Dialekt bei den Schülern schulstufenspezifische und schulstufenunabhängige Wechselformen gefunden.

2.2 Die Kommunikationspartner im Unterricht

2.2.1 Schulexterne Positionsdefinitionen

Gemäss den Funktionen, die der Institution Schule gesellschaftlich zugewiesen sind, sind auch die Positionen von Lehrern und Schülern als personale Träger des schulischen Unterrichts - ihre Stellung, Rechte und Pflichten - bis zu einem bestimmten Grad rechtlich geregelt[123].

Es ist kaum zu bezweifeln, dass diese Bestimmungen das berufliche Selbstverständnis, die Eigenerwartungen des Lehrers hinsichtlich des Verhaltens den Schülern gegenüber massgeblich prägen: Das Gesamt seiner Handlungen ist letztlich im Rahmen dieser institutionellen Vorgaben legitimierbar und kann in den meisten Fällen auch daraus abgeleitet werden. Die konkrete Ausgestaltung der Rollensektoren von Lehrer und Schülern als Unterrichtsteilnehmer erfolgt jedoch erst im Unterricht selbst.

2.2.2 Interaktionelle Rollenbildung

Nickel (1976)[124] hat in seinem 'transaktionalen Modell der Lehrer - Schüler - Beziehung' eine Systematisierung der Faktoren vorgenommen, die für die Ausprägung des spezifischen Schüler- und Lehrerverhaltens verantwortlich sind, die also auch für die Konstituierung und Interpretation der entsprechenden Rollensektoren entscheidend sind: Als Folge des soziokulturellen Bezugsrahmens, in dem Schüler und Lehrer leben, und als Folge der Wahrnehmung des Schülers durch den Lehrer und umgekehrt, bilden sich beim Lehrer Gewohnheiten, Einstellungen, Rollenerwartungen sowie implizite Persönlichkeits- und Führungstheorien, die in seinem Verhalten ihren Ausdruck finden und seinen Erziehungs- und Unterrichtsstil prägen. Beim Schüler kann man sich den Vorgang analog vorstellen: Den 'impliziten Führungstheorien' entsprechen nun aber implizite Theorien, wie man sich als (geführter) Schüler dem Unterrichts- und Erziehungsverhalten des Lehrers, aber auch den Mitschülern gegenüber verhalten soll. Diese Konzepte beeinflussen dann das Sozialverhalten und auch die schulischen Leistungen des

---

123 Eine ausführliche Darstellung zu den Verhältnissen in der Schweiz findet sich bei Plotke (1979), besonders S. 271 - 327 (Schüler) und 348 - 456 (Lehrer). Zu den Verhältnissen in der Bundesrepublik siehe Roeser, Karsten (1981): Rechte und Pflichten des Schülers - Rechte und Pflichten des Lehrers. In: Twellmann (Hrsg.)(1981), Bd.3, S. 206 - 225.

124 Nickel (1976), S. 164 ff.

Schülers[125].

Dass Erwartungshaltungen, wie sie als Ausdruck von Rollen bzw. Rollensektoren definiert worden sind, das Lehrer- und Schülerverhalten entscheidend mitbestimmen, darf heute als gesichert gelten. Wohl haben Nachfolgeuntersuchungen die Ergebnisse von Rosenthal / Jacobson[126] relativiert[127]; fest steht hingegen nach wie vor, dass sowohl Lehrer[128] als auch Schüler[129] über klar umschriebene Erwartungen hinsichtlich des Verhaltens der andern Unterrichtsteilnehmer verfügen und dass sich Unterrichtsinteraktion damit auch unter rollentheoretischen Gesichtspunkten angehen lässt.

Hinsichtlich der unterrichtsinternen Rollendifferenzierung soll in dieser Arbeit berücksichtigt werden:

a) in welchem Ausmass die Themenvorgabe durch den Lehrer bzw. die Schüler erfolgt;
b) wie stark der Diskurs vom Lehrer bzw. von den Schülern geleitet wird;
c) wer wann das Recht hat, die Unterrichtsvarietät zu bestimmen;
d) in welchem Mass Kommunikationsaufnahme, -abschluss, Sprecherwechsel vom Lehrer bzw. von den Schülern organisiert werden;
e) wie initiativ bzw. reaktiv sich Lehrer bzw. Schüler am Unterricht beteiligen.

2.2.3 Rolle und Rollensektoren des Lehrers

Der Lehrer ist, insofern er ausdrücklich zur Realisierung der Zielvorstellungen der Schule verpflichtet ist, auch 'Repräsentant'

---

125 Ebenfalls zu diesem Aspekt der Schüler - Lehrer - Interaktion siehe Weissbrodt (1982), S. 370 - 375; Fenner (1978), S. 92 - 99; Ulich (1981).

126 Rosenthal, Robert / Jacobson, Lenore ([2]1974): Pygmalion im Unterricht. Lehrererwartungen und Intelligenzentwicklung der Schüler. Weinheim.

127 Sehr detailliert und umfangreich etwa bei Brophy, Jere E. / Good, Thomas L. (1976): Die Lehrer - Schüler - Interaktion. München / Berlin / Wien. Siehe auch Heckhausen, Heinz (1978): Lehrer - Schüler - Interaktion. In: Weinert / Graumann / Heckhausen / Hofer (Hrsg.)([6]1978), S. 547 - 573. S. 259 ff., der mit einer Theorie der Kausalattribuierung Einblick in die Bedingungen zu erhalten versucht, unter denen Pygmalion-Effekte im Klassenzimmer entstehen können.

128 Brophy / Good (1976); Rosemann (1978); Weissbrodt (1982), S. 377 ff.

129 Rosemann (1978); Weissbrodt (1982), S. 376 f.; Boettcher (1975), S.67.

dieser Bildungsinstitution[130]. Gesamtgesellschaftlich steht er in einem komplexen Beziehungsgeflecht mit verschiedenen Bezugsgruppen (Staat, Eltern, Schulbehörden etc.) und entsprechend verschiedenen Ansprüchen und Erwartungen[131]. Aber auch im Unterrichtszimmer selbst sind seine Aufgaben divergent: Er soll, als konkrete Umsetzung der gesellschaftlichen Funktionen der Schule, unterrichten, prüfen, erziehen etc., wobei diese Aufgaben teilweise auch noch 'diffusen Charakter'[132] haben, indem sie nur in gewissen Teilbereichen (unterrichten, beurteilen) einigermassen präzise festgelegt, ansonsten aber nur sehr allgemein umschrieben sind.

Diesen Aufgaben, denen der Lehrer im Unterricht gleichzeitig nachkommen soll, entsprechen aber Erwartungen, die nicht zugleich realisiert werden können: Als von der Institution beauftragter Beamter ist er verpflichtet, den Schülern Wissen, Fertigkeiten und Verhaltensweisen zu vermitteln und sie nach leistungs- und wettbewerbsorientierten Kriterien zu beurteilen; als Pädagoge dagegen hat er Charakter, Verstand und Gemüt zu bilden und soll, geleitet von den Bedürfnissen und Erwartungen der Kinder und Jugendlichen, die Entwicklung und Entfaltung der Schüler fördern. Dieser Widerspruch, der das Handeln des Lehrers prägt, wird allgemein als der zentrale Rollenkonflikt des Lehrerberufs betrachtet[133].

---

130 Steinhoff, Erwin (1981): Lehrer als 'Repräsentanten' von Bildungsinstitutionen und das Theorie - Praxis - Problem in der Lehrerausbildung. In: Twellmann (Hrsg.)(1981), Bd.5.1, S. 3 - 17.

131 Schematisch zusammengefasst bei Geissler (1981), S. 61; Keller, Rudolf / Pia, Daniel / Rufer, Martin (1976): Das Konfliktfeld Schule als Ursache zur Aufgabe des Lehrerberufes. Sozial-psychologische Untersuchung zur (ehemaligen) Berufssituation aus dem Schuldienst ausgetretener Primarlehrer und -lehrerinnen der Kantone Bern und Aargau. Bern / Stuttgart. S.22.

132 Spanhel, Dieter (1981): Die Rolle des Lehrers in unserer Gesellschaft. In: Twellmann (Hrsg.)(1981), Bd.1, S. 101 - 121. S. 112.

133 Kickhöfer (1981), S. 35 f.; Keller u.a. (1976), S. 47, zitieren dazu Adorno, der den Lehrer zugleich als "Agenten der Gesellschaft" und "Anwalt des Kindes" sah. Diesem Konflikt entsprechen auch die beiden grundlegenden Koordinaten des Lehrerverhaltens nach Tausch / Tausch (^{7}1973), diejenigen von +/- Lenkung, Dirigierung, Kontrolle und +/- Wertschätzung, Zuneigung, emotionale Nähe. Angesichts dieser Belastung ist es auch nicht verwunderlich, wenn im Selbstverständnis vieler Lehrer der Rollensektor des Wissensvermittlers gegenüber demjenigen des Erziehers überwiegt, da sie gesellschaftlich dort stärker abgesichert sind. Fenner (1978), S. 99; Nickel (1976), S. 157; Geissler (1981), S. 62, 69; Siehe dazu auch Kickhöfers (1981) Ausführungen zur 'Linderung von Erwartungsdiskrepanzen', S. 66 - 91. Behr u.a. (^{2}1978), S. 183 - 185, weisen dem Lehrer im Unterricht ausserdem diverse 'Situationsrollen' zu je nach ausgeführter Tätigkeit: So kann er als Erzähler, Zuhörer, Gesprächsleiter, Referent etc. auftreten.

Ferner spricht Fend (1980)[134] davon, dass sich der Lehrer in einer doppelten Autoritätsrolle befinde, die zu einer nicht aufhebbaren sozialen Distanz zum Schüler führen würde, und nennt dabei den Generationenunterschied sowie das Wissensgefälle. Nimmt man den Umstand hinzu, dass der Lehrer im Unterricht auch immer als Person auftritt, die mit Aufgaben und Kompetenzen zur Erfüllung dieser Aufgaben ausgestattet worden ist, so darf man sicherlich sogar von einer dreifachen Autoritätsrolle sprechen.

Das Verhalten des Lehrers in der Klasse wird durch die bisher erwähnten Rollenaspekte geprägt, nicht aber festgelegt. Spanhel (1981) bemerkt, bei der sozialen Rolle des Lehrers handle es sich um ein "sehr komplexes, jederzeit offenes und dynamisches, damit aber notwendig interpetationsbedürftiges Orientierungsmuster für soziales Handeln [...], das den einzelnen geradezu zwingt, sich in jeder konkreten Situation zu entscheiden, wie er seine Rolle spielen will."[135] Diese situationsspezifische Interpretationsnotwendigkeit verweist wiederum auf den Begriff der Rollendistanz, den Aspekt der aktiven Mitgestaltung des Verhaltens[136]. Als Kriterium, an dem gemessen werden kann, ob es sich im Unterricht beim Lehrer jeweils um eher rollenkonformes oder eher rollendistanziertes Verhalten handelt, scheinen mir nur die Fremderwartungen in Frage zu kommen, die von den Schülern an den Lehrer gerichtet werden und die von diesem interpretativ mit in seine Interaktionsplanung einbezogen werden[137]. Diesen Umstand mit in eine Unterrichtsanalyse einzubeziehen würde genaue Kenntnisse der innerhalb einer Klasse etablierten Interaktionsmechanismen bedingen; solcher Einbezug muss in dieser Arbeit unterbleiben. Hingegen soll versucht werden, mittels einer groben Unterscheidung den vorherrschenden Rollensektor zu berücksichtigen: Diese Unterscheidung wird sich am geschilderten zentralen Rollenkonflikt ausrichten und dabei ein 'eher wissenszentriertes' Rollenverhalten, das den Lehrer primär als Vermittler des vom Lehrplan vorgegebenen Bildungsgutes und als Repräsentanten der schulischen Institution sieht, von einem 'eher schülerzentrierten' Rollenver-

---

Behr, Klaus / Grönwoldt, Peter / Nündel, Ernst / Röseler, Richard / Schlotthaus, Werner ([2]1978): Folgekurs für Deutschlehrer: Didaktik und Methodik der sprachlichen Kommunikation. Weinheim / Basel.

134 Fend (1980), S. 256.

135 Spanhel (1981), S. 112. Siehe dazu auch Gramer (1981), S. 81, 88, der im schulischen Handlungsfeld verschiedene Grade der Rigidität der Erwartungen unterscheidet und ihnen auch verschiedene Arten von Sanktionen zuordnet.

136 Boettcher (1975), S. 74, vertritt sogar die Meinung, dass "die (eindeutig dominante) Positionsrolle des Lehrers" dennoch "gleichwertige Situationsrollen für Lehrer und Schüler auf der Ebene konkreter Unterrichtsprozesse" erlaube.

137 Zu einzelnen Aspekten der Rollendistanz beim Lehrer siehe Wellendorf ([2]1979), S. 147 - 158; Keller u.a. (1976), S. 21, 25.

halten trennen, bei dem der Lehrplan als Orientierungspunkt für das Lehrerverhalten zurücktritt[138].

2.2.4 Rolle und Rollensektoren des Schülers

2.2.4.1 Der Schüler als Gegenpart des Lehrers

Der Schüler ist derjenige, für den der Unterricht veranstaltet wird: Er untersteht der Pflicht, sich bilden und erziehen zu lassen (Schulpflicht), muss in vorbestimmten Gruppen gleichaltriger Schüler (Klassen) zu bestimmten Zeiten und regelmässig zum Unterricht erscheinen, hat dort aktiv mitzuarbeiten, Hausaufgaben zu lösen und sich mündlichen und schriftlichen Tests zu unterziehen. Kurz: "Innerhalb der Schule hat sich der Schüler grundsätzlich so zu verhalten, dass er den Erziehungs- und Bildungsauftrag der Schule fördert und die Ordnung des Schulbetriebes wahrt."[139] In sekundär-komplementärer Position gegenüber dem Lehrer hinsichtlich der erwähnten 'dreifachen Autoritätsrolle' und als Folge der generellen Leistungsorientierung des Schulbildungssystems, die er wiederum durch den Lehrer vermittelt bekommt, steht der Schüler unter ständigem Anpassungsdruck an die vorgegebenen Massstäbe auf allen schulischen Erfahrungsfeldern[140].

Wie sich das Erleben dieser Autoritätsstrukturen auf das Verhal-

---

138 Ich bin mir der Problematik einer solchen Dichotomisierung des Rollenverhaltens des Lehrers bewusst (siehe dazu auch Steinhoff (1981), S. 8); den Faktor grob zu erfassen und ihn im Zweifelsfall als solchen zu kennzeichnen scheint mir in diesem Fall aber sinnvoller, als ihn ganz beiseite zu lassen.
Eigentlich müsste an dieser Stelle auch eine Diskussion jener Dimension des Lehrerverhaltens erfolgen, die in der Literatur als 'Führungsstil' o.ä. abgehandelt wird. Es wird jedoch darauf verzichtet, da die Ergebnisse dieser nun bereits seit Jahrzehnten anhaltenden Auseinandersetzung um das Lehrer-'Führungsverhalten' zu sehr umstritten sind - teilweise wird auch recht ideologisch gefochten-, als dass sie hier in Kürze thematisiert und für unsere Zwecke operationalisiert werden könnten.

139 Roeser (1981), S. 21. Vgl. zu den Lehrererwartungen auch Brophy / Good (1976), S. 28 ff.

140 Fend (1980), S. 175, bezeichnet Leistungsdruck und Schülerangst als das vorherrschende Begriffspaar in der aktuellen Untersuchung schulischer Leistungsprozesse. Formen solchen Anpassungsdrucks sowie deren Bedeutung innerhalb des schulischen Interaktionsfeldes hat Wellendorf ([2]1979) anhand ritueller Aktivitäten eingehend erörtert; er kommt (u.a.) zum Schluss, dass durch institutionalisierte Rituale der Zwangscharakter schulischer Verhaltenserwartungen, Normen und Reglemente noch verstärkt würde: "Durch die Teilnahme an Ritualen soll den einzelnen deutlich werden, dass Abweichungen

ten des Schülers auswirkt, ist m.W. noch nicht genauer untersucht worden; Steinhoff (1981) vermutet, dass es sich "eher in den polaren Verhaltensweisen der Konformität oder des Widerstandes ausprägen und im Verhältnis zum Lehrer spiegeln" wird[141]. Fend (1980) äussert sich ebenfalls in diesem Sinn, wobei er den Widerstand der Heranwachsenden weniger als naturgegeben betrachtet, sondern vielmehr als "eine Reaktionsform auf die strenge Durchsetzung von Vorstellungen der Erwachsenen" und dabei auf experimentelle Erfahrungen mit weniger autoritären Erziehungsformen in Grossbritannien und den USA verweist[142].

Es wurde oben erwähnt, dass aus der Sicht der Schule und auch des Lehrers vom Schüler grundsätzlich konformes Verhalten verlangt wird oder zumindest erwünscht ist; der Schüler kann nun diesen Erwartungen nachkommen oder nicht. Wiederum vereinfachend und unter Berücksichtigung der vermuteten polaren Ausprägung des Schülerverhaltens soll deshalb von einem 'eher konformen' bzw. einem 'eher obstruktiven' Rollenverhalten gesprochen werden, wobei konformes Verhalten grundsätzlich dann vorliegt, wenn dem Lehrer unterstellte Erwartungen erfüllt werden; obstruktives Verhalten liegt dann vor, wenn solche Erwartungen nicht erfüllt werden.

Die Möglichkeiten des Schülers, Widerstand anzuzeigen, sind vielfältig: Sie reichen vom verbal formulierten Widerspruch bis zum passiven Widerstand in Form von Schweigen, können verbalen und nonverbalen Charakter haben[143]. Es wird im Lauf der Arbeit zu prüfen sein, welche Bedeutung den beiden Sprachvarietäten in der deutschen Schweiz in diesem Spannungsfeld zukommt.

2.2.4.2 Der Schüler als Klassenmitglied

Die Situation des Schülers in der Kommunikationskonstellation 'Unterricht' unterscheidet sich aus rollentheoretischer Sicht aber noch in einem weiteren Punkt entscheidend von derjenigen des Lehrers: Während der Lehrer als einziger Vertreter seiner Positionskategorie am Unterricht teilnimmt, steht der einzelne Schüler einerseits dem Lehrer, andererseits aber dem Rest der Klasse gegenüber. Die Bedingungen, unter denen er seine kommunikativen Beiträge konzipiert und realisiert, unterscheiden sich also insofern von denjenigen des Lehrers, als die zwei wichtigsten Normsysteme, die sein Handeln leiten - die 'Schulnormen', reprä-

---

von den auf identische Verhaltensmuster gerichteten Erwartungen der Zuschauer einen Verlust an sozialer Identität und Umwelt implizieren." (S. 145.)

141 Steinhoff (1981), S. 7.

142 Fend (1980), S. 166. Vgl. Boettcher (1975), S. 67: "Im Extremfall vestehen die Schüler ihre gesamte Unterrichtstätigkeit nur unter dem Aspekt des 'Tauschwerts' 'gute Noten' (Anpassungsverhalten) oder unter dem Aspekt des 'Gebrauchswerts' 'den Lehrer reinlegen / bekämpfen' usw. (Chaosverhalten)."

143 Vgl. Derner (1978), S. 4.

sentiert im Lehrer und die Klassennormen der Mitschüler -, gleichzeitig präsent sind und dieses Handeln kontrollieren können; der Lehrer hat es in dieser Beziehung 'leichter': Wohl spielen Normen von Lehrerkollegen, Schulbehörden etc. mit, sie sind Teil seiner Planungs- und Entscheidungsgrundlagen; in der aktuellen Kommunikationssituation sind sie als Kontrollinstanz jedoch nicht präsent.

Dass Schülergruppennormen in der unterrichtlichen Interaktion gegenüber den Schulnormen kein zu vernachlässigender Faktor sind, ergibt sich bereits aus der entwicklungspsychologischen Literatur insbesondere zum Jugendalter[144]. Calvert (1976), die eine der wenigen Arbeiten zur sozialen Rolle des Schülers verfasst hat, vertritt sogar die These, dass es für Schüler, besonders vom Sekundarbereich an, häufig wichtiger sei, die Normen der Gleichaltrigen zu lernen als die offiziellen Vorschriften, und dass in einem Konflikt der konkurrierenden Normssysteme die Lehrer "im Grunde machtlos" seien[145].

Dass diese beiden Normsysteme häufig nicht übereinstimmen, ja oft gar nicht übereinstimmen können und dürfen, wenn wichtige sozialisierende Aufgaben der peer-groups erfüllt werden sollen, liegt auf der Hand. Hinsichtlich der Rollenperformanz des Schülers wird demnach stets von Bedeutung sein, die konkrete Ausgestaltung der verschiedenen Normsysteme und das Verhältnis zwischen ihnen zu beachten, wenn es darum geht, sein Verhalten zu verstehen.

Wenn oben von konformem und von obstruktivem Schülerverhalten die Rede war, diente das Normen- und Erwartungssystem der Schule bzw. des Lehrers als Orientierung; ebensogut könnte aber auch von konformem und obstruktivem Verhalten bezüglich des entsprechenden Altersgruppensystems gesprochen werden: Dass der einzelne Schüler sich in einem echten Dilemma befinden kann zwischen den Erwartungen der Schule, die zur Durchsetzung ihrer Ziele über effektvolle Sanktionsmittel verfügt, und denjenigen der Gruppe, die das Bedürfnis nach sozialer Zugehörigkeit und Identität gerade im Jugendalter besonders abdeckt und Abweichungen oft nicht minder nachhaltig bestraft, ist damit evident. Es dürfte in sehr vielen Fällen von Verstössen gegen die Schulnormen denn auch sehr schwer

---

144 Die Ausprägung und der Einfluss solcher Gruppennormen sind auch schulstufenabhängig, ebenso wie der prestigemässige Stellenwert des Lehrers und der in ihm verkörperten Normen und Einstellungen. In einer konkreten Unterrichtsanalyse wird man dies in Betracht ziehen müssen.

145 Calvert, Barbara (1976): Die Schülerrolle. Erwartungen und Beziehungen. Ravensburg. S. 82. Mit den Funktionen, die die Altersgruppen für den einzelnen Schüler im Unterricht übernehmen, befassen sich auch Selg, Rainer (1978): Soziale Interaktionsformen II: Schüler - Schüler - Interaktion. In: Minsel / Roth (Hrsg.)(1978), S. 110 - 122; Petillon, Hanns (1981): Soziale Anerkennung durch Mitschüler. In: Twellmann (Hrsg.) (1981), Bd.1, S. 267 - 289; Weissbrodt (1982), S. 351 f. und Fend (1980), S. 188 - 198; auch Fend (S. 198) spricht von der Möglichkeit, dass die Altersgruppe zu einer "Immunisierung der Jugendlichen gegenüber Erziehungsbemühungen von Erwachsenen" führen könne.

fallen, zu entscheiden, ob es sich dabei um eine Auflehnung gegen gültige Wertmuster handelt oder um einen Ausdruck des Willens, mit den Normen der Altersgruppe in Einklang zu bleiben, um eine Art altersgruppenspezifischer Loyalität bezüglich allgemeinem und insbesondere auch sprachlichem Verhalten[146].

Unter rollentheoretischer Perspektive und mit Blick auf die Schülerseite stellt sich für uns demnach die Frage, welchen Stellenwert die beiden Varietäten Standard und Dialekt im Normensystem von Altersgruppen haben, jeweils in Relation zum entsprechenden, von den Schülern dem Lehrer unterstellten Stellenwert; welche Intentionen demzufolge mit dem Einsatz der einen oder andern Varietät verfolgt, welche Erwartungen von wem damit erfüllt oder enttäuscht werden können, oder, m.a.W., welche Funktionen im kommunikativen Prozess des Unterrichts der Verwendung der beiden Varietäten und damit auch dem Wechsel von der einen zur andern zukommen können.

2.3 Der mediale Aspekt der Kommunikation im Unterricht

Schulunterricht wurde in den beiden vorangegangenen Abschnitten beschrieben als Gefüge standardisierter Interaktionssituationen mit relativ stabilen Merkmalen und Strukturen sowohl in personaler als auch in nicht-personaler Hinsicht. Er stellt damit für die daran Beteiligten einen Lebensbereich dar, der sich von andern Lebensbereichen auf typische Weise unterscheidet. Gemäss der eingangs aufgestellten Annahme, dass es sich bei den ausgewählten Faktoren um solche handle, die sich auf die kommunikativen Beiträge von Interagierenden und damit auch auf die Teilnehmer am Unterricht auswirken würden, stellt sich nun vorerst die Frage, in welcher Weise Schulunterricht auch von der sprachlichen Ausprägung her typische Züge zeigt[147].

Es ist bereits erwähnt worden, dass dem Medium Sprache im Schulunterricht ein besonders hoher Stellenwert zukommt: "Die <u>schulischen Tätigkeiten</u> sind weitgehend sprachlich. Die Versprachlichung kann als eines der deutlichsten Kennzeichen für die Schule angesehen werden, ja, Schule ist eine versprachlichte Institution."[148] Sprache ist einerseits Hauptinstrument im Dienst der

---

146 Siehe dazu auch Calvert (1976), S. 93. Dass schulerwartungskonformes Verhalten der Schüler auch mit Gruppennormen in Einklang stehen kann, berichtet Wellendorf (^{2}1979), S. 160 f., anhand von US-amerikanischen Untersuchungen.

147 Auf den nonvokalen nonverbalen Verhaltensbereich soll hier aus den genannten Gründen nicht mehr eingegangen werden. Einen Einblick vermitteln Knapp (1979), Mühlen-Achs (1983), Heinemann (1976).

148 Ehlich, Konrad (1981): Schulischer Diskurs als Dialog? In: Schröder / Steger (Hrsg.)(1981), S. 334 - 369. S. 336. Siehe auch Wiersing, Erhard (1978): Sprechhandeln im Unterricht. Auf dem Wege zu einer Theorie und Analysemethode. Stuttgart. S. 16.

der Schule aufgetragenen Wissensvermittlung, hat aber andererseits auch die Funktion der Regulierung des sozial-emotionalen Klimas in der Klasse. Typisch für den Lebensbereich 'Schulunterricht' ist aber nicht nur die hohe Bedeutung, die dem Medium Sprache darin zukommt; es entsteht dabei auch eine eigene Bereichssprache, die häufig als Unterrichtssprache oder Unterrichtsdiskurs bezeichnet wird. An dieser Stelle einen Ueberblick zu geben über die Besonderheiten unterrichtlicher verbaler Kommunikation ist nicht möglich und auch nicht nötig; es kann nur darum gehen, den Rahmen zu skizzieren, in dem unsere Fragestellungen zu sehen sind. Am ausführlichsten soll dies am Zusammenhang von unterrichtlicher Rollenstruktur und Sprachgebrauch dargestellt werden.

2.3.1 Rolle und Sprachgebrauch

Schule hat die Absicht, Heranwachsende zu verändern, indem sie sie 'unterrichtet' und 'erzieht'. In unseren Schulsystemen geschieht dies üblicherweise durch Verteilung komplementärer Rollen an die Unterrichtsteilnehmner, wobei der Lehrer das Unterrichtsplanungs-, -lenkungs- sowie das Leistungsbeurteilungsmonopol zugesprochen bekommt. Er übernimmt dabei auch die Verantwortung für die Leitung des Diskurses und ist als einziger befugt, Themen einzuführen und zu beenden (Themen, die die Schüler einführen, bedürfen des Einverständnisses des Lehrers). Flader (1977) spricht in diesem Zusammenhang von der 'Dialogrolle' des Lehrers, einem "Bündel kommunikativer Normen für direkte symbolische Interaktionen", die u.a. die Verteilung der formalen Sprech-Rechte (Kommunikationsaufnahme, Sprecherwechsel, Adressatenwechsel, Kommunikationsbeendigung etc.), die Verteilung der Chancen, verschiedene Sprechhandlungstypen zu aktualisieren, die Verteilung von initiativer und reaktiver Plazierung in der Sprechhandlungsabfolge sowie die Verteilung der Chancen, Kommunikationsthemen zu wählen, festlegen[149]. Flader formuliert auch den Stellenwert dieser

---

149 Flader, Dieter (1977): Soziale Rolle und psychosoziale Konflikte. Der Rollenträger als Determinanten der Unterrichtskommunikation. In: Goeppert, (Hrsg.)(1977), S. 115 - 141. S. 118. Nach Flader (S. 121) wird 'unterrichten' in der gewöhnlichen Form durch die Definition von Dialogrollen bewältigt; die Dialogrollen sorgen demnach für eine deutliche Abbildung und Durchsetzung der sozialen Struktur der Schule im Kommunikationsverlauf, indem sie sie eben dort realisieren. "Die in der Schule vorfindbaren Dialog-Muster werden damit zu eigentlichen Interpretationsmustern der sozialen Rollen im Klassenzimmer, bilden diese sprachlich ab." (S. 121) Zu den positionsabhängigen Sprachnormen äussern sich auch Streeck, Jürgen (1983): Lehrerwelten - Kinderwelten. Zur vergleichenden Ethnographie von Lernkommunikation innerhalb und ausserhalb der Schule. In: Ehlich / Rehbein (Hrsg.)(1983), S. 203 - 213. S. 206; Steinhoff (1981), S. 7.

Normen relativ zur Gesamtheit der den Unterrichtsteilnehmern zur Verfügung stehenden Sprechhandlungsmöglichkeiten:

> "Vorausgesetzt, dass der 'unterlegenen' Interaktionsseite auf diese Weise kommunikative Wahlmöglichkeiten genommen werden, über die sie aus Erfahrungen in anderen Interaktionssystemen verfügt (z.B. in der peer-group oder der Familie), 'übersetzen' die kommunikativen Normen, die vom überlegenen Interaktionspartner aufgestellt werden, die normativen Gehalte des institutionellen Handlungszusammenhangs in konkret-erfahrbare Konzepte von Dialog-Pflichten und Einschränkungen von Dialog-Rechten. D.h. die Dialogrolle fungiert (u.a.) als Interpretationsmuster der sozialen Identität der Interaktanten."[150]

Aus rollentheoretischer Sicht muss man annehmen, dass in Sprachgemeinschaften, in denen verschiedene Sprachen/Sprachvarietäten von denselben Sprechern gesprochen werden und in deren Schulsystemen diese Sprachen/Sprachvarietäten ebenfalls gleichzeitig präsent sind, sie ähnlichen kommunikativen Normen unterworfen sind, je nach Status, den sie innerhalb der Sprachgemeinschaft und des Bildungssystems haben. Solche Normen könnten etwa das Recht betreffen, die Sprache/Sprachvarietät im Unterricht festzulegen, sei es generell oder nach bestimmten Kriterien wie Unterrichtsfach, Unterrichtsthema, Kommunikationsform etc.; oder das Recht, von einer diesbezüglichen Regelung abzuweichen bzw. abweichen zu lassen etc.

2.3.2 'Lehrersprache' / 'Schülersprache'

Die Besonderheiten der Lehrersprache sind ausführlich von Spanhel (1971) untersucht worden, wobei einschränkend bemerkt werden muss, dass er sich lediglich mit spezifisch didaktischem Sprechen beschäftigt, das er bezüglich des Inhalts sowie formaler und vokal-nonverbaler Aspekte von nicht-unterrichtlichem Sprechen abgrenzt; mit verschiedenen Dimensionen des Lehrerverhaltens und deren Auswirkungen auf die Redebeiträge der Schüler befassen

---

150 Flader (1977), S. 119 f. Fladers Analyseansatz leistet sicher eine plausible Vermittlung von Rollentheorie und schulischem Sprechen; dass die von ihm skizzierten Dialogmuster nicht für den Unterricht schlechthin repräsentativ sind, ist er sich bewusst (S. 124). Was dabei nicht aufgezeigt wird, ist u.a. die Möglichkeit der Unterrichtsteilnehmer, sich sprachlich von den Rollenerwartungen zu distanzieren. Gerade dies wäre für unsere Fragestellungen aber von besonderem Interesse.

sich Höder u.a. (1979)[151]. Tausch / Tausch ([7]1973) berichten, dass häufiges und langes Sprechen des Lehrers zu kürzeren und oft unvollständigen Sätzen der Schüler führe, und stellen allgemein den geringen Umfang sprachlicher Kommunikation der Schüler fest[152].

Spanhel (1973 b), der wie in der Studie zum Lehrersprachgebrauch (1971) auch beim Schüler nur die Aeusserungen mit didaktischer Funktion berücksichtigt, fasst deren Redebeiträge als "sporadisch, kurz, häufig unvollständig, relativ selten frei, lehrerbezogen und vom Lehrer kontrolliert" zusammen[153].

Hinsichtlich der Fragestellungen, die hier interessieren, können schulische Aeusserungen also mindestens auf ihre Länge und ihre grammatische Realisierung hin geprüft werden; Zusammenhänge zwischen diesen Faktoren und der varietären Realisierung der betreffenden Aeusserung sind durchaus denkbar. Im vokal-nonverbalen Bereich beschränke ich mich auf den Faktor der 'Lautstärke'.

---

151 Höder, Jürgen / Tausch, Reinhard / Weber, Alexander (1979): Die Qualität der Schülerbeiträge im Unterricht und ihr Zusammenhang mit 3 personenzentrierten Haltungen ihrer Lehrer. In: Zeitschrift für Entwicklungspsychologie und Pädagogische Psychologie, Band XI, Heft 3, 11. J., S. 232 - 243. Von den Ergebnissen sei hier lediglich erwähnt, dass 91 % der Schüleräusserungen - an der Untersuchung waren 36 Klassen mit über 1000 Schülern der Klassen 7 bis 9 beteiligt - frei von Selbstreferenzen waren; dass niemals persönlich bedeutsame Erfahrungen geschildert wurden und direkte Anreden der Schüler untereinander ebenfalls kaum vorkamen.

152 Zu den Besonderheiten der Lehrer- und Schülersprache im Unterricht siehe auch die ausführlichen, erstmals bereits 1962 erschienenen empirischen Befunde von R. Tausch (1973), der nachweisen konnte, dass "in der Sprachkommunikation von Lehrern und Schulkindern [...] zwischen verschiedenen Merkmalen des Sprachverhaltens der Partner regelmässige Beziehungen [existieren] [...], ungeachtet wechselnder Bedingungen des Gespräches und individueller Verschiedenheiten der Gesprächspartner" (S. 275), dass, m.a.W., der Lehrer aufgrund seiner dominierenden Stellung das Sprachverhalten der Schüler wesentlich beeinflussen kann in Sprachstil, der Häufigkeit des Redens etc. Tausch, Reinhard (1973): Merkmalsbeziehungen und psychologische Vorgänge in der Sprachkommunikation des Unterrichts. In: Spanhel, (Hrsg.)(1973 a), S. 249 - 284. Vgl. Spanhel (1971), S. 114 f.; Roeder, Peter Martin / Schümer, Gundel (1976): Unterricht als Sprachlernsituation. Eine empirische Untersuchung über die Zusammenhänge der Interaktionsstrukturen mit der Schülersprache im Unterricht. Düsseldorf.

153 Spanhel, Dieter (1973 b): Die Schülersprache. Formen und Funktionen im Lernprozess. In: Spanhel (Hrsg.)(1973 a), S. 159 - 192. S. 162.

2.3.3 'Turn' - Organisation

Mazeland weist nach, dass die Verteilung der Redebeiträge der Kommunikanten im Unterricht anders geregelt wird als in andern Kommunikationskonstellationen. Grundlegend für die 'turn'-Organisation' ist dabei die institutionelle Definition der Aufgaben von Lehrer und Schülern und die daraus resultierende soziale Identität der Kommunizierenden: Während in Alltagsgesprächen Stellen möglichen Sprecherwechsels interaktionell organisiert werden, bestimmt im Unterricht der Lehrer diese Stellen. Solche turn-Zuteilungsstellen sind zudem oft unabhängig von der konkreten Realisierungsform der Beiträge, die als Orientierung zur turn-Uebernahme durch die Schüler deshalb nur bedingt relevant ist; entscheidender ist dabei ihr spezifisch schulisches 'Aktantenwissen'[154]. Als wichtigste Techniken der turn-Zuteilung durch den Lehrer erwähnt Mazeland die Anrede eines einzelnen Schülers oder funktional äquivalente Zeichen sowie die Ermöglichung von 'programmierter Selbstauswahl' für die Schüler, die dann gegeben ist, wenn der Lehrer durch eine an die ganze Klasse gerichtete Sprechhandlung eine 'offene' Position in einem Handlungsablauf schafft, die die Schüler selber ausfüllen dürfen. Andere Formen der Selbstauswahl bestehen für die Schüler über das Verfahren des nonverbalen Meldens und unter bestimmten unterrichtlichen Bedingungen (z.B. bei Sequenzen, die die unmittelbare Verständnissicherung betreffen). Selbstauswahl beim Lehrer ist hingegen fast immer möglich, unabhängig von potentiellen Wechselstellen[155].

Auch die zeitliche Abfolge der Redebeiträge im Unterricht zeigt charakteristische Züge gegenüber anderen Kommunikationskonstellationen: Meist weist der Unterrichtsdiskurs eine triadische Struktur auf: Nach einem initiierenden Lehrerbeitrag[156] folgt ein reagierender Schülerbeitrag, worauf der Lehrer den turn wieder übernimmt, die vorangegangene Schüleräusserung einschätzt und den Zyklus wieder startet. Es ist offensichtlich, dass diese turn-Organisation eine direkte handlungsmässige Umsetzung der Rollensektoren von Lehrer und Schülern darstellt.

2.3.4 Hauptkommunikation - Nebenkommunikation

Es ist weiter oben bereits bemerkt worden, dass Unterrichtsanalysen häufig nur jene Sequenzen verfolgen, die spezifisch

---

154 Mazeland, Harrie (1983): Sprecherwechsel in der Schule. In: Ehlich / Rehbein (Hrsg.)(1983), S. 77 - 101. S. 97.

155 Für weitere Besonderheiten der turn-Uebernahme siehe Mazeland (1983) und McHoul, Alexander (1978): The organization of turns at formal talk in the classroom. In: Language in Society, Bd.7, Heft 3, S. 183 - 213.

156 Zu den Formen und Funktionen dieser Sequenzen siehe etwa Ehlich (1981), S. 346 ff.; Spanhel (1971).

didaktischen Charakter aufweisen. Ausgeblendet wird aber meist auch jener Bereich unterrichtlichen Sprechens, der zeitlich parallel neben dem kommunikativen Hauptstrang zwischen einzelnen Schülern stattfindet oder stattfinden kann und vom Lehrer nicht beachtet oder nicht erwünscht ist, wird doch vom Schüler erwartet, dass er ständig seine Aufmerksamkeit dem Hauptdiskurs widmet[157]. Dazu gehören etwa Flüstergespräche zwischen Schülern, Zwischenrufe, Kommentare etc., daneben aber auch schriftliche Mitteilungen sowie nonverbale Zeichen. Obwohl diese Formen von Kommunikation in Unterrichtsanalysen kaum je Erwähnung finden, sind sie doch ausgesprochen typisch für wohl fast alle Unterrichtsstunden auf sämtlichen Schulstufen[158]. Im Anschluss an die Ausführungen zum Oeffentlichkeitsgrad des Unterrichts soll hinsichtlich seiner kommunikativen Struktur von <u>Hauptkommunikation</u> (HK) dann die Rede sein, wenn die entsprechenden Sequenzen als 'öffentlich' betrachtet werden können, und von <u>Nebenkommunikation</u> (NK)[159], wenn sie dem 'nicht-öffentlichen' Bereich angehören. Stark vereinfacht kann die Unterrichtsstruktur somit folgendermassen dargestellt werden:

---

157 Mazeland (1983), S. 81, spricht von 'institutionell auferlegter Handlungspräsupposition'. Hinsichtlich des Adressatenbezugs kann dieser Sachverhalt schematisch folgendermassen dargestellt werden: L→Kl bzw. L→Sch_x (+(Kl-Sch_x)) (zu den verwendeten Zeichen und Abkürzungen siehe die entsprechende Liste, Abschnitt 4.5). Vgl. Mazeland, S. 82. Der Lehrer richtet sich also, auch wenn er sich explizit nur an einen einzelnen Schüler wendet, als Folge des <u>didaktischen Bezugs seines Handelns</u> stets auch an den Rest der Klasse. Siehe auch Ehlich / Rehbein (1976 a), S. 66, These 2.

158 Spanhel (1973 b), S. 166, spricht von einem "verhältnismässig grossen Anteil" unterwarteter, vom Lehrer oft als Störung empfundener Verhaltensweisen seitens der Schüler. Siehe auch Tausch (1973), S. 79 f.

159 Zu den Termini Haupt- und Nebenkommunikation siehe Anmerkung 110 in Teil I der Arbeit.

Abbildung 1: Haupt- und Nebenkommunikation im Unterricht (HK / NK)

Frontalunterricht

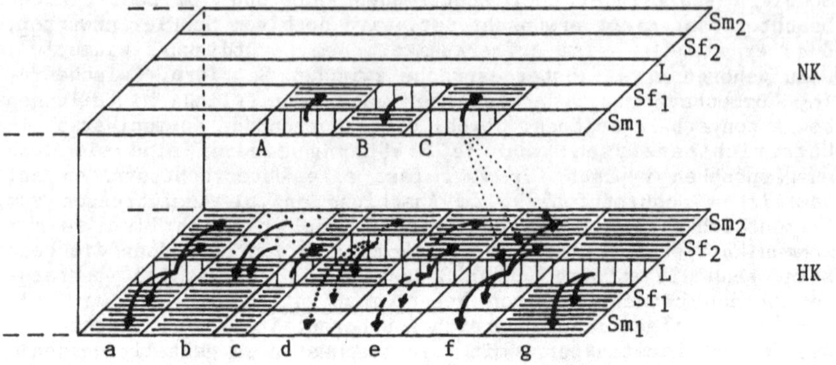

HK: a) Lehrer (L) richtet sich an die ganze Klasse, schafft am Schluss eine 'offene Position'
b) 2 Schüler (Sf_2, Sm_2) melden sich (nonverbal)
c) L adressiert sich an Sf_2, übergibt ihr den turn
d) Sf_2 antwortet, primär an L gerichtet
e) L nimmt auf Sf_2-Beitrag Bezug, mit 'didaktischer Adressierung' an andere Schüler
f) L fährt fort, an alle adressiert
g) L tadelt Sm_1 und Sf_1 wegen Unaufmerksamkeit

NK: A, B) Sm_1 und Sf_1 aus HK ausgestiegen: Zwiegespräch, leise
C) Bemerkung von Sm_1 primär an Sf_1 gerichtet, sekundär auch an andere (halblaut)

[vertical-line box] verbal aktiv — [solid arrow] direkte Adressierung

[horizontal-line box] aufmerksam — [dashed arrow] indirekte Adressierung ('didaktischer Bezug')

[dotted box] nonverbal aktiv — [dotted arrow] indirekte Adressierung (kein 'didaktischer Bezug')

Die eigentlichen Lehr-/Lernprozesse mit curricularen Inhalten finden vorwiegend - aber nicht nur! - auf der Ebene der Hauptkommunikation statt; diese Ebene besteht vorwiegend - aber nicht nur! - aus Lehr-/Lern-Prozessen mit curricularem Inhalt.

Auf diesen verschiedenen Ebenen und sogar auf ein- und derselben Ebene benützen sowohl die Schüler als auch der Lehrer unterschiedliche 'Sprachen', sind also verschiedene Verbalisierungsregeln in Gebrauch: Während Lehr-/Lern-Prozesse auf der Hauptkommunikationsebene üblicherweise den höchsten Oeffentlichkeits- und Formalitätsgrad aufweisen - solche Phasen wird man wohl als die unterrichtstypischen bezeichnen -, findet sich der niedrigste bei der Schüler - Schüler - Kommunikation auf der Ebene der Nebenkommunikation; dazwischen liegen mehrere Abstufungen mit unterschiedlichen Sprachverwendungsregeln je nach Kommunikationsebene, Adressat etc.[160].

2.3.5 Sprach- bzw. varietätenspezifische Kompetenz und Einstellungen

Im Schulunterricht wird also 'anders' gesprochen als ausserhalb des Klassenzimmers, es sind andere kommunikative Regeln in Gebrauch, die teils ausdrücklich oder unausgesprochen vom Lehrer vorgegeben werden, teils in der gemeinsamen Interaktion mit der ganzen Klasse entwickelt werden. Diese Regeln müssen von den Schülern - und teilweise auch vom Lehrer - gelernt werden und bilden dann den spezifisch schulischen Teil ihrer kommunikativen Kompetenz. Wird der Schulunterricht zusätzlich noch in einer andern Sprach<u>form</u>[161] abgehalten als derjenigen, die den Kindern aus ihrer primären Sozialisation geläufig ist - und dies trifft in unserem Fall zu: Statt des Dialekts soll im Unterricht die Standardsprache gesprochen werden -, so stehen die Schüler vor der Aufgabe, neben dem sich immer noch entwickelnden Primärsprachrepertoire noch die neue Varietät zu lernen. Hinsichtlich des Lehrer - Schüler - Verhältnisses kann dieser Umstand nicht folgenlos bleiben: Erinnern wir uns der 'dreifachen Autoritätsrolle' des Lehrers, so erscheint dieser als Instanz, die nicht nur über das Wissen verfügt, das die Schüler sich erst noch aneignen sollen, sondern, ebenfalls im Gegensatz zu ihnen, auch über die Sprache, mit der dieses Wissen gehandhabt werden und mit der man sich im Unterricht verständigen soll. Es ist damit evident, dass, solange dieser <u>sprachliche</u> Kompetenzunterschied nicht annähernd ausgeglichen ist, den Schülern eine Vielzahl von Handlungsmöglichkeiten im Umgang mit dem Lehrer genommen ist, wenn dieser auf der Einhaltung

---

160 Wenn ich recht sehe, so sind bei Boettcher (1975), S. 70 f., die zwei Ebenen der 'Schulsprache' (Schulaufsätze, 'korrektes' Sprechen etc.) und der 'Unterrichtskommunikation' beide auf der Ebene der Hauptkommunikation anzusiedeln als zwei verschiedene Arten, miteinander zu kommunizieren; das Prädikat 'inoffiziell' zur Ebene der Unterrichtskommunikation würde sich damit nicht auf den Oeffentlichkeitsgrad der betreffenden Unterrichtssequenz beziehen, sondern primär auf deren nichtcurriculare Ausrichtung oder den 'Kommunikationsstil' (Boettcher), der Teil der Realisierung des Unterrichtsinhaltes ist.

161 'Sprachform' und 'Varietät' werden in dieser Arbeit bedeutungsäquivalent gebraucht.

dieser Norm[162] besteht. In diesem Zusammenhang drängt sich natürlich die Frage auf, ob und inwiefern ein Ausweichen von der Standardsprache in den Dialekt den Schülern einen 'Ausweg' bieten kann[163].

Die - mehr oder weniger ausgeprägte - Beherrschung der Standardsprache ist schliesslich auch die Voraussetzung dafür, dass zwischen dieser und andern, bereits (stärker) ausgebildeten Varietäten frei gewechselt werden kann: Der Wechsel von der Standardsprache zum Dialekt ist also auch unter diesem Aspekt in unteren Primarklassen sicher anders zu interpretieren als auf der Sekundar- oder der Gymnasialstufe. Je besser die standardsprachliche Kompetenz ausgebildet ist, desto mehr wird man davon ausgehen können, dass ein Wechsel zur dialektalen Varietät nicht der 'sprachlichen Not', dem noch nicht vollständig ausgebauten standardsprachlichen Repertoire des Schülers zuzuschreiben ist, sondern als Signal für das Vorhandensein von varietätensteuernden Regeln oder als Ausdruck individueller Intentionen aufgefasst werden muss.

Welche Einstellungen die Unterrichtsteilnehmer zu den im Unterricht vertretenen sprachlichen Varietäten entwickeln, ist abhängig von verschiedenen Faktoren. Es wurde bereits erwähnt, dass diesbezügliche Ausführungen skizzenhaft bleiben müssen, da entsprechende Untersuchungen für das Gebiet der Schweiz fehlen und auch in andern deutschsprachigen Ländern selten sind, wobei diese Befunde wohl noch weniger auf die schweizerischen Verhältnisse übertragen werden können als jene zum Bereich der sprachlichen Kompetenz. Folgende Ergebnisse scheinen jedoch eine allgemeine Gültigkeit zu beanspruchen für schulische Verhältnisse, in denen eine Standardvarietät gegenüber dialektalen Varietäten offiziell dominiert:

---

162 Nicht eingegangen werden kann hier auf einen andern normativen Aspekt des Sprachverhaltens im Unterricht, jenen des 'richtigen', 'guten' Sprachgebrauchs.

163 Welchen Schwierigkeiten dialektsprechende Schüler in einem standardsprachlich geführten Unterricht begegnen, haben für bestimmte bundesdeutsche Gebiete u.a. Ammon (1972), (1978) und Hasselberg (1976) auf eindrückliche Weise aufgezeigt. Ammon, Ulrich (1972): Dialekt, soziale Ungleichheit und Schule. (=Pragmalinguistik, Bd.2) Weinheim; Ammon, Ulrich (1978): Schulschwierigkeiten von Dialektsprechern. Empirische Untersuchungen sprachabhängiger Schulleistungen und des Schüler- und Lehrerbewusstseins - mit sprachdidaktischen Hinweisen. (=Pragmalinguistik, Bd.17) Weinheim / Basel. Hasselberg, Joachim (1976): Dialekt und Bildungschancen. Eine empirische Untersuchung an 26 hessischen Gesamtschulen als Beitrag zur soziolinguistischen Sprachbarrierendiskussion. Weinheim. Es ist klar, dass viele dieser Ergebnisse nicht auf die schweizerischen Verhältnisse übertragen werden können, da die beiden Varietäten einen andern Stellenwert haben als in den verschiedenen Gebieten der Bundesrepublik und zudem dort viele Kinder bereits primär standardsprachlich sozialisiert werden.

Ammon (1978) berichtet von Untersuchungen, die ergaben, dass Schüler als Folge altersbedingter Erfahrungs- und Differenzierungsgrenzen im Grundschulalter noch unfähig waren, linguistisch und sozial deutlich verschiedene Sprachvarietäten sicher auseinanderzuhalten und sozial zuzuordnen[164]. Dem entsprechen auch die Ergebnisse von Kohler und Ramge (1978), die zum Schluss kommen, "dass sich viele Grundschüler der Art ihrer eigenen Sprechtätigkeit auf der Skala Standardsprache - Dialekt nicht bewusst [Hervorhebung T.K.] sind", dass sich ein Bewusstsein über die Sprachvariation aber schon während der Grundschule entwickle[165]. Solche Unterschiede nicht benennen zu können heisst jedoch noch nicht unbedingt, dass sie nicht wahrgenommen würden: Es scheint mir vieles darauf hinzudeuten, dass schon Schulanfänger in schweizerischen Primarschulen sehr wohl bemerken, dass im Unterricht nicht immer die gleiche Sprache gesprochen wird, und dass von ihrem Verhalten den beiden Varietäten gegenüber auch auf Anzeichen von Einstellungen wie etwa Hemmungen im Umgang mit der altbekannten und der neuen Varietät geschlossen werden könnte[166]. Fasst man jedoch - wie etwa Ammon (1978) - Einstellungen gegenüber Sprachen und deren Sprechern als Stereotype, d.h. als eine "Reihe eingefahrener unzulässiger Verallgemeinerungen und Schlussfolgerungen sowie teilweise falscher Ausgangsdaten"[167], für die entscheidend ist, dass sie von den betreffenden Personen explizit benannt werden können, so fallen solche Anzeichen natürlich ausser Betracht. Ich meine jedoch, dass es sinnvoll wäre, solche Verhaltensäusserungen ebenfalls zu berücksichtigen, und sei es auch nur, um eventuell mehr Licht in die Genese von Stereotypen zu bringen[168]. Die unter Erwachsenen prägnanten Sprachattitüden im Sinn von Stereotypen dürften sich jedoch erst im Alter von 10 bis 12 Jahren herausbilden[169].

---

164 Ammon (1978), S. 151.

165 Kohler, Monika / Ramge, Hans (1978): Wie Grundschüler den Gebrauch von Dialekt und Standardsprache einschätzen. In: Praxis Deutsch, Heft 27, S. 9 - 11. S. 10 f.

166 Krópf (1983), S. 60 f. Vgl. dazu Portz, Renate (1982): Sprachliche Variation und Spracheinstellungen bei Schulkindern und -jugendlichen. Eine empirische Untersuchung in Norwich / England. (=Tübinger Beiträge zur Linguistik, Bd.184) Tübingen. S. 84, die von US-Untersuchungen berichtet, die die Existenz von Einstellungen bzw. einzelnen Komponenten davon schon für das Vorschulalter nachweisen.

167 Ammon (1978), S. 148.

168 Im Gegensatz zu Ammon betonen sowohl Boosch, Alwin (1983): Motivation und Einstellung. In: Solmecke (Hrsg.)(1983), S. 21 - 40. S. 27, als auch Portz (1982), S. 87, 93, neben der kognitiven auch die affektive und konative Komponente von (Sprach-)Einstellungen; Boosch sieht sie gar als "in ihrem Kern affektiv begründet" (ebd.). Solche Einstellungen der Sprache (und ihren Sprechern) gegenüber dürften also schon vorhanden und wirksam sein, ehe sie explizit benannt werden können.

169 Ammon (1978), S. 151.

Dass die Schule an der Entstehung solcher Einstellungen ebenfalls beteiligt ist, wenn im Unterricht den Primärvarietäten der Schüler eine 'Schulsprache' in Form einer Standardvarietät gegenübergestellt wird, dürfte kaum bestritten werden[170]. Da Einstellungen gegenüber Sprachen (und ihren Sprechern) primär "deren realem Gebrauch in seinen konkreten sozialen Zusmmenhängen" entspringen[171], dürfte im schulischen Bereich auch für die späteren Einstellungen der Schüler viel davon abhängen, ob es dem Lehrer gelingt, die Standardvarietät in einer für die Schüler positiv erfahrbaren Weise zu vermitteln, oder ob der sprachliche Kompetenzunterschied gekoppelt wird mit andern Merkmalen schulischen Unterrichts (Selektionsdruck, 'autoritäre' Interaktionsformen, Kluft zwischen der Erfahrungswelt des Schülers und den kognitiven Unterrichtsinhalten etc.), die dazu angetan sein könnten, die Standardvarietät emotional negativ zu besetzen gegenüber dem Dialekt und dessen Gebrauchsfeld. Nicht zuletzt dürfte von der individuellen Ausprägung der Einstellungen gegenüber der Schul(=Standard-)varietät und den primären Varietäten abhängen, wie willig die Schüler sich zeigen, erstere anzunehmen und auch zu gebrauchen bzw. sie abzulehnen und wo immer möglich zu vermeiden zugunsten der bekannten, vertrauteren Varietät.

2.4 Der Aspekt des Informationsaustausches im Unterricht

Hinsichtlich der thematischen Eigenheiten des Schulunterrichts ist bei der Behandlung des 'thematischen Umfeldes' schon einiges vorweggenommen worden; ein paar kurze Bemerkungen mögen hier deshalb genügen. Es wurde festgehalten, dass die Schule im Bemühen, ihren gesellschaftlichen Auftrag (Qualifizierung, Selektion, Reproduktion gesellschaftlicher Verhältnisse) zu erfüllen, die Schüler mit neuen Inhalten konfrontiert und sie gleichzeitig in weit weniger expliziter Form in soziale (allerdings vorwiegend doch typisch schulische) Verhaltensformen einübt. Es wurde ferner angemerkt, dass die didaktischen Inhalte durch Reduktion von Komplexität und eine gewisse Abstraktion von der erfahrbaren Wirklichkeit gekennzeichnet sind. Nach den Ausführungen zum Aspekt der Partnerbezogenheit des Unterrichts - es sei nur daran erinnert, dass der Lehrer aufgrund der gegebenen Autoritätsverhältnisse meist allein darüber bestimmt, worüber im Unterricht gesprochen wird - und denjenigen zum medialen Aspekt im Klassenzimmer dürfte evident sein, dass und wieso der derzeitige Unterricht nicht nur durch eine Einschränkung der kommunikativen Formen, sondern meist auch durch eine drastische Einschränkung der kommu-

---

170 Siehe z.B. Sieber, Peter / Sitta, Horst (1984): Schweizerdeutsch zwischen Dialekt und Sprache. In: Kwartalnik Neofilologiczny, Bd.XXXI, Heft 1, S. 3 - 40. S. 24.

171 Ammon (1978), S. 148.

nikativen Inhalte charakterisiert ist[172]. Dass der mediale Aspekt, besonders jener uns interessierende Teil der Verteilung verschiedener Sprachvarietäten im Unterricht, direkt mit dem inhaltlichen zusammenhängt, ist ebenfalls einsichtig: Je stärker eine Varietät, die nicht die primäre der Kinder ist, die also selber noch gelernt werden muss, mit neuen Inhalten gekoppelt wird, die für die Schüler keinen direkten Bezug zu ihrer konkreten Erfahrungswelt erkennen lassen, desto fremder werden ihnen die Inhalte vorkommen wegen der Sprache, in der diese Inhalte abgehandelt werden, und desto losgelöster von der alltäglichen Erfahrungswelt wird für sie auch umgekehrt die Sprache sein, da auch die Inhalte und das Umfeld, in dem diese Sprache gesprochen wird, diesen Bezug nicht aufweisen[173].

Nun wurde oben aber weiter festgestellt, dass nicht allein das explizit formulierte Thema den informatorischen Aspekt von Kommunikation ausmacht, sondern dass auch vokales und nonvokales nonverbales Verhalten als Information zu betrachten sind. Boettcher (1975) vertritt diesbezüglich die Ansicht, dass der Unterrichtserfolg "in hohem Mass" davon abhängig sei, "ob Lehrer und Schüler eine sinnvolle und von allen akzeptierte <u>Sozialbeziehung</u> in der Klasse aufbauen und aufrecht erhalten können", dass also der "<u>Kommunikationsstil</u> [...] für den Verlauf und die Folgen des Unterrichts <u>entscheidender</u> [sei] als der <u>Unterrichtsinhalt</u>."[174] Es wird im folgenden noch genauer zu erörtern sein, welcher <u>Informationswert</u> der Sprachformwahl und dem Sprachformwechsel im Unterricht zugeschrieben werden kann, ob sie überhaupt zur Informationsübermittlung verwendet werden (können) und, wenn ja, welcher Art diese Information sein kann.

---

172 Vgl. dazu Messner, Rudolf / Garlichs, Ariane (1976): Elementare sprachliche Kommunikation. Ueberlegungen zur curricularen Reform der unterrichtlichen Kommunikation in der Grundschule. In: Messner / Rumpf (Hrsg.)(1976), S. 51 - 70.

173 Vgl. Rumpf, Horst (1976): Schuldeutsch. Ueber Verfahren und Konsequenzen der Ablösung der Sprache von Erfahrung. In: Messner / Rumpf (Hrsg.)(1976), S. 10 - 25.

174 Boettcher (1975), S. 64 f.

3. DIALEKT UND STANDARDSPRACHE IN DER DEUTSCHEN SCHWEIZ (Konkretisierung II)

In den beiden vorangegangenen Kapiteln wurde eine Reihe von Faktoren vorgestellt, welche die Planung und Realisierung verbaler kommunikativer Aeusserungen steuern und von denen demzufolge auch angenommen werden kann, dass sie für die Wahl und den gezielten Einsatz verschiedener Sprach(varietät)en in Sprachgemeinschaften, die durch ein Nebeneinander solcher Sprach(varietät)en gekennzeichnet sind, verantwortlich gemacht werden können. Dieses Faktorensystem, das in Kapitel 1 losgelöst von jeglicher Verwendungssituation entwickelt wurde, fand eine erste Konkretisierung für das Interaktionsfeld 'schulischer Unterricht' im zweiten Kapitel. In einer zweiten Annäherungsstufe soll in diesem Kapitel nun die reale 'Sprachwirklichkeit' skizziert werden für jene Bereiche, die für unsere Fragestellung von Bedeutung sind; skizziert deshalb, weil gerade in neuerer und neuester Zeit das Problemfeld Dialekt / Standardsprache in der deutschen Schweiz - auch mit Blick auf die Schule - von kompetenter Seite sehr gründlich angegangen worden ist[175]. Ich kann mich deshalb damit begnügen, einige hier besonders interessierende Punkte überblickhaft zu streifen, im übrigen aber auf die vorhandene Literatur zu verweisen. Im einzelnen soll kurz auf die sprachlichen Verhältnisse in der deutschen Schweiz im allgemeinen eingegangen werden (Abschnitt 3.1), die als Hintergrund stets berücksichtigt werden müssen, wenn es um die sprachlichen Verhältnisse in den deutschschweizerischen Schulen geht (Abschnitt 3.2).

---

175 Genannt seien hier vor allem die Studie von Schwarzenbach, Rudolf (1969): Die Stellung der Mundart in der deutschsprachigen Schweiz. Studien zum Sprachgebrauch der Gegenwart. (=Beiträge zur schweizerdeutschen Mundartforschung, Bd.17) Frauenfeld, sowie die Arbeit von Sieber / Sitta (1986).

3.1 Dialekt und Standardsprache ausserhalb der Schule[176]

3.1.1 Die Verteilung der Varietäten: Dialekt als Haupt-, Standard als Nebenvarietät

Bezüglich des aktuellen Verhältnisses von Standardsprache und Schweizerdeutsch[177] scheint zur Zeit mehr oder weniger ein Konsens darüber zu bestehen, dass wir es - grob gesprochen - mit einer Form medialer Diglossie zu tun haben. Die Dialekte werden in der mündlichen Kommunikation gebraucht, die Standardsprache bleibt dem schriftlichen Verkehr vorbehalten[178]. Während im schriftlichen Bereich die Ausnahmen (Dialektprosa, private Korrespondenz,

---

176 Zur heutigen Sprachsituation in der Deutschschweiz siehe Sieber / Sitta (1986), Kapitel 1; zur historischen Entwicklung des Verhältnisses von Dialekt und Standardsprache ausführlich Lötscher, Andreas (1983): Schweizerdeutsch. Geschichte, Dialekte, Gebrauch. Frauendeld / Stuttgart. S. 31 - 78; Haas, Walter (1982): Die deutschsprachige Schweiz. In: Schläpfer, Robert (Hrsg.)(1982): Die viersprachige Schweiz. Zürich / Köln. S. 73 - 160. Kürzer bei Kühn (1980), S. 532 f. Die sprachlichen Eigenarten (Lautung, Wortbildung, Lexikon, Syntax) des Schweizerdeutschen werden kurz beschrieben z.B. bei Lötscher (1983), S. 79 - 122; Sieber / Sitta (1984), S. 5 - 10.

177 Zum Begriff 'Schweizerdeutsch' siehe Sieber / Sitta (1984), S. 5; Kühn (1980), S. 532. Es handelt sich dabei um die Sammelbezeichnung für die Vielfalt z.T. sehr unterschiedlicher, auf schweizerischem Gebiet gesprochener regionaler alemannischer Dialekte. In diesem Sinn ist in der Arbeit auch der Begriff 'Dialekt' zu verstehen, wenn er jeweils der Standardsprache gegenübergestellt wird. Zum unterschiedlichen Stellenwert der einzelnen Dialekte siehe insbesondere Ris, Roland (1979): Dialekte und Einheitssprache in der deutschen Schweiz. In: International Journal of the Sociology of Language, Bd. 20, S. 41 - 61. S. 51 ff.

178 Siehe Kolde (1981), S. 65 - 77; Kühn (1980), S. 533, 536; Sieber / Sitta (1984), S. 10 f. In diesem Zusammenhang wird auch häufig die Frage erörtert, ob es sich beim Schweizerdeutsch um eine eigentliche Sprache oder um die Varietät (verstanden im Sinn von Bausch, Karl-Heinz (1980): Soziolekt. In: Althaus / Henne / Wiegand (Hrsg.)([2]1980), S. 358 - 363. S. 358; bei Kolde (1981), S. 1 - 3, wird derselbe Sachverhalt mit 'Variante' bezeichnet.) einer Sprache handle, wobei je nach Wahl und Gewichtung der Kriterien (rein linguistische, pragmatische, sozialpsychologische) verschiedene Antworten zu finden sind. Siehe z.B. Ris (1979), der dem Dialekt als gesprochener Sprache den Rang einer 'Ausbausprache' (Kloss (1976). Kloss selbst bezeichnet seinerseits das Schweizerdeutsch als 'typischen Ausbaudialekt': Kloss, Heinz (1976): Abstandsprachen und Ausbausprachen. In: Göschel / Nail / van

Werbung) nur die Regel bestätigen, hat sich in den letzten Jahren, die gekennzeichnet waren durch ein deutliches Vordringen des Dialekts auch in Gebiete, die bislang der Standardsprache vorbehalten waren[179], im Bereich der mündlichen Kommunikation eine tendenzielle Verschiebung ergeben von der ungeschriebenen Regel der 'sauberen Trennung' von Dialekt und Standardsprache in bestimmte Verwendungsbezirke[180] hin zu einem 'Bilektalismus' in dem Sinne, dass dort, wo die Wahl der Sprachform nicht gewohnheitsmässig streng festgelegt ist (oder anders: dort, wo die Standardsprache noch möglich ist), eine relativ grosse Freiheit herrscht hinsichtlich der Wahl von Dialekt oder Standardsprache. Die Prinzipien, die diese Wahl leiten, hat Lötscher (1983) zusammenzustellen versucht[181]: Je mehr ein Anlass offiziellen, formellen, öffentlichen, überregionalen Charakter trägt, desto eher wird die Standardsprache benutzt werden, wobei situative Kriterien die Wahl stärker zu beeinflussen scheinen als thematische[182]. Daneben

---

der Elst (Hrsg.)(1976), S. 301 - 322. S. 315.) zuspricht und die schweizerische Sprachlandschaft zwischen Diglossie und echtem Bilingualismus (S. 56) situiert; Bei Löffler (1974), der strukturell-linguistisch argumentiert, wird das "Verhältnis der deutschen Hochsprache zu einem deutschen Regionaldialekt und umgekehrt als ein Fremdsprachenverhältnis" bezeichnet. Löffler, Heinrich (1974): Deutsch für Dialektsprecher: Ein Sonderfall des Fremdsprachenunterrichts? Zur Theorie einer kontrastiven Grammatik Dialekt / Hochsprache. In: Deutsche Sprache, Heft 2, 2. Jg., S. 105 - 122. S. 44. Aehnlich bei Schenker, Walter (1973): Schweizerdeutsch als Modell. Zum Terminus Dialekt. In: Wirkendes Wort, Heft II, 23. Jg., S. 93 - 101. S. 99 f. Gegen ein solches Fremdsprachenverhältnis stellen sich u.a. Mattheier (1980), S. 131 f.; Kolde (1981), S. 1 - 3; Sieber / Sitta (1986), Abschnitt 1.3.4, S. 33 f. Diese Auseinandersetzung scheint mir jedoch dort, wo es um mehr als die deskriptive Darlegung der beiden Sprachformen bzw. ihres Gebrauchs geht, vorerst reichlich fruchtlos zu sein: Rein linguistisch ist der Frage im vorliegenden Fall mit Sicherheit nicht beizukommen (vgl. Ris (1979), S. 56), und über die sonst noch herbeizuziehenden Unterscheidungskriterien und ihre mögliche Anwendung herrscht alles andere denn Klarheit; und schliesslich kommt erschwerend noch hinzu, dass eine sprachtheoretisch abgesicherte Unterscheidung zwischen 'Sprache' und 'Dialekt' immer noch fehlt. Siehe Sieber / Sitta (1984), S. 13 f.

179 Siehe z.B. Ris (1979), S. 44 ff. Zur Einbettung dieser Bewegung in einen umfassenderen gesellschaftlichen Kontext siehe Sieber / Sitta (1984), S. 29 ff; Sieber / Sitta (1986), Kapitel 8. Weitere Entwicklungsmöglichkeiten sind skizziert bei Kolde (1981), S. 72 - 75; Ris (1979).

180 Siehe z.B. Brock-Sulzer, Erich (1960): Der Schweizer und die deutsche Sprache. In: Sprachspiegel, Heft 1, 16. Jg., S. 1 - 7. S.1.

181 Lötscher (1983), S. 124 ff. Vgl. Kolde (1981), S. 68.

182 Sieber / Sitta (1984), S. 12.

ist der Gebrauch häufig institutionsspezifisch geregelt (Radio, TV, Behörden, Schule etc.). Die Verteilung von Dialekt und Standardsprache in den verschiedenen Lebensbereichen bietet so, was den mündlichen Gebrauch angeht, ein ziemlich uneinheitliches, komplexes Bild[183].

Hinsichtlich der gesamthaften Verteilung der beiden Sprachformen im Alltag darf man aber sicherlich beim Dialekt als von der Haupt-, bei der Standardsprache als von der Nebenvarietät sprechen[184].

3.1.2 Der Erwerb der Varietäten: Dialekt als Primär-, Standard als Sekundärvarietät

Was den Erwerb von Dialekt und Standardsprache angeht, kann folgendes festgehalten werden: Von allen Deutschschweizer Kindern wird zuerst der Dialekt gelernt. Bis zum Eintritt in die Grundschule kann davon ausgegangen werden, dass sehr viele von ihnen infolge des Medienkonsums (TV, Radio, Schallplatten etc.) über eine nicht geringe passive standardsprachliche Kompetenz verfügen; die aktive Kompetenz wird erst auf der Primarschulstufe erworben. Der Dialekt kann damit als Primär-, die Standardsprache als Sekundärvarietät betrachtet werden[185].

3.1.3 Einstellungen

Schweizerdeutsch und die standardsprachliche Varietät besitzen - zieht man auch noch sozialpsychologische Gesichtspunkte mit in die Betrachtung ein - nicht denselben Stellenwert; es verbinden sich mit ihnen unterschiedliche Einstellungen seitens der Sprachbe-

---

183 Zur genaueren Verteilung der beiden Sprachformen siehe Ris (1979), S. 50, 56; Lötscher (1983), S. 123, 129; Kolde (1981), S. 71, 74; Kühn (1980), S. 532, 534; Sieber / Sitta (1986), Kapitel 1.

184 Zur sozialen Distribution der beiden Sprachformen genüge hier der Hinweis, dass der Dialekt, im Gegensatz zur Situation etwa in der Bundesrepublik Deutschland, die selbstverständliche Umgangssprache aller Deutschschweizer ist - was nicht heisst, dass es keine schichtspezifischen sprachlichen Unterschiede gäbe! Nur sind diese nicht an der umgangssprachlichen Varietätenverteilung festzumachen. Siehe Sieber / Sitta (1984), S. 16; Kühn (1980), S. 534 f.

185 Ausführlicher beschäftigen sich Sieber / Sitta (1986) in ihrem 4. Kapitel mit der Frage des Sprachlernens in der deutschschweizerischen Diglossiesituation.

nützer[186]. Das Schweizerdeutsch geniesst als Umgangssprache aller schweizerischen Regionen und aller Bevölkerungsschichten ein hohes Prestige und wird oft als Sprache der Identität, der Identifikation mit dem vertrauten Lebensbereich, aber auch der Abgrenzung gegen 'aussen', vor allem gegen Deutschland, gesehen; es ist Symbol für Demokratie, Föderalismus und prägender Ausdruck des 'Nationalcharakters'. Die Standardsprache dagegen wird zwar in ihrer geschriebenen Form durchaus akzeptiert, in der gesprochenen jedoch häufig abgelehnt, sei es, weil die Meinung vorherrscht, in der Standardsprache könne man sich nicht so geben, wie man sei, könne man sich nicht so ausdrücken, wie man gerne möchte; sei es, weil mit ihr personelle, materielle oder ideelle Feind- und Angstbilder assoziiert werden[187]. Entsprechend fallen auch die Attribute aus, mit denen die beiden Varietäten versehen werden[188].

Wie auch immer man die beiden Varietäten von einem 'objektiven' Standpunkt aus beurteilen mag - unbestritten scheint zu sein, dass das Verhältnis vieler Deutschschweizer zur Standardsprache in ihrer gesprochenen Form gebrochen ist und dass sie häufig gar als 'Fremdsprache' empfunden wird.

3.2 Dialekt und Standardsprache in der Schule

3.2.1 Der institutionelle Hintergrund: Bildungsziele und Mittel zu ihrer Verwirklichung

Hinsichtlich der sprachlichen Voraussetzungen, mit denen die Kinder in die Primarschule eintreten, ist bereits erwähnt worden, dass sie neben der dialektalen aktiven und passiven Kompetenz (Sprechen, Hören/Verstehen) meist auch über eine mehr oder weniger stark ausgeprägte standardsprachliche passive Kompetenz verfügen. Erst in der Schule erfolgt, gekoppelt mit dem Lesen- und Schrei-

---

186 Siehe dazu vor allem die Arbeiten von Ris (1978), (1979); ferner Sieber / Sitta (1986), Abschnitt 1.3, S. 29 ff.

187 Literarisch ist diese Komponente sehr anschaulich von Otto F. Walter (1983) in seinem 1978/79 geschriebenen Buch 'Wie wird Beton zu Gras' geschildert worden. Die Standardsprache steht dabei u.a. stellvertretend für 'das Alte', "worin alle anderen Wörter versammelt waren, Angst, Terror, Granaten, Unterdrükkung, Stoppuhr, Sex, Männliches, Konsum, Gewalt, Beton, Gewalt. Zwang, ja." (S. 127), während der Dialekt das 'Neue', das 'Andere', mithin auch das Menschlichere symbolisiert. Dialekt und Standardsprache spielen dabei auch für den Schulbetrieb eine nicht geringe Rolle: Siehe Anm. 202 in Teil I der Arbeit; vgl. entsprechende Ausführungen bei Ammon (1978), S. 251 ff; Sieber / Sitta (1984), S. 20 - 24.

188 Siehe z.B. Thomke, Hellmut (1978): Mundart und Hochsprache in unseren Schulen. In: Schweizer Monatshefte, Heft 11, S. 875 - 883; Ris (1978), S. 96 ff., 109.

benlernen, der Erwerb der aktiven standardsprachlichen Kompetenz.

In den aktuellen behördlichen Forderungen bezüglich des muttersprachlichen Unterrichts - festgehalten in kantonalen Unterrichtsgesetzen, Lehrplänen, Weisungen etc. - sind, vereinfacht, zwei Bildungsziele zu finden: Vorwiegend staats- und kulturpolitisch begründet wird die Forderung nach einer umfassenden standardsprachlichen Kompetenz; sie entspricht dem traditionellen Verständnis des Deutschunterrichts an schweizerischen Schulen. Neuer und im Zusammenhang mit Konzepten kommunikationsorientierter Didaktik zu sehen ist das Ziel, Sprachkompetenz überhaupt zu fördern, ein Ziel, das sicherlich zu einer Aufwertung des Dialekts und eventuell zu Konflikten mit der ersten Forderung führt.

Zentrales Mittel zur Realisierung dieser Ziele ist zweifellos die Festlegung der Unterrichtssprache[189]: In der Regel erfolgt heute die Umstellung vom Dialekt zur Standardsprache als Unterrichtssprache im dritten oder vierten Schuljahr, wobei oft eine fächerspezifische Differenzierung vorgenommen wird: Während die Forderung nach Standardsprache als Unterrichtssprache für die kognitiv ausgerichteten Kernfächer vollumfänglich gilt, werden Fächer, in denen musische und physische Aktivitäten im Vordergrund stehen, häufig davon ausgenommen[190]. Dadurch aber, dass auch in andern Fächern als im Fach 'Sprache' bzw. 'Deutsch' die Standardsprache offiziell als Unterrichtssprache eingesetzt wird und dass mittels Weisungen etc. darauf gepocht wird - und dies geschieht in neuester Zeit sehr häufig -, dass die Standardsprache auch tatsächlich verwendet wird[191], wird evident, dass auch diese Fächer neben der offiziell nicht-sprachlichen Zielsetzung unter dem medialen Aspekt der Unterrichtssprache eine starke (standard)-sprachliche Ausrichtung erhalten[192].

---

189 Siehe Plotke (1979), S. 166 - 169.

190 Der Umstand, dass diese Differenzierung heute vielfach explizit in behördlichen Regelungen vorgenommen wird - auch früher war sie meist selbstverständlich, nur stand dies nirgends geschrieben! -, ist eine der Folgen der in den letzten Jahren in den Medien als Reaktion auf die starke Zunahme des Dialektgebrauchs auch in den Schulen recht engagiert geführten Diskussion um Dialekt und Standardsprache in der Schule.

191 Die Normen, denen die Lehrer bei der Verwendung der Standardsprache folgen (sollen), sind offiziell meist nicht näher präzisiert; es ist anzunehmen, dass die meisten Lehrer deshalb auf eigene Erfahrungen im Fach Deutsch zurückgreifen.

192 Zu den institutionellen Vorgaben bezüglich Standard und Dialekt siehe Sieber / Sitta (1986), Kapitel 2. Zweifelsohne wäre es lohnenswert, wenn man sich für die deutschschweizerischen Verhältnisse einmal der Frage annehmen würde, wie sich diese Situation auf den Schulerfolg der Kinder auswirkt. Entsprechende Untersuchungen sind in der Bundesrepublik schon längst unternommen worden (Ammon, Hasselberg u.a.). Man stellt wohl hierzulande - ganz zu recht natürlich! - noch zu sehr darauf ab, dass die sprachlichen Verhältnisse und ihre Koppelung vorab mit schichtspezifischen Faktoren in den beiden Ländern nicht vergleichbar seien und schliesst dann daraus -

3.2.2 Unterrichtspraxis: Dialekt als Alltags-, Standard als Schulvarietät

Während die behördlichen Regelungen hinsichtlich der Verteilung von Dialekt und Standardsprache im Unterricht zwar je nach Kanton verschieden, aber im allgemeinen recht einfach und klar sind, präsentiert sich die Wirklichkeit in Bezug auf die reale Verteilung der Varietäten, aber auch auf ihren statusmässigen Stellenwert, komplizierter: Regionale[193], schulstufen-, schultypen- und fächerspezifische[194] Faktoren tragen dazu bei, dass im Unterricht häufig auch Dialekt gesprochen wird, von den Schülern und teilweise auch von den Lehrern. Der Einstellung des Lehrers kommt dabei vielfach entscheidende Bedeutung zu. Ferner wird die allgemeine Regel, wonach in der Schule die Standardsprache die Sprache der 'Arbeit', der Dialekt jene der 'Freizeit' sei, allzu oft ausser Kraft gesetzt, als dass man sie als allgemeingültig betrachten könnte: Bisherige Untersuchungen[195] haben mit genügender Deutlichkeit gezeigt, dass Kommunikationsform, thematische Ausrichtung, Oeffentlichkeitsgrad, Formalitätsgrad, Partnerbezug, zeitliche und räumliche Komponenten die Wahl der einen oder der andern Varietät nahelegen können[196], was zu einem Zustand führen kann, der dadurch gekennzeichnet ist, dass Standardsprache und Dialekt vom Lehrer mehr oder weniger akzeptiert und damit 'legal' nebeneinander im Unterricht zu finden sind. Es versteht

---

fälschlicherweise, wie ich meine -, dass damit diese (standard)sprachliche mediale Komponente des Nicht-Deutschunterrichts auch nicht zum Problem werden könne. Siehe Löffler, Heinrich (1979): Mundart als Problem und Möglichkeit im Unterricht. In: Rheinische Vierteljahresblätter, 43. Jg., S. 344 - 355. S. 348: "Auch in der Schweiz hat man den Eindruck, dass zwar der Dialekt niemanden diskriminiert, dass hingegen die unterschiedliche Fertigkeit im Hochdeutschen durchaus ein intellektuelles Einstufungselement ist."

193 Im Osten der Deutschschweiz sowie in ländlichen Regionen wird der Standardsprache eine grössere Bedeutung zugemessen. Siehe Sieber / Sitta (1986), S. 64.

194 In stärker intellektuell ausgerichteten Schultypen wird die Forderung nach Standard als Unterrichtssprache strenger durchgesetzt; hinsichtlich der einzelnen Fächer sieht es folgendermassen aus: Im Turn-, Zeichen- und Musikunterricht wird fast ausschliesslich Dialekt gesprochen; im Religions-, Handarbeits-, Hauswirtschafts-, Gemeinschaftskundeunterricht gilt dasselbe, allerdings oft nicht diskussionslos. In den naturwissenschaftlichen und den fremdsprachlichen Fächern ist keine einheitliche Tendenz auszumachen: Beide Varietäten kommen vor. Im Deutschunterricht gilt die Forderung nach der Standardsprache als Unterrichtssprache am stärksten.

195 Sieber / Sitta (1986), besonders Kapitel 3.

196 Vgl. die Ausführungen bei Schwarzenbach (1969), S. 392 f., der den Dialekt noch auf persönliche Lehrer - Schüler - Gespräche und auf die Pausen beschränkt sah.

sich, dass die Funktion einer dialektalen Aeusserung nicht dieselbe ist, je nachdem, ob sie als solche vom Lehrer toleriert wird oder nicht; darauf wird aber noch genauer einzugehen sein.

Der Erwerb der Standardsprache geht meist einher mit dem Lesen- und Schreibenlernen: Während die Unterrichtssprache allgemein noch der Dialekt ist, sind die Texte, die dem Lesenlernen dienen, in der Standardsprache abgefasst und werden auch standardsprachlich gelesen. Dasselbe gilt im schriftlichen Bereich: Sätze, die vor der schriftlichen Fixierung noch mündlich geäussert werden, werden standardsprachlich formuliert. Daneben tritt die Standardsprache zu Beginn der Primarschule meist nur noch in Form von Liedern, Sprüchlein, Gedichten in Erscheinung; erst allmählich wird sie, zuerst phasenweise, dann über die ganzen Lektionen hinweg, zur Konversationssprache zwischen Lehrer und Schülern[197].

An der Bildung von Einstellungen, wie sie im vorigen Abschnitt beschrieben worden sind, ist die Schule "mit Sicherheit nicht unschuldig"[198]: Die Standardsprache wird in der Schule erstmals planmässig gelernt. Während vorschulisch der Standard insbesondere als Sprache der gesprochenen Medien[199] einen Platz im Alltag der Kinder hatte, der Zugang dazu freiwillig, zwanglos geschah, ändert sich die Situation in der Schule grundsätzlich: Der Lernprozess vollzieht sich nun in anderer Weise[200] und in einem ganz neuen Lernumfeld (siehe Kapitel 2). Zieht man noch die fächerspezifische Verteilung von Standardsprache und Dialekt in Betracht, so ist die folgende Bemerkung von Sieber und Sitta (1984) nur allzu verständlich: "Unter spracherwerbstheoretischen Gesichtspunkten lässt sich in einer solchen Situation erwarten, dass mit der Sprachform Merkmale wie 'Angst', 'Druck', 'Entfremdung' assoziiert werden, weil diese Form als die Sprache der Selektion und der Prüfung erfahren wird."[201] Von vielen Schülern wird die Standardsprache denn auch tatsächlich als Mittel der "'Domestifizierung' und der schulischen Auswahl" empfunden[202].

Ris (1979) sieht die Schwierigkeiten der Schüler mit dem Standard in erster Linie als "Ergebnis einer von den Erwachsenen auf die Kinder übertragenen negativen Einstellung diesem gegenüber",

---

197 Zum Erwerb der Standardsprache in den Schulen der deutschen Schweiz siehe Sieber / Sitta (1986), Abschnitt 3.4.5., S. 89 ff.; Kapitel 4.

198 Sieber / Sitta (1984), S. 24 f. Siehe auch Sieber / Sitta (1986), Kapitel 6.

199 Eine andere Quelle der Bekanntschaft der Kinder mit der Standardsprache könnte mancherorts auch das Geschichtenvorlesen der Eltern, Grosseltern etc. sein.

200 Ris (1979), S. 57, spricht in Anlehnung an Fishman von einem Uebergang von kombiniertem zu koordiniertem Bilingualismus.

201 Sieber / Sitta (1984), S. 24.

202 Haas (1982), S. 109. Wiederum sehr anschaulich schildert O.F. Walter (1983) diesen Sachverhalt: Koni, der Protagonist der Geschichte, wird während eines Aufsatzes von einem "Schreibkrampf vor hochdeutschen Worten" (S. 58) gepackt, er baut eine Menge von Dialektausdrücken in den Text ein. Ueber diesen Schreibkrampf spekuliert der Erzähler:

die sich auch auf die Sprache in der Schule auswirke.

Zusammenfassend kann man damit aus Schülersicht den Dialekt als Alltags-, die Standardsprache als Schulvarietät bezeichnen, zu der ein Zugang sowohl durch kognitive als auch durch affektive Barrieren erschwert wird.

> "[...] vielleicht gab's auch in Koni drin etwas, tief in ihm drin, das sich diesen Wörtern widersetzte, weil sie anders waren als die Worte, die sie alle hier untereinander brauchten, anders, ihm fremd." (S. 57)

Und Nik, ein Freund von Koni, meint zu dessen Schwester:

> "Vielleicht, dass Koni das Hochdeutsch so irgendwie wie eine Fessel empfindet für das, was er sagen will? Als eine Art von Dressur? Er erlebt's als Fremdsprache, vielleicht so? Ist's ja für uns auch. Fremdsprache, und doch natürlich verwandt, ganz anders als Französisch für uns oder Englisch. Komisch. In Wörtern und Sätzen stecke ja wohl immer auch eine Art zu denken und zu fühlen. Oder, wenn du willst: zu sein. Damit, mit diesem Konflikt, kommt er jetzt nicht mehr zu Rande. In ihm drin rebelliert vielleicht ganz einfach das, was er eigentlich selber wäre und sein will, gegen das, was er sein müsste." (S. 82 f.)

4. DER VARIETAETENWECHSEL IM SCHULUNTERRICHT - THEORETISCHER HINTERGRUND

4.1 Grundfunktionen dialektalen Sprechens

Ramge (1978) hat in seinem Versuch, kommunikative Funktionen des dialektgerichteten Sprechens von Lehrern im standardsprachlichen Unterricht aufzuzeigen, dem Dialektgebrauch zwei 'Grundfunktionen' zugewiesen. Wir wollen ihm in seiner Argumentation hier kurz folgen, dabei Unterschiede zur schweizerischen Sprachsituation herausstreichen und schliesslich den Gedanken auf die Schülerseite ausweiten.

4.1.1 Die Grundfunktionen des Dialekts bei Ramge (1978) - Adaptation an deutschschweizerische Verhältnisse

Ramge geht von den verschiedenen Verwendungsbereichen der beiden Sprachformen im Saarland aus und teilt nach Löffler dabei folgendermassen ein:

Dialekt: Familiär-intimer Bereich, örtlicher Bereich und Arbeitsplatz, mündliches Sprechen.

Standard: Oeffentlicher Bereich, überörtlicher Bereich, mündliche und schriftliche Rede, Literatur, Kunst, Wissenschaft, öffentliche Rede, feierliche Anlässe, Gottesdienst, Schule[203].

Diese Einteilung der Verwendungsbereiche stimmt mit derjenigen in der Schweiz in gewissen Grundlinien überein, wenn auch in der Schweiz der Kontrast noch stärker ausgebildet ist und der Dialekt insbesondere auch im überörtlichen Bereich verwendet wird[204]. Die Merkmale der Intimität, Familiarität und Regionalität, die Ramge dem Dialekt zuschreibt, können zwar auch zur Kennzeichnung des Schweizerdeutsch verwendet werden, haben jedoch andere Wurzeln als in bundesdeutschen Dialektgebieten: Gerade der situationell und regional weitere Verwendungsbereich des Dialekts in der Schweiz müsste eigentlich zur Folge haben, dass er im Vergleich zur Bundesrepublik einiges von seiner Intimität, Familiarität und Regionalität einbüsst. Dass die damit verbundenen "positiven Werte der sozialen und lokalen Zusammengehörigkeit und Identität"[205] aber dennoch auch dem Schweizerdeutsch anhaften, hängt mit den in Abschnitt 3.1 genannten Faktoren zusammen. Insofern aber der Dialekt die gemeinsame Umgangssprache <u>aller</u> Deutschschweizer ist,

---

203 Ramge (1978), S. 201.
204 Siehe Kapitel 3.
205 Ramge (1978), S. 201.

kommt Ramges erste Grundfunktion des dialektalen Sprechens, jene der '<u>Solidarisierung im sprachlichen Symbol</u>'[206], in innerdeutschschweizerischer Kommunikation eher den Regionaldialekten als dem Schweizerdeutsch an sich zu. Anders verhält es sich, wenn Deutschschweizer mit Sprechern anderer Sprachen bzw. der Standardvarietät kommunizieren: Dann kommt diese Grundfunktion zweifellos ähnlich wie für das von Ramge untersuchte Gebiet zum Tragen.

Analog kann auch für die zweite Grundfunktion, die '<u>Emotionalisierung im sprachlichen Symbol</u>', argumentiert werden: Die Affekte und Emotionen, die aufgrund des Merkmals der Familiarität des Dialekts an diese Sprachform gebunden sind, können auch nur assoziativ evoziert werden in Interaktionen mit Sprechern einer nicht-dialektalen Varietät, nicht aber, wenn Personen miteinander interagieren, die alle im Dialekt sprechen[207].

Es lässt sich also folgender Schluss ziehen: In einer Kommunikationssituation, die dadurch gekennzeichnet ist, dass verschiedene Deutschschweizer, deren sprachliches Repertoire den Dialekt als Primär- und Hauptvarietät und die Standardsprache als Sekundär- und Nebenvarietät umfasst, im Dialekt miteinander kommunizieren, sind die beiden Grundfunktionen dialektalen Sprechens latent zwar vorhanden, erlangen jedoch keine aktuelle Bedeutung in dem Sinn, dass sie von den Gesprächspartnern als solche interpretiert würden.

4.1.2 Der 'Sonderfall' Schule

Wie sieht es aber für die spezielle Kommunikationssituation 'Schulunterricht' aus? Es wurde festgestellt, dass jeweils von einer bestimmten Schulstufe an die Standardvarietät als Unterrichtssprache vorgesehen ist, und wir wollen für die folgenden Ueberlegungen von der (idealisierten) Annahme ausgehen, dass der Unterricht auch tatsächlich grundsätzlich in der Standardsprache abgehalten wird.

Während die obige Kommunikationssituation sich durch das Fehlen der einen Varietät auszeichnete, kann schulischer Unterricht umgekehrt nun nicht einfach als durch das Fehlen der andern Varietät gekennzeichnet angesehen werden: Die Standardsprache impliziert dort, wo sie von Deutschschweizern gesprochen wird, aufgrund ihrer Eigenart als im üblichen gesprochenen Verkehr wenig

---

206 Ramge (1978), S. 201. Nach Ramge zeigt der Dialektgebrauch danach an, "dass man die sozial-lokale Identität des anderen akzeptiert und dass man sich als Angehöriger der gleichen lokalen Kultur damit solidarisiert." Ebd.

207 Entsprechendes gilt auch für bundesdeutsche Verhältnisse: Ramges Grundfunktionen des Dialektgebrauchs können sinnvollerweise nur deswegen postuliert werden, weil ihnen die Standardvarietät entgegengehalten werden kann. Diese soziale Bedeutung der Dialektvarietät würde sich verlieren in einer homogenen dialektsprechenden Sprachgemeinschaft.

relevante Sekundär- und Nebenvarietät stets auch das Vorhandensein des Dialekts, dessen Grundfunktionen in einem tatsächlichen oder solchermassen 'verdeckten' Nebeneinander der beiden Varietäten aktualisiert werden können. Im Fall des Schulunterrichts trifft dies ebenfalls zu, allerdings in etwas speziellerer Form: Während von einem Lehrer im allgemeinen angenommen werden kann, dass er aufgrund seiner Ausbildung und des häufigen Gebrauchs der Standardsprache mit dieser vertraut und damit ihr Charakter als Sekundär- und Nebenvarietät bei ihm weniger stark ausgeprägt sei, ist für den Schüler das Gegenteil der Fall: Dadurch, dass er eben erst im Begriff ist, seine Standardkompetenz auszubauen, liegen die beiden Varietäten noch stärker auseinander. Gerade für ihn kann der Gebrauch des Dialekts in einem standardsprachlichen Kontext starke solidarisierende und emotionalisierende Wirkung haben.

Bisher unberücksichtigt geblieben sind die spezifischen Eigenheiten des Unterrichtsbetriebs, wie sie in Kapitel 2 dargelegt worden sind. Für den Schüler stellt der Schulunterricht die erste aktive Begegnung mit der Standardsprache dar, und diese bestimmt sein sprachliches Verhalten in starkem Mass nicht erst, aber besonders von dem Moment an, da sie zur offiziellen Unterrichtssprache wird. Es ist bereits von Gumperz / Hernandez-Chavez (1975)[208] herausgestrichen worden, dass Wörter nicht nur Bezeichnungen für Dinge, sondern auch "Träger kulturspezifischer Assoziationen, Einstellungen und Werte" sind und dass sich diese kulturellen Werte aus dem Kontext, in dem sie üblicherweise gebraucht werden, und aus den Tätigkeiten, die mit ihnen assoziiert werden, ableiten. Entsprechendes kann nun aber auch für ganze Sprachen oder Varietäten einer Sprache angenommen werden. Die Standardsprache würde demnach - wenn dies stimmt - in ihrer Eigenschaft als Unterrichtsvarietät mit den spezifischen Merkmalen assoziiert, die den Unterricht einer bestimmten Klasse prägen, während der Dialekt mit dem Alltagskontext und Alltagstätigkeiten in Verbindung gebracht würde. Allgemein darf wohl angenommen werden, dass sich dieser Zuordnungsmechanismus beim Schüler wiederum stärker auswirkt als beim Lehrer, der die Standardvarietät stärker auch andern Verwendungsbereichen zuordnen kann als nur eben dem Unterricht.

4.1.2.1 Dialektale Grundfunktionen beim Lehrer

Nach Ramge (1978)[209] macht der Lehrer, der für kurze Zeit die Standardsprache als Unterrichtssprache zugunsten des Dialekts aufgibt, von zwei Wissensbeständen produktiv Gebrauch: einerseits vom Wissen, dass die Sprechsituationen von der Sprachformwahl

---

208 Gumperz, John J. / Hernandez-Chavez, Eduardo: Bilingualismus, Bidialektalismus und Interaktion im Klassenzimmer. In: Gumperz (1975 a), S. 165 - 187. S. 179 f.

209 Ramge (1978), S. 202.

mitdefiniert werden (a), andererseits vom "Wissen, dass die Annäherung an den üblichen Sprachgebrauch der Schüler als der Versuch einer Symmetrisierung der Interaktionsbeziehung beabsichtigt ist und so verstanden werden kann. Praktisch heisst das, dass durch den Nicht-Gebrauch der Standardsprache eine als nicht institutionell definierte Sprechsituation hergestellt werden soll" (b)[210]. Diese Einschätzung gilt m.E. vollumfänglich auch für die schweizerischen Verhältnisse. Der Lehrer kann demnach dadurch, dass er die den beiden Varietäten inhärenten sozial-situativen Bedeutungen aktualisiert, seiner institutionell abgesicherten Autoritätsrolle entgegenzuwirken versuchen; Dialekt in standardsprachlichem Kontext kann in der Lehrer - Schüler - Beziehung solidarisierend und emotionalisierend wirken, wenn er vom Lehrer eingesetzt wird.

4.1.2.2 Dialektale Grundfunktionen beim Schüler

Auf der Seite des Schülers - die Ramge in seinem Aufsatz nicht miteinbezogen hat - sieht die Lage etwas anders aus. Wir haben gesehen, dass es zu den typischen Merkmalen schulischen Unterrichts gehört, dass im allgemeinen der Lehrer allein über die anzuwendenden Kommunikationsmittel und -strategien entscheidet und damit auch die Wahl der Sprachform allein bestimmt. Eine dialektale Schüleräusserung in einem Standardkontext kann infolgedessen auch anders intendiert sein bzw. gedeutet werden als ein entsprechender Wechsel auf seiten des Lehrers: Es bieten sich m.E. folgende Möglichkeiten an:

a) Der Schüler macht von den gleichen Wissensbeständen Gebrauch wie der Lehrer (s.o.) und intendiert eine Symmetrisierung der Interaktionsbeziehung; er aktualisiert also die beiden obengenannten Grundfunktionen dialektalen Sprechens. Er besitzt damit prinzipiell die gleiche Wirkmöglichkeit wie der Lehrer. Der Erfolg seines Unternehmens hängt jedoch von einer Bedingung ab, die in der beschriebenen schulischen Rollenverteilung begründet liegt: Er ist darauf angewiesen, dass der Lehrer den Wechsel der Sprachform nicht als Verletzung des ihm allein zustehenden Rechts, zwischen verschiedenen Varietäten zu wechseln, deutet, sondern auf sein Angebot eingeht.
b) Der Schüler macht zusätzlich zum ersten (a) noch von einem andern Wissensbestand (c) Gebrauch, nämlich gerade von jenem Wissen, dass grundsätzlich nur der Lehrer das Recht hat, die unterrichtliche Sprachform zu bestimmen; dass die Abkehr vom verlangten Sprachgebrauch und die damit verbundene Beanspruchung eines Rechts, das ihm eigentlich nicht zusteht, als Regelbruch und damit ebenfalls als Versuch einer Symmetrisierung der Interaktionsbeziehung - allerdings mit umgekehrtem Vorzeichen! - verstanden werden kann; praktisch hiesse dies,

---

210 Ramge (1978), S. 202.

dass durch den Nicht-Gebrauch der Standardsprache eine betont institutionell definierte Sprechsituation hergestellt werden soll dadurch, dass institutionelle Rollenstrukturen, die im eingespielten Unterrichtsbetrieb unbemerkt wirksam sind, durch deren Verletzung sichtbar gemacht werden.

Es ist offensichtlich, dass diese dritte Grundfunktion, die dialektalem Sprechen in einem Standardkontext zukommen kann, spezifisch schulischen Charakter hat. Ein Schülerverhalten, wie es eben skizziert worden ist, könnte mit den andern beiden Grundfunktionen nicht erfasst werden. Ein solcher Dialektgebrauch kann zwar durchaus auch solidarisierend und emotionalisierend wirken, aber nicht mehr in Bezug auf den direkt Angesprochenen, den Lehrer, sondern allenfalls in Bezug auf die übrigen Klassenmitglieder, die denselben Status besitzen wie der Sprecher selbst. Die Funktion der Emotionalisierung könnte hier allerdings auch unterteilt werden in eine positiv emotionalisierende Komponente - so wurde sie bisher allgemein verstanden - und eine negativ emotionalisierende. Dialektaler Sprachgebrauch, dem die dritte Grundfunktion zugeordnet werden kann, könnte also positiv emotionalisierend wirken auf die Mitschüler, negativ emotionalisierend hingegen auf den Lehrer. Diese letzte Grundfunktion kann, als direkter verbalkommunikativer Ausdruck der im schulischen Unterricht realisierten Rollenstrukturen, auch nur dem dialektalen Sprechen der Schüler, nicht aber demjenigen des Lehrers zukommen. Sie soll im folgenden - in Anlehnung an die Formulierung bei Ramge[211] - als Abgrenzung im sprachlichen Symbol bezeichnet werden: Durch den Gebrauch des Dialekts sollen die trennenden Elemente in einer Interaktionsbeziehung hervorgehoben werden, soll der Schülerstatus von demjenigen des Lehrers abgegrenzt und unter Umständen Zugehörigkeit zur Klasse als Verband gleichgestellter Schüler in Opposition zum Lehrer signalisiert werden[212].

Als Bestandteile des internalisierten Wissens der Unterrichtsteilnehmer, von dem sie bei der Herstellung bzw. Interpretation einer Aeusserung produktiv Gebrauch machen können, gehören die dialektalen Grundfunktionen mit zur Summe der kommunikativ relevanten Faktoren.

4.2 Zur 'kommunikativen Relevanz' von Varietätenwahl und Varietätenwechsel

Als Ergebnisse der bisherigen Ausführungen konnten wir u.a.

---

211 Ramge (1978), S. 201.

212 Es handelt sich bei dieser Grundfunktion um einen jener Fälle, wo Sprachunterschiede aufgegriffen werden, "um Grenzen zwischen sozialen Gruppen zu symbolisieren." Gumperz, John J. / Gumperz, Jenny C. (1975): Die kommunikative Basis von Sprachproblemen in der Erziehung. In: Gumperz (1975 a), S. 80 - 89. S. 88.

festhalten, dass offizielle Richtlinien jeweils von einer bestimmten Schulstufe an grundsätzlich die Standardsprache als Unterrichtssprache vorschreiben, dass im Schulalltag jedoch häufig davon abgewichen wird; ferner, dass dem Dialektgebrauch in standardsprachlichem Kontext im allgemeinen, in standardsprachlichem Unterricht im speziellen bestimmte Grundfunktionen zugeordnet werden können. Welche Grundfunktion einer konkreten Aeusserung in ihrem jeweiligen Verwendungszusammenhang zukommt - wenn ihr überhaupt eine zukommt! -, ist damit aber noch nicht beantwortet.

Sollen den dialektalen Aeusserungen im standardsprachlichen Unterricht kommunikative Funktionen zugewiesen werden, muss erst einmal geklärt werden, welche dialektalen Aeusserungen im Unterricht überhaupt als Objekte einer Analyse in Frage kommen. Oder anders gefragt: Es muss festgestellt werden können, welchen kommunikativen Stellenwert eine Dialektäusserung in Bezug auf die in einer Klasse geltenden sprachwahlsteuernden Normen besitzt, welches ihre kommunikative Relevanz in ihrem spezifischen Verwendungszusammenhang ist: Eine Dialektäusserung in einer Kommunikationssituation, die aufgrund der für sie geltenden Normen den Gebrauch des Dialekts aus der Sicht der Unterrichtsteilnehmer als Alternative zum Standardgebrauch zulässt, ohne Sanktionen zu implizieren, besitzt hinsichtlich der Sprachformwahl eine andere kommunikative Relevanz als eine Dialektäusserung, die gegen solche Normen verstösst; die soziale Bedeutung, die mit der Wahl der Varietät verbunden ist, ist nicht dieselbe.

Wenn für einen Unterricht kodifizierte Normen existieren, welche dafür den Gebrauch der Standardvarietät vorschreiben, müsste jede Abweichung davon prinzipiell als Verletzung dieser Normen betrachtet werden[213], und es wäre grundsätzlich die Aufgabe des Lehrers, gegen solche Verstösse einzugreifen. Zeigt der Lehrer keine Anzeichen eines solchen Verhaltens, sondern akzeptiert er den Dialekt von seiten der Schüler oder braucht ihn selbst, so ist es naheliegend, auf die Existenz nicht-kodifizierter Normen zu schliessen, die die kodifizierten in gewissen Bereichen ausser Kraft setzen.

Es scheint mir nun am sinnvollsten zu sein, für eine Untersuchung kommunikativer Funktionen des Dialektgebrauchs im standardsprachlichen Unterricht grundsätzlich von den offiziellen, die Unterrichtssprache betreffenden Richtlinien auszugehen, da diese den Lehrer und die Schüler zum Standardgebrauch verpflichten oder dem Lehrer zumindest die Möglichkeit geben, auf die Einhaltung dieser Forderung zu pochen. Das heisst aber nichts anderes, als dass auf der Suche nach solchen kommunikativen Funktionen auch der Verwendungsbereich der nicht-kodifizierten Normen, die den Ge-

---

213 Es sei hier darauf hingewiesen, dass die Normverstösse, von denen hier die Rede ist, nicht die Grammatikalität und damit die Verständlichkeit von Aeusserungen betreffen, sondern allein deren Akzeptabilität. Vgl. dazu Gumperz, John J. (1975 b): Sprachliche und soziale Interaktionen in zwei Sprechgemeinschaften. In: Gumperz (1975 a), S.143-164. S.144.

brauch des Dialekts klassenintern erlauben, miteinbezogen werden muss; jeglicher Dialektgebrauch ist also grundsätzlich Objekt der Untersuchung, wobei der Dialekt ganze Aeusserungen umfassen kann oder nur Teile davon. Damit stellt sich als nächstes die Frage, was als Dialektgebrauch überhaupt anzusehen ist.

Ramge arbeitet in seinem Aufsatz mit einem 'mittleren Sprachvariationsniveau' (MSVN)[214], das für jeden Sprecher zu ermitteln ist, um den Ort seiner normalen Sprechweise auf der stufenlosen Skala mit den Endpunkten Standardsprache und Dialekt festzustellen; Abweichungen von diesem individuellen Wert in Richtung Dialekt werden als 'dialektgerichtete Aeusserungen' betrachtet. Ein solches Verfahren erübrigt sich m.E. für schweizerische Verhältnisse: Im Gegensatz zu andern deutschsprachigen Ländern stehen in der Schweiz der Standardsprache bzw. der schweizerischen Norm der Standardsprache die ausgeprägten Dialekte als einzige Alternative gegenüber; Zwischenstufen in Form von Umgangssprachen gibt es keine[215]. Hinsichtlich der verbalen Realisierung ist es für jeden deutschschweizerischen Sprachbenützer denn auch im allgemeinen problemlos, eine Aeusserung bzw. Teile davon der einen oder der andern Varietät zuzuweisen. Es kann im verbalen Bereich damit auch auf die Bezeichnung 'dialektgerichtet' verzichtet werden, mit der Ramge operiert[216].

Es gilt allerdings, hier folgende Einschränkung zu berücksichtigen: Es gibt sowohl im lexikalischen als auch im syntaktischen und morphologischen Bereich verbale Aeusserungsteile, die von einem deutschen Sprecher eindeutig als 'schweizerisch' eingestuft und die auch den Duden-Normen nicht oder nur mit dieser Einschränkung genügen würden, die aber von vielen deutschschweizerischen Sprechern - darunter auch von Lehrern - als 'korrekt' standardsprachlich betrachtet würden. Es kann also durchaus sein, dass eine Aeusserung, die solche typisch schweizerischen grammatischen Bestandteile enthält, von Deutschschweizern als rein standardsprachliche Aeusserung aufgefasst wird. In verstärktem Mass tritt dies natürlich dann auf, wenn jemand noch nicht über eine gut ausgebildete standardsprachliche Kompetenz verfügt, wie es bei Schülern ja mehr oder weniger der Regelfall ist. Ob und inwiefern man dabei von einem Wechsel von der Standardsprache zum Dialekt und zurück sprechen kann, soll uns weiter unten noch kurz beschäftigen.

Etwas anders verhält es sich mit der Aussprache im Fall des Standardgebrauchs: Ein Deutschschweizer ist praktisch immer schon an seinem typischen Akzent erkennbar. In diesem Bereich existiert eine grosse Bandbreite zwischen einer Aussprachenorm, wie sie auch für die bundesdeutsche Standardvarietät Gültigkeit hat, und stark

214 Ramge (1978), S. 206 - 210.

215 Vgl. Ris (1978), S. 113; Ris (1979), S. 50. Er spricht von einem 'grammatischen' und einem 'pragmatischen Diskontinuum' zwischen Standard und Dialekt als typischem Kennzeichen der schweizerischen Varietätenverteilung.

216 Ramge (1978), S. 206 - 210.

schweizerisch gefärbtem Akzent. Es ist auch bekannt, dass dieses vokal-nonverbale Merkmal in den Bereichen Politik und Medien nicht selten bewusst eingesetzt wird, um durch betont schweizerische bzw. betont 'hochdeutsche' Aussprache bestimmte Wirkungen zu erzielen bzw. zu vermeiden. Aehnliche Mechanismen können auch in der Schule eine gewisse Rolle spielen: Auch Lehrer und Schüler - diese wohl erst, wenn ihre standardsprachliche Kompetenz ein bestimmtes Niveau erreicht hat - können ihre Aussprache stärker dialektal bzw. standardsprachlich gestalten und damit verschiedene Ziele zu erreichen versuchen. In diesem vokal-nonverbalen Bereich könnte also durchaus von dialektgerichteten bzw. von standardgerichteten Aeusserungen gesprochen werden; als Massstab, ob eine derartige Gerichtetheit vorliegt oder nicht, müsste dabei der normale Standardakzent eines Sprechers dienen[217].

Wir haben oben festgehalten, dass jeglicher Dialektgebrauch Objekt der Untersuchung sein müsse. Nun gibt es aber Formen des Dialektgebrauchs - wie die erwähnten grammatischen schweizerischen Eigenheiten -, die von den Kommunikationsteilnehmern u.U. gar nicht als dialektal wahrgenommen werden. Eine solche Wahrnehmung durch mindestens einen der Kommunikationspartner scheint mir jedoch die Voraussetzung zu sein, unter der eine dialektale bzw. dialektgerichtete Aeusserung überhaupt kommunikativ relevant werden kann. Nicht eine externe Norm, sondern die sprachliche Wahrnehmung der Kommunikationspartner wird hier also als Bezugsgrösse genommen, um festzustellen, ob eine bestimmte Aeusserung eine Abweichung vom normalen Standardgebrauch im Unterricht darstellt oder nicht. Ohne in ihrer besonderen varietären Ausprägung wahrgenommen zu werden, kann die Sprachformwahl als solche kommunikativ nicht relevant werden, kann ihr demnach keine kommunikative Funktion zugeordnet werden.

EXKURS: Wechseltypen von der Standardsprache zum Dialekt:

Ausgehend davon, dass im Unterricht prinzipiell die Standardsprache gesprochen werden sollte, lassen sich folgende Typen des Wechsels von der Standardsprache zum Dialekt und umgekehrt finden:

A. 'Nullwechsel': Der Sprecher sollte den Normen gemäss vom Dialekt zur Standardsprache wechseln, bleibt aber im Dialekt.

---

217 Dieser 'normale Akzent' könnte, in Analogie zu Ramges MSVN, mit einem 'mittleren Akzentvariations-Niveau' ermittelt werden. Da der Anteil solcher Fälle von dialekt- bzw. standardgerichtetem Sprechen der Standardsprache im Unterricht jedoch im allgemeinen recht klein ist, wird auf die Konstruktion eines solchen Instruments verzichtet; sie drängt sich auch deshalb nicht auf, weil solche Akzentbetonungen im Unterricht meist sehr bewusst eingesetzt werden und zudem kurze Aeusserungen bzw. Teile davon betreffen, so dass sie in ihrer besonderen Hervorhebung auch von einem Aussenstehenden in der Regel leicht erkannt werden.

Aus streng linguistischer Sicht ist bei diesem Fall, der sich vor allem zu Beginn einer Lektion ergeben kann, nichts bemerkenswert: Ein Varietätenwechsel hat nicht stattgefunden. Was sich hingegen geändert hat, ist die soziale Bedeutung, die der Sprachform zukommt: War der Dialekt vor der Unterrichtslektion die selbstverständliche, unangefochtene Varietät von Lehrer und Schülern, so ist er nach Beginn der Lektion als Abweichung von der standardsprachlichen Unterrichtssprache zu sehen. Dies trifft grundsätzlich auch dann zu, wenn der Dialekt als Alternative zum Standard durch klasseninterne nicht-kodifizierte Normen in der betreffenden Kommunikationssituation erlaubt ist. Der umgekehrte Fall, dass also die Standardsprache über die Unterrichtsstunde hinaus beibehalten würde, ist zwar denkbar, kommt aber in der Praxis wohl nie vor.

B. Varietätenwechsel bei Sprecherwechsel.

C. Varietätenwechsel beim gleichen Sprecher: Der Varietätenwechsel erfolgt während der Sprechdauer eines einzelnen Sprechers. Von einem solchen Wechsel können betroffen sein:
   a) ganze Sinn-Einheiten (wenn die Aeusserung aus mehreren solchen besteht);
   b) Teile von Sinn-Einheiten; der Wechsel findet dann meist an einer Wortgrenze statt;
   c) einzelne Wörter;
   d) morphologische Bestandteile der Aeusserung.

Bei den Wechseltypen B und C sind auch Wechsel im Sinn von dialekt- bzw. standardgerichteten Aeusserungen bzw. Aeusserungsteilen (Akzentbetonungen) möglich[218] (Exkurs-Ende).

In Sprachgemeinschaften, in denen verschiedene Sprach(varietät)en gebraucht werden, gilt gemäss Gumperz / Hernandez-Chavez (1975): "Jedes Element eines Alternantenpaares mit der gleichen referentiellen Bedeutung kann zum Träger sozialer Bedeutung werden."[219] Für den hier interessierenden Fall des Schulunterrichts heisst das, dass die Sprachvarietäten an sich potentiell Trägerinnen von sozialer Information sind, da zwei prinzipiell gleichwertige Formen der referentiellen Realisierung vorhanden sind. Dies gilt allerdings nur unter der Voraussetzung, dass diese beiden Formen auch einigermassen gleich gut gehandhabt werden können - eine Voraussetzung, die gerade im Unterricht, der ja zu einem mehr oder weniger starken Teil die Aufgabe hat, diese Kompetenz der Schüler (vor allem in der Standardsprache) zu steigern, nur teilweise erfüllt ist.

Die Art der Information, die mit dem Gebrauch des Dialekts im Unterricht potentiell aktualisierbar ist, ist vielfältig: Je nach der Konstellation der kommunikativ relevanten Faktoren wird einer dialektalen Aeusserung ein spezifisches sozial-situatives Informa-

---

218 In dieser Unterscheidung von Wechseltypen sind sowohl der 'Sprach(variant)enwechsel' als auch die 'Sprach(variant)enmischung' enthalten, die Kolde (1981) nach C.W. Pfaff (1979) in seiner Arbeit (S. 266) benützt.

219 Gumperz / Hernandez-Chavez (1975), S. 180.

tionspotential inhärent sein, das durch die Unterrichtsteilnehmer ganz oder in Teilen aktualisiert werden kann. Ein Wechsel von der Standardsprache zum Dialekt ist demnach - in Gumperz / Gumperz' (1975) Terminologie - als 'interpretativer Schlüsselreiz' aufzufassen, der von den Kommunikationsteilnehmern in unterschiedlicher Weise verarbeitet werden kann[220].

Es dürfte bereits klar geworden sein, dass einem Wechsel von der einen zur andern Varietät per se noch keine Bedeutung zukommt, sondern dass eine solche Bedeutung erst dadurch entsteht, dass die Unterrichtsteilnehmer - und auch ein externer Beobachter - dem Wechsel Bedeutung zuschreiben. Dieser Interpretationsprozess - auf seiten des Sprechers und des Hörers - erfolgt auf der Basis des 'Wissens'[221] der Kommunikationspartner über die gemeinsame sowie die nicht-gemeinsame Kommunikationspraxis, über die schulischen und nicht-schulischen Gebrauchsmöglichkeiten von Standard und Dialekt in Abhängigkeit von der jeweiligen Konstellation der kommunikativ relevanten Faktoren. Das heisst aber noch nicht, dass die Aktualisierung solchen Wissens bei der Interpretation der varietären Komponente einer Aeusserung ein bewusster Akt sein muss; vielmehr scheint es so zu sein, dass Varietätenselektions- und -interpretationsregeln sowohl oberhalb als auch unterhalb der Bewusstseinsgrenze operieren[222]. Das bedeutet aber, dass auch die kommunikative Relevanz einer Aeusserung bezüglich ihrer varietären Realisierung den Kommunikationsteilnehmern wohl bewusst sein kann, es aber nicht sein muss: Die Sprachform kann einerseits bewusst gewählt werden, um damit gewisse - wiederum mehr oder weniger bewusste - Ziele zu erreichen, und sie kann als solcherart intendiert von einem Kommunikationspartner bewusst wahrgenommen und gedeutet werden; sie kann aber auch in Uebereinstimmung mit dem genannten internalisierten Wissen - zu dem im Unterricht sowohl die kodifizierten als auch die nicht-kodifizierten Normen gehören - unbewusst, ja automatisch gewählt werden, ohne dass sich damit eine bewusste Intention verbindet, und sie kann vom Kommunikationspartner auch derart aufgenommen werden.

Die Wahrscheinlichkeit, dass die varietäre Komponente einer Aeusserung als sozial-situativ bedeutungsvoll wahrgenommen wird, ist verschieden gross je nach Konstitution der aktuellen Kommunikationssituation. Allgemein darf man wohl vermuten, dass diese Wahrscheinlichkeit grösser ist

a) bei einem Wechsel von der einen zu einer andern Varietät: Es treffen dabei beide Informationspotentiale direkt aufeinander,

---

220 Gumperz / Gumperz (1975), S. 86.

221 Wissen wird hier im Sinn der Ethnomethodologie verstanden, d.h. als System von Wissensbeständen, die individuell, aber sozial vermittelt, internalisiert werden. Vgl. Ramge (1978), S. 226, Anmerkung 11. Ich möchte an dieser Stelle Herrn Ramge nochmals für die freundlichen Hinweise im Zusammenhang mit seiner Arbeit (1978) danken.

222 Siehe Gumperz, John J. / Cook-Gumperz, Jenny (1982): Introduction: Language and the communication of social identity. In: Gumperz (1982), S. 1 - 21, S. 18.

die mit den einzelnen Varietäten verbunden sind;

b) wenn die Varietät einer Aeusserung in einem bestimmten Zusammenhang nicht diejenige ist, die für diese Aeusserung in diesem Zusammenhang die 'übliche' ist; wenn die Wahl der Varietät also eine sprachformsteuernde Norm durchbricht und damit mittels Sanktionen geahndet werden könnte. Ein solcher Varietätengebrauch erhält als 'unerlaubter' damit erhöhtes Gewicht.

Es ist Zeit, zur Ausgangsfrage nach der kommunikativen Relevanz von Varietätenwahl und -wechsel zurückzukehren und kurz zusammenzufassen:

1. Grundsätzlich muss jeglicher Dialektgebrauch im Unterricht Objekt einer Untersuchung zur kommunikativen Funktion sein, die ihm in diesem Interaktionsfeld zukommen kann, da institutionell grundsätzlich die Standardsprache als Unterrichtssprache vorgeschrieben ist und vom Lehrer demzufolge als Unterrichtssprache auch verlangt werden kann.
2. Der Dialekt im standardsprachlichen Unterricht stellt also eine Verletzung kodifizierter Normen dar, kann jedoch im Einklang mit nicht-kodifizierten Normen stehen.
3. Als dialektale Aeusserungen werden im rein verbalen Bereich solche Aeusserungen betrachtet, die von mindestens einem Kommunikationspartner als dem Dialekt zugehörig beurteilt werden; dieses Erkennen der dialektalen Ausprägung einer Aeusserung ist die Voraussetzung dafür, dass die varietäre Komponente als solche kommunikativ relevant werden kann.
4. Als dialekt- bzw. standardgerichtete Aeusserungen werden im vokal-nonverbalen Bereich solche Aeusserungen betrachtet, deren varietärer Akzent vom normalen Akzent des Sprechers in dialektaler bzw. standardsprachlicher Richtung abweicht.
5. Die beiden Varietäten Standard und Dialekt, die im Unterricht vorkommen, sind aufgrund ihrer sozial-situativen Konstituiertheit in der deutschen Schweiz Trägerinnen sozial-situativer Information, die in geringerem oder stärkerem Ausmass in einer konkreten Kommunikationssituation aktualisiert und damit kommunikativ relevant werden kann.
6. Ob die varietäre Komponente einer Aeusserung kommunikativ relevant ist oder nicht, wird nicht entschieden anhand der bewussten Intention bzw. Interpretation dieser Aeusserung (bzw. ihrer varietären Komponente) durch die Kommunikationsteilnehmer, da ein mit einer Varietät assoziiertes Informationspotential auch unterhalb der Bewusstseinsgrenze aktualisiert und wirksam werden kann; vielmehr ergibt sich die kommunikative Relevanz der varietären Komponente einer Aeusserung aus der Kommunikationssituation, die die Aeusserung sowie damit zusammenhängende Intentionen und Interpretationen ja ebenfalls umfasst. Aufgrund des in 1 bis 5 Gesagten ist zu schliessen, dass grundsätzlich alle dialektalen Aeusserungen, die als solche erkannt werden, sowie alle dialekt- bzw. standardgerichteten Aeusserungen kommunikativ relevant werden können.
7. Die kommunikative Relevanz - d.h. die Aktualisierung sozial-situativer Information - der varietären Komponente einer bestimm-

ten Aeusserung ist die Voraussetzung dafür, dass ihr eine kommunikative Funktion zugeordnet werden kann.

4.3 Der Begriff der 'kommunikativen Funktion'

Ziel dieses und des nächsten Abschnitts ist es, den Begriff der kommunikativen Funktion des Dialektgebrauchs zu präzisieren sowie jene Faktoren zusammenzufassen und zu operationalisieren, welche die kommunikative Funktion der varietären Komponente einer Aeusserung festlegen.

Für eine Definition der 'kommunikativen Funktion dialektalen Sprechens' empfiehlt es sich, wieder bei Ramge (1978) anzuknüpfen. Ramge geht davon aus, dass sich die kommunikative Funktion einer dialektgerichteten - bzw. einer dialektalen - Aeusserung nicht in den von ihm postulierten Grundfunktionen des Dialekts erschöpft, da die Aeusserung als konkrete Sprechhandlung "über einen sich durch erwartbare konventionelle wechselseitige Verstehensprozesse herstellenden Sinn"[223] verfüge. Dieser Sinn sei "zunächst an die Sprechhandlung als solche gebunden", werde "im konkreten Interaktionsprozess aber durch weitere Faktoren mitkonstituiert."[224] Als 'kommunikative Funktion' definiert er daraufhin "den auf Verlauf und Konstituierung eines Interaktionsprozesses bezogenen Sinn einer Aeusserung."[225] Bei Ramge ergibt sich dieser Aeusserungssinn im einzelnen aus folgenden Faktoren[226]:

a) dem Sprechhandlungstyp;
b) den Grundfunktionen des Dialekts;
c) der strukturellen Position der Aeusserung in der Interaktion, die durch die 3 wesentlichen Merkmalsoppositionen
   ca) Verbindung mit initiierendem / reagierendem Spielzug
   cb) Adressierung an einen Einzelschüler / an die ganze Klasse
   cc) Situierung der Aeusserung innerhalb / ausserhalb eines 'Unterrichtsplans'

   gekennzeichnet wird;
d) dem sprecherischen Realisierungstyp, worunter er die vokal-nonverbalen Merkmale der Aeusserung versteht;
e) der grammatischen Form;
f) der sprachlichen Variationsform auf der Skala Standard / Dialekt.

Zusammenfassend schreibt er:

> "Ist eine Aeusserung dialektgerichtet, ergibt sich ihre kommunikative Funktion als dialektgerichtete aus den Basisfunktionen des Sozialsymbols Dialekt einerseits,

---

223 Ramge (1978), S. 211.
224 Ebd.
225 Ebd.
226 Ebd., S. 211 - 213.

> andererseits ist das Auftreten der dialektalen Sprachform funktional mitbedingt durch die drei [gemeint sind c-e; T.K.] anderen Konstituenten."[227]

Diese Bestimmung der kommunikativen Funktion soll im folgenden mit unseren bisherigen Erörterungen verglichen und gegebenenfalls modifiziert werden.

Ausgangspunkt all unserer Ueberlegungen war die Frage nach den Elementen, die eine konkrete Kommunikationssituation mitkonstituieren würden. Diese Elemente wurden zusammengefasst unter dem Begriff der 'kommunikativ relevanten Faktoren', die als Summe eine Aeusserung in Bezug auf den Inhalt und die formale Ausgestaltung festlegen und diese auch selbst beinhalten, wobei die einzelnen Faktoren im konkreten Fall hinsichtlich ihrer Relevanz für die Ausgestaltung der Aeusserung unterschiedliches Gewicht haben. Die solcherart gewichtete Summe der kommunikativ relevanten Faktoren bestimmt demnach auch die varietäre Komponente einer Aeusserung.

Es ist im vorherigen Abschnitt ferner behauptet worden, dass die kommunikative Relevanz der varietären Komponente einer Aeusserung sich ebenfalls aus der Kommunikationssituation ergebe, in der die betreffende Aeusserung steht. Insofern aber die kommunikative Relevanz - d.h. die Aktualisierung sozial-situativer Information der varietären Komponente - die Voraussetzung dafür bildet, dass einer Aeusserung auch eine kommunikative Funktion zugeordnet werden kann, ist die Summe der kommunikativ relevanten Faktoren auch die Bezugsgrösse, die zur Bestimmung der kommunikativen Funktion einer Aeusserung herangezogen werden muss. Dies geschieht im Ansatz ja auch bei Ramge, dessen Konstituenten a bis e, wie wir gesehen haben, alle zur Summe der kommunikativ relevanten Faktoren gehören. Es spricht jedoch nichts dafür, dass die kommunikativen Funktionen allein unter Rückgriff auf diese Merkmale erschlossen werden können: So ist etwa das Merkmal der standardsprachlichen Kompetenz nicht darunter subsumierbar, und doch hängt für die Eruierung des kommunikativen Sinns der dialektalen Komponente einer Aeusserung einiges davon ab, ob der Sprecher von der Standardsprache abweichen wollte oder ob er es aufgrund mangelnder Standardkompetenz musste.

Zur Konstituente f schliesslich sind in Abschnitt 4.2 die notwendigen Bemerkungen gemacht worden; sie erübrigt sich in dieser Art für eine Untersuchung in der deutschen Schweiz wegen der spezifischen Verteilungseigenheiten der beiden Varietäten.

Es ist nun möglich, Ramges Ausführungen für die hier verfolgten Zwecke wie folgt zu ergänzen bzw. zu modifizieren:

1. Unter 'kommunikativer Funktion einer dialektalen bzw. dialektgerichteten Aeusserung' im standardsprachlichen Unterricht wird hier der auf Verlauf und Konstituierung eines Interaktionsprozesses bezogene Sinn der dialektalen bzw. dialektgerichteten Komponente der Aeusserung verstanden[228].

---

227 Ramge (1978), S. 212.
228 Vgl. Ramge (1978), S. 211.

2. Ist eine Aeusserung dialektal bzw. dialektgerichtet[229], ergibt sich ihre kommunikative Funktion als dialektale bzw. dialektgerichtete aus der gewichteten Summe der kommunikativ relevanten Faktoren der Kommunikationssituation, in der die betreffende Aeusserung steht[230].

Wie bei der kommunikativen Relevanz der varietären Komponente einer Aeusserung stellt sich auch bei ihrer kommunikativen Funktion die Frage, auf welcher Ebene sie lokalisiert werden, welchen Existenzstatus man ihr zuweisen soll. Geht man vom Begriff selbst aus, um den es geht, so impliziert der Zusatz 'kommunikativ', dass Verhaltensaspekte betroffen sind, die im Interaktionsprozess zwischen verschiedenen Partnern begründet liegen, und dass demnach die kommunikative Funktion einer Aeusserung auch über diese Partner zu erschliessen ist. Es drängt sich hier auf, zu unterscheiden zwischen der individuellen Intention, die mit der varietären Komponente einer Aeusserung verbunden ist, und deren interpersonellen Bedeutung[231], die gleichbedeutend ist mit ihrer kommunikativen Funktion[232]. Zweierlei Gründe sind dafür ausschlaggebend: Einerseits wird damit der interaktionale Charakter der kommunikativen Funktion deutlich, die als 'Sinn einer Aeusserung' sich ja nicht in der Intention des Sprechers erschöpft, sondern auch der Interpretation durch den bzw. die Kommunikationspartner unterliegt; andererseits eröffnet diese Unterscheidung - nun aus methodologischem Blickwinkel - die Möglichkeit, sozusagen 'von aussen' an die kommunikative Funktion heranzukommen: Als psychische Grösse ist die individuelle Intention, die mit einer Aeusserung verbunden ist, dem externen Betrachter direkt nicht zugänglich - was natürlich auch für die interpretative Verarbeitung auf seiten des Aeusserungsempfängers gilt. Indirekte Zugriffsmöglichkeiten wie etwa jene der Kommunikationspartnerbefragung sind ebenfalls problematisch, da jene komplexen Prozesse der Bedeutungszuschreibung bzw. -interpretation sowohl bewusst als auch unbewusst ablaufen und deshalb kaum immer detailliert expliziert werden können. Fasst man die kommunikative Funktion jedoch als interpersonelle Bedeutung, deren Konstituenten die (gewichtete) Summe der kommunikativ relevanten Faktoren darstellen - unter denen ja auch der intentionale Aspekt einer Aeusserung zu finden ist -, so wird sie zugleich auf eine 'objektivierte' Basis gestellt, die nicht nur den mehr oder minder bewusst verarbeiteten Ausgangspunkt für die Aeusserungsinterpretation durch den bzw. die Kommunikationspartner abgibt, sondern auch dem externen Beobachter einen Zugangsweg zu ihrer Erfassung bietet. Eine solcherart definierte Konstitution der kommunikativen Funktionen dialektalen

---

229 Eine Abweichung vom üblichen Standardgebrauch stellen ja auch die standardgerichteten Aeusserungen dar; sie können analog den dialektgerichteten behandelt werden.

230 Vgl. Ramge (1978), S. 212.

231 Siehe Gumperz, John J. / Blom, Jan-Petter (1975): Die soziale Bedeutung in sprachlichen Strukturen. In: Gumperz (1975 a), S. 33 - 64. S. 43.

232 Siehe Wiersing (1983), S. 366.

Sprechens könnte damit auch kritischer Argumentation im Diskurs etwa im Sinn von Moser (1977) zugänglich gemacht werden[233].

4.4 Die Bestimmungsfaktoren der kommunikativen Funktionen

Ausgangspunkt der Ueberlegungen in Kapitel 1 war die Annahme, dass verbales Agieren als das Zusammenspiel einer Reihe von Faktoren betrachtet werden könne, wobei sowohl die an der Kommunikation beteiligten Personen als auch die vielfältigen Voraussetzungen ihres Sprechens als auch die Sprechereignisse selbst Teil dieser kommunikativ relevanten Faktoren seien. Es wurde ferner argumentiert, dass auch die kommunikative Funktion der varietären Komponente einer Aeusserung, deren Sinn bzw. interpersonelle Bedeutung also, aus den kommunikativ relevanten Faktoren zu erschliessen sei. Diese kommunikativ relevanten Faktoren sind in den bisherigen Kapiteln zuerst in allgemeiner Form entwickelt und dann für das Interaktionsfeld '(deutschschweizerischer) Schulunterricht' spezifiziert worden. In einem letzten Schritt sollen sie nun der Arbeit im konkreten Unterrichtsanalyseverfahren zugänglich gemacht werden, indem sie einerseits überblickhaft zusammengestellt und konkretisiert werden, andererseits für jeden Faktor bzw. jede Faktorengruppe jeweils versucht wird, die möglichen Zugriffswege zu ermitteln.

Die kommunikativ relevanten Faktoren haben, wie wir gesehen haben, nicht alle den gleichen Status hinsichtlich materieller bzw. psychischer Präsenz anlässlich einer bestimmten Kommunikationssituation; der Zugang zu ihnen wird dementsprechend unterschiedlich sein, und ebenso werden die dabei ermittelten Daten unterschiedliche 'Faktizität' aufweisen. Es präsentieren sich folgende Möglichkeiten:

A. Zugriff über die in Frage stehende Aeusserung: Je nach Qualität des Analysekorpus kann eine Aeusserung in schriftlicher, in auditiver (Tonband) oder audiovisueller (Video) Form vorhanden sein; damit erhöht bzw. verringert sich auch die Zahl der Faktoren, die zur Interpretation der Aeusserung herangezogen werden können: Während bei der schriftlichen Variante nur der rein verbale Bereich abgedeckt wird, können bei der Tonbandaufnahme zusätzlich vokale nonverbale, bei der Videoaufnah-

233 Moser, Heinz (1977): Methoden der Aktionsforschung. Eine Einführung. München. Vgl. dazu Gumperz / Cook-Gumperz (1982), S. 17: "In dealing with conversational exchanges we do not and need not treat the psychological issue of what an individual has in mind, but rather we focus on how intent is interpreted by ordinary listeners in a peculiar context. [...] When we talk about intent therefore, we mean the socially recognized communicative intent that is implied in particular kinds of social activities signalled in discourse."

me auch noch nonvokale nonverbale Faktoren der Aeusserung berücksichtigt werden.

B. Zugriff über den Interaktionsprozess: Hiervon sind vor allem Faktoren betroffen, die der 'real-aktuellen Voraussetzungssituation' zuzurechnen sind. Wie die Aeusserung selbst, die ja Teil des Interaktionsprozesses ist, ist auch dieser Prozess grundsätzlich zum Zeitpunkt des Geschehens beobacht- und interpretierbar, er kann also ebenfalls mit den erwähnten Medien aufgezeichnet werden.

C. Zugriff über das Umfeld des Interaktionsprozesses: Diese Zugangsmöglichkeit ist dann angezeigt, wenn es um Faktoren geht, die im aktuellen Interaktionsprozess nicht direkt beobachtbar sind und damit auch nicht in der beschriebenen Weise festgehalten werden können: Im wesentlichen sind es Faktoren, die zu den Wissensbeständen der Interaktionsteilnehmer zählen. Diese Wissensbestände haben zudem nicht alle die gleichermassen objektivierbare Grundlage: Ist bei den einen ein Rekurs auf reale und zugängliche Fakten und Ereignisse möglich, so sind andere allein subjektiv in den Kommunikationsteilnehmern verankert.

Es ist bereits erwähnt worden, soll hier aber nochmals deutlich gemacht werden: Die Summe der im folgenden aufgezählten kommunikativ relevanten Faktoren kann keinen Anspruch darauf erheben, vollständig zu sein, schon allein deshalb, weil die Zahl solcher Faktoren prinzipiell nicht limitiert ist, aber auch wegen der bereits vorgenommenen Engführung auf den deutschschweizerischen Unterricht; zudem können einzelne Faktoren gar nicht oder nur teilweise berücksichtigt werden, weil ein Zugang zu ihnen aus methodischen Gründen kaum oder gar nicht möglich ist. Ich bin jedoch der Meinung, dass die hier präsentierten kommunikativ relevanten Faktoren ein brauchbares Instrument darstellen für die Suche nach kommunikativen Funktionen der dialektalen Komponente im bivarietären deutschschweizerischen Schulunterricht. Es muss ausserdem nochmals darauf hingewiesen werden, dass die kommunikativ relevanten Faktoren wohl niemals in ihrer Gesamtheit und auch nicht alle im gleichen Mass die kommunikative Funktion einer Aeusserung festlegen werden: Sie sind ja von seiten der Kommunikationsteilnehmer - und auch des forschenden Beobachters! - einem wahrnehmungsbedingten Selektions- und interpretativen Gewichtungsprozess unterworfen. Insofern stellen sie als Summe eine Palette dar, die in der Analyse bei jeder einzelnen interessierenden Aeusserung durchgesehen und gewichtet werden muss. Damit bleibt auch offen, welche der Faktoren im konkreten Einzelfall wie stark an der Ausprägung der kommunikativen Funktion einer Aeusserung beteiligt sind.

Zu den nachfolgenden Ueberblickstabellen 1 und 2, die die behandelten kommunikativ relevanten Faktoren zusammenfassen und konkretisieren:

Ueberblickstabelle 1:
- Die Faktorengruppen und die einzelnen Faktoren sind gegliedert nach den vier kommunikativen Aspekten 'situative Plazierung', 'Partnerbezogenheit', 'mediale Ausprägung', 'Information'.
- Den einzelnen Faktoren ist eine Referenzziffer zugeordnet, die in Tabelle 2 wieder aufgenommen wird.

Ueberblickstabelle 2:
- 1. Kolonne: Referenzziffer
  2. " : Faktor
  3. " : Untergliederung des Faktors
  4. " : Operationalisierung
  5. " : Zugriffsmöglichkeiten:
     - Ae: Aeusserung
     - IP: Interaktionsprozess
     - IU: Umfeld des Interaktionsprozesses

Anmerkungen:

[1] Zu beachten: Fächer vor und nach der betreffenden Lektion.
[2] Zu beachten: Ferien, längere Schulunterbrüche etc.
[3] Siehe Faktor 'Länge' (33).
[4] Diese Kategorie gehört eigentlich zur individuell-erfahrungsmässigen Voraussetzungssituation.
[5] Resultante vorwiegend aus den Faktoren 'Kommunikationspartnerkonstellation', 'Kommunikationsform', 'Thema', 'vorherrschender Rollenaspekt'.
[6] Subjektive Ausschlussabsicht als Kriterium.
[7] Der Faktor gehört nicht eigentlich zur Voraussetzungssituation, ist jedoch zur Interpretation der in Frage stehenden Aeusserung notwendig.
[8] Zu beachten: fächerspezifische Regelungen bezüglich Varietätengebrauch.
[9] Beachten: Schulstufe, Festlegung der Unterrichtssprache etc.
[10] Gesuchte Grösse.
[11] Konkretisierung: siehe Faktor (47).
[12] Eine Berücksichtigung dieser Faktoren ist nur im Rahmen der erwähnten Einschränkungen möglich.
[13] Vgl. Kropf (1983), S. 19 ff., 22 ff.
[14] Vokal-nonverbale Differenz (Akzent) zwischen der Standardkompetenz des Sprechers und der Standardperformanz seiner Aeusserung.
[15] Der Faktor wird in der Arbeit nicht systematisch verfolgt.
[16] Relativ zur entsprechenden Leistungsfähigkeit des Sprechers.
[17] In der Arbeit nur am Rand miteinbezogen (s. diesbezügliche Ausführungen in Abschnitt 1.3).
[18] Aus dieser Kategorie wäre z.B. auch die affektive Ladung einer Aeusserung zu erschliessen, die ebenfalls sprachformwahlsteuernd wirken kann.

KOMMUNIKATIV RELEVANTE FAKTOREN: UEBERBLICKSTABELLE 1

FAKTOREN, DIE SICH AUS DEM ASPEKT DER SITUATIVEN PLAZIERUNG ERGEBEN

FAKTOREN DER REAL-AKTUELLEN VORAUSSETZUNGSSITUATION		
Faktoren der Zeit:	Zeitpunkt der Aeusserung	(01)
	Zeitdauer der Aeusserung	(02)
Faktoren des Raumes:	Ort der Kommunikation	(03)
	Raumstruktur	(04)
	Distanz zwischen den Kommunizierenden	(05)
Interaktionsspezifische Faktoren:	Kommunikationskonstellation	(06)
	Kommunikationsformen	(07)
	Formalitätsgrad der Kommunikation	(08)
	Oeffentlichkeitsgrad der Kommunikation	(09)
	Bekanntheitsgrad der Kommunizierenden	(10)
	Offenheit der Kommunikation	(11)
'Umfeld' der Aeusserung:	Thematisches Umfeld	(12)
	Varietäre Plazierung	(13)
	Initiativität / Reaktivität	(14)
	Adressierung	(15)
	Reaktionen auf die varietäre Komponente	(16)
FAKTOREN DER INDIVIDUELL-ERFAHRUNGSMAESSIGEN VORAUSSETZUNGSSITUATION		
Kodifizierte Normen:	Normen zum Varietätengebrauch	(17)
	Normen zum Sprachgebrauch allgemein	(18)
Nicht-kodifizierte Normen:	Varietätenverteilung	(19)
Persönlichkeitsmerkmale der Kommunizierenden:	Alter der Kommunikationsteilnehmer	(20)
	Linguistische Kompetenz	(21)
Varietätenspezifische Faktoren:	Varietätenstatus	(22)
	Varietäre Grundfunktionen	(23)

FAKTOREN, DIE SICH AUS DEM ASPEKT DER PARTNERBEZOGENHEIT ERGEBEN

Rollenverhalten:	Institutionelle Rollendefinition	(24)
	Schulinterne Rollenbildung	(25)
	(Rollen-)Verhaltenssektoren	(26)
Adressierung:		(27)
Persönlichkeitsmerkmale von Sprecher / Adressat(en):	Alter	(28)
	Linguistische Kompetenz	(29)
	Varietäteneinstellungen	(30)
	Intentionalität	(31)
	Erwartungsgesteuertheit	(32)

FAKTOREN, DIE SICH AUS DEM MEDIALEN ASPEKT ERGEBEN

Aeusserungsspezifische Faktoren:	Länge	(33)
	Grammatische Realisierung	(34)
	Wechseltyp	(35)
	Standard/Dialekt-Verteilung	(36)
	Standard/Dialekt-Variationsdifferenz	(37)
	Vokal-nonverbale Realisierung	(38)
	Sprechhandlungstyp	(39)
Positionsspezifische Faktoren:	Plazierung auf den Kommunikationsebenen	(40)
	Plazierung im Kommunikationsdiskurs	(41)
	Turn-Organisation	(42)

FAKTOREN, DIE SICH AUS DEM INFORMATIONSASPEKT ERGEBEN

Verbale Information:	Thema	(43)
	Thematische Komplexität	(44)
Vokal-nonverbale Information:		(45)
Nonvokal-nonverbale Information:		(46)
Varietätenspezifische Information:	Varietäre Grundfunktionen	(47)
	Kommunikative Funktionen	(48)

KOMMUNIKATIV RELEVANTE FAKTOREN: UEBERBLICKSTABELLE 2

(01)	Zeitpunkt der Aeusserung	- innerhalb der Unterrichtslektion	relativer Zeitpunkt	IP
		- innerhalb des Tages	rel. ZP	IU [1]
		- innerhalb der Woche	rel. ZP	IU
		- innerhalb des Jahres	rel. ZP	IU [2]
(02)	Zeitdauer der Aeusserung			Ae [3]
(03)	Ort der Kommunikation	- typisch / nicht typisch schulischer Raum	Raum	IP
(04)	Raumstruktur	- Sitzordnung	Skizze	IP
		- Tischordnung	Skizze	IP
		- Besonderheiten	...	IP/IU
(05)	Distanz zwischen den Kommunizierenden	- Distanz zwischen den direkt Kommunizierenden	Distanz	IP
		- Distanz zum Rest der Kommunikationsteilnehmer	Distanz	IP
(06)	Kommunikationskonstellation	- Unterrichtsteilnehmer (i.a. konstant)	..Lehrer ..Schüler	IP
(07)	Kommunikationsformen	- Frontalunterricht:		
		- z.Zt. der Aeusserung	x / -	IP
		- allg. Verbreitung in dieser Klasse [4]	%	IU
		- Gruppenunterricht:		
		- z.Zt. der Aeusserung	x / -	IP
		- allg. Verbreitung in dieser Klasse [4]	%	IU
		- Einzelunterricht:		
		- z.Zt. der Aeusserung	x / -	IP
		- allg. Verbreitung in dieser Klasse [4]	%	IU
		- Uebergangsunterricht:		
		- z.Zt. der Aeusserung	x / -	IP
(08)	Formalitätsgrad der Kommunikation	- eher formell	x / -	[5]
		- eher informell	x / -	
(09)	Oeffentlichkeitsgrad der Kommunikation	- Schulunterricht allg.	konstant: nicht-öffentlich	IU
		- Kommunikationsstruktur		
		- eher öffentlich	x / -	IP [6]
		- eher nicht-öffentlich	x / -	
(10)	Bekanntheitsgrad der Kommunizierenden	- wöchentliche Dauer des Zusammenseins in dieser Kommunikationskonstellation	Anzahl Lektionen	IU

		- Dauer der gemeinsamen Vergangenheit in dieser Kommunikationskonstellation	Anzahl Jahre	IU
		- Vertrautheit der Kommunikationsteilnehmer	Eindruck anhand v. Beobachtungen	IP
(11)	Offenheit der Kommunikation	- konstant aufgrund institutioneller Normen	geschlossene Kommunikation	IU
(12)	Thematisches Umfeld	- Fach	Fach	IP
		- lerninhaltzentriert	x / -	IP
		- lerninhaltorientiert:		
		- zum Lern-/Lehrprozess	x / -	IP
		- zum Unterrichtsprozess	x / -	IP
		- nicht lerninhaltorientiert	x / -	IP
		- nicht schulisch orientiert	x / -	IP
(13)	Varietäre Plazierung	- vorhergehende Aeusserung / Aeusserungsfolge:		IP
		- nur S	x / -	
		- S-Ae. mit D-Teil	x / -	
		- D-Ae. mit S-Teil	x / -	
		- nur D	x / -	
		- D-Akzent vorhanden	x / -	
		- S-gerichtet	x / -	
		- D-gerichtet	x / -	
		- nachfolgende Aeusserung / Aeusserungsfolge: [7] (s. 'vorhergehende Ae. / Ae.-Folge')	x / -	IP
(14)	Initiativität/ Reaktivität	- vorhergehende Aeusserung:		IP
		- initiierend	x / -	
		- reagierend	x / -	
		- initiierend + reagierend	x / -	
		- reagierend + initiierend	x / -	
		- nachfolgende Aeusserung: (s. 'vorhergehende Ae.')	x / -	IP [7]
(15)	Adressierung	- vorhergehende Aeusserung:		IP
		- L → Sch	x / -	
		- L → Sch (+Kl)	x / -	
		- L → Ss	x / -	
		- L → Ss (+Kl)	x / -	
		- L → Kl	x / -	
		- Sch → Sch	x / -	
		- Sch → Sch (+...)	x / -	
		- Sch → Ss	x / -	
		- Sch → Ss (+...)	x / -	
		- Sch → L	x / -	
		- Sch → L (+...)	x / -	
		- nachfolgende Aeusserung:		IP [7]

		(s. 'vorhergehende Ae.')	x / -	
(16)	Reaktionen auf die varietäre Komponente [7]	- Verbalbereich - vokal-nonverbaler Bereich - nonvokal-nonverbaler Ber.	Reaktion Reaktion Reaktion	IP IP IP
(17)	Normen zum Varietätengebrauch	- ... - ... - ...		IU [8]
(18)	Normen zum Sprachgebrauch allgemein	- ... - ... - ...		IU [9]
(19)	Varietätenverteilung [10]	- nach Fach: ... - nach Thema: ... - nach Kommunikationsform:.. - weitere: ...		IU/IP IU/IP IU/IP IU/IP
(20)	Alter der Kommunizierenden	- Lehrer - Schüler	Alter Alter	IU IU
(21)	Linguistische Kompetenz	- Schüler	Dauer seit Einführung der S als Unterrichtssprache	IU
(22)	Varietätenstatus	- nach geographischer Region - Stadt / Land - nach Schultyp - nach sozialen Gruppierungen (Alter, Beruf etc.)		IU IU IU IU
(23)	Varietäre Grundfunktionen	- potentielle Möglichkeiten (konstant): - Solidarisierung - Emotionalisierung - Abgrenzung		IU [11]

(24)	Institutionelle Rollendefinitionen	- Lehrer (konstant): primär-komplementäre Position - Schüler (konstant): sekundär-komplementäre Position		IU IU
(25)	Schulinterne Rollenbildung	- Themenvorgabe:		IP/(IU)
		- durch L: - ganz	x / -	
		- teilweise	x / -	
		- wenig	x / -	
		- durch Ss: - ganz	x / -	
		- teilweise	x / -	
		- wenig	x / -	
		- Diskursleitung:		IP/(IU)
		- durch L: - ganz	x / -	
		- teilweise	x / -	
		- wenig	x / -	

		- durch Ss: - ganz	x / -	
		- teilweise	x / -	
		- wenig	x / -	
		- Turn-Organisation:		IP/(IU)
		- durch L: - ganz	x / -	
		- teilweise	x / -	
		- wenig	x / -	
		- durch Ss: - ganz	x / -	
		- teilweise	x / -	
		- wenig	x / -	
		- Initiativität/Reaktivität		IP/(IU)
		- L: - stark initiativ	x / -	
		- mittel "	x / -	
		- wenig "	x / -	
		- Ss:- stark initiativ	x / -	
		- mittel "	x / -	
		- wenig "	x / -	
		- Festlegung der Unterrichtsvarietät		IP/(IU)
		- durch L: - ganz	x / -	
		- teilweise	x / -	
		- wenig	x / -	
		- durch Ss: - ganz	x / -	
		- teilweise	x / -	
		- wenig	x / -	
(26)	(Rollen-)Verhaltenssektoren	- Lehrer:		IP
		- eher wissenszentriert	x / -	
		- eher schülerzentriert	x / -	
		- Schüler: - gegenüber L:		IP
		- eher konform	x / -	
		- eher obstruktiv	x / -	
		- gegenüber Kl:		
		- eher konform	x / -	
		- eher obstruktiv	x / -	
(27)	Adressierung	- L → Sch	x / -	IP
		- L → Sch (+Kl)	x / -	
		- L → Ss	x / -	
		- L → Ss (+Kl)	x / -	
		- L → Kl	x / -	
		- Sch → Sch	x / -	
		- Sch → Sch (+...)	x / -	
		- Sch → Ss	x / -	
		- Sch → Ss (+...)	x / -	
		- Sch → L	x / -	
		- Sch → L (+...)	x / -	
(28)	Alter	- Sprecher	Jahre	IU
		- Adressat(en)	Jahre	IU
(29)	Linguistische Kompetenz	- Schuldauer seit Einführung der S als Unterrichtssprache	Jahre	IU
		- Leistung im Fach Sprache	Note	IU

		- Beobachterdaten	...	IP
(30)	Varietäteneinstellungen[12]	- Beobachterdaten	...	IP/IU
(31)	Intentionalität [12]	- Art der Intention	...	IP
		- Bewusstheitsgrad der Intention	...	IP/(IU)
		- Bewusstheitsgrad des Varietätenwechsels	...	IP/(IU)
(32)	Erwartungsgesteuertheit [12]	- Art der Erwartung	...	IP
		- Bewusstheitsgrad der Erwartung	...	IP/(IU)
		- Bewusstheitsgrad der Interpretation des Varietätenwechsels	...	IP/(IU)

(33)	Länge der Aeusserung		Anzahl Worte	Ae
(34)	Grammatische Realisierung [13]	- Vollständigkeit:		Ae
		- Einzelwörter	x / -	
		- 'ganzer' Satz	x / -	
		- Teilsatz	x / -	
(35)	Wechseltyp	- Nullwechsel	x / -	Ae
		- Varietätenwechsel bei Sprecherwechsel	x / -	
		- Varietätenwechsel beim gleichen Sprecher: D-Teil betrifft:		
		- Sinneinheiten	x / -	
		- Teile von Sinneinheiten	x / -	
		- einzelne Wörter	x / -	
		- morphologische Teile der Aeusserung	x / -	
(36)	Standard / Dialekt - Verteilung	- verbaler Bereich:		Ae
		- nur S	x / -	
		- S-Ae. mit D-Teil	x / -	
		- D-Ae. mit S-Teil	x / -	
		- nur D	x / -	
		- vokal-nonverbaler Bereich:		Ae
		- starker D-Akzent	x / -	
		- D-gerichtete Ae.	x / -	
		- S-gerichtete Ae.	x / -	
(37)	Standard/Dialekt-Variationsdifferenz	- vorhanden [14]	x / -	Ae/IP/IU
(38)	Vokal-nonverbale Realisierung	- laut	x / -	Ae
		- halblaut	x / -	
		- leise	x / -	

(39)	Sprechhand- lungstyp [15]			Ae/IP
(40)	Plazierung auf den Kommunika-tionsebenen	- Hauptkommunikation - Nebenkommunikation	x / - x / -	Ae/IP
(41)	Plazierung im Kommunika-tionsdiskurs	- initiierend - reagierend - initiierend + reagierend - reagierend + initiierend	x / - x / - x / - x / -	Ae/IP
(42)	Turn- Organisation	- Turn-Uebernahme: - nach Anrede durch L - nach funktional äquiva-lentem Zeichen von L - mit programmierter Selbstauswahl - durch Melden - durch Selbstauswahl	 x / - x / - x / - x / - x / -	Ae/IP

(43)	Thema	- Fach - lerninhaltzentriert - lerninhaltorientiert: - zum Lern-/Lehrprozess - zum Unterrichtsprozess - nicht lerninhaltorientiert - nicht schulisch orientiert - themalos	Fach x / - x / - x / - x / - x / - x / -	IP Ae
(44)	Thematische Komplexität [16]	- hohe Komplexität - mittlere " - niedrige "	x / - x / - x / -	Ae/IP/ IU
(45)	(Vokal-nonver-bale Informa-tion)	[17][18]		Ae/IP
(46)	(Nonvokal-nonverbale Information)	[17][18]		Ae/IP
(47)	Varietäre Grundfunktio-nen	- Solidarisierung - Emotionalisierung - Abgrenzung	x / - x / - x / -	Ae/IP/ IU
(48)	Kommunikative Funktionen	[10]		Ae/IP/ IU

4.5 Liste der verwendeten Abkürzungen und Zeichen

Varietäten:	- D:	Dialekt / dialektal (graphisch: **Fettdruck**)
	- S:	Standardsprache bzw. standardsprachlich (graphisch: Normaldruck)
Sprecher-Siglen:	- L:	Lehrer
	- Sch:	Schüler(in)
	- Sf:	Schülerin
	- Sm:	Schüler
	- $Sch_{1,2}$:	Schüler(in) 1, 2 etc.
	- Ss:	verschiedene Schüler
	- Kl:	Klasse
	-	wenn der Schüler genau bestimmbar ist, wird jeweils sein Vorname verwendet
	-	die Familiennamen der in den Belegstellen vorkommenden Personen sind gegenüber den Originaltranskripten geändert
Orthographie:	- S:	nach den üblichen Schreibnormen; auffällige Abweichungen sind entsprechend verschriftlicht
	- D:	nach den 'Richtlinien für die Transkription schweizerdeutscher Texte'[234]
Varietätenspezifische Zeichen:	- $...$:	beim durch $ eingeklammerten Text ist nicht eindeutig entscheidbar, ob es sich um eine D- oder eine S-Realisierung handelt
	- $...^{+}$:	D-Ausdruck, standardsprachlich eingesetzt (Akzent, grammatische Realisierung)
	- $...^{-}$:	starker D-Akzent
Verschiedene weitere Zeichen:	- (unv.):	unverständlich
	- (...):	- undeutlich, vermutlich - Zusammenfassung von verbalem Handeln (z.B. 'Geflüster')
	- ((..)):	nonverbale Informationen (z.B. 'Husten', 'Gelächter' etc.)
	- [...]:	Kommentare, Zusatzinformationen zu den Aeusserungen, zum Geschehen etc.
	- <u>....</u>:	betont
	- /:	Unterbrechung, Wortabbruch
	- zur graphischen Gestaltung des Transkriptionsverfahrens und zur Numerierung der einzelnen Belegstellen siehe Abschnitt 5.1	
	*:	konstruiertes Textbeispiel[235]

---

234 Buhofer, Annelies / Meister, Livia (1978): Richtlinien für die Transkription schweizerdeutscher Texte. Intern vervielfältigtes Manuskript. Deutsches Seminar der Universität Zürich.

235 Siehe Anmerkung 28 in Teil II der Arbeit.

TEIL II
UNTERRICHTSANALYSEN

5. VARIETAET UND NORM

Im Abschnitt zur kommunikativen Relevanz von Varietätenwahl und Varietätenwechsel im Unterricht (Abschnitt 4.2) ist dargelegt worden, dass die Interpretation eines solchen Wechsels durch die Unterrichtsteilnehmer bzw. dessen Beurteilung durch einen aussenstehenden Beobachter unterschiedlich ausfallen wird je nachdem, ob er durch varietätenspezifische nicht-kodifizierte Normen abgedeckt ist, die der offiziellen Standardnorm klassenintern zuwiderlaufen, oder ob dies nicht der Fall ist; die kommunikative Funktion, die ihm zukommt, wird nicht dieselbe sein. Diese Unterscheidung wird nun auch wegleitend sein für die Arbeit in diesem zweiten, unterrichtsanalytisch ausgerichteten Teil.

Nach einem kurzen Ueberblick über Datenlage und Analyseverfahren in Abschnitt 5.1 wird in 5.2 anhand der den theoretischen Teil der Arbeit abschliessenden Tabellen[1] versucht, jene Faktoren zusammenzustellen, die im gesamten deutschschweizerischen Sprachraum mit grosser Regelmässigkeit zum Gebrauch des Dialekts führen oder diesen begleiten, die also als Konstituenten relativ stark verankerter nicht-kodifizierter Normen gelten können. Abschnitt 5.3 geht dann noch einmal von einem neuen theoretischen Standpunkt aus auf das Verhältnis von nicht-kodifizierter Norm und offiziellem Standard-Anspruch im Unterricht ein und postuliert eine erste varietätenspezifische kommunikative Funktion für Dialektäusserungen, die in Uebereinstimmung mit solchen nicht-kodifizierten Normen stehen. Anhand des neu eingeführten Begriffs des 'Dialekt-Reviers' werden zudem weitere Differenzierungsmöglichkeiten des regelmässigen Dialektgebrauchs erschlossen.

Kapitel 6 befasst sich mit den kommunikativen Funktionen von dialektalen Lehreräusserungen, die nicht oder nur in geringem Mass durch interaktionelle Normen gedeckt sind, deren varietäre Komponente kommunikativ also besonders stark wirksam werden sollte. In Kapitel 7 stehen dann die entsprechenden Aeusserungen auf Schülerseite sowie deren mögliche kommunikative Funktionen im Mittelpunkt. Die Ergebnisse der gesamten Arbeit zusammenzufassen und zu werten versucht das abschliessende 8. Kapitel.

5.1 Datenlage und Analyseverfahren

1983/84 wurde an der Universität Zürich ein zweisemestriges Forschungsseminar durchgeführt, das u.a. auch den Zweck verfolgte, bereits früher gewonnenes Material zu ergänzen durch neues, das

---

[1] Siehe Abschnitt 4.4.

auch qualitätsmässig höheren Anforderungen genügen sollte: Während in einem ersten Seminar, das 1980 - ebenfalls in Zürich - stattfand, die Studenten die von ihnen besuchten Lektionen oder besondere Aeusserungsabfolgen daraus von Hand mitschrieben, wurden nun die gesamten Lektionen auf Tonband aufgenommen und anschliessend transkribiert.

Diese Transkripte sowie die dazugehörigen Bandaufnahmen bilden auch die materielle Grundlage für diese Arbeit. Von den insgesamt 31 Unterrichtslektionen, die derart für eine Analyse zugänglich gemacht wurden, habe ich 19 ausgewählt; nicht berücksichtigt wurden insbesondere jene Lektionen, in denen praktisch ausschliesslich Dialekt gesprochen wurde. Diese 19 Lektionen verteilen sich wie folgt auf die verschiedenen Schulstufen:

2. Primarklasse:	2 Lektion(en)
3. "	6 "
4. "	1 "
5. "	3 "
6. "	3 "
1.-8. "	1 "
1. Realklasse (Kanton Schaffhausen)[2]:	1 "
1. Gymnasialklasse (Kanton Luzern):	1 "
3. Sekundarklasse (Kanton Luzern):	1 "
	19 Lektionen

Zum Teil ebenfalls miteinbezogen wurden die Protokolle, die die materielle Basis für eigene frühere Arbeiten gebildet hatten[3].

Deutlich wird dabei, dass Daten aus oberen Schulstufen gänzlich fehlen - ein Umstand, der sich besonders im Schülerkapitel auswirken und zu einigen Schwierigkeiten führen wird, auf die jedoch erst dort eingegangen werden soll.

Es versteht sich, dass die Qualität der Daten, insbesondere ihre mediale Speicherung, auch die Zugriffsmöglichkeiten festlegt und damit auch die Qualität der Aussagen: Während Tonbandaufnahmen auch eine Interpretation vokal-nonverbaler Phänomene von Aeusserungen (Lautstärke, Intonation etc.) zulassen, ist dies bei Protokollen allein nicht der Fall; mit beiden Methoden nicht oder nur bruchstückhaft zugänglich ist die Erfassung nonvokal-nonverbalen Verhaltens[4].

---

[2] Die Kantonszugehörigkeit ist nach der Primarschule deshalb angegeben, weil das Schulsystem mit seinen verschiedenen Schultypen und Uebertrittsaltern kantonal geregelt ist, präzise Vorstellungen dazu demnach nur so möglich sind.

[3] Kropf, Thomas (1981): Mundart und Standardsprache in der Schule. Unterrichtsprotokoll vom 23.2. - 29.2.1980 und dessen Auswertung. Ungedruckte Seminararbeit. Zürich. Dort wurden 29 Lektionen einer 1. Realklasse des Kantons Zürich verschriftet; ausserdem: Kropf (1983): 6 Lektionen, 1. Primarklasse; 7 Lektionen, 2. Primarklasse.

[4] Siehe dazu auch die entsprechenden Ausführungen bei Sieber / Sitta (1986), Abschnitt 3.1, S. 49 ff.

Als Transkriptionsverfahren wurde das Verfahren der Halbinterpretativen Arbeitstranskriptionen (HIAT) von Ehlich und Rehbein (1976 b)[5] gewählt, das den Anforderungen am ehesten zu genügen schien.

Zentrales Prinzip der HIAT ist die sogenannte 'Partiturschreibung', nach welcher alles, was gleichzeitig gesagt wird, unter einer einheitlichen 'Simultanklammer' erscheint[6]. Die Regeln der Verschriftung der Standardsprache sind stark angelehnt an die schriftlichen Orthographie- und Interpunktionsnormen, während für die Transkription von Dialektpassagen die 'Richtlinien für die Transkription schweizerdeutscher Texte' von Buhofer und Meister (1978) als Grundlage dienten[7].

Gegenüber dem Verschriftungsverfahren, wie es bei der Verarbeitung der erwähnten Unterrichtslektionen benützt wurde, sind in dieser Arbeit einige Aenderungen bzw. Anpassungen vorgenommen worden, die das Prinzip der HIAT jedoch nicht tangieren. Diese Modifikationen wurden notwendig, weil

- ein möglichst präzises Zitieren aus den Originaltranskripten angestrebt wurde; eine formale Umstrukturierung war deshalb unvermeidlich, da die Transkripte allesamt im Format A4 quer hergestellt worden sind und ein solches Zitieren aus Gründen des Platzes und der schwierigeren Lesbarkeit nicht in Frage kam. Ebenfalls darauf zurückzuführen ist es, dass Kommentare, die in den Originaltranskripten am Rand plaziert waren, auch mit in den Text hineingenommen wurden, wobei darauf geachtet wurde, dass die räumliche Positionierung der verschrifteten Aeusserungen selbst davon nicht berührt wurde;
- sich während der Analyse der Bandaufnahmen unter den spezifischen Perspektiven der Arbeit gewisse zusätzliche Differenzierungen bzw. Kennzeichnungen der Aeusserungen ergaben, die in den Originaltranskripten nicht vorgenommen worden waren und die bei den Zitierungen ebenfalls berücksichtigt werden mussten[8];
- auf die Verwendung von handschriftlichen Zusätzen möglichst verzichtet werden sollte, um den Einsatz eines Textverarbeitungssystems zu erleichtern. Das brachte gewisse Aenderungen von Zeichen mit sich[9].

---

5 Ehlich, Konrad / Rehbein, Jochen (1976 b): Halbinterpretative Arbeitstranskriptionen (HIAT). In: Linguistische Berichte, Heft 45, S. 21 - 41.

6 Wie ein Originaltranskript aussieht, das im Rahmen des erwähnten Forschungsseminars entstand, sieht man am besten bei Sieber / Sitta (1986), S. 53 - 55, die dort eine Kopie eines längeren Ausschnitts widergeben.

7 Buhofer, Annelies / Meister, Livia (1978): Richtlinien für die Transkription schweizerdeutscher Texte. Intern vervielfältigtes Manuskript. Deutsches Seminar der Universität Zürich.

8 Siehe die 'Liste der verwendeten Abkürzungen und Zeichen', S.100.

9 Davon betroffen sind die in den Transkripten verwendeten graphischen Zeichen für 'leiser' bzw. 'lauter werden', 'staccato', 'gedehnt', 'aussergewöhnliches Heben' bzw. 'Senken der Stimme', die als Kommentare in die Simultanklammern einbezogen wurden.

Es folgt ein Beispiel dieser modifizierten Schreibweise: Alles, was durch horizontale durchgehende Linien voneinander getrennt ist, ist als unter einer 'Simultanklammer' stehend zu betrachten, wobei die Ziffern in eckigen Klammern den Beginn der entsprechenden Simultanklammer im Originaltranskript markieren oder, beim jeweils ersten Mal ([267]), die Simultanklammer im Original, bei der die Zitierung einsetzt[10].

L: [267](S). Jedes [268] liest mal Aufgabe d durch ((..21

L: sec..)) [Schüler lesen] André
André: **aso.m.aso.söll i jetz es**

L: Zum.Beispiel, ja
André: **Biischpil säge?** so **aso.**zum Beispiel.vierund-

André: zwanzig.

(11.267 f. (6. Primarklasse))
Nummer(n) der Simultanklammer(n)
Transkript-Nummer

Das <u>Analyseverfahren</u>, das hier angewendet wurde, deckt sich zum Teil mit demjenigen von Sieber / Sitta (1986); ich begnüge mich deshalb damit, hier kurz zusammenzufassen und im übrigen auf die dortigen Ausführungen zu verweisen[11].

Im allgemeinen gilt auch hier, was Sieber und Sitta schreiben: "Unser Verfahren ist ein prinzipiell hermeneutisches; es geht also um einen Verstehensprozess, der sich zirkelförmig zwischen allgemeinen Annahmen und konkreten Textstellen bewegt."[12]

Konkret geschah dies folgendermassen:

- Als Resultat früherer Beschäftigungen mit dem Thema 'Standardsprache und Dialekt in der Schule' hatte sich u.a. die allgemeine Annahme ergeben, dass die Wechsel - sowohl von Lehrern als auch von Schülern - zum Dialekt im standardsprachlichen Unterricht jeweils nicht 'sinnlos' seien, sondern dass ihnen kommunikative Bedeutung, eine kommunikative Funktion zukomme[13].
- Die Auseinandersetzung mit der theoretischen Literatur der verschiedenen involvierten Bereiche, die ihren Niederschlag in Teil I dieser Arbeit findet, sollte dazu dienen, den notwendigen Hintergrund für eine eingehende Beschäftigung mit der Frage nach kommunikativen Funktionen solchen Dialektgebrauchs zu liefern; dabei wurde gleichzeitig die allgemeine Annahme differenziert, es entstanden erste Hypothesen.
- Die ausgewählten Transkripte wurden auf Dialektwechsel hin durchgesehen, die entsprechenden Stellen exzerpiert. Eine

---

[10] Zur weiteren Aufschlüsselung siehe die 'Liste der verwendeten Abkürzungen und Zeichen', S. 100.
[11] Sieber / Sitta (1986), S. 56 - 58.
[12] Ebd., S. 56.
[13] Kropf (1981), S. 74; Kropf (1983), S. 54 - 62.

Interpretation fand nur rudimentär statt, es bestätigten oder bildeten sich erste Kategorien von kommunikativen Funktionen.

- Aus den Exzerpten wurden in einem ersten Durchgang alle Wechsel herausgesucht, die die Lehrpersonen vorgenommen hatten; es ergab sich daraus eine Liste mit sämtlichen Lehrerwechseln aus allen berücksichtigten Transkripten.
- Dieser Liste wurden die 7 kommunikativen Funktionen des Dialekts von Ramge (1978) als Raster unterlegt, worauf jeder einzelne Wechsel vor dem Hintergrund dieses Rasters interpretiert wurde[14]; dabei erfuhren auch die Verstehenskategorien, die kommunikativen Funktionen, gewisse Modifikationen und Präzisierungen hinsichtlich ihrer Definition, und es konnten kategorieninterne Differenzierungen vorgenommen werden.
- Abgeschlossen war dieser wechselseitige Prozess der Kategoriendefinition / -differenzierung und der Interpretation am konkreten Material vorerst dann, wenn jeder einzelne Wechsel auf mögliche kommunikative Funktionen hin geprüft worden war und sich eine plausible Erklärung für das Vorhandensein bzw. das Fehlen einer solchen Funktion ergeben hatte.
- In einem letzten Schritt schliesslich wurden aus den einer bestimmten Funktion zugewiesenen Aeusserungen jene ausgewählt, die als dafür repräsentativ in der Arbeit aufgeführt werden sollten. Eine genaue Interpretation dieser Belegstellen konnte dann nochmals zu einer Präzisierung und Differenzierung der betreffenden Funktion führen.

Auf Schülerseite gestaltete sich die Analyse - in einem zweiten Durchgang - analog, mit dem wichtigen Unterschied allerdings, dass dort kein 'Verstehensraster' zur Verfügung stand, die einzelnen Funktionskategorien also vollständig neu entwickelt werden mussten[15].

Insofern es sich bei diesem Interpretationsprozess um einen hermeneutischen handelt, die dabei gewonnenen Kategorien heuristischen Status haben, ist es nicht ausgeschlossen, dass sich noch weitere Befunde als die hier erörterten ergeben können. Nähere Einzelheiten sind z.B. noch in jenen Bereichen zu erwarten, die materialmässig hier schlecht oder gar nicht abgedeckt sind, etwa in oberen Schulstufen. Dort musste sich die Arbeit darauf beschränken, aus theoretischem Blickwinkel das mögliche Auftreten von gewissen kommunikativen Funktionen zu postulieren, ohne sie jedoch nachweisen zu können[16].

---

[14] Siehe dazu auch die Einleitung zu Kapitel 6.
[15] Siehe dazu auch die Einleitung zu Kapitel 7.
[16] Vgl. S. 210.

5.2 'Regelmässiger' Dialektgebrauch im standardsprachlichen Unterricht

Als in Teil I von den nicht-kodifizierten Normen schulischer Kommunikation die Rede war, wurde u.a. auch der Umstand hervorgehoben, dass sie grundsätzlich nur über eine Analyse konkreter Interaktionsabläufe erschliessbar seien infolge ihrer Abhängigkeit von spezifischen, veränderlichen Faktoren wie personelle Zusammensetzung, Bekanntheitsgrad der Interagierenden, behandelte Inhalte etc. Dies gilt natürlich auch dann, wenn es um nicht-kodifizierte Normen geht, die die Verteilung verschiedener Varietäten in der Schule betreffen.

Die bisher gewonnenen Erkenntnisse legen nun aber die Annahme nahe, dass in einigen Bereichen schulischer Interaktion diese nicht-kodifizierten Normen mit einer gewissen Regelmässigkeit nach gleichen oder ähnlichen Mustern konstituiert werden[17].

Es soll im folgenden nun darum gehen, anhand der vorgestellten Tabellen der kommunikativ relevanten Faktoren jene ausfindig zu machen, die nach den vorliegenden Befunden und / oder in Uebereinstimmung mit den theoretischen Ausführungen im Teil I den Gebrauch des Dialekts im standardsprachlichen Unterricht nahelegen und so zur Bildung regelmässig auftretender nicht-kodifizierter Normen beitragen. Im Anschluss daran wird dann zu diskutieren sein, welche Funktion(en) solchen Normen zukommen kann (können).

5.2.1 Faktoren, die aus dem Aspekt der situativen Plazierung von Kommunikation resultieren

a) Faktoren der Zeit: Aufgrund des in 2.1 Gesagten ist hinsichtlich des Kommunikationszeitpunkts innerhalb der Unterrichtslektion zunächst einmal damit zu rechnen, dass sich vermehrter, eventuell regelmässiger Dialektgebrauch beim Uebergang von Pause und Unterricht zeigen wird: Dieser rein zeitliche Einschnitt, der aufgrund einer kodifizierten Norm (im Unterricht ist die Standardsprache zu sprechen) auch die offizielle Grenze zwischen den beiden Varietäten Dialekt und Standard bildet, wird denn auch tatsächlich sehr

---

17 Vgl. zu diesem Abschnitt auch die Ausführungen bei Sieber / Sitta (1986), besonders Abschnitt 3.3, S. 62 ff. Die dortigen Ergebnisse decken sich an vielen Stellen mit den hier präsentierten - was nicht verwundern kann, sind sie doch das Resultat längerer, z.T. parallel verlaufener Beobachtungen auf diesem Gebiet, während deren auch ein anregender Gedankenaustausch stattfinden konnte. Sie sind jedoch teilweise dort, teilweise hier eingehender kommentiert; einzelne Punkte finden sich nur in dieser Arbeit, andere nur in jener. Insgesamt dürften sie wohl ein relativ vollständiges Bild des regelmässigen Dialektgebrauchs im deutschschweizerischen Standardunterricht zum gegenwärtigen Zeitpunkt abgeben.

häufig vom Dialekt 'überschritten', und zwar nicht nur deshalb, weil beim Uebergang von der gewohnten Sprachform zur unüblichen, schulischen jeweils mit einem sprachlichen 'Trägheitsmoment' zu rechnen ist, sondern auch deshalb, weil sich zu Beginn der Lektionen meist auch Handlungen abspielen, die nicht spezifisch unterrichtlichen (oder genauer: themenzentrierten) Charakter haben wie Begrüssung, persönliche Gespräche, Unterrichtsorganisation etc. Diese dialektfördernde Verbindung zwischen zeitlichem Element und andern Faktoren findet sich oft auch gegen Ende der Lektionen: Dort sind es dann eher die häufiger auftretenden Kommunikationsformen des Gruppen- und Einzelunterrichts (s.u.), die einen vermehrten Gebrauch des Dialekts nahelegen[18].

b) Faktoren des Raumes: Eine Untersuchung, die sich mit den Einflüssen des Kommunikationsorts auf die Verteilung von Dialekt und Standard befassen würde, müsste sicher von der Hypothese ausgehen, dass typische Schulräume (meist Klassenzimmer) die Einhaltung der kodifizierten Norm (Standard als Unterrichtssprache) erleichtern, während ein Unterricht, der ausserhalb solcher Räume abgehalten wird, vermehrt mit dem Auftreten des Dialekts zu rechnen hätte[19]. Aber auch innerhalb der Schulräume kann aufgrund des im theoretischen Teil Gesagten mit raumstrukturellen Faktoren gerechnet werden, die den Dialektgebrauch fördern bzw. hemmen: Eine Tisch- und Sitzordnung, die die Schüler nicht einseitig auf den Lehrer hin ausrichtet, sondern vermehrt auch Interaktionen zwischen den Schülern ermöglicht, trägt unter den heutigen Verhältnissen sicher dazu bei, dass im Unterricht mehr Dialekt gesprochen wird. Dies empirisch nachzuprüfen dürfte nicht schwerfallen, ist aber bisher noch nicht unternommen worden.

Dass die räumliche Distanz zwischen den Gesprächspartnern die Sprachformwahl beeinflusst, ist dagegen bereits mehrmals belegt worden: So begünstigt räumliche Nähe den Gebrauch von Dialekt, während eine grössere Distanz eher die Einhaltung der Standardsprache gewährleistet. Ein Beispiel aus einer ersten Realklasse im Kanton Zürich mag dies illustrieren:

L: [27][zu Sf_1 und Sf_2:] Wenn ihr fertig seid (S)
Sf_1: (Frage dazu)

L: [28][zu Sf_1 und Sf_2:] Nein, den Satz mit (S). **Wän er (D)**
Sf_1: [D?/S?]
(Kropf (1981), S. 24, PNr. 3.27 f. (1. Realklasse, Kanton Zürich))

Während sich der Lehrer zuerst vor der ganzen Klasse befindet und von dort aus zu den beiden in der gleichen Bank sitzenden Schülerinnen spricht, bewegt er sich bei seiner zweiten Aeusserung auf sie zu und wechselt im Herannahen in einem Abstand von ca. einem Meter vor ihnen vom Standard zum Dialekt; gleichzeitig wird auch seine Stimme leiser.

---

18 Siehe z.B. Kropf (1981), S. 62 - 64.
19 Vgl. Abschnitt 2.1.

c) Interaktionsspezifische Faktoren: Hinsichtlich der unterrichtlichen Kommunikationsformen kann als gesichert gelten, dass Frontalunterricht den Gebrauch der Standardsprache fördert, während im Gruppenunterricht sehr häufig ausschiesslich Dialekt gesprochen wird. Zweifellos ist dies vor allem dem Umstand zuzuschreiben, dass der Lehrer, der als Wächter über die Einhaltung der unterrichtssprachlichen Normen auftritt, in den Gruppen meist nicht zugegen ist und die Schüler zu einem Kommunikationsstil wechseln, der ausserschulischem Verhalten stärker angeglichen ist, was auch den Wechsel zum Dialekt mit sich bringt. Aber auch der Lehrer verlässt während Phasen des Gruppenunterrichts sehr oft die Standardsprache. Diese starke Tendenz zum Dialekt besteht ausserdem auch beim Einzel- und beim Uebergangsunterricht.

Aufgrund der sozial-situativen Charakterisierung des Standards als 'Schulsprache' kann man im weiteren von folgenden Hypothesen ausgehen: Je formeller und je öffentlicher die Interaktionsabfolge ist, in deren Zusammenhang eine Aeusserung steht, desto stärker wird sich die Standardsprache als Unterrichtssprache halten können; je informeller und je weniger öffentlich die Aeusserung und ihr Umfeld, desto eher wird es zu einem Wechsel zum Dialekt kommen.

Ueber die Auswirkungen des Bekanntheitsgrades der Kommunikationsteilnehmer auf die Verwendung der beiden Varietäten liegen keine Ergebnisse vor. Wohl liesse sich argumentieren, dass eine grössere Vertrautheit innerhalb der Klasse einen Trend zu mehr Dialekt - als Sprache des familiären, alltäglich-üblichen Umgangs - begünstigen könnte. Je nach Verlauf der gemeinsamen unterrichtlichen Vergangenheit könnte aber ebensogut auch der Fall eintreten, dass sich die Standardsprache als von allen Klassenmitgliedern akzeptierte, selbstverständlich gebrauchte Unterrichtssprache etabliert. Individuelle Faktoren mögen hier die Hauptursache bilden, dass in diesem Bereich allgemeingültige Aussagen wohl schwieriger zu erhalten sein werden. Mit grosser Wahrscheinlichkeit hingegen dürfte grössere Vertrautheit in der Klasse dazu beitragen, dass sich interaktionell herausgebildete nicht-kodifizierte Normen zum varietären Sprachgebrauch zu relativ festen Regelstrukturen entwickeln, die von Schülern und Lehrer mit grosser Sicherheit gehandhabt werden, selbst wenn sie äusserst komplex und für einen Aussenstehenden völlig undurchsichtig sind.

d) Das 'Umfeld' der Aeusserung: Welche Fächer eher dazu tendieren, die Standard-Norm zu durchbrechen zugunsten des Dialekts, wurde bereits erwähnt[20]: Es sind dies in erster Linie die musisch und handwerklich orientierten Fächer sowie zum Teil die fakultativen 'Wahlfächer'. Stark kognitiv und leistungsmässig ausgerichtete 'Kernfächer' hingegen sind diesbezüglich im allgemeinen normkonform, allen voran das Fach 'Sprache' bzw. 'Deutsch'. Doch auch innerhalb der einzelnen Lektionen zeigen sich der Tendenz nach gewisse Regelmässigkeiten hinsichtlich der Korrelation zwischen thematischem Umfeld und Varietätenwahl: Geht man zur Erfassung des thematischen Umfeldes von der in der Faktorentabelle vorgeschla-

20 Vgl. Abschnitt 3.2.

genen Einteilung aus, so wäre auf der Suche nach nicht-kodifizierten Normen zum Varietätengebrauch sicher von folgender Hypothese auszugehen: Während in einem lerninhaltzentrierten Umfeld die Wahrscheinlichkeit am grössten ist, dass Standard gesprochen wird, nimmt sie ab in der Reihenfolge: lerninhaltorientiertes Umfeld - nicht lerninhaltorientiertes Umfeld - nicht schulisch orientiertes Umfeld. In letzterem dürfte die Wahrscheinlichkeit also am grössten sein, dass mit einer gewissen Regelmässigkeit Dialekt gesprochen wird.

Bezüglich der varietären Plazierung einer Aeusserung interessiert hier besonders die Auswirkung der varietären Ausprägung der vorausgehenden Aeusserung bzw. Aeusserungsfolge: Die in mehreren Projektstudien bestätigte Vermutung, dass zur Aktivierung und Aufrechterhaltung der Standardsprache als Unterrichtssprache von Lehrerseite immer wieder sprachliche Impulse notwendig sind - sei es auf implizite Art durch eigenes Standardsprechen oder explizit durch Ermahnungen, Ermunterungen etc. -, bekräftigt die ohnehin plausible Annahme, dass eine Aeusserung desto eher im Dialekt ausfallen wird, je dialektaler das varietäre Umfeld ist, in dem sie steht.

Für die übrigen Faktoren der 'real-aktuellen Voraussetzungssituation' liegen Hinweise auf einen möglichen Einfluss auf die Bildung nicht-kodifizierter Normen im varietären Bereich zur Zeit nicht vor.

e) Persönlichkeitsmerkmale der Kommunizierenden: Bei den Faktoren der 'individuell-erfahrungsmässigen Voraussetzungssituation' könnte das Alter der Kommunikationsteilnehmer solche Anhaltspunkte liefern: Beim Lehrer fällt dabei die - allerdings lediglich vermutete - Korrelation zwischen Alter und Einstellung ins Gewicht: Während ältere Lehrer im allgemeinen eher einem traditionellen Verständnis von Schulunterricht verpflichtet sind und ihre Lektionen stark auf die Standardsprache ausrichten - ein Umstand, der auch dadurch gefördert wird, dass sie eher zu Unterrichtsformen und -methoden neigen, die den Gebrauch der Standardsprache unterstützen -, beziehen jüngere Lehrer den Dialekt häufiger mit in ihren Unterricht ein; analog zu ihren älteren Kollegen wird diese vermehrte Verwendung des Dialekts zusätzlich häufig unterstützt durch das didaktische Vorgehen. Wiederum als Hypothese liesse sich demnach formulieren: Je jünger der Lehrer, desto eher wird im Unterricht mit dem Auftreten des Dialekts zu rechnen sein.

Aber auch das Alter der Schüler wird sich auf die Bildung nicht-kodifizierter Normen zum Varietätengebrauch auswirken: Die Art und Weise, mit Autoritätsansprüchen umzugehen, ändert sich im Lauf der Schulzeit eines Schülers: Zeiten grösserer Akzeptanz vorgegebener Normen wechseln mit solchen, die mehr durch Ablehnung und Widerstand gekennzeichnet sind. Solche entwicklungspsychologischen Gesichtspunkte lassen sich nun aber auch im Zusammenhang mit den in Abschnitt 4.1 erörterten Grundfunktionen (Solidarisierung, Emotionalisierung, Abgrenzung) dialektalen Sprechens betrachten: Es wird dabei schnell ersichtlich, dass den beiden Varietäten je nach der Einstellung der Kommunizierenden gegenüber Autoritäten und Normen unterschiedliches Gewicht zukommen wird, und es ist auch anzunehmen, dass sich dementsprechend entwicklungsspezifische Regeln für die Handhabung der beiden Varietäten herausbilden.

Das Alter der Schüler wirkt sich aber auch im Bereich der linguistischen Kompetenz aus: Der Erwerb der aktiven Beherrschung der Standardvarietät stellt einen sich über Jahre erstreckenden Entwicklungsprozess dar, während dessen sich auch die Strategien zum Einsatz der beiden Varietäten heranbilden und verfeinern. Nicht-kodifizierte Normen, die den Uebergang von der Standardsprache zum Dialekt regeln, sind in starkem Mass auch an die standardsprachliche Kompetenz und die Beherrschung solcher varietären Einsatzstrategien gebunden: Eine nicht-kodifizierte Norm, die in unteren Schulstufen auftritt, kann bei älteren Schülern aufgrund der verbesserten Standardkompetenz funktionslos werden und wieder verschwinden, während für die Bildung anderer Normen diese verbesserte Kompetenz die eigentliche Voraussetzung darstellt. Andere Normen wiederum, die weniger stark mit dieser Kompetenz gekoppelt sind, werden sich eventuell über die gesamte Schulzeit halten können[21].

f) Varietätenspezifische Faktoren: Die geographische Lage einer Schule, ihre Situierung in mehr ländlicher bzw. städtischer Umgebung, wird ebenfalls nicht ohne Auswirkungen auf die Bildung varietärer Regelmechanismen bleiben, je nach dem statusmässigen Stellenwert, der ihnen dort zukommt: Geniesst der Standard hohes Prestige, so wird der Lehrer auch stärker auf die Durchsetzung der offiziellen unterrichtssprachlichen Normen achten, desto stärkere Wirkung können aber auch nicht-kodifizierte Normen und Sprachformwechsel entfalten, die von keinerlei Normen gedeckt werden.

Aehnlich verhält es sich auch hinsichtlich der verschiedenen Schultypen: In stärker intellektuell ausgerichteten, leistungsmässig höher einzustufenden Schulstypen spielen diverse Faktoren derart zusammen, dass daraus ein qualitativ und quantitativ teilweise anderes Inventar nicht-kodifizierter Normen zum Varietätengebrauch resultiert als in leistungstieferen Schultypen: Im allgemeinen wird es wegen der höheren Einstufung der Standardsprache wohl weniger 'geregelte Ausnahmen von der Standardregel' geben; möglicherweise decken diese Normen auch inhaltlich verschiedene Bereiche ab - genaueres ist darüber bisher nicht bekannt. Ebenso fehlen Angaben zum Verhältnis von varietären Regelmechanismen und sozialen Merkmalen der Unterrichtsteilnehmer.

5.2.2 Faktoren, die aus dem Aspekt der Partnerbezogenheit resultieren

Auch bei diesen Faktoren lässt sich die Frage stellen, wie sie

---

21 Ansätze zu solchen schulstufenspezifischen bzw. schulstufenunabhängigen Wechseltypen von der Standardsprache zum Dialekt haben sich bereits in einer früheren Studie ergeben. Siehe Kropf (1983), S. 54 - 62.

sich auf die Bildung varietätenspezifischer nicht-kodifizierter Normen auswirken werden, was sich aufgrund der theoretischen Ausführungen erwarten lässt bzw. was sich in den bisherigen Untersuchungen ergeben hat.

g) Rollenverhalten: Die institutionelle Rollendefinition verpflichtet den Lehrer zur Durchsetzung der offiziellen Schulnormen und somit auch zur Einhaltung der Standardsprache während des Unterrichts. Je mehr sich nun ein Lehrer in seinem unterrichtlichen Handeln nach dieser Rollendefinition ausrichtet, desto eher wird er wohl das Aufkommen des Dialekts in seinen Lektionen zu verhindern suchen, und desto weniger haben auch interaktionelle Normen zum Varietätengebrauch eine Chance, sich zu etablieren. Der Schüler als Inhaber der sekundär-komplementären Position hat sich diesbezüglich ganz nach dem Verhalten des Lehrers zu richten. Relativiert wird diese Aussage natürlich dadurch, dass jede schulische institutionelle Rollendefinition erst ergänzt durch die schulinterne Rollenbildung praktische Relevanz erlangt. Geht man einmal von der - sicher nicht immer, aber doch häufig zutreffenden - Annahme aus, dass die Schüler vom Lehrer gewährte Freiheiten unter den heutigen Verhältnissen dazu benutzen, den Unterricht zu 'entschulen', so folgt daraus nichts anderes, als dass sie auch versuchen werden, die Schulsprache vermehrt durch den Dialekt zu ersetzen. Bezogen auf unsere Faktoreneinteilung hiesse dies:

- Je mehr der Lehrer die Themenwahl den Schülern überlässt, desto mehr werden diese ihnen adäquate Inhalte auswählen; und weil gewöhnlich bei Schülern die assoziative Beziehung Schulstoff (=vom Lehrer vorgegebener Stoff) - Schulsprache stark verankert ist, könnte man vermuten, dass dadurch ein thematisch begründeter Trend hin zu mehr Dialekt begünstigt würde. Diese Vermutung wird zudem gestützt durch die inzwischen schon verschiedentlich bestätigten Thesen, wonach zum einen die Sprachformwahl in starkem Mass vom Gesprächsthema abhängig sei, zum andern die Wahrscheinlichkeit eines Wechsels von der Standardsprache zum Dialekt mit zunehmender emotionaler Nähe des Sprechers zum Inhalt wachse.
- Je mehr der Lehrer die Diskursleitung den Schülern überlässt, desto mehr wird er selber als dominierende Hauptfigur des Unterrichts in den Hintergrund treten, desto stärker wird sich das Gespräch auf Beiträge zwischen den Schülern konzentrieren (Aufbruch des triadischen Gesprächsablaufs Lehrer - Schüler - Lehrer). Neben einer weniger typisch schulischen Gesprächsorganisation könnte auch ein vermehrter Diskursfluss zwischen den Schülern - der Lehrer als Instanz zur Ueberwachung der Einhaltung der Standardsprache ist weniger unmittelbar präsent! - dazu beitragen, dass sich vermehrt interaktionelle Normen zum Varietätengebrauch herausbilden, die ihren Ursprung in der Organisation des Gesprächsablaufs haben.
- Je mehr der Lehrer die Festlegung der Unterrichtsvarietät den Schülern überlässt, desto mehr werden sie jene Sprachform wählen, die ihnen am ehesten eine sinnvolle oder eine mühelose Kommunikation zu gewährleisten scheint: Sie werden deutlich dem Dialekt den Vorzug geben, und zwar in allen Bereichen, auf die sich diese Freiheit erstreckt. Auch diese Annahme kann sich auf

Ergebnisse aus dem Forschungsseminar an der Universität Zürich stützen, wonach zur Aufrechterhaltung des Standards als Unterrichtssprache in sehr vielen Klassen ein ständiger Impuls von seiten des Lehrers notwendig ist, sei es nun explizit mittels Aufforderungen und Ermahnungen, sei es implizit durch das eigene varietäre Verhalten[22].

- Je mehr der Lehrer Eigeninitiative der Schüler zulässt, fördert oder provoziert, desto stärker wird sich der Unterricht lösen von eingeschliffenen schulischen Ritualen der Gesprächsorganisation, und desto mehr werden die Schüler auch Inhalte miteinbeziehen, die zwar einer strengen didaktischen Planung der Lektion zuwiderlaufen, dafür aber den Schülerinteressen besser entsprechen. Eine Abkehr von der typisch schulischen Gängelung des Schülers durch den Lehrer sowie die Hinwendung von rein reaktiven Interaktionsmustern auf seiten der Schüler zu initiativen Formen werden deshalb im allgemeinen auch zur Folgen haben, dass die Standardsprache als Unterrichtssprache häufiger aufgegeben wird[23].

---

22 Dass auch konsequenter Standardgebrauch des Lehrers allein noch nicht dazu führt, dass auch die Schüler sich dieser Sprachform bedienen, zeigte ein Versuch in einer dritten Sekundarklasse im Kanton Luzern, in der der Lehrer bewusst darauf verzichtete, auf den Gebrauch der Standardsprache durch die Schüler hinzuwirken, selber aber nur diese Varietät benützte: Die Auswertung der aufgezeichneten Lektion zeigte eine uneinheitliche Reaktion der Schüler auf das Verhalten des Lehrers: 6 Schüler bedienten sich nur des Dialekts, 4 sprachen beide Varietäten und einer benützte nur die Standardform. Von der Gesamtheit der Wortmeldungen waren jedoch nur ca. 20 % in der Standardsprache gehalten. Siehe Lektionsprotokoll Nr.14 von W. Senn und F. Nadler, S.37.

23 Eine eigene kleine Studie (Kropf (1981), S. 72 - 74.), die die drei Merkmalsoppositionen beim Schüler: aufgestreckt (=Hand aufheben zur Anmeldung einer Aeusserung) - nicht aufgestreckt, aufgerufen (=offizielle Uebergabe des turns durch den Lehrer an einen Schüler) - nicht aufgerufen und initiative (=inhaltlich nicht an den Vorredner anknüpfende) - reaktive Aeusserung miteinander in Beziehung setzte, kam zu folgendem Schluss: "- Streckt ein Schüler auf, wird er aufgerufen und reagiert er auf einen Lehrer-Anstoss, so ist die Wahrscheinlichkeit am grössten, dass er sich in der Standardsprache äussert. - Aeussert sich der Schüler ohne aufzustrecken und ohne aufgerufen zu werden und spricht er dazu aus eigener Initiative [...], so ist die Wahrscheinlichkeit am grössten, dass er dies in der Mundart tut." (S. 73). Es zeigte sich weiter, dass der Lehrer nach keiner einzigen Dialektäusserung, die durch die Merkmale initiativ / nicht aufgestreckt / nicht aufgerufen gekennzeichnet war, den Schüler ermahnte, die Standardform zu gebrauchen; solche Ermahnungen (insgesamt 12, verteilt auf 6 Lektionen) betrafen mit einer Ausnahme nur stoffbezogene Antworten mit den Merkmalen aufgerufen (11) und aufgestreckt (7): Es scheint sich

Die in der Tabelle zusammengefassten (Rollen-)Verhaltenssektoren sind hinsichtlich ihres Einflusses auf die Ausbildung nicht-kodifizierter varietärer Normen noch nicht genauer untersucht worden. Die theoretischen Ausführungen lassen hingegen gewisse vorsichtige Schlüsse zu: Man kann erwarten, dass sich ein eher wissenszentrierter Lehrer im Sprach- bzw. Deutschunterricht streng an die Lehrpläne halten wird, die primär den Erwerb und den Ausbau standardsprachlicher Fähigkeiten vorsehen und vorschreiben, dass der Unterricht in der Standardform abgehalten werde. In den andern Fächern hingegen dürfte die Einstellung des Lehrers zu den fachlichen Inhalten einerseits, zum Standard als Unterrichtssprache andererseits dafür ausschlaggebend sein, wie die varietäre Ausprägung des Unterrichts ausfällt: So hat sich schon verschiedentlich gezeigt, dass gerade Lehrer, denen ihr Fach und dessen Vermittlung zentrales Anliegen ist, sich weniger um die Frage bekümmern, in welcher Sprachform solches Wissen vermittelt wird. Eher wissenszentriertes Rollenverhalten in einem andern als dem muttersprachlichen Unterricht generell mit häufigerem Auftreten von Dialekt koppeln zu wollen, wäre jedoch sicher ein Trugschluss: Nicht selten sind auch jene Lehrer nicht-sprachlicher Fächer, die nach dem Motto unterrichten, dass jede Unterrichtsstunde auch eine Sprachstunde sei, und rein (standard-)sprachliche Kriterien gar zur fachlichen Leistungsbeurteilung und Selektion heranziehen.

Beim eher schülerzentrierten Lehrer dürfte das Verhalten dagegen in der Regel einheitlicher sein: Nicht nur, dass er stärker auf die (auch sprachlichen) Sorgen und Nöte der Schüler eingehen wird - man kann sicher annehmen, dass er auch eher als der wissenszentrierte Lehrer um die Grundfunktionen dialektalen Sprechens weiss -, sein Verhalten dürfte auch darauf ausgerichtet sein, den Schülern grössere Freiräume zur eigenen (sprachlichen) Entfaltung zu erschliessen. Insgesamt wird er eher bereit sein, von der Standardnorm abzuweichen, wenn sie ihm im Widerspruch zu den Anliegen und Bedürfnissen der Schüler zu stehen scheint.

Eher konformes Rollenverhalten des Schülers scheint auf den ersten Blick nicht nur das Akzeptieren, sondern auch den ständigen Gebrauch des Standards als Unterrichtssprache zu implizieren. Dies trifft aber nur teilweise zu: Zur Rolle des Schülers gehört es auch, dass er in den verschiedenen Fächern wie auch in der Sprachform, in der diese Fächer unterrichtet werden, grundsätzlich als noch 'Auszubildender' gilt; dieses Kompetenzdefizit (im Hinblick auf den angestrebten Ausbildungsstand) gibt ihm nun aber ein eigentliches 'Recht', Fehler zu machen, oder, auf unser Gebiet bezogen, vom Standard dort, wo er den sprachlichen Anforderungen nicht gewachsen ist (oder dies zu sein meint oder vorgeben will), abzuweichen. Es wird im Lauf der Arbeit noch zu zeigen sein, dass

---

in dieser Klasse also die nicht-kodifizierte Norm eingespielt zu haben, wonach initiative Schüleräusserungen, besonders solche, die in dieser Eigenschaft zusätzlich noch dadurch gekennzeichnet sind, dass ihr Sprecher sich nicht zur turn-Uebernahme meldet, sondern diesen selbst übernimmt, durchaus im Dialekt realisiert werden dürfen; Sanktionen von seiten des Lehrers sind dabei nicht zu befürchten.

auch ausgesprochen rollenkonformes Schülerverhalten - also Annahme der fachlich und interaktionell inferioren Position - sehr wohl zu Sprachformwechseln führen kann: Dem Dialekt kommt dann häufig die Funktion zu, diese inferiore Position deutlich werden zu lassen bzw. er zeigt fachliche oder sprachliche Inkompetenz an, häufig verbunden mit der Aufforderung an den Lehrer, diesem Zustand abzuhelfen.

Eher obstruktives Rollenverhalten dem Lehrer gegenüber kann sich auch dahingehend ausdrücken, dass der Schüler die von ihm geforderte Varietät verweigert: Denkbar, aber sehr unwahrscheinlich ist der Fall, dass ein Schüler die Standardsprache als Protestmittel einsetzt - etwa bei einem sehr häufig Dialekt sprechenden Lehrer oder in Unterrichtsphasen, in denen diese Varietät vorherrscht. Die Regel wird eher die sein, dass die Standardform verweigert und zum Dialekt übergegangen wird, wenn damit rollenobstruktives Verhalten angezeigt werden soll.

Beim Verhalten eigenen Mitschülern gegenüber müsste es dagegen umgekehrt sein: Gemessen an Schülernormen würde in gewissen Situationen eher der Gebrauch des Standards als Verstoss gewertet, Dialektsprechen dagegen als normkonform.

h) Adressierung: Dieser Faktor für sich allein genommen ist kaum aussagekräftig bezüglich regelmässigen Dialektgebrauchs im Unterricht; in Verbindung aber mit einigen wenigen andern Faktoren wie etwa dem Oeffentlichkeitsgrad der Kommunikation oder der Plazierung einer Aeusserung auf den Kommunikationsebenen muss er sicher als einer der entscheidenden betrachtet werden. Generell lässt sich sagen:

- Insofern die Adressierung L ⟶ Kl als die für unser heutiges Schulkonzept typische und auch verbreitetste gelten kann, ist sie im allgemeinen auch am stärksten an die standardsprachliche Norm gebunden; Normverletzungen werden bei diesem Adressierungstyp am seltensten auftreten.
- Wendet sich der Lehrer primär an einen einzelnen Schüler oder an eine Schülergruppe, so erhöht das Vorhandensein einer sekundären Adressierung an den Rest der Klasse (der 'didaktische Bezug': L ⟶ Sch / Ss (+Kl)) die Wahrscheinlichkeit, dass der Lehrer in der Standardsprache bleibt.
- Beim Schüler als Sprecher gilt das Vorhandensein eines sekundären Adressaten (Sch ⟶ ... (+...)) dagegen nicht generell auch als den Standard förderndes Element: Unter Umständen kann die sekundäre Adressierung sogar zum auslösenden Moment werden, um zum Dialekt zu wechseln, etwa dann, wenn sich ein Schüler primär an den Lehrer adressiert, sekundär jedoch an die Mitschüler appelliert, indem er ihr Normensystem anvisiert und seine Aeusserung dialektal hält; oder wenn ein Mitschüler primärer Adressat ist, der Lehrer durch den (bedeutungsvollen) Wechsel von der Standard- zur Dialektform als sekundärer Adressat miteinbezogen werden soll.
- Schüler sprechen nur dann miteinander Standard, wenn sie unbedingt müssen, d.h. im allgemeinen nur dann, wenn ein solches Gespräch auf der Hauptkommunikationsebene stattfindet - was erfahrungsgemäss nur selten vorkommt. Zieht man die gesamte Unterrichtskommunikation in Betracht, so darf man sicher sagen:

Während die Standardform als Unterrichtssprache im Verkehr zwischen Schülern und Lehrer dort, wo der Lehrer einigermassen auf die Einhaltung der offiziellen Norm achtet, in der Regel mehr oder weniger akzeptiert wird, ist die Unterrichtssprache im Verkehr zwischen Schülern generell der Dialekt; Ausnahmen davon bilden stark schulisch geprägte Gesprächssituationen, die stets den Lehrer als sekundären Adressaten haben und zudem auch dann noch sehr anfällig sind für Wechsel zum Dialekt[24].

i) Persönlichkeitsmerkmale von Sprecher / Adressat(en): Zu den Faktoren Alter und linguistische Kompetenz sind weiter oben bereits einige Ausführungen gemacht worden. Wie sich die schulische Leistung eines Schülers im Fach Sprache / Deutsch auf seine Handhabung der beiden Varietäten niederschlägt, lässt sich bisher nicht beantworten. Eine Regel, wonach Schüler, die die Standardsprache besser beherrschen, weniger oder weniger regelmässig zum Dialekt wechseln, liesse sich in dieser allgemeinen Form sicherlich kaum halten: Dem entgegen stünde etwa die begründete Vermutung, dass sprachlich kompetentere, d.h. in ihrem Umgang mit sprachlichen Mitteln sicherere Schüler auch sprachlich selbstbewusster auftreten und eher dazu neigen, die Spannweite und die diversen Einsatzmöglichkeiten der beiden Varietäten auszuprobieren und es sich häufig auch eher als sprachlich schwächere Schüler leisten (dürfen!), gegen diesbezügliche Normen zu verstossen. Zu achten wäre aber auch auf die Reaktion der Lehrer auf die (von ihnen ganz entscheidend mitgesteuerten) sprachlichen Fähigkeiten der Schüler: Wie bereits angetönt, dürfte es nicht selten sein, dass Lehrer verschiedene Massstäbe anlegen zur Beurteilung und Bewertung des varietären Verhaltens ihrer Schüler, etwa derart, dass den leistungsstarken Schülern gewisse Freiheiten eingeräumt werden, auf die schwächeren dagegen der Druck in Form von Ermahnungen, die Standardform zu gebrauchen, oder von Korrekturen noch erhöht wird. Zusammen mit solch unterschiedlichem Verhalten können sich beim einzelnen Schüler natürlich auch individuell verschiedene Regeln für den Gebrauch der beiden Sprachformen entwickeln sowie eine individuell geprägte Verteilung und Akzentuierung der Funktionen, die dem Sprachformwechsel zukommen können[25].

---

24 Freiwillige Standardäusserungen bzw. -äusserungsteile von Schülern, die nicht unter diese Ausnahme fallen, haben jeweils ebenfalls spezifische Funktionen zu erfüllen: Es kann sich dabei um das Zitieren standardsprachlicher Textstellen aus Büchern, Liedern etc. oder von der Wandtafel handeln; um das erstaunte / belustigte Wiederholen von ungewohnten Ausdrücken, die ein Vorredner gebrauchte; um das helfende 'Einblasen' einer Antwort durch einen Mitschüler; um standardsprachliche Redewendungen, die den elektronischen Medien entstammen und Eingang gefunden haben in die Sprache der Jugendlichen etc.

25 Ein m.E. typischer Fall für solches Verhalten wurde in einer früheren Studie (Kropf (1981), S. 84 - 87) beobachtet: Die Knaben, die allgemein mehr Mühe hatten mit der Standardsprache, häufiger zum Dialekt wechselten und auch schlechtere Noten im Fach Deutsch aufwiesen, wurden häufiger ermahnt bzw. ermuntert,

Wie sich varietätenspezifische Einstellungen, Intentionalität und Erwartungsgesteuertheit einer Aeusserung auf die Bildung regelmässigen Dialektgebrauchs im standardsprachlichen Unterricht auswirken, ist bislang ebenfalls noch nicht genauer untersucht worden. Dass sie sich jedoch in dieser Richtung auswirken, scheint mir ausser Zweifel zu stehen; es dürfte aber schwierig sein, hier Prognosen zu stellen. Was man jedoch erwarten kann ist insbesondere, dass der Bewusstheitsgrad von Intention bzw. Erwartung, der mit der Sprachformwahl einhergeht, deren Funktion ganz entscheidend mitbestimmt: Bewusst eingesetzte Sprachformwechsel werden einen andern Stellenwert einnehmen und andere kommunikative Funktionen erfüllen als solche, die der Sprecher weniger bewusst einsetzt. Zudem darf man wohl davon ausgehen, dass eine negative Einstellung der Standardsprache gegenüber im allgemeinen zu mehr Verstössen gegen die Unterrichtssprache führen wird als eine positive[26].

5.2.3 Faktoren, die aus dem medialen Aspekt resultieren

j) Aeusserungsspezifische Faktoren: Gesicherte Ergebnisse zur Länge der Aeusserung liegen bisher nicht vor[27]. Es dürfte auch kaum möglich sein, zu diesem Faktor Aussagen zu machen unabhängig von andern Grössen wie etwa dem Formalitätsgrad der Aeusserung, ihrer grammatikalischen Realisierung etc. Hinsichtlich des letzten Faktors ist wohl zu erwarten, dass sich die offensichtliche Abhängigkeit einer Aeusserung von der sprachlichen Realisierung der Vorrednеräusserung - ein blosses Satzende z.B. setzt einen anschlussfähigen Satzanfang voraus usw. - auch auf die varietäre Ausformung auswirkt: So sind etwa Anschlussantworten in Form von Satzenden - der Satzanfang ist jeweils durch den Vorredner in die (standardsprachliche) Frage verpackt - mit grosser Wahrscheinlichkeit im Standard gehalten unter der Bedingung, dass dem Antworten-

---

Standard zu sprechen als die Mädchen; jenes Mädchen hingegen, das mit grossem Abstand von allen Schülern am meisten sprach und auch eindeutig am meisten die Standardnorm verletzte (etwa dreimal so oft wie alle ihre Mitschülerinnen zusammen!), wurde kein einziges Mal für eine solche Uebertretung ermahnt.

26 Beim Lehrer führt dies oft dazu, dass er als Unterrichtssprache kurzerhand den Dialekt einsetzt. Auch bei Schülern kommt es vor, dass sie sich als Folge einer solchen negativen Haltung strikt weigern, Standard im Unterricht zu sprechen. Die Bandbreite individueller Strategien, varietätenspezifische Einstellungen zum Ausdruck zu bringen, ist hier natürlich sehr gross und richtet sich auch nach dem Grad der Freiheit, die der Lehrer den Schülern diesbezüglich lässt.

27 Sieber / Sitta (1986), S. 69, erwähnen, dass kürzere Aeusserungen eher zum Standardgebrauch tendieren.

den der turn offiziell übergeben wurde[28]. Meist sind dann Länge und Komplexität der Antwort stark reduziert, eine standardsprachliche Realisierung fällt dementsprechend leicht; entfällt diese Bedingung, d.h. ist die Möglichkeit der Selbstwahl gegeben, so wird die Wahrscheinlichkeit grösser sein, dass zum Dialekt übergegangen wird: In diesem Fall verstärkt die durch den Vorredner ermöglichte Kürze der Antwort zusätzlich ihren wegen der turn-Selbstwahl 'nur' halboffiziellen Charakter - und halboffizielle Aeusserungen, zumal kurze, werden erwiesenermassen häufig im Dialekt realisiert.

Ein Zusammenhang scheint auch zu bestehen zwischen der varietären Ausformung einer Aeusserung und der vokal-nonverbalen Komponente der *Lautstärke*, auch unabhängig von andern Faktoren, und zwar in dem Sinn, dass die Kombinationen 'leise'/'Dialekt' und 'laut'/'Standardsprache' eher zusammentreffen als umgekehrt[29].

k) Positionsspezifische Faktoren: Von entscheidender Bedeutung bei der Konstituierung varietärer klasseninterner Regeln ist sehr oft die *Plazierung einer Aeusserung auf einer der beiden Kommunikationsebenen*: So dürfte für die meisten deutschschweizerischen Schulklassen der Nachweis nicht schwer zu erbringen sein, dass die offizielle Norm, den Standard zu gebrauchen, nur auf der Ebene der Hauptkommunikation Gültigkeit beanspruchen kann; und zwar gilt dies nicht nur für den sprachlichen Verkehr zwischen den Schülern - darüber wurde bereits ausführlich berichtet -, sondern auch für denjenigen zwischen den Schülern und dem Lehrer. Die Nebenkommunikationsebene ist im allgemeinen dem Dialekt vorbehalten.

---

28 Beispielsatz *: L: Das wissen wir doch noch, was Robert
L: jeweils unternahm. Am Wochenende ging
L: er... Peter?!
Peter: Ins Kino.

Mit einem solchen Asterisk (*) werden im folgenden Aeusserungen gekennzeichnet, die nicht dem vorhandenen Korpus entstammen, sondern konstruiert sind. Diese Notlösung drängt sich deshalb auf, weil das zur Verfügung stehende Material nicht umfangreich genug ist, um für alle hier interessierenden Fälle Originalbeispiele bereitzuhalten. Bei dem Verfahren wird Wert darauf gelegt, die Aeusserungen so zu konstruieren, dass sie im Unterricht tatsächlich vorkommen könnten. Es muss dabei dem kritischen Leser überlassen werden zu prüfen, ob diesem Anspruch Genüge getan wird.

29 Kropf (1981), S. 78, 93. Typisch für diese zum Teil sehr enge Koppelung ist folgender Lektionsausschnitt: Eine Schülerin, die vom Lehrer zur Beantwortung einer Frage aufgerufen worden ist, geht von ihrem Platz nach vorn an die aufgehängte Landkarte und erklärt eine Reiseroute, im Dialekt und sehr leise. Der Lehrer reagiert darauf mit: "Etwas lauter -", worauf die Schülerin die Antwort wiederholt, aber diesmal nur durch Angabe von Ortsnamen - beim ersten Mal hatte sie die Antwort in Sätzen formuliert -, und zwar lauter *und* in der Standardsprache. Ebd., S.30, turn 22-24.

Prognosen zum varietären Sprachgebrauch mit Bezug auf die Plazierung einer Aeusserung im Unterrichtsdiskurs lassen sich weniger sicher stellen, doch zeichnet sich nach Durchsicht des vorliegenden Materials die Tendenz ab, dass initiierende Aeusserungen der Schüler eher dazu neigen, im Dialekt gehalten zu werden als reagierende, zumal dann, wenn sie mit spezifischen Merkmalen der turn-Organisation kombiniert sind: Nach den bisherigen Untersuchungen erhöhen sowohl das Sich-Melden des Schülers als auch die turn-Uebergabe durch den Lehrer an den Schüler die Wahrscheinlichkeit, dass dieser für seine Aeusserung die Standardsprache benützt, während Nicht-Melden und (programmierte) Selbstauswahl eher den Dialekt nach sich ziehen.

5.2.4 Faktoren, die aus dem Informationsaspekt resultieren

l) Verbale Information: Welche Relation zwischen dem Thema einer Aeusserung und ihrer varietären Ausformung besteht, kann als analog betrachtet werden zu derjenigen zwischen Varietät und thematischem Umfeld (s.o.). Bei einer lerninhaltzentrierten Aeusserung wird die Wahrscheinlichkeit am grössten sein, dass sie in der Standardsprache gehalten ist; diese Wahrscheinlichkeit nimmt dann ab in der Reihenfolge: lerninhaltorientierte Aeusserung - nicht lerninhaltorientierte Aeusserung - nicht schulisch orientierte Aeusserung. Themalose Aeusserungen werden im allgemeinen ebenfalls eher im Dialekt gehalten sein.

Bei der thematischen Komplexität decken sich die Erwartungen aufgrund der theoretischen Ueberlegungen mit den bisherigen Befunden: Je höher der kognitive Schwierigkeitsgrad, der einer sprachlich zu bewältigenden Aufgabe anhaftet, desto eher wird der Schüler auf jene Sprachform zurückgreifen, die ihm am geeignetsten scheint, um diese Aufgabe zu lösen; eine solche sprachliche Sicherheit ist ihm im allgemeinen aber eher oder gar nur im Dialekt gegeben.

m) Nonverbale Information: Aufgrund der dem Dialekt zugeschriebenen Grundfunktionen könnte man auch erwarten, dass Aeusserungen mit einer hohen affektiven Ladung stärker zum Dialekt neigen, dass eine solche Ladung als auslösendes Moment bei einem Sprachformwechsel wirken kann. Alle bisherigen Ergebnisse weisen denn auch deutlich darauf hin, dass mit grosser Regelmässigkeit bei hohem affektivem Engagement des Sprechenden mit einem Wechsel von der Standardsprache zum Dialekt zu rechnen ist und dieser Wechsel im allgemeinen auch nicht negativ sanktioniert wird.

Fassen wir das bisher Gesagte kurz zusammen: Anhand der am Ende von Teil I zusammengestellten Tabellen sind die einzelnen Faktoren(-gruppen) daraufhin untersucht worden, ob und inwiefern sie für die Bildung nicht-kodifizierter Normen zum varietären Sprachgebrauch im Standardunterricht relevant sind. Einerseits wurden hierfür die Erörterungen aus dem theoretischen Teil der Arbeit herangezogen, anhand welcher gewisse Erwartungen hinsichtlich der Auswirkung der Faktoren auf die Konstituierung solch regelmässigen Dialektgebrauchs abgeleitet wurden; andererseits dienten bereits vorliegende Befunde[30], die vorwiegend aus universitären Veranstaltungen zum Rahmenthema 'Dialekt und Standardsprache im Unterricht' stammen, der Ueberprüfung dieser Erwartungen oder dem Postulieren neuer Hypothesen. Ganz allgemein lässt sich dabei feststellen, dass einzelne Faktoren sowohl von ihrer Einbettung in den theoretischen Rahmen her als auch aufgrund der bisherigen Resultate mit grosser Wahrscheinlichkeit zum heutigen Zeitpunkt in fast jeder Klasse zur Bildung nicht-kodifizierter Varietätennormen beitragen - erwähnt seien hier nur die Faktoren 'Kommunikationsform', 'Adressierung' und 'Kommunikationsebene' -, während andere, wie etwa die varietätenspezifischen Einstellungen oder der Bekanntheitsgrad der Kommunikationsteilnehmer untereinander, so stark vom einzelnen Klassenmitglied bzw. von der Spezifik der Interaktionsmuster abhängen, dass eine Regelbildung mit diesen als entscheidenden Faktoren generell nicht vorausgesagt werden kann.

Die Durchsicht der einzelnen Faktoren in dieser analytischen Art mag nun den Blick etwas abgelenkt haben von der Tatsache, dass diese Faktorengruppen eine konkrete Kommunikationssituation jeweils allesamt gleichzeitig mitprägen, dass also eine einzelne Aeusserung immer unter allen Aspekten gleichzeitig zu betrachten ist. Für unsere derzeitige Frage, welche Faktoren inwiefern zur Bildung nicht-kodifizierter Normen zum varietären Sprachgebrauch beitragen, muss daraus notwendig der Schluss gezogen werden: Solche nicht-kodifizierten Normen können prinzipiell nicht auf die spezielle Ausprägung eines einzelnen Faktors zurückgeführt werden, sondern sind als Zusammenwirken aller Faktoren zu begreifen. Dabei verhält es sich so, dass die Gewichtung der einzelnen Faktoren eine jeweils äusserungsspezifische ist: Während ein bestimmter Faktor dafür ausschlaggebend sein mag, dass eine bestimmte Aeusserung im Dialekt realisiert wird, so ist es durchaus möglich, dass demselben Faktor bei der Festlegung der dialektalen Realisierung einer andern Aeusserung im Zusammenspiel der Faktoren nur eine untergeordnete Rolle zukommt. Oder anders: Wenn es auch durchaus sinnvoll scheint, für eine Klasse solche nicht-kodifizierten Normen anzunehmen und sie jeweils auf einen oder eine Gruppe von Faktoren zurückzuführen - beispielsweise: In Klasse X wird im Gruppenunterricht im Gegensatz zum Frontalunterricht generell Dialekt gesprochen -, so darf dabei nicht vergessen werden, dass diese interne Regel aufgrund einer spezifischen Faktorenkombination auch durchbrochen werden kann.

---

30 Nochmals sei hier auf den Ueberblick bei Sieber / Sitta (1986), besonders Abschnitt 3.3, S. 62 ff., verwiesen.

5.2.5 Zum Realitätsstatus nicht-kodifizierter Normen

Zentrales Merkmal nicht-kodifizierter Normen ist das Fehlen explizit formulierter (Norm-)Inhalte, auf die sich jene, für die diese Normen Gültigkeit haben sollen, berufen können. In unserem Fall, bei dem es um die Interpretation dialektalen Sprechens im Standardunterricht auf eine allfällige Regelhaftigkeit hin geht, muss sich damit natürlich die Frage stellen, was als regelhaft und damit als (nicht-kodifizierte) Norm betrachtet werden kann. Es ist dies eine Frage, die durch das sprachliche Verhalten der jeweiligen Kommunikationsteilnehmer immer wieder von neuem beantwortet werden muss und auch nur über dieses Verhalten von aussen zu erschliessen ist. Zwischen dem, was im gegenseitig unterstellten Einverständnis dieser Teilnehmer als (inoffizielle) 'Regel' gilt, und dem, was als Verstoss gegen die (offizielle) Norm gewertet werden muss, besteht demnach ein höchst labiles Gleichgewicht, das sich ständig verändern kann: Was zur Regel geworden ist, muss durch entsprechendes Verhalten laufend bestätigt werden, wenn der Charakter des Regelhaften nicht wieder verloren gehen soll; auf der andern Seite können Verstösse gegen die offizielle Norm in dem Mass, wie sie sich häufen und toleriert werden, selber zur Regel werden. Was in diesem Kontinuum zwischen eindeutigem Verstoss gegen die kodifizierte Norm, man müsse im Unterricht die Standardsprache sprechen, und gültigen, fest verankerten nicht-kodifizierten Normen schon oder noch oder nicht mehr 'regelhaft' ist, das zu entscheiden dürfte in vielen Fällen sehr schwierig sein angesichts der ständig möglichen Veränderung und des Umstands, dass die Existenz dieser Regeln im stillen Einverständnis der Kommunizierenden begründet liegt! Eins jedoch wird man aus diesen letzten Ausführungen schliessen können: dass nämlich einer dialektalen Aeusserung, die durch eine in der betreffenden Klasse gültige nicht-kodifizierte Norm gedeckt ist, bereits wegen dieser Zugehörigkeit kommunikativer Sinn und damit eine kommunikative Funktion zukommen kann. Dieser Gedanke leitet gleichzeitg zum nächsten Abschnitt über:

5.3 Domäne und Revier

5.3.1 Definitionen

Von Fishman stammt das Konzept, wonach "alle umfassenden Regularitäten, die zwischen Varietäten und gesellschaftlich anerkannten Funktionen herrschen"[31], mit Hilfe eines Konstrukts untersucht werden könnten, das er (soziolinguistische) 'Domäne' nennt.

---

31 Fishman, Joshua A. (1975): Soziologie der Sprache. Eine interdisziplinäre sozialwissenschaftliche Betrachtung der Sprache in der Gesellschaft. (=Hueber Hochschulreihe, Bd.30) München. S. 50.

Besonders brauchbar sind diese Domänen nach Fishman "für die auf Makroebene stattfindende (d.h. auf die ganze Gesellschaft bezogene) funktionelle Beschreibung der gesellschaftlich strukturierten Variation der 'Rede' innerhalb grosser und komplexer Sprachgemeinschaften, [...]"[32]; gewonnen werden sie durch Analyse und Zusammenfassung offensichtlich kongruenter Situationen, wobei diese Situationen so präzisiert werden, dass in ihnen "Individuen in angemessenen Rollenbeziehungen interagieren, und zwar an den angemessenen Schauplätzen für diese Rollenbeziehungen und Themen diskutieren, die ihren Rollenbeziehungen angemessen sind."[33]

Schulischer Unterricht, oder allgemeiner: Schule, ist in diesem Sinn zweifellos eine Institution, die diese drei Bedingungen erfüllt und damit als gesellschaftlicher Ort der Produktion kongruenter Situationen betrachtet werden kann: Erwachsene und Kinder bzw. Jugendliche begegnen einander primär unter der komplementären Rollenverteilung Lehrer - Schüler, sie tun dies meist in der dafür bestimmten räumlichen Umgebung des 'Schulhauses' und diskutieren Themen, die meist zentriert sind auf schulische Bildungsinhalte. Insofern nun für diese kongruenten Situationen in der bi-varietären Deutschschweiz als Sprachform der Standard sowohl offiziell vorgeschrieben als auch im allgemeinen verwendet wird, darf man Fishmans Begriff hier sicher übernehmen und von der Schule als einer Domäne sprechen, die durch den Gebrauch der Standardsprache gekennzeichnet ist.

Das im theoretischen Teil der Arbeit erstellte System kommunikativ relevanter Faktoren bietet m.E. nun die Möglichkeit, von dieser Makroebene, auf der die Domänen als "Generalisierungen höheren Grades"[34] angesiedelt sind, zu einer Mikroebene vorzustossen und dort nach sprachformspezifischen Regularitäten zu suchen, die die gegebene Domäne zu einem bestimmten Zeitpunkt an einem bestimmten geographischen Ort und eingebettet in ein spezifisches sozial-situatives Umfeld kennzeichnen. Analog zum Domänenkonzept könnte dabei von Generalisierungen tieferen Grades aus kongruenten Situationen innerhalb von Domänen gesprochen werden. Diese sprachformspezifischen Regularitäten tieferen Grades sollen hier mit dem Begriff Revier abgedeckt werden. Es darf dabei nicht vergessen werden, dass auch der Situationsbegriff auf zweierlei Ebenen angesetzt ist: Während im Fall der Domänen damit die drei genannten Elemente der angemessenen Rollenbeziehung, des angemessenen Schauplatzes und der angemessenen Themen gemeint sind, umfasst er für das Revier sämtliche kommunikativ relevanten Faktoren; auch bezüglich des hier verwendeten Situationsbegriffs liesse sich also eine Unterscheidung in Makro- und Mikroebene treffen.

Für den unterschiedlichen Status von Domäne und Revier scheinen insbesondere folgende Merkmale verantwortlich zu sein:

A. Die Setzungsinstanz:
1. Die Domäne ist ein Resultat des gesellschaftlichen Wandels, der

---

32 Fishman (1975), S. 51.
33 Ebd., S. 53; Hervorhebungen T.K.
34 Ebd., S. 53.

sprachlichen Praxis einer Sprachgemeinschaft und damit auch unabhängig von individuellem Sprechen; die normativen Ansprüche, die sich daraus ergeben, sind wesentlicher Teil des sprachlichen Wissens aller innerhalb der betreffenden Domäne interagierenden Individuen; sie leiten ihr Sprechen und erlauben die Benützung einer domänenfremden Varietät nur als Abweichung von der eigentlichen Domänenvarietät. Diese als solche durch eine andere zu ersetzen durch den Akt des Sprechens selbst ist den sprachlich Interagierenden nicht möglich. Oder mit andern Worten: Die Domäne existiert als gesellschaftliche Realität auch unabhängig vom sprechenden Individuum[35], die sprachliche Tradition einer Sprachgemeinschaft fungiert hier als Setzungsinstanz für eine Domäne.

2. Reviere sind, was ihre Konstitution anbelangt, zwar auch dem historischen Prozess unterworfen; ein Wandel kann sich jedoch in wesentlich kürzeren Zeitabschnitten ergeben, und zwar deshalb, weil sie konstituiert werden durch die jeweils aktuelle Sprachpraxis einer real interagierenden Sprechergruppe und in ihrer Existenz auch an diese Sprechergruppe gebunden sind. Ein Revier entsteht also durch das gemeinsame aktuelle Sprechen von interagierenden Individuen und hat auch lediglich für diese Gültigkeit. Im Fall der Reviere wirken demnach die miteinander Kommunizierenden als Setzungsinstanz.

B. Die Bestätigungsnotwendigkeit:

1. Domänen, wie sie eben charakterisiert worden sind, sind auf den Konsens einer Sprachgemeinschaft abgestützt, und dieser Konsens ermöglicht auch ihre weitere Existenz; als gesamtgesellschaftliche Grösse sind sie nicht - oder nicht in erster Linie - auf eine im Sprechprozess erfolgende Bestätigung durch Einzelne oder Gruppen angewiesen.
2. Reviere dagegen sind, insofern sie ja durch die Sprechpraxis von Interagierenden konstituiert werden und nur für diese Gültigkeit haben, hinsichtlich ihrer weiteren Existenz auf die ständige Bestätigung durch diese Interagierenden angewiesen; eine solche Bestätigung erfolgt jeweils durch die ständig sich wiederholende Realisierung der revierkonstituierenden sprachlichen Merkmale. Bleibt diese Bestätigung aus, so wandelt sich auch das Revier selbst oder es löst sich ganz auf und macht wieder den Domänenregularitäten Platz.

Eine solche Definition und Charakterisierung des Begriffs 'Revier' passt nun - dies dürfte mittlerweile klar geworden sein - genau auf jene sprachlichen Regularitäten im deutschschweizerischen Schulunterricht, auf die im vorherigen Abschnitt genauer eingegangen worden ist, und die bisher als 'nicht-kodifizierte Normen' angesprochen wurden. Aus der reviertypischen Bestätigungsnotwendigkeit ergibt sich jetzt auch die kommunikative Funktion, die regelmässigem Dialektsprechen zukommt: Insofern ein Dialekt-Revier innerhalb der Standarddomäne 'Schulunterricht' nur dann existiert, wenn es ständig durch entsprechendes sprachliches Agieren der

---

35 Zum Realitätsstatus von Domänen vgl. Fishman (1975), S. 52.

jeweiligen Kommunikationsteilnehmer bestätigt wird, kommt dem interaktionell anerkannten regelmässigen Dialektsprechen immer auch eine Revierbestätigungsfunktion zu[36].

5.3.2 Absolute und interaktionelle Dialekt-Reviere

Nicht alle dialektalen Aeusserungen, die im Schulunterricht auftreten und aufgrund des regelmässigen Vorkommens ähnlicher Aeusserungen Teil eines Dialekt-Reviers sind, haben denselben Status hinsichtlich ihrer bewusstseinsmässigen Verankerung bei den Kommunikationsteilnehmern und der Notwendigkeit, dauernd bestätigt zu werden. Vielmehr sollten verschiedene Typen von Revieren auseinandergehalten werden:

5.3.2.1 Absolute Dialekt-Reviere

Unabhängig von Schulstufe, Schultyp und Fach gibt es Dialekt-Reviere, die in jeder Klasse anzutreffen sind, sprachliche Aeusserungsbereiche also, die ganz offensichtlich dem Anspruch auf Standardrealisierung gar nicht unterworfen sind; ein Rekurs auf die offizielle Norm durch den Lehrer oder andere Autoritäten ist dabei denn auch - zum heutigen Zeitpunkt zumindest - kaum denkbar. Bei der Globalität des sprachformspezifischen Anspruchs im Standardunterricht kann es nicht verwundern, wenn dieser Reviertyp selten ist. Umso erstaunlicher ist es darum, dass durch ein einziges solches Revier ein beträchtlicher Teil des sprachlichen Gesamtvolumens praktisch aller Unterrichtslektionen von der offiziellen Norm ausgeklammert wird: Es handelt sich dabei um das schülerinterne Gespräch, das frei von didaktischem Bezug ist. Ausschlaggebende Faktorengruppe für diese Revierbildung ist also jene der Adressierung, oder genauer: der Faktor Sch ⟶ Sch / Ss. Der Grund für diese Ausklammerung dürfte primär zu suchen sein im allgemeinen Verständnis dessen, was Unterricht ist und was nicht. Es ist weiter oben darauf hingewiesen worden, dass sowohl auf unterrichtstheoretischer Seite als auch bei den am Unterricht Beteiligten die Ansicht besteht, dass zum Unterricht nur jene Interaktionsprozesse zu zählen sind, die die zu vermittelnden Bildungsinhalte zum Thema haben und in die auch der Lehrer - als primärer oder sekundärer Adressat - involviert ist; dementsprechend wird der Adressierungstyp Sch ⟶ Sch / Ss ohne Einbezug des Lehrers von diesem meist als 'Störung' des Unterrichts empfun-

---

36 Grundsätzlich gilt natürlich auch, dass dialektalem Sprechen, das nicht zu einem Revier gezählt werden kann, potentiell Revierbildungsfunktion zukommt.

den und nicht als Teil davon[37].

Da bei Aeusserungen, die diesem Reviertyp angehören, kein Anspruch auf standardsprachliche Realisierung besteht, kann ihnen auch keine Revierbestätigungsfunktion zukommen. Interessant in Bezug auf ihre kommunikative Funktion wären auch die Standardäusserungen in diesen Revieren, auf die hier jedoch nicht näher eingegangen werden soll. Beispiele zu geben für diesen Reviertyp erübrigt sich wohl: Es genügt, sich einmal in eine Unterrichtsstunde zu setzen und die schülerinterne Kommunikation eine Weile zu verfolgen.

5.3.2.1.1 Sonderfall 'Interjektionen'

Eine Sonderstellung innerhalb der absoluten Dialektreviere nimmt eine Gruppe von Wörtern ein, auf die hier etwas genauer eingegangen werden soll, da sie praktisch in allen Klassen und auf allen Stufen ausserordentlich häufig vorkommen. Gemeinsam ist allen, dass sie - aus mehreren Gründen - nicht der Standardnorm unterworfen sind und sich sowohl in standardsprachlicher als auch in dialektaler Umgebung finden, und zwar bei allen Adressierungstypen. Es handelt sich dabei um Wörter, die im allgemeinen nur in gesprochener Sprache vorkommen und in einer grammatischen Systematik zu den Interjektionen zu zählen wären[38]. Von den meisten Unterrichtsteilnehmern würden sie deshalb wohl nur mit Vorbehalten als 'Wörter' betrachtet werden, eher schon als 'Laute', 'Ausrufe' o.ä.; eine Verschriftlichung ist denn auch meist recht problematisch, und lautlich identische Gebilde erhalten bei der Transkription oft sehr unterschiedliche Gestalt[39]. Häufig besitzen sie zudem ein breites Spektrum möglicher Deutungen und sind deshalb ohne Einbezug von Kontext und vokal- bzw. nonvokal-nonverbaler Realisierung oft nur schwer interpretierbar. Diese Deutungsschwierigkeit erstreckt sich aber auch auf die varietäre Komponente

---

37 Dieselben Ursachen sind auch für die Bildung einiger anderer Dialektreviere verantwortlich, die ebenfalls in praktisch allen Unterrichtslektionen zu beobachten sind, jedoch nicht zu den 'absoluten Revieren' gezählt werden können, da darin vereinzelt doch Standard gesprochen wird. Davon betroffen sind vor allem die Aeusserungen, die auf der Nebenkommunikationsebene lokalisiert werden können, sowie jene, die Sequenzen von Uebergangs- und Gruppenunterricht angehören; die standardsprachlichen Ausnahmen innerhalb dieser Reviere können - müssen aber nicht - dann auftreten, wenn der Lehrer als Sprecher bzw. Adressat beteiligt ist.

38 Duden: Grammatik der deutschen Gegenwartssprache (^{4}1984) (=Bd.4 des Duden in 10 Bänden). Hrsg. von Günther Drosdowski. Mannheim / Wien / Zürich. §§ 677 - 682.

39 Ein Blick in die von verschiedenen Studenten angefertigten Transkripte, die in diese Arbeit einbezogen wurden, mag dies bestätigen.

dieser Wörter: Viele von ihnen werden von allen Sprechern deutscher Sprache verwendet, und während die einen aufgrund ihrer Intonation der einen oder andern Varietät zugeordnet werden können, ist eine diesbezügliche Interpretation bei anderen gänzlich ausgeschlossen. Insofern jedoch - zumindest im verwendeten Korpus - alle vergleichbaren Wortgebilde, deren Sprachform entscheidbar ist, dem Dialekt zuzurechnen sind, mit Sicherheit als standardsprachlich zu taxierende Ausdrücke dieser Kategorie also praktisch gar nicht vorkommen, ist der Schluss wohl zulässig, dass diese unentscheidbaren Fälle generell als dialektal realisiert zu betrachten sind.

Gründe, wieso diese Interjektionen der unterrichtlichen Standardnorm nicht unterworfen sind, kommen mehrere in Betracht: Nicht zu unterschätzen ist dabei einmal der Umstand, dass sie aufgrund ihres geringen Umfangs der bewussten Wahrnehmung durch die Kommunizierenden rascher entgehen als längere Aeusserungen, selbst dann, wenn sie Satzfunktion erfüllen. Die Kürze wirkt sich aber auch auf die Reaktionsmöglichkeiten der Adressaten aus: Korrigierende Eingriffe etwa von Lehrerseite mit dem Ziel, eine dialektal gehaltene Aeusserung als Normverstoss zu rügen oder gar in der Standardsprache wiederholen zu lassen, erfassen erfahrungsgemäss sehr oft nur Aeusserungen von einem gewissen Umfang an, während kürzere davon nicht betroffen sind. Ein Korrekturappell hinsichtlich solcher Kürzestäusserungen ist zudem dort, wo die Varietät nicht eindeutig entscheidbar ist, gar nicht möglich. Der 'Nicht-Wort'-Charakter dieser Interjektionen dürfte ausserdem dazu beitragen, dass im Bewusstsein der Klassenmitglieder eine Uebersetzungsmöglichkeit dafür gar nicht in Betracht gezogen wird. Als letzter Grund schliesslich, wieso diese Kategorie von der Standardnorm ausgenommen wird, sei hier ihr geringer Offizialitätsgrad genannt: Thematisch sind sie häufig nicht lerninhaltzentriert und werden darum meist auch gar nicht als Teil des offiziellen Unterrichtsdiskurses betrachtet.

Dass diese Gruppe von Ausdrücken generell dialektal realisiert wird, spricht dafür, sie zu den 'absoluten' Revieren zu zählen. Es kommt ihnen insofern auch keine Revierbestätigungsfunktion zu. Da sie aber, wenn sie in standardsprachlichem Kontext verwendet werden, bezüglich ihrer Varietät meist isoliert in diesem Kontext stehen, funktional jedoch in diesen integriert sind - 'absolute' Reviere zeichnen sich demgegenüber im allgemeinen dadurch aus, dass sie funktional <u>nicht</u> in den Standardkontext integriert sind -, werden sie einen andern Stellenwert aufweisen als die oben besprochenen absoluten Reviere, zumindest was ihre kommunikative Funktion betrifft. Wie dies im konkreten Fall aussieht, soll anhand der folgenden Zusammenstellung aufgezeigt werden. Allgemein kann gesagt werden, dass diesen Interjektionen spezifische kommunikative Funktionen zukommen können[40].

Die hier aufgeführten Beispiele stellen lediglich eine Auswahl dar und verfolgen den Zweck, einen Einblick in die Mannigfaltig-

---

[40] Vgl. die Beschreibung der einzelnen kommunikativen Funktionen in den Kapiteln 6 und 7.

keit der Formen und Funktionen dieses Aeusserungstyps zu geben:

A. **ä** (**äh, ähm** o.ä.)

A.a) Zögern, Verzögerung:

1. L: [59] Aber das stimmt schon, was Esther gesagt hat. **Aehm..äh**
L: wegen den Farben, dass eben [60] wenn wenn ein Weibchen mit
L: einem Männchen, **aso** ein weisses Weibchen mit einem [61]
L: schwarzen Männchen, das gibt es natürlich wieder.**aso** nicht
L: nur weisse oder schwarze [62] Kinder, oder? (S)
(3b.59 ff. (3. Primarklasse))

Sowohl die eingestreuten Pausen als auch der syntaktische Aufbau der Aeusserung, nicht zuletzt aber auch der Sachverhalt, der ausgedrückt werden sollte, erleichtern die Interpretation der betreffenden Interjektionen als Ausdruck des Zögerns, des Hinausschiebens der Aeusserungsfortsetzung.

2. L: [83](S) das lässt er nicht auf sich sitzen.Christina
Christina: Er ist irgendwie.**äm**.er hat [84] schon lange auf die-
Christina: sen Krieg gewartet
(9.83 f. (6. Primarklasse))

Der einmal begonnene Satzbauplan wird von der Schülerin während des Sprechens verworfen, und zur Ueberbrückung der Zeit, die notwendig ist, sich einen neuen 'zurechtzulegen', wird die Interjektion eingesetzt[41].

---

41 Nur in wenigen Ausnahmefällen wird auf diese so gebrauchte Interjektion von den Kommunizierenden eingegangen, da sie von sehr vielen Sprechern sehr häufig verwendet wird. Ein solcher Ausnahmefall ist der folgende Ausschnitt:

2a. L: [169] Corinne [170] **ähm**
Corinne: Wie. wie **ähm** wie
Ss: ((Lachen))
Corinne: trefft Oma Christiane?
(5.169 f. (3. Primarklasse))

Die Lehrerin imitiert das **'ähm'** der Schülerin und stempelt es damit als überflüssiges Satzfüllsel und schlechten Sprachgebrauch. Die eigentliche Funktion, die ihm zukam, wird erst in der Fortsetzung der Aeusserung ersichtlich, in der nicht korrekten Verbform: Es scheint so gewesen zu sein, dass Corinne Zeit brauchte, um die richtige standardsprachliche Verbform zu finden - man halte sich vor Augen, dass es sich um eine Schüle-

A.b) Selbstkorrektur:

3. Daniel: [156] (Liest einen Satz, standardsprachlich)
L: Marc/ **äh**

L: Philipp?!
Philipp: [157] (liest weiter)

(5.156 f. (3. Primarklasse))

Die Lehrerin wird sich während des Sprechens bewusst, dass sie nicht Marcel, sondern Philipp aufrufen will, um den nächsten Abschnitt zu lesen; sie bricht mitten im Wort ab und ruft Philipp auf, schiebt jedoch vorher die Interjektion ein, die wohl etwa so viel bedeutet wie: '(Entschuldigung), was ich eben sagte, gilt nicht; es gilt, was jetzt folgt'. Auch dieser Gebrauch kommt natürlich nicht nur beim Lehrer, sondern auch bei den Schülern vor.

A.c) 'Ist doch logisch!':

4. L: [76] Warum braucht sie Kleingeld?
Sm_x: **Ouu**
Sm_y: [triumphierend:] **äh** sonst kann sie

Sm_y: nicht telefonieren, wenn man [77] einen Fünffränkler rein-

---

Sm_y: wirft, dann kommt nichts.

(5.76 f. (3. Primarklasse))

Hier stellt die Lehrerin eine Frage, die vom Schüler zwar ernst genommen wird - er gibt immerhin die zutreffende Antwort! -, die ihm aber doch reichlich überflüssig zu sein scheint: Die Bedeutung des '**äh**' könnte hier etwa so umschrieben werden: 'Ueberlegen Sie doch mal selbst, die Antwort liegt ja auf der Hand!' Die gleiche Bedeutung, wenn auch krasser ausgedrückt, kommt übrigens auch dem '**Ouu**'-Ausruf von Schüler x zu.

Diese drei Varianten der '**äh**'-Interjektion sollen hier genügen, andere liessen sich leicht finden. Mit A.a und A.b sind jedoch wohl die beiden verbreitetsten aufgeführt. Es handelt sich dabei um eine Interjektionsform, die praktisch in allen Klassen auf allen Schulstufen, bei Schülern und Lehrern auftritt, und zwar sehr häufig[42]. Von der Intonation her lässt sie sich meist leicht als dem Dialekt zugehörig bestimmen. Unabhängig von der einzelnen konkreten Realisierung lässt sich zudem sagen, dass diese Dialekt-Kleinstreviere Bedeutungsträger unterschiedlicher Art sind: Die drei hier ausgewählten Typen sind allesamt auf 'metakommunika-

---

rin einer dritten Primarklasse handelt, wo solche Unsicherheiten durchaus noch üblich sind; vermutlich um ihren Redefluss nicht durch eine längere Pause zu unterbrechen, fügte sie die betreffende Interjektion ein.

42 Als Beispiel: In Transkript 3a (3. Primarklasse) ist sie - nicht differenziert nach Bedeutung und Sprecher - insgesamt 38 mal zu finden, in Transkript 3b (3. Primarklasse) gar 52 mal.

tiver' Ebene anzusetzen: Während A.a und A.b reflexiv auf den Sprechenden selbst gerichtet sind und Angaben über dessen Redesteuerung liefern, ist A.c adressatgerichtet und gibt Auskunft über die Einschätzung der Vorredner-Aeusserung durch den Sprecher.

B. **Hä**

B.a) Fragend:

5. L: [78](S) vielleicht hat sie [79] zuhause gar kein Telefon

---

Sm_x: Oder ist $kabutt$ oder es ist in der
L: oder es ist kaputt ja

Sm_x: Firma   Oder es ist **i de Firma**
L: **.hä?**   Jaa, gut aber (S)

(5.78 f. (3. Primarklasse))

Scheinbar hat die Lehrerin die Aeusserung des Schülers akustisch nicht verstanden und signalisiert durch die als Frage intonierte Interjektion dem Schüler, seinen Beitrag zu wiederholen; dass dieser den Sinn des '**hä**' exakt verstanden hat, zeigt sich nicht nur darin, dass er seine vorherige Aeusserung wiederholt (damit kommt er der Aufforderungskomponente des '**hä**' nach), sondern auch darin, dass er den zentralen Aeusserungsteil lauter und zusätzlich im Dialekt wiederholt (damit wird auch deutlich, dass er die Ursache des Interjektions-Gebrauchs erkannt hat, nämlich sein zu leises oder undeutliches Sprechen). Auf einen späteren Abschnitt vorgreifend lässt sich also auch der kommunikative Sinn des Schülerwechsels von der Standardsprache zum Dialekt bereits deuten: Es kommt ihm hier wohl verständnissichernde Funktion zu.

6. L: [248](S). Und diese Karte muss ich haben. Ich leg [249] sie

---

L: so zusammen, dass nur <u>das</u> nach vorne kommt.
Ss: **Hä?.Hä? (unv.)**

L: **Nääi., da (D)**

(7.248 f. (5. Primarklasse))

Die Lehrerin hat in diesem Ausschnitt etwas erklärt, was die reagierenden Schüler nicht verstanden haben, nun aber nicht von der akustischen Realisation her, sondern vom Inhalt: Sie haben offenbar den Anweisungen bezüglich des Kartenfaltens nicht folgen können. Die Intonation fällt dementsprechend anders aus als im vorigen Beispiel, die Adressierung ist eine andere und es ändert sich damit auch der Sinn der Interjektion: Während sie vorher direkten Aufforderungscharakter hatte - 'bitte wiederhole, was du gesagt hast!' -, ist die Adressierung hier primär reflexiv und an die Mitschüler gerichtet; expliziter ausgedrückt hätten diese Schüler wohl etwa sagen müssen: 'Wie hat sie (nicht: wie haben Sie) das jetzt gemeint?'. Damit ist die Lehrerin nur an sekundärer Position angesprochen, und eine Aufforderung, sich klärend nochmals zu äussern, kann nur aus dieser impliziten Adressierung abgeleitet werden. Dies geschieht denn auch, die Lehrerin greift, verbunden mit einem Varietätenwechsel, präzisierend nochmals ein.

B.b) Auffordernd:

7. L:	[58] Etwas hast du vergessen.**hä**		$Philipp$	
Sm:		**aha**		
Philipp:				**äm.**sie
Philipp: wirft ihn in den Briefkasten.				

(5.58 (3. Primarklasse))

Auch diese Interjektion besitzt fragend-auffordernden Charakter: Die Frage, die sich stellvertretend stellen liesse - etwa: '<u>was</u> hast du / hat er vergessen?' -, ist nun jedoch keine echte mehr, sondern eine didaktische, deren Antwort die Lehrerin bereits kennt. Damit verbunden ist die Aufforderung, dieser Frage nachzugehen und sich zu melden, sobald eine Antwort gefunden ist. Der Aspekt der Aktivierung des Schülers scheint mir bei diesem '**hä**'-Typ eindeutig im Vordergrund zu stehen, und es handelt sich dabei auch um eine Interjektion, die in dieser Funktion - rollenbedingt - nur von Lehrerseite gebraucht wird; sie wird sehr häufig verwendet und ist typisch für einen fragend-entwickelnden Unterricht, wie er vor allem - aber nicht nur! - in unteren und mittleren Schulstufen anzutreffen ist.

B.c) Zustimmung verlangend:

8. L:	[7] **Aso**, ich habe da aufgeschrieben, wer hinaus- [8] geht	
L:	und dann können wir dann das die nächste Woche einmal	
L:	wechseln, **hä?**	Oder in zwei Wochen..(S)
Ss:	**(Zustimmendes Gemurmel)**	

(12.7 f. (2.-8. Primarklasse))

Die Frageintonation in diesem Beispiel zielt weder auf die Beantwortung einer echten noch einer didaktischen Frage zum Lerninhalt; vielmehr setzt sie auf einer interaktionellen Ebene an: Die Schüler sollen sich zum vorgeschlagenen Vorgehen äussern. Am einfachsten zu ersetzen wäre die Interjektion durch: 'einverstanden?'; beabsichtigt ist damit also die Bildung eines Konsenses, der die Weiterführung des Unterrichts absichert. In unserem Beispiel wird dieser Konsens auch erreicht: Die Schüler haben die Bedeutung der Interjektion erfasst und reagieren mit zustimmendem Gemurmel.

Wie die '**äh**'- ist auch die '**hä**'-Interjektion stark verbreitet bei Schülern und Lehrern - wobei, wie wir gesehen haben, schüler- und lehrerspezifische Typen existieren -, leicht als dialektal auszumachen und Trägerin verschiedener, im Einzelfall vokal- und nonvokal-nonverbal zu konkretisierender Bedeutungen; dieser kommunikative Sinn wird von den Adressaten im allgemeinen entsprechend interpretiert, wie auch die bisherigen Ausschnitte zeigen.

C. **Mh, hm, mhm, M!** o.ä.

C.a) Zustimmtung verlangend:

9. Marco: [202][Auf eine Aeusserung von Sabine reagierend] **Lüüter**

L: Ja es stimmt schon Sabine, wenn nicht einmal der [203]

L: Marco neben dir dich versteht, **Hm?!**

(3a.202 f. (3. Primarklasse))

Inhalt und Absicht dieser Interjektion sind identisch mit dem Typ B.c; die akustische Realisierung lässt hier jedoch keinen sicheren Schluss zu, ob es sich dabei um Dialekt oder Standard handelt, was bei diesem ebenfalls häufig auftretenden Typ allgemein der Fall ist.

C.b) Zweifel:

10. L: [38](S) Aber wie heisst das was sie zuklebt..Röbi?

Röbi: Der Briefumschlag
L: [39] Jawoll, wie sagen wir auch noch,

L: wie könnte man auch noch sagen? **mhm**, Hülle
Sm: **äh**.Hühle?

L: sagt [40] man weniger.

(5.38 ff. (3. Primarklasse))

Der Schüler scheint nicht ganz sicher zu sein, ob sein Vorschlag akzeptiert würde, zweifelt wohl auch an der Richtigkeit der Standardrealisierung: Dies wird mit dem Anheben der Stimme mit Fragefunktion angedeutet. Die Lehrerin beseitigt zwar die varietäre Unsicherheit, indem sie das Wort in die korrekte Standardform bringt, meldet dann aber Zweifel an der inhaltlichen Richtigkeit der Aussage an, und zwar gleich in doppelter Form: einmal durch die verwendete Interjektion, die etwa zu umschreiben wäre mit: 'Ich weiss nicht, ob deine Antwort zutreffend ist' - wobei im Widerspruch zu dieser primären Bedeutung, die die Antwort nicht verwirft, sekundär doch die Meinung durchschimmert, dass sie nicht zutreffe; diese sekundäre Bedeutung wird sodann im der Interjektion folgenden Aeusserungsteil explizit ausgedrückt, wobei dieser auch ausbleiben könnte, ist die Information doch schon in der Interjektion enthalten. Wie bei C.a ist auch hier die Varietät nicht sicher auszumachen [43].

---

[43] Noch deutlicher wird dieser Widerspruch an folgendem Beispiel ersichtlich:

10a. L: [40](S) das Couvert [=Antwort auf selbstgestellte

L: Frage] **hm?** Couvert, ja
Sm_x: ah ja
Sm_y: **Ich wüsst öppis** das Brief-

C.c) Auffordernd:

11. Matti: [289] Manchmal [290] hat sie Angst vor Sämi und Mauz

Matti: und dann dann..   (**pschu**) [Matti ahmt Kampfgeräusch
L: **mh**

Matti: von Tieren nach]   (3a.289 f. (3. Primarklasse))

Siehe dazu die Ausführungen zu Typ B.b. Ebenfalls in der **'mhm'**-Form kommt übrigens auch der A.a-Typ vor; auf ein eigenes Beispiel soll hier verzichtet werden: Ein Ersetzungsversuch im unter A.a gegebenen dürfte genügen. Einziger Unterschied bleibt auch hier die nur im A- und B-Typ mögliche Varietätenerkennung.

C.d) 'Melden':

In die C-Gruppe aufgenommen werden soll auch eine Interjektion, die wohl auch noch in diversen andern lautlichen Realisierungsformen vorkommt:

12. L: [29].das war wahrscheinlich auch diejenige, die Joseph

L: [30] gemeint hat   Peter?
Peter: **Hm**   **äh**, dann hat es noch.**äh** so

Peter: eine gehabt, (S)   (3a.29 f. (3. Primarklasse))

Diese Interjektion kann als typisches Resultat der spezifisch schulischen Interaktionsausprägung betrachtet werden: Es handelt sich dabei um einen Laut, der zusammen mit der Geste des 'Aufstreckens' geäussert wird, an den Lehrer adressiert ist und soviel bedeutet wie: 'Ich möchte etwas sagen, nehmen Sie mich an die Reihe, geben Sie mir das Wort'. Dabei ist jeweils ein starkes emotionelles Engagement beim Sprecher zu beobachten, was insofern nicht verwundern kann, als das Aufstrecken selbst schon denselben kommunikativen Sinn hat; die zusätzliche Interjektion zeigt also besonders den Dringlichkeitscharakter des Schüleranliegens an. Wie das Beispiel gezeigt hat, genügt die Interjektion bereits, um zum Ziel zu gelangen. Zuweilen wird die Absicht noch deutlicher ausgedrückt, z.T. durch explizite Umschreibung der Interjektionsbedeutung (13), z.T. durch direktes Ansprechen des Adressaten (14):

L: jaa   Ich glaube nicht, dass man
Sm^{y}: etui
Ss: ((Lachen)) Briefetui

L: das für das benutzt. (S)   (5.40 f. (3. Primarklasse))

Dieses 'jaa' mit der gleichen Bedeutung wie das **'mhm'** im eben besprochenen Fall bedeutet eigentlich 'nein' - wie auch aus der Fortsetzung der Lehreräusserung hervorgeht.

13. Ilona: [54]**(D) dänn machet s wider/ mh/ gliich wi di andere**
Ester: **hm, oder ja,**[44] **ich wüsst no**

Ilona: [55] **feuf, mhm**
Ester: **öppis!.M! Ich wüsst no öppis.**
L: Ja..äh/ wir gehen wei/ ich gesch/ notiere das

L: mal (S)

(4.54 f. (3. Primarklasse))

14. L: [55](S), wir müssen einen [56] Zeitplan.aufstellen, wo

---

L: genau vermerkt ist, wer wann.verkauft, damit kein Gedränge
Ss: **M!** $Herr Zeller!$

L: ist.

(4.55 f. (3. Primarklasse))

C.e) Turn-Uebergabe:

Von der lautlichen Realisierung her eng verwandt mit dem C.d-Typ ist eine Form interaktioneller Entsprechung dazu: Statt mit Namensaufruf oder einer Geste kann der Lehrer dem Schüler den turn auch mittels Interjektion übergeben, wie wir sie jetzt eben besprechen:

15. L: [94] Aha, eine Art eine Kontrolliste, damit wir [95]

L: merken, dass/ **.Hm?**
Sch: **M!** **das öpper öppis gschtole het.**

(4.94 f. (3. Primarklasse))

Ein solches **'hm'** oder **'mm'** mit aufsteigender Tonhöhe signalisiert dem Schüler: 'Ja, was möchtest du sagen? (ich übergebe dir das Wort)'. Dieser Aufforderungstyp kann allerdings nur dann gebraucht werden, wenn sich der Schüler um den turn bemüht und dies auch anzeigt: Von seiner Position im Interaktionsprozess her ist er immer reagierend - auf die Schülermeldung -, die Adressierung kann daher bereits mit Augenkontakt gesichert werden; eine initiative turn-Uebergabe müsste demgegenüber die Adressierung explizit beinhalten.

---

[44] In der schriftlichen Form des Transkripts wird - sieht man von graphischen Hervorhebungen (z.B. Fettdruck gegenüber Normaldruck) ab - oft nicht deutlich, ob es sich, wie etwa bei diesem **'oder ja'**, um Dialekt oder Standard handelt, da das Transkriptionsverfahren die feinen Unterschiede, die sich aus der Intonation ergeben, nicht in die Schrift umsetzen kann. Aehnliche Fälle kommen in der Arbeit noch öfter vor. Man halte sich dabei jeweils vor Augen, dass die Tonbandaufnahmen - die auch für die Interpretation der hier verwendeten Belegstellen massgeblich waren - eine klare Unterscheidung in Dialekt und Standard meist problemlos ermöglichen. Wirkliche Zweifelsfälle sind dadurch gekennzeichnet, dass sie zwischen $-Zeichen gesetzt sind.

C.f) Zustimmung:

16. Karin: [153](S) dann haben sie wir/ und dann haben wir sie mit

Karin: [154] einer Mausefalle gefangen.
L: **mhm**, $Peter?$

(3a.153 f. (3. Primarklasse))

17. Karin: [149](S) als er noch/ hatte es eine Maus drin [150] und

Karin: hat sie mir die gezeigt und hat/ sie hat sie von
L: **mhm**

Karin: Hand gefangen (S)

(3a.149 f. (3. Primarklasse))

18. L: [27] Wofür wollte er sie brauchen.wozu?
Christina: Für seine

Christina: [28] Kriege, dass er mehr, **ehm** Chancen hat zu

Christina: gewinnen und so
L: **Mm.**
Roman: Er wollte sie ausnützen, damit

Roman: [29] sie kämpften und ihm noch das Land geben

Roman: sozusagen.
L: **Mm.**

(9.27 ff. (6. Primarklasse))

Mit der Interjektion in Beispiel 16 gibt die Lehrerin der Schülerin primär bekannt, dass ihre Aeusserung verstanden und als solche akzeptiert worden ist; die Zustimmung betrifft also nicht eine allfällige inhaltliche Richtigkeit. Letzteres ist auch bei Beispiel 17 der Fall. Dort ist die Interjektion aber nicht abschliessender Kommentar, sondern eher gesprächsbegleitendes Signal, das der Schülerin die Aufmerksamkeit der angesprochenen Lehrerin anzeigt und sie aufmuntert, weiterzusprechen.

In Beispiel 18 dagegen bezieht sich die Interjektion auf die inhaltliche Komponente der Schüleräusserungen: Als Antworten auf wissenszentrierte Lehrerfragen haben sie im unterrichtlichen Rahmen ein 'Anrecht' darauf, auf ihre Richtigkeit hin kommentiert zu werden[45]. Die beiden Lehrer-Interjektionen bedeuten hier: 'Ja; was du sagst, ist richtig.'

Diese '**M**'-Interjektion mit zustimmender Bedeutung wird im Unterricht aller Stufen von den Lehrern ausserordentlich häufig gebraucht und kann, vor allem in jenen Fällen, die den Beispielen 16 und 18 entsprechen, als typisches Resultat des rollenspezifischen Sprechens in der Schule betrachtet werden: Hier handelt der Lehrer als Kommentator, Bewerter und Verstärker der Schüleräusserungen.

45 In Ausschnitt 16 war dies nicht der Fall: Dort erzählte die Schülerin ein persönliches Erlebnis.

19. L: [109] Gut, also [110] jetzt vor allem diejenigen die

L: Katzen haben, haben sicher auch schon be- [111] obach-

L: ten können. Wie gehen nämlich die Katzen?...
Ss: **Mhm.** ((Lärm))

L: Sabine?
Sabine: Auf vier Beinen.
(3a.109 ff. (3. Primarklasse))

Diese Interjektion mit zustimmender Bedeutung kommt auch auf Schülerseite vor, wenn auch - wiederum aus Gründen der Rollengebundenheit - mit einem andern Stellenwert als beim Lehrer: Sie wird gebraucht als Antwort auf jene Lehrer-Fragen, die allein mit 'ja' beantwortet werden können. Die andern Bedeutungen des C.f-Typs kommen bei den Schülern nicht vor.

C.g) Ablehnung:

20. Esther: [233] ich meine dass/ dass der Hund.sich [234] besser

Esther: kann wehren darum läuft er wahrscheinlich mit den.

Esther: Krallen..
L: Ah, du meinst, das [235] hat etwas mit dem zu

Esther: Ja
L: tun? Ich weiss es nicht.
Sch: **hm**
Sm: **ja sicher nöd**
(3a.233 ff. (3. Primarklasse))

Als Gegenstück zur zustimmenden Interjektion ist, sowohl auf Schüler- als auch auf Lehrerseite, jene mit verneinender Bedeutung anzutreffen. Sie nimmt jeweils Bezug auf die thematische Komponente der Vorredner-Aeusserung, ist also als Entsprechung zu den Sequenzen 18 und 19 des C.f-Typs zu sehen.

All den aufgeführten C-Interjektionen gemeinsam ist die Schwierigkeit oder gar die Unmöglichkeit, eindeutig zu entscheiden, ob es sich dabei um Dialekt oder Standard handelt; jene Fälle aber, die aufgrund der verbalen und vokal-nonverbalen Realisierung entscheidbar sind, sind durchwegs dialektal gehalten, und es scheint deshalb durchaus berechtigt, diese Varietät auch für die übrigen Interjektionen dieses Typs anzunehmen. Auffällig ist ausserdem, wie stark bei all diesen C-Interjektionen die vokal-nonverbale Komponente mit in Betracht gezogen werden muss, um die zum Teil sehr unterschiedlichen Bedeutungen zu entschlüsseln.

D. **Aha**

Die schlechte Entscheidbarkeit der verwendeten Sprachform sowie das grosse Gewicht der vokal-nonverbalen Realisierung für die Bedeutungsdifferenzierung kennzeichnen auch die **'aha'**-Interjektionen. Sie werden sowohl von Lehrern als auch von Schülern verwendet, wobei sie bei letzteren wohl immer, bei den Lehrern meist im Dialekt gehalten werden. Von den verschiedenen Bedeutungsvarianten seien hier nur zwei aufgeführt:

21. Daniel: [5] Da geht es um einen Briefkasten.
L: Von einem Brief-
L: kasten ist aber nicht die Rede.**hm**? [6] Warum, warum
L: meinst du dass es da um einen Briefkasten geht?
Daniel: Weil man einen Brief [7] in den Briefkasten wirft.
L: **Ahaa**, ja gut, ja, vielleicht kommt er auch noch vor in
L: der [8] Geschichte. (5.5 ff. (3. Primarklasse))

Der Zusammenhang, der zwischen Daniels Aeusserung und der ursprünglichen Frage der Lehrerin besteht - die Schüler sollten sich Gedanken machen zu einem Satz ('Brief an Oma'), den sie an die Tafel geschrieben hatte -, wird ihr erst nach einer Zusatzerläuterung von Daniel klar; dieses Verstehen drückt sich in der '**aha**'-Interjektion aus und wäre etwa zu umschreiben mit: 'Jetzt verstehe ich, was du meinst.'

22. Gianna: [107] Man da/ ..Man [108] darf nichts zu teuer.
L: Du! [=Aufruf] Das
L: steht nirgends, wie teuer. Andi!
Andi: Deutlich lesbare
Andi: Preisanschriften.
L: **Aaha**. (4.107 f. (3. Primarklasse))

Im Gegensatz zum ersten Beispiel hat dieses zweite typisch schulischen Charakter: Gianna gibt auf eine Frage der Lehrerin eine Antwort, die diese nicht befriedigt, die Lehrerin fragt nochmals nach und erhält von Andi daraufhin die gewünschte Antwort, die sie mit der Interjektion quittiert. Sie hätte auch sagen können: 'Genau, da haben wir die richtige Lösung, das ist, was ich hören wollte.'

E. Lautimitationen

Auch bei den Lautimitationen ist oft nicht auszumachen, ob es sich dabei um Dialekt oder Standard handelt; wiederum wird man aber annehmen können, dass solche Laute grundsätzlich dialektal nachgeahmt werden.

23. Matti: [289] Manchmal [290] hat sie [die Katze] Angst vor Sämi
Matti: und Mauz und dann dann.. **(pschu)** [Matti ahmt Kampfge-
L: **mh**
Matti: räusch von Tieren nach und demonstriert mit den Händen]

Matti: und wenn sie [291] die **verwütscht** dann **kchkch...Kch!**
L: **ähä**

(3a.289 ff. (3. Primarklasse))

F. Verschiedene andere Interjektionen

Die Vielfalt auch im Unterricht gebrauchter Ausrufe-, Ausdrucks- und Empfindungswörter ist gross, und es erübrigt sich, ihnen hier genauer nachzugehen; es möge genügen, ein paar Beispiele anzugeben. Generell kann wiederum unterschieden werden zwischen solchen, deren Varietät erkennbar wird, und solchen, bei denen dies nicht der Fall ist. Gebraucht werden sie sowohl von Lehrern als auch von Schülern.

24. Daniela: [16][liest:] Verkaufen alle fünfundzwanzig zusammen?

L: [17] **Mhm, bscht!** Daniela, du hast es nun gelesen, (S)
Daniela: Was ma/

(4.16 f. (3. Primarklasse))

Diese Aufforderung zum Ruhigsein kann von der lautlichen Realisierung her keiner der beiden Sprachformen eindeutig zugeordnet werden.

25. L: [134](S). Welche Kantone sind <u>mehr</u>sprachig? Das heisst.in

L: diesem Kanton wird [135] <u>mehr</u> als <u>eine</u>/ Sprache/ gespro-

L: chen [staccato]... Ja, mindestens <u>eine</u> Antwort [136] kann
Ss: **Ou! (Gemurmel)**

L: <u>jeder</u> geben.

(7.134 ff. (5. Primarklasse))

Diese Schülerreaktion müsste man wahrscheinlich umschreiben mit: 'Das ist aber eine schwierige Frage'; sie ist eindeutig als dialektal auszumachen.

Damit sei dieser Abschnitt beschlossen, der sich mit jener Gruppe von Wörtern beschäftigte, die als Interjektionen vorwiegend Teil der gesprochenen Sprache sind und generell dialektal realisiert werden.

5.3.2.2 Interaktionelle Dialekt-Reviere

Als interaktionelle Dialekt-Reviere werden hier bestimmte typische Aeusserungen bzw. sprachliche Unterrichtssequenzen verstanden, für die ein Anspruch auf Standardrealisierung zwar grundsätzlich besteht, der als solcher von den Kommunikationsteilnehmern auch erkannt wird, der jedoch von ihnen zeitweise - meist unter speziellen Bedingungen - oder dauernd ausser Kraft gesetzt wird. Sie sind im Gegensatz zu den absoluten Revieren nicht an allen Schulen zu finden: Jede Klasse verfügt über ihr eigenes Repertoire an interaktionellen Dialektrevieren, wobei einige von ihnen in Bezug auf ihre allgemeine Gültigkeit beinahe den Status der absoluten Reviere erreichen, andere wiederum nur sehr selten anzutreffen sind. Entscheidend für ihr Zustandekommen ist vor allem die Restriktivität der Standardnorm-Handhabung, aber auch die jeweilige Konstellation der übrigen kommunikativ relevanten Faktoren. Insofern bei den Klassenmitgliedern das Wissen vorhanden ist, dass die betreffenden dialektalen Aeusserungen bzw. Aeusserungsteile 'eigentlich' in der Standardsprache gehalten werden müssten, kommt ihnen jeweils - sozusagen automatisch - auch Revierbestätigungsfunktion zu; ein Rekurs auf die Norm, sei es in Form von Ermahnungen oder Korrekturen von seiten des Lehrers, sei es mittels schulischer Weisungen etc., ist jederzeit möglich.

Im Hinblick auf die Erörterung zusätzlicher kommunikativer Funktionen, die diesen Aeusserungen bzw. Aeusserungsteilen zukommen können, soll innerhalb dieses Reviertyps eine weitere Unterscheidung getroffen werden:

5.3.2.2.1 Makroreviere

Innerhalb des Unterrichtsprozesses lassen sich oft Aeusserungsabfolgen von unterschiedlicher Länge ausmachen, die durchgehend im Dialekt gehalten sind und für deren Zustandekommen einzelne kommunikativ relevante Faktoren oder eine Kombination weniger solcher Faktoren zentral sind. Diese Faktoren sind also in der Lage, die Wahl der Sprachform nicht nur zu beeinflussen je nach Konstellation der übrigen, sondern sie unabhängig von diesen <u>festzulegen</u>.

Faktoren, die häufig zur Bildung von Makrorevieren führen, sind insbesondere:

- Gruppenunterricht
- Uebergangsunterricht
- nicht schulisch orientiertes thematisches Umfeld
- Nebenkommunikation

Da konkrete Realisierungen dieser Makroreviere sich meist über mehrere Aeusserungen erstrecken, sind normalerweise sowohl Schüler als auch der Lehrer daran beteiligt.

Nicht alle Aeusserungen, die eine solche Makroreviersequenz bilden, haben in Bezug auf die kommunikative Funktion ihrer varietären Komponente denselben Stellenwert: Jenen, die zu Beginn der revierbildenden Sequenz stehen, fällt meist die Aufgabe zu, diesen Sachverhalt anzuzeigen, den nicht-sprechenden Kommunikationsteilnehmern zu signalisieren, dass sie sich innerhalb eines Dialekt-Makroreviers befinden und demzufolge der Standardanspruch vorübergehend aufgehoben ist. Dies kann geschehen durch die thematische Komponente dieser Aeusserung(en) und / oder mittels spezieller Ausdrücke - im folgenden '<u>Signalwörter</u>' genannt -, die diese Funktion übernehmen und auf die noch genauer einzugehen sein wird. Diese zusätzliche Funktion haben die darauffolgenden revierkonstituierenden (und zugleich -bestätigenden) Aeusserungen nicht mehr: Sie befinden sich innerhalb des bereits etablierten Reviers. Der bzw. den letzten Aeusserung(en) kann dagegen wieder eine ähnliche Aufgabe zukommen, nämlich jene, den Bereich des Reviers abzuschliessen und abzugrenzen gegen die nachfolgende, meist wieder in der Standardsprache gehaltene Sequenz. Dies kann wiederum explizit oder mittels Signalwörtern geschehen. Bleibt ein solches Signal in der Dialektsequenz aus, so fungiert die anschliessende Standardäusserung als Signal, das dann den Abschluss des Revierbereichs anzeigt.

5.3.2.2.2 Mikroreviere

Gegenüber den dialektalen Makrorevieren zeichnen sich die Mikroreviere dadurch aus, dass sie umfangmässig auf Aeusserungen oder Teile davon beschränkt sind. Ausserdem sind für sie meist auch andere Faktoren bzw. Faktorenkombinationen ausschlaggebend: Faktoren im allgemeinen, die die Sprachformwahl nicht generell festzulegen vermögen, die aber dennoch stark genug sind, sie von Fall zu Fall zu beeinflussen.

Welche Faktoren dabei in Frage kommen könnten, ist bereits in Abschnitt 5.2 angetönt worden; es sei hier nochmals auf einige davon hingewiesen, die die Varietätenwahl besonders auf der Mikrorevierebene steuern:

- geringer Formalitätsgrad
- geringer Oeffentlichkeitsgrad
- kein didaktischer Bezug
- geringe Lautstärke
- initiierende Stellung im Unterrichtsdiskurs
- keine offizielle turn-Uebernahmemeldung
- keine offizielle turn-Uebergabe
- tendenziell lerninhaltabgewandtes Thema
- hoher kognitiver Komplexitätsgrad
- hohe affektive Ladung

Hinsichtlich der kommunikativen Funktionen, die den einzelnen Aeusserungen bzw. Aeusserungsteilen zukommen, unterscheiden sich die Mikroreviere ebenfalls von den Makrorevieren: Weder der Beginn noch das Ende des Revierbereichs müssen signalisiert werden, da sich dieser mit der Aeusserung selbst erschöpft, also keine Aeusserung nach sich zieht, die darauf Bezug nehmen müsste oder könnte[46]. Beim Mikrorevier ist aber auch jener Fall ausgeschlossen, bei dem sich eine Dialektäusserung inmitten anderer solcher Aeusserungen befindet und ihr dadurch ausser einer Revierbestätigungsfunktion kein varietätenspezifischer kommunikativer Sinn

---

46 Es sei hier allerdings darauf hingewiesen, dass es durchaus vorkommen kann, dass Aeusserungen, die ein dialektales Mikrorevier bilden, als Signal aufgefasst werden, um im Dialekt zu bleiben, und dann eine Art 'unechtes' Makrorevier formen.

zukommt, wie dies beim Makrorevier vorkommt.

Der umfangmässige Uebergang vom Mikro- zum Makrorevier ist, streng genommen, ein fliessender, der Umfang als Abgrenzungskriterium damit auch recht unzuverlässig. Da mit dieser Unterscheidung aber auch funktionelle Oppositionen verbunden sind, scheint sie mir dennoch brauchbar und sinnvoll.

Es seien im folgenden einige Beispiele aufgeführt, die von ihrer kommunikativen Bedeutung her jenen Interjektionen sehr ähnlich sind, die als Sonderfall innerhalb der absoluten Reviere behandelt wurden[47]; gemeinsam mit jenen ist ihnen die umfangmässige Kürze des Dialektteils sowie der Umstand, dass ihnen, wenn dialektal realisiert, meist Satzfunktion zukommt: Es handelt sich um einzelne Wörter, die funktional verschieden eingesetzt werden können und je nach Funktion und syntaktischem Verwendungszusammenhang eher standardsprachlich oder dialektal gebraucht werden. In die Nähe der absoluten Reviere gerückt sind sie auch dadurch, dass sie in den betreffenden Bedeutungen nur sehr selten in der Standardsprache anzutreffen sind, und die Annahme liegt nahe, dass sie dann im Bewusstsein der Sprechenden dem Anspruch auf Standardrealisierung auch nicht unterliegen; insofern kommt ihnen auch nur schwache Revierbestätigungsfunktion zu. Allgemein kann gesagt werden, dass sie die Aufgabe haben, den Unterrichtsdiskurs zu gliedern und zu steuern. Eingriffe von Lehrerseite gegen solchen Dialektgebrauch sind unwahrscheinlich, einmal wegen der Kürze der betreffenden Aeusserungen bzw. Aeusserungsteile, dann aber auch deshalb, weil sie bezüglich des Faktors 'Thema' lerninhaltunabhängig sind und darum meist auch nicht als Teil des offiziellen Diskurses betrachtet werden. Ihre varietäre Ausprägung ist in den meisten Fällen leicht erkennbar; wie bei den besprochenen Interjektionen scheint es aufgrund der Regelmässigkeit des Dialektgebrauchs bei Zweifelsfällen berechtigt, eher dialektale als standardsprachliche Realisierung anzunehmen.

A. **Aso**

A.a) Wiederaufnehmend:

1\. L: [20] Resultat? [21] Ja. Das müsst ihr
Sf: Fünf Vierzehntel

L: machen. Müsst bis/ zu Ende kürzen. Es ist nicht [22] falsch

L: so, aber nicht fertig ausgerechnet. Müsst **aifach** den Bruch

L: soweit wie möglich [23] kürzen bis Teiler und **äh** Zähler und

L: Nenner keinen gemeinsamen Teiler mehr haben. [24] Gut, **aso**

L: fünf Vierzehntel das stimmt. (S)

(13.20 ff. (1. Realklasse, Kanton Schaffhausen))

---

[47] Siehe Abschnitt 5.3.2.1.1.

Hier wird **'aso'** mit wiederaufnehmender Bedeutung gebraucht: Der Lehrer greift auf eine Schülerantwort zurück, auf die er eine längere Erklärung hatte folgen lassen. Während er mit dem 'gut' diesen Exkurs abschliesst, stellt das nachfolgende **'aso'** den Bezug zur wieder aufgenommenen Aeusserung wieder her.

A.b) Zusammenfassend: 'das heisst':

2. L: [48] Jawoll, wenn die Quersumme durch drei teilbar ist, ist
   L: auch die Zahl durch drei teilbar. **Aso**, hier kann man kürzen,
   L: Resultat?

   (13.48 (1. Realklasse, Kanton Schaffhausen))

Im Anschluss an die Besprechung eines Rechnungsresultats gehen Schüler und Lehrer kurz auf die Regel ein, die zu diesem Resultat führt. Wie unter a steht das Lehrer-**'aso'** wiederum am Uebergangspunkt zwischen der Regeldiskussion und der wieder aufgenommenen konkreten Rechnung - diese Wiederaufnahme wird sprachlich mit dem 'hier' realisiert -, wobei es nun aber eher konsekutive Bedeutung hat und umschrieben werden könnte mit: 'Das heisst' / 'für unseren Fall bedeutet dies' o.ä.

A.c) Selbstkorrektur bezüglich der sprachlichen Realisation der Aeusserung:

3. L: [68](S) Was gibt zwei Neuntel.geteilt durch sieben?
   L: ((..5 sec..)) Ihr seht. [69] Zähler und die ganze Zahl.**aso**/
   L: die gan/ Zahl ist nicht enthalten im Zähler. (S)

   (13.68 f. (1. Realklasse, Kanton Schaffhausen))

Die Information, die der Lehrer den Schülern zu übermitteln gedenkt, ist mit dem angefangenen Satz nicht übertragbar; eine Umstellung des Satzbauplanes mitten im Sprechen wird notwendig, als der Lehrer sich dessen bewusst wird. Das präzis an dieser Stelle eingeschobene **'aso'**, das den als untauglich erkannten vom Beginn des revidierten Satzes trennt, gibt m.E. diesem Steuerungsprozess sprachlichen Ausdruck: Es kennzeichnet den ersten Satzbeginn als unbrauchbar und enthält implizit die Anweisung an die Adressaten, ihn als ungültig zu betrachten. Dazu kündigt es - nach der Pause, die für die Konzipierung des neuen Satzbauplans notwendig war - den nun gültigen neuen Satz an. Dass dieser **'aso'**-Typ nicht der thematischen Gliederung des Diskurses dient - wie dies in den ersten beiden Beispielen der Fall war -, sondern die Sprachproduktion selbst betrifft, wird auch daran deutlich, dass er mit stark reduzierter Lautstärke realisiert wird: Er gehört aus der Sicht des Sprechenden nicht zum eben behandelten Thema.

A.d) Selbstkorrektur bezüglich des Inhalts der Aeusserung:

4. L: [241] Gut, ja ((..8 sec..)) indem man den ersten [242] Bruch

L: [Lehrer schreibt an die Tafel und diktiert] .Dividend.mit..

L: dem.Kehrbruch...**aso** mit dem Kehrwert ((..8 sec..)) [243]

L: des.zweiten Bruches. (S)

(13.241 ff. (1. Realklasse, Kanton Schaffhausen))

Aehnlich wie bei Beispiel 3 kann auch dieses '**aso**' gedeutet werden als Reaktion auf eine Fehlleistung des Sprechenden, wobei es hier nicht um eine Fehlplanung syntaktischer Art geht, sondern um einen inhaltlichen Irrtum; wieder wird damit den Adressaten der Fehler signalisiert und für ungültig erklärt, der folgende Aeusserungsteil zugleich als korrigierte Information angekündigt.

A.e) Präzisierend:

5. L: [33](S). Gut, jetzt habt ihr eine Idee, warum.es so viele

L: ver- [34] schiedene Katzen gibt? Habt ihr eine Idee?..**Aso**

L: ich mein so viele [35] verschiedene Farben von Katzen.(S)
Ss: **aha**

(3a.33 ff. (3. Primarklasse))

Der Lehrerin wird in der entstehenden Pause, die auf ihre Frage folgt, klar, dass sie sie zu wenig präzis gestellt hat; im anschliessenden Aeusserungsteil wird diese Unklarheit beseitigt, indem sie explizit verdeutlicht, was sie meinte. Das diesen Teil einleitende '**aso**' trägt dabei eine ähnliche Information wie das unmittelbar daran anschliessende 'ich mein': Ebensogut könnte es dieses ersetzen, ohne dass dabei Information verloren ginge ('**aso** so viele verschiedene Farben von Katzen'); es übernimmt hier also die Aufgabe, auf den präzisierenden Charakter des nachfolgenden Aeusserungsteils hinzuweisen.

Bisher sind lediglich Beispiele aufgeführt worden, die den Lehrer als Benützer dieses Kürzels zeigten. Aber auch die Schüler brauchen es relativ oft, wenn auch nicht immer mit den gleichen Bedeutungen: Während die Typen a und b ihrer diskursgliedernden Funktion wegen eher auf die Lehrerrolle hin zugeschnitten sind, sind c bis e rollenunspezifisch.

Doch es gibt auch '**aso**'-Typen, die vorwiegend oder nur von Schülern gebraucht werden:

A.f) Als Aeusserungseinleitung:

6. L: [114] Matti? [115]
Matti: **Aso aso** wenn sie sich noch nicht

Matti: auskennen in dieser Gegend zum Beispiel (S)

(3a.114 f. (3. Primarklasse))

Sehr häufig wird das **'aso'** von Schülern an den Anfang einer Antwort auf eine Lehrerfrage gestellt, wird also gebraucht, wenn die Stellung der Aeusserung im Unterrichtsdiskurs reaktiv ist. Die Bedeutung, die es dort tragen kann, ist unterschiedlich: Teilweise ist es Ausdruck der Unsicherheit, des Zögerns, das wohl daher rührt, dass die Antwort zuerst noch standardsprachlich gefasst werden muss; die Zeit, die dafür aufgewendet werden muss, wird mit dem Gesprächsfüllsel überbrückt, eine mögliche Schweigepause damit vermieden. Je nachdem, wieviel Zeit vor dem themenzentrierten Sprechen benötigt wird, sind dann doch kürzere Pausen bzw. noch zusätzliche gleiche oder andere Füllwörter zu beobachten (siehe Bsp.14). In andern Fällen fallen diese 'künstlichen' Pausen weg, das **'aso'** erfolgt sofort und geht unterbruchslos in den Rest der Aeusserung über. Eine spezifische Bedeutung dieses einleitenden Wortes ist dann nur noch schwer auszumachen; vielmehr scheint es häufig geradezu integraler Bestandteil des beschriebenen Antworttyps zu sein:

7. L: [86] Matti? [87]
Matti: **Aso** ich nehme an, dass wie die.Tiere

Matti: hergekommen sind. (S)
(3a.86 f. (3. Primarklasse))

A.g) Zögern / Suche nach Worten:

8. Marco: [330](S) die [331] kämpfen immer und und manchmal **äh.**

Marco: tun sie auch **äh aso äh** e/ einander so [332] so **aso** wie

Marco: **ähm** s/ so die Katzen und dann (S)
Josef: **ähm** $so so so$
L: ja
(3a.330 ff. (3. Primarklasse))

Wie die vielen **'äh'** sind auch die beiden **'aso'** wohl unbeabsichtigt produzierter Ausdruck des Ringens nach Worten durch diesen Schüler; letztere nehmen m.E. jedoch zusätzlich Bezug auf den ablaufenden Sprachproduktionsprozess und verweisen auf das bereits Gesagte sowie das noch zu Sagende: Explizit könnte sich der Schüler auch ausdrücken mit einem 'das heisst' bzw. 'ich will sagen' o.ä.

Grundsätzlich könnte jeder dieser **'aso'**-Typen durch das entsprechende standardsprachliche 'also' ersetzt werden; ab und zu geschieht dies auch, und man kann wohl tendenziell davon ausgehen, dass dies umso eher der Fall sein wird, je stärker das 'also' funktional in die gesamte Aeusserung integriert ist, je stärker es thematisch damit verbunden ist; im Gegensatz dazu wird der Dialekt eher dann verwendet werden, wenn die Partikel Information über die Aeusserung selbst enthält, wenn sie also Anweisungen enthält, wie das bereits Gesagte bzw. der nachfolgende Aeusserungsteil zu deuten und zu verstehen sei.

Als themenunabhängige Hilfsmittel, welche die Bedeutungserschliessung erleichtern, haben sich in den aufgeführten Beispielen - die nur einen kurzen Einblick geben in die breite Palette möglicher Bedeutungen - besonders die Stellung im Unterrichtsdiskurs, die Lautstärke der jeweiligen Realisierung sowie kürzere oder längere Sprechpausen in der unmittelbaren Umgebung des Wortes erwiesen.

B. **Nai**

B.a) Selbstkorrektur:

Das Wort 'nein' kann verschiedene kommunikative Bedeutungen annehmen, und je nachdem, welche in einem bestimmten Verwendungszusammenhang aktualisiert wird, wird im bivarietären deutschschweizerischen Unterricht die eine oder andere Sprachform vorgezogen. Im Rahmen der Mikrorevierdiskussion soll hier eine Verwendungsart herausgegriffen werden, die bereits bei der Behandlung der Interjektionen kurz angesprochen worden ist (A.b):

9. Sm: [19] Der Vater wird.**nai**.verliert jetzt die Geduld.
(21.19 (4. Primarklasse))

Der Schüler merkt mitten in seiner Antwort, dass er den Satz nicht wie ursprünglich geplant zu Ende führen kann, und hält inne. Das auf die kurze Pause folgende **'nai'** ist sowohl Ausdruck dieses Erkennens als auch der damit verbundenen Verwerfung des ersten Satzbauplans; es ist eine Kurzform für: 'Nein, das stimmt nicht, so, wie ich den Satz begonnen habe, kann ich ihn nicht weiterführen!' Dass es nicht auf die inhaltliche Ebene ausgerichtet ist, sondern auf jene der Sprachproduktion, zeigt sich einmal mehr daran, dass es wesentlich leiser gesprochen wird als der Rest der Aeusserung.

Neben dieser satzplanerischen Selbstkorrektur kann aber auch ein als falsch erkannter Inhalt mit einem solchen **'nai'** korrigiert werden:

10*. L: Und was hast Du als Lösung?
Sm: Er hat dreizehn.**nai**.fünfzehn
Sm: Kilo Kartoffeln transportiert.

Auch hier wird die Verneinung reflexiv gebraucht, richtet sich auf das eigene Sprechen, diesmal aber auf dessen inhaltliche Komponente. Diese Art der 'nein'-Verwendung unterscheidet sich von jener, die adressatenbezogen ist:

B.b) Als Antwort:

Auch das adressatenbezogene **'nai'** wird häufig im Dialekt realisiert, besonders dann, wenn einige zusätzliche Bedingungen erfüllt sind: Als besonders dialektfördernd erweisen sich dabei immer wieder enge Lehrerfragen sowie Fragen, die bezüglich des turn-Wechsels eine Selbstauswahl durch die Schüler zulassen:

11. L: [265] Ist das schlimm, dass er eine Glatze [266] hat?

Ss: **Näi (unv.)**
L: $Sarah$
Sarah: Er ist ja schon ein älterer Herr (S)

(8.265 f. (5. Primarklasse))

Analoges gilt auch für die bejahende Form 'ja' / **'jo'**[48].

C. **Si'i** (turn-Anmeldung)

Dass die schulspezifische turn-Organisation besondere Formen entwickelt hat, ist bereits erwähnt worden. Eine weitere Variante neben dem Handaufheben und der **'M'**-Interjektion[49] ist mit der Anredeform gegeben. Die Schüler setzen dabei entweder den ganzen Namen ein: **'Frau Müller'** / **'Härr Stoll'** - wobei wiederum aufgrund des Fehlens eindeutig standardsprachlich gesprochener Anreden davon ausgegangen werden kann, dass die varietären Zweifelsfälle eher im Dialekt als in der Standardsprache realisiert sind -, oder sie benützen die Kurzform **'Si'i!'** Diese letzte Variante scheint im allgemeinen stärker verbreitet und kommt besonders in unteren Schulklassen sehr häufig vor.

12. L: [171] Ja, eben einfach wenn sie Angst be- [172] kommt

L: und/ um sich. zu wehren.Ja? **Mhm**
Seav: **Si** Und zum Kratzen

(3b.171 f. (3. Primarklasse))

Die **'Si'**-Anrede mit der Bedeutung: 'Geben Sie mir das Wort, ich habe etwas zu sagen', erfüllt hier ihren Zweck: Die Lehrerin übergibt dem Schüler mit dem auffordernden 'ja?' den turn, worauf er zu sprechen beginnt - in der Standardsprache, wie es erwartet wird. Die Gründe dafür, dass die Anrede - und das heisst demnach: die Bitte um turn-Uebergabe - im allgemeinen im Dialekt realisiert wird, sind bereits mehrfach genannt worden: Die Nicht-Zugehörigkeit zum offiziellen Diskurs wegen des Fehlens der thematischen Bindung, die diskurssteuernde Funktion sowie die Kürze der Aeusserung mögen hier als Stichworte genügen.

D. Namenaufruf (turn-Uebergabe)

Wie bei den **'M!'** / **'mm?'**-Interjektionen findet sich auch hier die dialektale Entsprechung zur Anredeform mit turn-Erbitt-Bedeutung:

13. L: [162] Wie kommt es dazu, dass [163] da drin ein

L: kleines/ ein kleines Gebiet (S) [164] dass die.dazu

---

48 Vgl. dazu auch Kropf (1981), S. 77.
49 Siehe Abschnitt 5.3.2.1.1, Punkt C.d.

L: kommen, deutsch zu sprechen. Eine Insel mitten im

L: italienischen Gebiet.. **Chrischtian?**
Christian: Sehr **wahrschi/**

Christian: wahrscheinlich waren (S)

(7.162 ff. (5. Primarklasse))

Mit dieser direkten Anrede wird der turn offiziell übergeben. Im Gegensatz zu den Schülern kann bei den Lehrern jedoch nicht davon gesprochen werden, dass sie bei Anredeformen, die der turn-Organisation dienen, regelmässig den Dialekt benutzen; wohl ist aber ein erhöhter Gebrauch dieser Sprachform für diesen Zweck auch bei ihnen festzustellen. Gleiches gilt auch für einen andern Typus der turn-Uebergabe, für den bereits ein Beispiel gegeben wurde (Bsp. 12): Das dort standardsprachlich realisierte 'ja', das den Schüler zu sprechen auffordert, wird oft - in genau gleicher Position, meist nach einem standardsprachlichen Aeusserungsteil - im Dialekt gehalten, und zwar aus den nun hinlänglich bekannten Gründen.

E. 'Signalwörter'

Im Zusammenhang mit der Grenzbestimmung von Dialekt-Makrorevieren ist bereits kurz von 'Signalwörtern' die Rede gewesen; es soll im folgenden darum gehen, anhand einiger Beispiele ihre Funktion genauer zu fassen und ihren Einsatzbereich näher zu bestimmen, denn sie sind nicht nur zu Beginn von Makrorevieren anzutreffen.

14. L: [282](S) mit was kann man vierundzwanzig und sechsund-

L: fünfzig [283] kürzen? ((..6 sec..)) Jawoll
Heidi: mit acht
Sm: acht

L: Resultat?. [284] gibt
Heidi: gibt drei sieben sechs,**nei**
Sm: neun Siebtel

L: drei plus dr/ drei mal drei neun.Siebtel gleich ein

L: zwei Siebtel. **Guet** [285] **wänn är daa hönd chönd er.**

L: **zämäpacke, id Pause gaa. Huusufgabe (D)**
Ss: **(Gemurmel)**

(13.282 ff. (1. Realklasse, Kanton Schaffhausen))

15. Klasse: [1][Gesang mit Gitarrenbegleitung; Liedtext: Standard]

L: [2] Gut. Seav!
Seav: **Ich bin immer driigfalle.**

(3b.1 f. (3. Primarklasse))

Sowohl in Beispiel 14 als auch 15 stehen **'guet'** bzw. 'gut' an der Grenze zwischen zwei Unterrichtssequenzen, in denen verschiedene Varietäten als offizielle Sprachformen gelten. Im ersten Fall schliesst **'guet'** eine lerninhaltzentrierte Phase ab und leitet über zu einer anderen, die unterrichtsorganisatorische Belange zum Thema hat. Beispiel 15 ist die Entsprechung dazu zu Beginn der Lektion: Wenn auch der Text des Liedes standardsprachlich ist, so werden doch alle sprachlichen Interaktionen zwischen Lehrer und Schülern bis zu jenem 'gut' im Dialekt gehalten; danach wird generell Standard gesprochen.

In beiden Fällen ist der Ausdruck 'gut' / **'guet'** nicht als Bewertung der vorangegangenen (sprachlichen) Aktivität der Schüler intendiert, was sich hier aus der Intonation erschliessen lässt; er nimmt also nicht Bezug auf inhaltliche Leistungen, wie es - auch in den ausgewählten Beispielen - durchaus möglich wäre. Vielmehr betrifft er den Ablauf der Lektion selbst: Es wird dadurch der Uebergang zwischen zwei von den Klassenmitgliedern und insbesondere vom Lehrer als unterschiedlich eingeschätzten Unterrichtsphasen signalisiert: In Beispiel 15 handelt es sich dabei um den Uebergang zwischen einem - thematisch gebundenen - Makrorevier einerseits, in dem der Dialekt allen Mitgliedern gestattet ist, weil das Singen des Liedes und die darum herum sich entwickelnden Gespräche nicht zum darauf folgenden 'eigentlichen' Unterricht gezählt werden, und diesem Unterrichtsteil andererseits, in dem die Standardsprache als Domänensprache gefordert ist; in Beispiel 14 ist es der umgekehrte Vorgang: Von einem domänentypischen Unterrichtsteil wird zu einem Dialekt-Makrorevier übergeleitet, das wiederum thematisch konstituiert wird: Unterrichtsorganisatorische Angelegenheiten gelten hier nicht als Unterricht.

Diesen beiden unterschiedlichen Situationen entsprechend ist auch die Varietät der Signalwörter gewählt: Sie sind jeweils in der Sprachform der nachfolgenden Sequenz gehalten. Das heisst aber nichts anderes, als dass ihre Signalfunktion eine doppelte ist: Als thematisch ungebundenes Einzelwort markieren sie einmal - und zwar unabhängig von ihrer varietären Realisierung - den eigentlichen Phasenübergang. Zweitens signalisieren sie aber zugleich auch noch die <u>Qualität</u> der nachfolgenden Sequenz, ihren Stellenwert innerhalb des Phasengefüges der jeweiligen Lektion: Dies wird angezeigt durch die Wahl der Varietät, die den Adressaten mitteilt, ob es von nun an 'ernst gilt' (Bsp. 15) oder ob der Unterricht jetzt in eine 'lockerere' Phase eintritt (Bsp. 14).

In den Signalwörtern selbst wie auch in der Möglichkeit, sie in ihrer Sprachform zu variieren, besitzt der Lehrer damit ein meist sehr wirksames Mittel, den Unterricht zu gliedern und seine einzelnen Sequenzen zu gewichten - 'meist' deshalb, weil gerade Beispiel 15 einen Fall zeigt, bei dem der beabsichtigte Uebergang vom Dialekt zur Standardsprache vom Schüler nicht vollzogen wurde.

Nun ist es nicht so, dass solche Signalwörter nur den Uebergang von der Domäne zu einem Makrorevier respektive umgekehrt markieren; als unterrichts<u>gliedernde</u> Elemente können sie auch innerhalb der Domäne, also in reinem Standardkontext, verschiedene Unterrichtsabschnitte trennen, den Abschluss eines solchen bzw. den Beginn eines neuen anzeigen. Dadurch, dass sie in dieser Funktion thematisch von den unterrichtsspezifischen Inhalten des unmittelbaren sprachlichen Kontextes abgehoben sind, kommt es häufig auch dann zu einem Wechsel zum Dialekt, und je nach Gewohnheit des Lehrers ist es durchaus möglich, dass solche Signalwörter sich als Mikroreviere etablieren.

Bei allen bisher besprochenen Reviertypen handelt es sich um Kleinst-Reviere, die aus den nun schon mehrmals erwähnten Gründen praktisch überall im Standardunterricht anzutreffen sind und gerade wegen ihrer umfangmässigen Kürze von den Unterrichtsteilnehmern kaum zur Kenntnis genommen werden; auch ihre dialektale Ausprägung wird dadurch kaum wahrgenommen. Dem entgegen steht - sowohl quantitativ als auch qualitativ - ihre relativ hohe Bedeutung in interaktioneller und sprachproduktiver Hinsicht: Einerseits gliedern und steuern sie den Unterrichtsdiskurs und leiten auf einer metakommunikativen Ebene das Verstehen der Gesprächspartner, indem sie Interpretationsrichtungen angeben, den kommunikativen Stellenwert einer Aeusserung oder ganzer Aeusserungssequenzen gewichten usw.; andererseits sind sie versprachlichter Ausdruck von Steuerungselementen des intern ablaufenden Prozesses der Umsetzung von Gedachtem in Sprache.

Für andere Reviere - die häufig die grosse Mehrheit im Revierrepertoire einer Klasse ausmachen - sind bisher weder Beispiele gegeben noch Typologisierungen versucht worden; dies soll auch jetzt unterbleiben: Revierbildung ist, abgesehen von einigen besonderen Fällen, die in den bisherigen Ausführungen wohl zu einem guten Teil abgedeckt sind, ein klassenspezifischer Prozess, der jeweils eine grosse Vielfalt unterschiedlich stark ausgeprägter Reviere unterschiedlicher Qualität hervorbringt. Sinnvoll scheint ein Revierinventar deshalb nur für den konkreten Fall, das heisst für eine einzelne Klasse. Es ist ja auch schon bemerkt worden, dass jeglicher Dialektgebrauch im Unterricht in seiner spezifischen Konstellation kommunikativ relevanter Faktoren zur Revierbildung führen kann: dann nämlich, wenn faktorenmässig ähnlich konstituierte Situationen regelmässig zum Gebrauch des Dialekts führen.

Ob die Beispiele, die bei der Besprechung der einzelnen kommunikativen Funktionen erläutert werden, einem Revier angehören oder nicht, ist demnach dann noch offen; die Möglichkeit jedenfalls besteht. Eine allgemeine Aussage lässt sich jedoch diesbezüglich machen: Je stärker eine Dialektäusserung bzw. ein Teil davon in einem entsprechenden Revier verankert ist, desto eher wird ihr Revierbestätigungsfunktion zukommen, und desto schwächer werden sich allfällige weitere kommunikative Funktionen auf die Unterrichtsteilnehmer auswirken - und umgekehrt.

6. KOMMUNIKATIVE FUNKTIONEN DIALEKTALEN SPRECHENS BEIM LEHRER

Ausgehend von den Ueberlegungen bei Ramge (1978) und in Anlehnung an seine eigene Definition ist in Kapitel 4 der Begriff der kommunikativen Funktion genauer gefasst worden, ebenso die Faktoren, die zur Konstituierung solcher Funktionen massgebend sind.

In der erwähnten Arbeit von 1978 präsentiert Ramge auch eine Zusammenstellung von 7 kommunikativen Funktionen dialektgerichteten Sprechens, die sich heuristisch aus der Analyse von 20 Unterrichtsstunden, die 20 Lehrer im Saarland jeweils in einer 5. Hauptschulklasse und zum gleichen Thema hielten[50], ergeben haben. Ramge hält es denn auch für "möglich, wenn m.E. auch wenig wahrscheinlich, dass es weitere kommunikative Funktionen gibt."[51] Seiner eigenen Beurteilung nach wird die nachfolgend aufgeführte Hypothese zwar nicht im strengen Sinn verifiziert, erscheint aber als "evident richtig"[52]:

> "Jeder dialektgerichteten Aeusserung lässt sich eine bestimmbare kommunikative Funktion zuordnen, die aus den Grundfunktionen des Sozialsymbols Dialekt einerseits und den spezifischen Bedingungen der sprachlichen Handlung andererseits abzuleiten ist."[53]

Es ist in Kapitel 4 bereits ausführlich auf Ramges Begriffsdefinitionen der 'Grundfunktionen des Sozialsymbols Dialekt' und der 'kommunikativen Funktion dialektgerichteten Sprechens' eingegangen worden; ebenso wurden diesbezügliche Modifikationen diskutiert, die aufgrund der theoretischen Ausführungen sowie der Ausrichtung der Arbeit auf schweizerische Verhältnisse als notwendig erschienen. Grundsätzliche Eingriffe in Ramges Konzept wurden jedoch nicht vorgenommen: Erweitert und in leicht veränderter Form schien es - zumindest theoretisch - durchaus tauglich, auch für eine Interaktionsanalyse im bivarietären deutschschweizerischen Schulunterricht eingesetzt zu werden.

Wie es mit der praktischen Tauglichkeit dieses modifizierten Konzepts steht, soll in diesem und dem nächsten Kapitel überprüft werden.

Die Hypothese von Ramge wird, als Resultat der bisherigen Ausführungen, wie folgt adaptiert:

> Jeder dialektalen / dialektgerichteten Aeusserung bzw. jedem dialektalen / dialektgerichteten Aeusserungsteil

---

50 Für genauere Angaben s. Ramge (1978), S. 205 f.

51 Ebd., S. 212.

52 Ebd., S. 219.

53 Ebd., S. 205.

> einer Lehrperson lässt sich eine bestimmbare kommunikative Funktion zuordnen, die abzuleiten ist aus der gewichteten Summe der kommunikativ relevanten Faktoren der Kommunikationssituation, in der die betreffende Aeusserung steht.

Diese Hypothese bildet den Ausgangspunkt dieses Kapitels.

Bei den folgenden Ausführungen, in denen es um die kommunikativen Funktionen des Dialekts beim Lehrer geht, soll, quasi als Schablone, als Vorlage, die es zu prüfen gilt, die Siebner-Einteilung übernommen werden, die sich aus Ramges Arbeit ergeben hat. Dies bedarf sicher einiger Bemerkungen angesichts der Besonderheiten und Unterschiede der beiden Erhebungsgebiete. Zu einer solchen Uebernahme bewegen mich insbesondere folgende Ueberlegungen:

- Die varietätenspezifischen Unterschiede zwischen den beiden Regionen sind zwar durchaus vorhanden; nach den Ausführungen zu den Grundfunktionen, die dialektalem Sprechen zukommen können und die beiderorts ähnliche Ausprägungen finden, der Feststellung also, dass dem Dialekt in diesen Gebieten ein ähnliches Potential sozial-situativer Information innewohnt, das in standardsprachlichem Kontext von den Kommunizierenden aktualisiert werden kann, scheint es mir durchaus angebracht, auch die Analyse kommunikativer Funktionen des Dialekts, die ja zu einem guten Teil auch auf die Aktualisierung dieser Grundfunktionen zurückgeführt werden, auf eine gemeinsame Grundlage zu stellen. Dies umso mehr, als
- die Merkmale der gesellschaftlichen Institution, innerhalb welcher diese Analysen situiert sind - der schulische Unterricht -, im Saarland und in der deutschen Schweiz weitgehend übereinstimmen, die Handlungsmuster - auch die sprachlichen - hier und dort also sehr ähnlich sind;
- Ramge hat den Status seiner Kategorien als 'heuristischen' bezeichnet[54]; etwas anderes als eine solche heuristische Beschreibung ist aber auch für die deutschschweizerischen Verhältnisse nicht möglich - zumindest nicht zum jetzigen Zeitpunkt. Eine neue Einteilung mit neuen Kategorien und neuen Einteilungskriterien zu treffen dürfte in dieser Situation - so lange es sich von der Sache her nicht aufdrängt - nicht im Interesse einer Auseinandersetzung mit dem Thema liegen[55].

Ramge hat in seinem Aufsatz seine kommunikativen Funktionen lediglich grob umrissen; interne Differenzierungen wurden nicht vorgenommen. Gerade dies dürfte aber in einer weiter ausholenden Arbeit wie dieser möglich sein. Indem die Einteilung Ramges als

---

54 Ramge (1978), S. 212.

55 Neue Kategorisierungen von kommunikativen Funktionen wären unter verschiedensten Blickwinkeln zweifellos möglich; ob daraus aber auch ein Erkenntnisgewinn resultieren würde und nicht bloss eine weitere Anheizung der Inflation linguistischer Begriffe, ist eine andere Frage.

'Raster' übernommen wird, soll geprüft werden, ob

- sich aufgrund der Ausführungen im theoretischen Teil Aenderungen an den einzelnen Funktionsdefinitionen von Ramge aufdrängen, und, wenn ja, welche; zusätzlich soll anhand der dort gegenüber Ramge modifizierten Zusammmenstellung der funktionskonstituierenden Faktoren einerseits und der konkreten Aeusserungen im Unterricht andererseits versucht werden, die einzelnen Funktionen präziser zu fassen;
- die einzelnen Kategorien auch in der deutschschweizerischen Unterrichtspraxis anzutreffen sind; ob eventuell einige davon wegfallen oder aber Dialektäusserungen vorkommen, die von ihnen nicht erfasst werden können, was zur Neubildung einzelner Kategorien führen würde;
- innerhalb der derart überprüften Kategorien zusätzliche Unterscheidungen möglich und sinnvoll sind.

Die Beispiele, die als Belegstellen für die einzelnen Funktionen herangezogen werden, sind, wenn immer möglich, aus Unterrichtsphasen entnommen, die einerseits den Standard als Unterrichtssprache vorschreiben, in denen die dialektale Realisierung andererseits auch nicht aufgrund des Wirkens interaktioneller Normen auf ein entsprechendes Dialekt-Revier zurückgeführt werden kann; es handelt sich dabei also um Verstösse sowohl gegen die offizielle, institutionell verankerte als auch - soweit dies feststellbar und genau abgrenzbar ist - gegen interaktionelle varietätenspezifische Normen. Diese Abgrenzung gegenüber Dialekt-Revieren muss sich aus der Konstellation kommunikativ relevanter Faktoren ergeben, die in ihrer Gesamtheit den Dialekt nicht regelmässig nahelegen dürfen, wie wir dies im letzten Kapitel gesehen haben.

Auf die Erfassung von Kriterien, die Rückschlüsse zuliessen auf das Variationsverhalten einzelner Lehrer in Abhängigkeit von Persönlichkeitsmerkmalen wie Alter, Einstellungen zu Standard und Dialekt etc., wurde wegen der diesbezüglich unsystematisch erhobenen Datenbasis verzichtet; statistische Auswertungen, wie sie Ramge vorgenommen hat, entfallen damit ebenfalls.

6.1 Veranschaulichungsfunktion

Die Wirkung der varietären Komponente setzt bei den Aeusserungen bzw. Aeusserungsteilen, denen hier Veranschaulichungsfunktion zugeschrieben wird, auf verschiedenen Ebenen ein:

a) Direkte Rede:

1.	L:	[64](S) Was macht dann das Männchen, wenn zum Bei-
	L:	spiel ein anderes Buch- [65] finkenmännchen.in das
	L:	Revier eindringen will/ wer weiss das?...Isabelle
	L:	[66] [laut:] Jawohl.es jagt es fort.wie
	Isabelle:	**fortjage**

L: denn?..sagt es? [laut, wütend:] **So.fahr ab!!**
Ss: ((lachen))

(26.64 ff. (3. Primarklasse))

Der Anschein der Echtheit, der dadurch geweckt wird, dass die Lehrerin direkte Rede zitiert, wird durch die dialektale Realisierung dieses Zitats verstärkt: Es handelt sich dabei um die Sprachform, die das Vogelmännchen in einer 'echten' Situation gebrauchen würde - wie auch die Lehrerin und die Schüler Dialekt reden, wenn sie 'echt' - und das heisst hier: nichtschulisch - miteinander verkehren. Solch 'wirkliches' Sprechen erlaubt denn auch den Einsatz entsprechender vokal-nonverbaler Mittel (Lautstärke, wütende Rede), die wegen ihrer stärker emotionalen Verankerung von Deutschschweizern in der Regel allein in Verbindung mit dem Dialekt eingesetzt werden. Sowohl der solidarisierende Effekt, der durch den Rekurs auf die gemeinsame 'echte' Sprachform erzielt wird, als auch die dadurch ermöglichte Intensivierung des emotionalen Engagements zielen darauf ab, den Schülern einen bestimmten Sachverhalt durch Veranschaulichung eindringlich erfahrbar zu machen. Aehnlich ist auch folgender Ausschnitt zu interpretieren:

2. Sch: [194][gedehnt:] Die Grosseltern schauen Fritzchen komisch

Sch: an.
L: Ja, das [195] stimmt, ganz verwundert, **hä**? Sie.fragen

L: **was isch da los,** der kommt [196] <u>trääänen</u>überströmt.rennt

L: er (unv.) reisst er die Tür auf (S)

(21.194 ff. (4. Primarklasse))

Der Schüler fasst den Inhalt eines Bildchens aus einer längeren Bildgeschichte in Worte. Genau das Gleiche unternimmt im Anschluss daran auch der Lehrer: Durch den Einsatz der im Dialekt gehaltenen direkten Rede und entsprechend ausgeprägte Intonation können wiederum die dialektalen Grundfunktionen der Emotionalisierung und Solidarisierung aktiviert werden, die Aeusserung wirkt - im Gegensatz zu jener des Schülers - belebt und realitätsnah.

b) Bezugnahme auf den persönlichen Erfahrungsbereich:

3. L: [67] Warum spr/ hört man so [68] viel.vom.<u>Rätoromani-</u>

L: <u>schen</u> im Bündnerland? Tobias!
Tobias: Weil die S(pr)ache [69]

Tobias: fast am Aussterben ist.
L: Warum? Warum ist die am Aus<u>ster-</u>

L: ben? ((..12 sec..)) [70] **jä, mer gaat nu go schii-**
Ss: (Gemurmel)

L: **faare is Bündnerland, dä Rescht isch egaal, hä?**

L: [71] $Stefan!$
Ss: (Verneinung)
Stefan: **Aehm**..Die Jungen v/von den

Stefan: Alten, die noch rätoromanisch brauchen (S)

(7.67 ff. (5. Primarklasse))

Die eine differenzierte Antwort verlangende Frage der Lehrerin stösst bei den Schülern auf Zurückhaltung (Pause); der dialektale Teil der Aeusserung dient zwar der Evozierung einer Antwort auf genau die gleiche Frage, er wird jedoch anders aufgebaut als der entsprechende Standardteil: Die eigentlich notwendige Komplexität möglicher Reaktionen wird reduziert durch die rhetorische Komponente des Dialektteils: Er greift einen einzelnen Aspekt des Themas heraus, indem auf einen allen Unterrichtsteilnehmern gemeinsamen Erfahrungshorizont angespielt wird. Diese Bezugnahme auf den ausserschulischen, meist mit 'Vergnügen' assoziierten gemeinsamen Tätigkeitsbereich wirkt sich solidarisierend auf die Schüler - Lehrer - Beziehung aus und veranschaulicht die ursprünglich recht abstrakte Frage. Da durch das Zusammenwirken all dieser Faktoren die Schüler zu einer Reaktion geradezu herausgefordert werden, hat die Aeusserung zusätzlich aktivierende Funktion (s.u.)

4. L: [83][Während eines Gesprächs über Dialekte und Dialekt-

---

L: mischung] Das ist vor [84] allem bei Leuten so, wie dei/

L: **diis Mami, wo nöd Zürcheri isch und nachher im** [85] **Kanton**

L: **Züri läbt.** Aber die Berner, die da aufgewachsen sind und da

---

L: leben, die [86] bernern schon..**Mollmoll/momoll..**
Ss: (Murmeln,

L: Wir zürchern auch!
Ss: Schmunzeln)

(7.83 ff. (5. Primarklasse))

Auch in diesem Ausschnitt ist der Uebergang von der Standardsprache zum Dialekt gekoppelt mit dem Wechsel vom auf abstrakter Ebene behandelten Unterrichtsthema zu einem konkreten Erfahrungsbereich des Schülers, zur Familie nämlich. Durch den Gebrauch des Dialekts - als Sprachform des alltäglichen, des familiären Umgangs - in dieser Situation deutet die Lehrerin an, dass sie diesen Privatbereich als solchen kennt und respektiert, und bringt sich damit in die Stellung einer Bezugsperson, mit der eine Identifikation ausserhalb der Schule möglich ist. Der Lebensbereich, der als Beispiel herangezogen wird, und die Varietät, die dafür verwendet wird, stimmen hier überein; der gleiche Aeusserungsteil, in der Standardsprache realisiert - wie dies die Lehrerin ursprünglich offensichtlich vorhatte! -, hätte demgegenüber einen Widerspruch zwischen diesen beiden Faktoren bedeutet, hätte wohl unpersönlicher gewirkt und die veranschaulichende Wirkung des konkreten Beispiels beeinträchtigt. Das **'Mollmoll/momoll'** muss von seiner varietären Komponente her vermutlich so interpretiert werden: 'Glaubt mir doch, ich meine es ehrlich (um das zu beweisen, spreche ich mit euch so, wie ich es ausserhalb der Schule, als Mensch und nicht als Lehrerin, tun würde)'.

c) Familiäre Umgangssprache:

5. L: [108] Ueberall [im Tessin][109] kommst du durch mit
L: Deutsch. Ueberall. Die sind sich so daran gewöhnt an ihre
L: [110] deutschen Touristen, an die schweizerdeutschen
L: Touristen. Die können alle [111] deutsch. **(Z)Lugano**
L: **muesch fäng nüme Italienisch bschtelle, die wüssed/ die/**
L: **di** [112] **verstönd bald nüme s Italienisch..Böös gseit!**
L: Das ist nicht der Grund,. [113] **ganz än andere. Heei!**
L: **Tina!**
Tina: Weil man in Italien auch Italienisch spricht.

(7.108 ff. (5. Primarklasse))

Neben der Konkretisierung auf inhaltlicher Ebene, die mit dem Wechsel der Varietät verbunden ist, tritt hier ein neues Element hinzu, für dessen Auftreten der Dialektgebrauch wohl eine Voraussetzung bildet: Er erlaubt der Lehrerin das Anschlagen einer familiären Umgangssprache, die sich in diesem Ausschnitt besonders in der Anredeform **'muesch'** sowie in der krassen Uebertreibung und ihrer Kennzeichnung als solche (**'böös gseit'**) zeigt. Die Aussage wird durch die dialektale Realisierung in ihrer Eindringlichkeit verstärkt; die varietäre Komponente unterstreicht ferner auch den Aspekt der persönlichen Erfahrung, die hier vermittelt wird. Diese Erfahrung in der Sprachform wiederzugeben, die für den Deutschschweizer allgemein als Sprachform der Erfahrung gilt, heisst auch, sich der Lehrerrolle zu entledigen, die eigentlich die standardsprachliche 'Filterung' dieser Erfahrung vorgeschrieben hätte.

d) Inhaltliche Erläuterung:

6. L: [240][Will zweisprachige Ortsnamen] [241] **Hä?!**
Sf: Vaud.Waadt
L: Woo! [= französisch Vaud] Das ist der Kanton,
Sf: Vaud.Waadt
L: **hä?** ( ) auf französisch Woo heisst und auf [242] deutsch
Sm: Woo?
L: Waadt. **Jaa, s D seit mer ni(t)!..Mer schriibt s nur...Woo**
L: [243] **Waud. Vaud schriibt mer.**

(7.240 ff. (5. Primarklasse))

Im Gegensatz zu den bisherigen Beispielen geht es hier nicht darum, einen von den Schülern erfassten Sachverhalt durch Konkretisierung, lebendige und realitätsnahe Schilderung besonders eindringlich zu gestalten, sondern einen noch nicht begriffenen thematischen Aspekt verständlich zu machen; die veranschaulichende Wirkung des Dialektteils wird nicht unter Rückgriff auf gemeinsame Erfahrungsbereiche oder auf rhetorische Mittel verstärkt, sondern erfolgt allein durch die Aktivierung der varietätenspezifischen Informationen, die hier etwa zu verstehen wären als: 'Ihr könnt das schon, das ist alles gar nicht so schwierig!'

e) Gebrauch typischer Dialektausdrücke:

Das unter d aufgeführte Beispiel ganz im Standard zu realisieren wäre, was die lexikalische Ebene anbelangt, für die Lehrerin problemlos möglich gewesen: Es sind keine Ausdrücke darin zu finden, für die eine Uebersetzung schwierig gewesen wäre. Anders verhält es sich in den folgenden Ausschnitten:

7. L: [200](S). Das ist eine soo **munzige+** [201] Ausnahme, (S)
(7.200 f. (5. Primarklasse))

8. L: [zur Klasse](S) einen Schubkarren - eine **Garette+**, (S)
(Kropf (1981), PNr. 20.105 (1. Realklasse, Kanton Zürich))

9. L: [zur Klasse] Zum Beispiel das **Lädeli** an der (unv.)-strasse.
(Kropf (1981), PNr. 2.38 (1. Realklasse, Kanton Zürich))

Insbesondere auf tieferen Schulstufen kommt es recht oft vor, dass ein Lehrer einzelne Dialektausdrücke in seine Aeusserungen aufnimmt, die nicht exakt in die Standardsprache übersetzbar sind, jedoch für den auszudrückenden Inhalt besonders zutreffend scheinen, sei es nun wegen ihrer (vermeintlich) besonders starken Adäquatheit (Bsp.7), sei es, um einen den Schülern nicht vertrauten Begriff zu umgehen oder zu umschreiben (Bsp.8), oder schliesslich, um einen Sachverhalt aus ihrer realen ausserschulischen Erfahrungswelt mit dem Namen zu benennen, unter dem er ihnen ausserschulisch bekannt ist (Bsp.9). Die 'Solidarisierung im sprachlichen Symbol' (Ramge), die durch den Dialektgebrauch erreicht wird, greift natürlich gerade in solchen Fällen jene recht stereotypen Einstellungen besonders offensichtlich auf, die den Dialekt gegenüber der Standardsprache als besonders lebendig, ausdrucksstark, warm, konkret etc. ausweisen.

f) Korrektur des eigenen Dialektteils / 'Versprecher':

In allen bisher aufgezeigten Beispielen wurde die Tendenz deutlich, den Dialekt mit veranschaulichender Funktion einzusetzen, entweder mit oder ohne Bindung an eine thematische Veranschaulichung. Dass diese Tendenz in Konflikt stehen kann mit sprachspezifischen Kontrollmechanismen, die die Verwendung der beiden Varietäten steuern und die Einhaltung offizieller Normen überwachen, soll anhand einiger weiterer Unterrichtsausschnitte verdeutlicht werden:

10. L: [411] Dann, **äh.**das böse **Männdle/ äh/** das.kleine Männlein
L: hat gesagt (S) (12.411 (2. - 8. Primarklasse))

11. L: [68](S) die Farbe des Sandes ist **würklich/** wirklich sehr
L: ähnlich wie die Farbe von diesen rötlichen Katzen. (S)
(3a.68 (3. Primarklasse))

12. L: [21](S). Es ist nicht [22] falsch so, aber nicht fertig
L: ausgerechnet. Müsst **aifach** den Bruch so weit wie möglich
L: kürzen. (13.21 f. (1. Realklasse, Kanton Schaffhausen))

13. L: [255](S) und zum Beispiel kann ich nicht schreiben [256]
L: dreihundertdreiunddreissig, **will** dann **sind s** nicht ver-
L: schiedenziffrig, dann kommt [257] nämlich immer die drei
L: vor.. (11.255 ff. (6. Primarklasse))

14. L: [58](S) nicht fertig Gekürztes ist im [59] Prinzip.falsch..
L: Das ist **we/** wie wenn du schreibst zwei plus drei gleich
L: zwei [60] plus drei.
(13.58 ff. (1. Realklasse, Kanton Schaffhausen))

In den beiden ersten sowie in der letzten Aeusserung wird der Uebergang von der Standardsprache zum Dialekt erkannt und korrigiert; in der dritten und vierten ist dies nicht der Fall, und es ist fraglich, ob der Wechsel von den Unterrichtsteilnehmern überhaupt bewusst wahrgenommen worden ist. Die mögliche Wirkung ist in all diesen Fällen jedoch eine ähnliche wie in den vorher besprochenen Ausschnitten: Durch den Sprachformwechsel erfolgt in einer Situation, die vom Unterrichtsthema her ein erklärendes, verdeutlichendes, hervorhebendes oder, wie wir es zusammenfassend genannt haben: veranschaulichendes Eingreifen des Lehrers erfordert, eine Annäherung des Lehrers an die Schüler auf varietärer Ebene, wobei die dialektalen Einschübe die veranschaulichende Funktion des Aeusserungsteils entweder ganz übernehmen oder dort unterstützend wirken, wo auch die in bestimmten Sprechakttypen sich niederschlagende thematische Komponente darauf hin ausgerichtet ist. Daran ändert wohl auch nichts, dass die fraglichen Stellen von den Klassenmitgliedern auf den ersten Blick auch schlicht als 'Versprecher' diagnostiziert werden können - was sie vom Umfang, der Stellung und z.T. auch der Sprecher-Reaktion her natürlich auch sind; nur darf dabei nicht übersehen werden, dass es sich um 'Versprecher' mit besonderer varietätenspezifischer Funktion handelt.

Es ist eher wahrscheinlich denn nur möglich, dass sich in einem erweiterten Korpus dialektale Aeusserungen oder Aeusserungsteile finden, die zu weiteren Untergliederungen dieser Kategorie von dialektaler Rede führen, in der die veranschaulichende Funktion der varietären Komponente im Vordergrund steht. Wesentliche neue Aspekte dürften jedoch nicht mehr hinzukommen.

Zusammenfassend kann also gesagt werden: Jene kommunikative Funktion dialektalen Sprechens, die Ramge 'Veranschaulichungsfunktion' genannt hat, kann - wie vermutet werden konnte - auch in der deutschen Schweiz beobachtet werden. Aeusserungen bzw. Aeusserungsteile, die diese Funktion erfüllen, unterscheiden sich stark in Bezug auf verschiedene kommunikativ relevante Faktoren: Der Umfang reicht vom Wortfragment (z.B. Bsp. 14) über einzelne Wörter (d, z.T. e) zu längeren Ausführungen (z.B. c); die Einstellung des Sprechenden zum Varietätenwechsel ist unterschiedlich und kann sich manifestieren im scheinbar selbstverständlichen, ja als notwendig erachteten Gebrauch des Dialekts oder - auf der andern Seite des Spektrums - im korrigierenden Zurücknehmen des als Verstoss gegen die Standardnorm erkannten Dialektteils (z.T. f); thematisch können die dialektalen Stellen streng lerninhaltzentriert sein, sie können aber auch assoziativ mit Erfahrungsbereichen verbunden sein, die von demjenigen der Schule völlig losgelöst sind (z.B. b). Auch die aeusserungsspezifischen Ziele, die mit dem Wechsel der Sprachform anvisiert werden, sind unterschiedlich: Geht es einmal darum, die Echtheit des Gesagten herauszustreichen (z.B. a mit der zitierten direkten Rede), steht ein andermal die Annnäherung an den Schüler auf thematischer Ebene im Vordergrund (b) oder der Wunsch, einen Sachverhalt durch dessen eindrückliche Schilderung möglichst glaubhaft darzustellen (c) etc.

Allen dialektalen Redeteilen gemeinsam ist jedoch das übergeordnete Ziel, das mit dem Wechsel der Varietät angestrebt wird und das hier in Uebereinstimmung mit Ramges Terminologie 'Veranschaulichung' genannt wird: Durch den Uebergang von der normativ vorgeschriebenen zur im Unterricht unüblichen Sprachform können die Grundfunktionen dialektalen Sprechens aktiviert und einem didaktischen Anliegen nutzbar gemacht werden: Indem der Lehrer mit dem Gebrauch des Dialekts signalisiert, dass er 'natürlich' redet, so, wie er es im Alltag auch tut, erhalten auch die Sachverhalte, die von diesem Gebrauch betroffen sind, den Anschein, 'wirklicher', 'realitätsnaher', 'vertrauter' zu sein. Diese Erleichterung des Zugangs der Schüler zu einem bestimmten unterrichtlichen Inhalt kann dabei durch die varietätenspezifische Wirkung allein bewerkstelligt werden, oder sie wird erzielt durch eine Verbindung von Sprachformwechsel und Veranschaulichung auf thematischer Ebene.

Einen Sachverhalt wirkungsvoll zu veranschaulichen bedeutet innerhalb des unterrichtlichen Rahmens häufig zugleich auch, bei den Schülern dafür grösseres Interesse und gesteigerte Aktivität zu finden (z.B. Bsp. 3). Die Veranschaulichungsfunktion dialektalen Sprechens ist in solchen Fällen denn auch kaum mehr streng zu trennen von einer andern Funktion, von der im nächsten Abschnitt die Rede sein soll.

6.2 Aktivierungsfunktion

Ramge umschreibt die Aktivierungsfunktion dialektalen Sprechens allgemein wie folgt:

> Die aktivierenden Sprechhandlungen des Lehrers erhalten durch die dialektalen Sprachformen eine zusätzliche Qualität, etwa zu paraphrasieren als: 'Wir sitzen alle in einem Boot. Jetzt macht mal voran, damit wir weiterkommen!' Das heisst: An die solidarisierende Funktion des Dialektgebrauchs ist der Appell zu gemeinschaftlich-partnerschaftlichem Handeln gebunden. Die Aktivierung wird (scheinbar) nicht aus dem Ueberlegenheitsanspruch des Lehrers abgeleitet, sondern aus dem als gemeinsam unterstellten Alltagswissen, notwendige Tätigkeiten gemeinsam anpacken zu müssen[56].

Wie bei der Veranschaulichungsfunktion ist auch hier das Feld möglicher Realisierungsformen sehr weit.

a) Explizite Aufforderung:

1.	L:	[77] Und trotzdem diese Er- [78] scheinung.warum?..
	L:	Stefan ((Schmunzeln)) vielleicht
	Stefan:	Wegen den Feriengästen
	L:	auch,. [79] aber vor allem.weshalb? ((..10 sec..))
	L:	**Ueberleged eu emaal.hä? So vili Lüüt [80] redet**
	L:	**romanisch...** $Schiggi!$
	Ss:	((Gemurmel))
	Kyung-S.:	Das ist genau
	Kyung-S.:	gleich wie (S)

(7.77 ff. (5. Primarklasse))

Aehnlich wie bei jenem Typus mit Veranschaulichungsfunktion, bei dem der varietätenspezifische Effekt des Sprachformwechsels durch eine Veranschaulichung auch auf thematischer Ebene verstärkt wurde, wird hier die bereits durch den Wechsel zum Dialekt erzielte Aktivierung der Schüler gestützt durch die explizite Formulierung einer Aufforderung. Eine zweite Aufforderung - wenn auch diesmal in impliziter Form - lässt die Lehrerin folgen durch die Andeutung eines Lösungsweges. Auch dieser Teil der Aeusserung ist im Dialekt gehalten, was ihm zusätzliche Eindringlichkeit verleiht. Trotz dieses zweimaligen dialektalen Anlaufs, die Schüler zu einer Antwort auf ihre - ursprünglich standardsprachlich realisierte - Frage zu animieren, 'wechselt' der reagierende Schüler scheinbar selbstverständlich wieder zurück zum Standard.

---

56 Ramge (1978), S. 214.

b) Implizite Aufforderung in Frageform:

2. L: [256](S). Ich habe den [257] Blauen die Hausaufgaben

L: erklärt, den Gelben werd ich s noch/ den
Ss: **Ou,** (unv.) [Ss durcheinander] **Was jetz scho wider?**

L: Gelben werd ich s noch erklären.. [258] **Aeh/** mor/ morgen.
Ss: **He. Hää** **Michi!**

L: wie gesagt. das Material für die Masken, **hä..klaar?**
Ss: **(allg.Schwatzen)** **Material?** (unv.)

(4.256 ff. (3. Primarklasse))

Die Aufforderung ist in diesem Abschnitt nicht mehr explizit vorhanden, sondern nur noch in der Frageform enthalten. Sowohl das fragende **'hä'** als auch das anschliessende **'klaar?'** tragen primär die Bedeutung: 'Habe ich mich verständlich ausgedrückt? / Ist euch bewusst, was ihr zu tun habt?' Mit der dialektalen Realisierung und der Intonation, die man als 'wohlwollend' bezeichnen könnte, kann die Aeusserung jedoch noch eine sekundäre Bedeutung erhalten, die von der Aktualisierung der solidarisierenden Funktion des Dialekts getragen wird, etwa in dem Sinn: 'Sind <u>wir</u> uns hier einig?! Ich kann mich doch auf euch verlassen, dass ihr eure Aufgaben löst, nicht?'

c) Hinweis auf (gemeinsam) erarbeitetes bzw. zu erarbeitendes Wissen:

3. L: [146] Was ist das Lustige am Kanton Tessin..<u>Da</u> [zeigt auf

L: die Leinwand]..ist deutsch. [147] Ich kann euch sagen, wo

L: das ist. Ich war schon mal da. Im sogena/ **He, mir** [148]

L: **händ doch scho mal gret über das!! Ueber** [gedehnt:] **Bosco**

L: **Gurin** Das ist irgendwo (S)
Ss: **Wa?**

(7.146 ff. (5. Primarklasse))

Der mit dem Sprachformwechsel verbundene Abbruch des standardsprachlich begonnenen Satzes sowie der Ausruf (**'he'**) deuten darauf hin, dass es sich beim dialektalen Aeusserungsteil um die spontane Einflechtung einer eben aufgetauchten Erinnerung handelt. Bezeichnend ist dabei, wie auf früher geleistete Arbeit Bezug genommen wird: Es ist nicht die Rede von einem schulischen Inhalt, den die Schüler einmal behandelt haben und den sie demnach noch im Gedächtnis haben müssten; dieser Inhalt wird als gemeinsam erarbeiteter dargestellt (**'<u>mir</u> händ'**): Der solidarisierende Effekt, der bereits mit dem Uebergang zum Dialekt erreicht wird, erhält in diesem Ausschnitt eine explizite Formulierung. Der Dialektteil enthält aber nicht nur die Erinnerung, dass das betreffende Thema bereits einmal besprochen wurde; er kann m.E. auch als Aufforderung gedeutet werden, diese bekannten Sachverhalte wieder hervorzurufen und damit die <u>aktuelle</u> gemeinsame Arbeit zu erleichtern.

4. L: [190](S).und welches ist die Umkehrung?
Christina: Das Wurzel

L: Jawoll, weisst du [191] wie man das schreibt?..

L: **Da händ mer no <u>nid</u> besproche. Roman?**
Ss: ((Gemurmel))

Ss: [192] ((Gemurmel; Roman geht an die Tafel))
Roman: **da obe (unv.)**

L: Jawoll, gut, das Wurzelzeichen sieht so aus.

(13.190 ff. (1. Realklasse, Kanton Schaffhausen))

Aehnlich wie im eben behandelten Beispiel wird auch hier an die Feststellung einer Tatsache - dass nämlich die gestellte Frage aufgrund des bis zu diesem Zeitpunkt erarbeiteten Wissens gar nicht beantwortbar ist - durch die konkrete Realisierungsform und den Wechsel der Varietät unausgesprochen ein Appell gebunden: 'Das haben wir zwar noch nicht besprochen, aber ich kenne euch so gut, dass ich weiss, das ihr auch diese Aufgabe lösen werdet. Zeigt nun, was ihr könnt!' Dieser Kommentar zum als gemeinsam dargestellten schulischen Wissen mit der daran geknüpften Aufforderung wird auf einer Ebene des persönlichen, meta-unterrichtlichen Kontakts übermittelt, die durch das verbindende 'wir', insbesondere aber durch den Uebergang zum Dialekt konstituiert wird.

d) Der Varietätenwechsel als Aufforderung, 'natürlich' zu sprechen:

5. L: [176](S). Ich habe euch dazu..ein...Bildlein..vorläufig
Ss: **(Flüstern.......................)**

L: eines
Sch: [177][flüsternd:] **abstellä**
Ss: ((Lachen))
Sm: [halblaut:] **He, gang go ablöscha,**

Sm: **schuss gseet me jo nünt!**
Sf_a: [flüsternd, gehässig:] **hör mol uff!!**
Sf_b: [flüsternd:] **na**

Sf_b: [178] **endli** [flüsternd:] **Hör mol**
Sch: **na endlech**
L: **Wa gseend er do druff?**

L: **Igi**
Sf_b: **uff! Hör mol uff!**
Igi: **Aso,** mitten in (S)

(10.176 ff. (6. Primarklasse))

Die Frage des Lehrers lässt sich hinsichtlich ihres Appellcharakters in zwei Komponenten aufteilen: Die erste ist varietätenunabhängig und lässt sich aus der formulierten Frage erschliessen: 'Sagt mir, was ihr auf dem Bild, das ich euch zeige, seht!' Die zweite hingegen ist an die sozial-situative Information gebunden, die die beiden Varietäten im unterrichtlichen Kontext tragen können. Der aktivierende Aspekt, der durch den Sprachformwechsel des Lehrers mit in die Frage hineinfliesst, liesse sich etwa folgendermassen umschreiben: 'Ich habe euch eben eine Aufgabe gestellt (:mir zu sagen, was ihr auf diesem Bild seht). Sprecht nun bitte so, als ob wir in einer informellen Gruppe zusammen diskutieren würden; streift also eure schulischen Hemmungen aller Art ab und redet natürlich! Wir sind ja unter uns (und ich gehöre zu euch).' Diese zweite Komponente ginge verloren, wenn der Lehrer die Sprachform nicht wechseln würde [57].

e) Appell an den guten Willen der Schüler:

6. L: [51] Wer probiert das [eine Vogelstimme] mal nachzu-

L: machen? Isabelle? [hoch:] **ned?**
Isabelle: [sich windend:] **nä.ä** **nä.ä.**

(26.51 (3. Primarklasse))

Das **'ned?'** bedeutet hier soviel wie: 'Sei so gut, bitte versuch's doch! Du kannst uns (= deine Mitschüler und mich) doch jetzt nicht im Stich lassen!' Intonation und dialektale Realisierung konstituieren hier eine Ebene der Interaktion zwischen Lehrerin und Schülerin, auf der kurzfristig eine weitgehende Symmetrisierung der unterschiedlichen Positionen erreicht wird: Die bittende Form der Frage in der Sprachform, die beiden vertraut ist, bringt die Lehrerin für einen Moment (scheinbar) in die abhängige Position der Person, die auf etwas angewiesen ist, worüber die andere (in diesem Fall die Schülerin) verfügt; die Rollenverteilung scheint dadurch für diesen kurzen Augenblick aufgehoben.

f) Inhaltliche Bekräftigung:

7. L: [130](S). **Aso** wie muss die Lösung heissen?..Ralf
Ralf: Ich habe

L: ReM? [131] Was ist R **ja du häsch es ja**
Ralf: R.e.M **mhm** **..(aso)**

---

[57] Dass der Lehrer mit dieser zweiten Aufforderung: ungezwungen und natürlich zu sprechen, weiter zielte als die Schüler es zunächst verstanden, zeigen die anschliessenden Reaktionen der Unterrichtsteilnehmer: Der Lehrer blieb beim Dialekt, sein Appell an die Schüler, sich frei auszudrücken, bezog also (konsequenterweise) auch den Varietätenwechsel mit ein und beschränkte sich nicht auf ein sprachliches 'So-Tun-als-ob'; die Schüler hingegen, an die normative Verteilung von Dialekt und Standard gewöhnt, hatten offenbar Bedenken, sein Angebot als so weitreichend zu interpretieren: Es folgten nach der Lehrerfrage / -aufforderung noch fünf standardsprachliche Wortmeldungen der Schüler, ehe auch diese zum Dialekt übergingen. Siehe 10.178-185.

L: **rächt!** H. und ja **aso**.ausgesprochen? [132]
Ralf: **Nei** H.H HeM Herisau

L: Jawohl.gut.
Ralf: ist ein Element **hä**.von.den Kantonshauptorten

(11.130 ff. (6. Primarklasse))

Mit der Aeusserung: '**ja du häsch es ja rächt!**' wird hier zunächst einmal die Anerkennung der Schülerleistung ausgedrückt; daran geknüpft ist aber die Aufmunterung, fortzufahren in der Erklärung seiner Lösung: Sprecherische Realisierung sowie die durch den Varietätenwechsel provozierte Entfaltung des dem Dialekt inhärenten Informationspotentials sollen ihm die Situation, in der er steht, vertrauter machen und ihm seine Unsicherheit nehmen, weiterzusprechen. Dass die aktivierende Funktion dieser Aeusserung verbunden ist mit einer Leistungsanerkennung, rückt sie in die Nähe einer andern kommunikativen Funktion, auf die weiter unten noch genauer einzugehen sein wird[58].

g) Unterstellung einer Schwäche:

Mit dem - zumindest gespielten - Gegenteil von Anerkennung und Zuwendung operiert der folgende Typus von Aktivierung:

8. L: [215] Wohin fliesst die Thur? Das wissen wir auch

L: alle.aus der fünften Klasse..[mit gespielter Entrü-

L: stung:] **Alles** [216] **scho wider/ alles scho wider furt**

L: ..**$Nathalie$**
Nathalie: (unv.) fliesst nicht in die [217] Rhone.

(11.215 ff. (6. Primarklasse))

Je nach vokal- und nonvokal-nonverbaler Realisierung könnte eine Aeusserung mit diesem Wortlaut auch als Tadel aufgefasst werden - was der dialektalen Komponente zusätzlich Diskriminierungsfunktion (s.u.) verleihen würde. In diesem Fall ist der Aerger der Lehrerin leicht als vorgetäuscht zu durchschauen, was sicher auch ihrer Absicht entsprach. Dadurch ändert sich aber auch die kommunikative Bedeutung des dialektalen Aeusserungsteils: Wie bereits mit dem Teil: 'Das wissen wir auch alle.aus der fünften Klasse', stellt sich die Lehrerin damit auf eine unterrichtskommentierende Interaktionsebene. Wie die Dialektsequenz appelliert auch dieser Teil an bereits vorhandenes Wissen, das gemeinsam ('das wissen wir') erarbeitet worden ist, und zielt auf eine Aktivierung der Schüler. Unterschiedlich ist jedoch die konkrete sprecherische Realisierung sowie die Sprachform. Das den Schülern unterstellte Vergessen verliert durch den Einsatz des Dialekts seine mögliche diskriminierende Wirkung und kann in einer Art interpretiert werden, die

58 Siehe Abschnitt 6.5, 'Einverständnis- und Zuwendungsfunktion'.

dieser vorgetäuschten Bedeutung eigentlich widerspricht; zu umschreiben wäre der eigentliche Sinn etwa wie folgt: 'Jetzt haben wir dieses Thema doch vor nicht allzu langer Zeit miteinander behandelt! Strengt euch nun doch etwas an, das müsst ihr doch noch wissen!' Der Aspekt des gemeinsam Erarbeiteten wird hier, obwohl nicht mehr explizit vorhanden wie im entsprechenden standardsprachlichen Aeusserungsteil, aufgrund des Wirkens der dialektspezifischen Information sowie der engagierteren vokal- und nonvokal-nonverbalen Realisierung stärker hervorgehoben als in jenem.

h) Interjektionen:

Aktivierungsfunktion haben z.T. auch jene Interjektionen, die im Abschnitt über die 'absoluten Dialekt-Reviere' behandelt wurden und denen dort eine Sonderstellung zugesprochen wurde. Davon betroffen ist in erster Linie die dortige Kategorie B.b:

9. L: [12](S) könnt ihr das [13] auch noch erzählen, **hä?**

(26.12 f. (3. Primarklasse))

10. L: [54](S) Willst [55] du das mal vorspielen?
Isabelle: [sich windend:] **nä.ä**
Dimitri: [leise widersprechend:] **doch**

L: Probier doch mal **he?**
Dimitri: **doch..doch** [flüsternd, anfeuernd]

(26.54 f. (3. Primarklasse))

11. L: [165](S). Das wird von euch.in sechs oder sieben Wochen

L: verlangt, und ihr könnt's [166] alle jetzt schon.**Hä?**..

L: Also..wieder, M wird zuerst definiert.**o hoppla..**Was [167]

L: ist M?
Ss: ((Gelächter))

(11.165 ff. (6. Primarklasse))

Auch diese Interjektionen aktualisieren - wenn auch in geringem Umfang, da der Varietätenwechsel selten bewusst wahrgenommen wird und dieser Typus immer dialektal gehalten ist - bestimmte sprachformspezifische Informationen; auch hier kann noch von einem "Appell zu gemeinschaftlich-partnerschaftlichem Handeln" (Ramge) gesprochen werden als Wirkung des Wechsels von der Standardsprache zum Dialekt.

(Zusammenfassung) Der Aspekt der Aktivierung, dem in diesem Abschnitt nachgegangen worden ist, setzt sich in der konkreten Aeusserung meist aus verschiedenen Komponenten zusammen, wovon der Wechsel von der Standardsprache zum Dialekt lediglich eine ist. Häufig besitzt bereits der Sprechhandlungstyp aktivierenden Charakter, sei es in Form einer expliziten Aufforderung, einer Frage usw.; in die gleiche Richtung kann auch die sprecherische Realisierung der Aeusserung wirken. Diese varietätenunabhängigen

Komponenten tragen dann dazu bei, die mit einem Sprachformwechsel verbundene Aktivierung des Angesprochenen zu verstärken, sind jedoch auch ohne diesen Wechsel wirksam. Was mit dem Abrücken von der Standardsprache zusätzlich geleistet wird, ist insbesondere die Aktualisierung der solidarisierenden Grundfunktion, die dialektalem Sprechen im Unterricht zukommen kann. Auch dieser Effekt, der den Aspekt des gemeinsamen Handelns betont, kann durch entsprechende explizite Formulierungen, wie etwa das von Lehrerseite oft gebrauchte 'wir', noch verstärkt werden (siehe z.B. c). Wie mittels Sprachformwechsel versucht werden kann, schulisches Rollenverhalten abzubauen, zeigten insbesondere die Ausschnitte in d und e: Während im ersten Fall der Uebergang zum Dialekt darauf abzielte, mit dem Standard verbundene Sprechhemmungen abzubauen und zu spontanem, freiem Reden zu animieren, stand im zweiten die Symmetrisierung der Interaktionsbeziehung im Vordergrund, die durch das Aufwerten des Schülers sein Handeln beeinflussen sollte. Anhand eines Interjektionstyps, der den 'absoluten Revieren' zuzuzählen ist, wurde ferner aufgezeigt, wie bereits kleinsten Abweichungen von der Unterrichtssprache, die als solche von den Teilnehmern kaum wahrgenommen werden, diese Aktivierungsfunktion zukommen kann (h). Dass diese Funktion dialektalen Sprechens zuweilen gegen andere nicht streng abgegrenzt werden kann, haben schliesslich die Sequenzen in f und g gezeigt; als wohl wichtigster Faktor zur Erschliessung des zentralen kommunikativen Sinns erwies sich dabei die vokal- (und nonvokal-) nonverbale Realisierung der Aeusserung.

6.3 Bagatellisierungsfunktion

Nach Ramge[59] ist für die Bagatellisierungsfunktion typisch, "dass der Vollzug der proponierten Handlung zwar für das Gelingen des Unterrichts wichtig ist, vom Unterrichtsplan her aber belanglos, soweit es dessen eigene Abarbeitung betrifft." Meist sei sie "an sprachliche Handlungen des Lehrers gebunden, in denen innerhalb oder ausserhalb des Unterrichtsplans verlaufstechnische Angelegenheit[en] des Unterrichts organisiert" würden[60]. Er hebt ferner hervor, dass bei der Bagatellisierungsfunktion wahrscheinlich am ehesten deutlich werde, wie eine Sprechsituation durch den Gebrauch des Dialekts vorübergehend als nicht-institutionell definiert würde.

Mit dieser letzten Charakterisierung ist nun aber bereits ein Punkt angesprochen, in dem sich das von Ramge untersuchte Sprachgebiet von demjenigen der deutschen Schweiz unterscheidet: Die Situation, dass in einer Klasse alle Mitglieder als primäre Sprachform den Dialekt haben, ist in der Bundesrepublik kaum je gegeben; ein Abweichen von der Standardsprache als Unterrichtssprache über längere Unterrichtsphasen ist deshalb nicht wahr-

---

59 Ramge (1978), S. 215.
60 Ebd.

scheinlich, es wird vielmehr zu kürzeren Dialektsequenzen kommen, die sogleich wieder vom Standard abgelöst werden. In der deutschen Schweiz jedoch ist die geschilderte Situation der Normalfall, und es ist durchaus möglich - und wird, wie wir bereits gesehen haben, oft auch praktiziert -, dass sich alle Unterrichtsteilnehmer nur des Dialekts bedienen. Bei der Besprechung der verschiedenen Arten von Dialekt-Revieren wurde auch darauf hingewiesen, dass an ihrer Konstituierung einzelne oder Kombinationen von kommunikativ relevanten Faktoren massgeblich beteiligt sind, die, wenn man es ganz allgemein formulieren soll, es den Unterrichtsteilnehmern erleichtern, von der vorgeschriebenen Sprachform abzuweichen. Wie der Gebrauch des Dialekts in Fächern, die leistungsmässig eher ein Randdasein fristen, allgemein üblich ist, so erhalten auch längere dialektale Sequenzen im Standardunterricht durch die Aktualisierung der varietätenspezifischen sozial-situativen Information für die Kommunizierenden den Anschein, nicht 'eigentlicher' Unterricht zu sein, sondern ein wohl schulischer Interaktionsraum, in dem es aber noch nicht 'ganz ernst' gilt, in dem die institutionell vorgegebenen Rollenzuweisungen und die daran gebundenen Handlungsweisen den Unterrichtsteilnehmern noch einen gewissen Interpretationsspielraum lassen. Insofern nun die Dialekt-Reviere in den meisten Fällen ebenfalls Handlungen betreffen, die für das Gelingen des Unterrichts wichtig sind, für das Abarbeiten des eigentlichen Unterrichtsplanes aber nicht - so das wesentliche Merkmal der Bagatellisierungsfunktion nach Ramge -, müsste ihnen konsequenterweise diese Funktion ebenfalls zugesprochen werden. Dies scheint mir auch sinnvoll zu sein. Auf eine Einschränkung muss dabei jedoch aufmerksam gemacht werden: Es ist weiter oben dargelegt worden, dass ein Sprachformwechsel in der Entfaltung seiner varietätenspezifischen Information umso wirksamer ist, je unerwarteter er stattfindet und je stärker standardsprachlich sein Umfeld geprägt ist. Reviere sind jedoch an typische Kommunikationssituationen gebunden, die die Interaktionsteilnehmer gewohnheitsmässig wiedererkennen können und von denen sie wissen, dass in ihnen der Dialekt aufgrund eines interaktionell hergestellten Einverständnisses erlaubt ist. Aufgrund dieses Umstandes wurde für sie auch eine 'Revierbestätigungsfunktion' postuliert. Es ist damit auch anzunehmen, dass zusätzliche Funktionen - wie hier etwa die Bagatellisierungsfunktion - desto mehr an kommunikativer Relevanz verlieren, je etablierter ein Revier und je umfangreicher seine jeweils aktuelle Konkretisierung ist. Zwei Beispiele sollen dies illustrieren:

1. L: [202](S). Das kommt dann.bald nach den **äh**..Frühlings-

L: ferien [203] Wir schreiben das auf ((..49 sec..))
Sm: **so geil**
Ss: ((ängstlich erstaunte Ausrufe))

L: **ja, we susch?** [204]
Beat: **Mönd mir da au so mache?** **ja, ich**

Beat: **maine so zersch Schnüerlischrift und nachedhär dänn/**
L: **Ja, da isch**

L: **mini** [205] **Spezialität** **Ja, gäll, da**
Beat: **ä schlächti Spezialität**

L: **häsch rächt, da chan ich mir nümme** [206] **abgwöhne**
Beat: **Aber ich**

L: **Du muesch ned alli Spezialitäte vo mir über-**
Beat: **chan das au**
Ss: ((Gelächter))

L: **näh** **Hä da mach**
Sm: **Die** [207] **schlächte sowieso ned**
Ss: ((Gelächter))

L: **ich amigs, das stimmt, ich tue amig daa** [208] **Schnüerli-**

L: **schrift und nachher wieder Druckschrift ein Durenand für**

L: **eu söll das nöd** [209] **verbindlich sii im Fall..Nur ohni**

L: **Fehler abschribe** ((..6 sec..)) Beispiele [210] ((..27
Ss: ((Gemurmel))

L: sec..)) Ihr erinnert euch an diese Aufgabe,
Ss: ((Husten))
Sm: **verbindlich**

L: Hans denkt sich (S)

(13.202 ff. (1. Realklasse, Kanton Schaffhausen))

Im Anschluss an eine lerninhaltorientierte dialektale Schülerfrage wechselt der Lehrer ebenfalls die Varietät. Seine Rückfrage lenkt das Thema auf eine besondere Schreibgewohnheit, die zur ursprünglichen Schülerfrage Anlass gegeben hatte. Diese Frage trägt alle Merkmale, die Ramge zur Kennzeichnung der Bagatellisierungsfunktion erwähnt. Das sich daran anschliessende Gespräch ist thematisch so ausgerichtet, dass auch ohne Kenntnis aller in dieser Klasse geltenden varietätensteuernden Regeln ein Verbleiben im Dialekt als 'interaktionell legal' betrachtet werden kann: Es ist die Rede von einer von den Schülern bemerkten Schreibgewohnheit des Lehrers, einem Thema also, das mit der Erarbeitung des aktuellen Unterrichtsstoffes lediglich in einer 'verfahrenstechnischen' Beziehung steht. Es kann also durchaus nicht nur für die initiierende Frage, sondern für die ganze Dialektsequenz, die wohl als - vorwiegend thematisch konstituiertes - Dialekt-Revier betrachtet werden darf, davon gesprochen werden, dass durch die dialektale Varietät "der 'Bagatellcharakter' der Handlung für den Unterrichtsverlauf symbolisch gebunden" werde[61].

2. L: **Wo isch de Tschumper**
Sf: [1] **s feled immer no zwee**
Sm: **da stimmt**
Ss: **(reden durcheinander)**

---

61 Ramge (1978), S. 215.

L: **und de Björn?** [2]
Sch: **nöd do**
Sm_1: **Eh, die wered wol no cho**
Ss: **(reden durcheinander)**

Sm_2: **die we/ jo die sind no unterwegs worschinli**
L: **jo denn guet**

L: [3] **denn chönnt s gat hei**
Sf_1: **alles was los isch, isch los** **Alles**
Sf_2: **Ou!! Da tönt guet**

Sf_1: **wa nöd abunde isch, isch loos** [4]
L: **Herre.** woher des Wegs?
Peter: **jo eh**

Björn: **eh (unv.) hend Pauseglogge nöd ghört**
Ss: **(rufen missbilligend)**
Sf: **denn sind ir**

Sf: **aber** [5] **wiit eweg gsi**
Sf_2: **jo**
Sm: **jo du**
Ss: **jo, jo**
L: **Sind ir im Volg gsi?**

Björn: **ne/ nei mir sind numme deruf. ume gloffe** [6]
L: **Also jetze,**

L: **ir, vo eu hör i kein Muggs!** **Bsch. tue eu**
Sf: **ou, kein Muggs**
Ss: ((Lachen)) (Murmeln)

L: **gschnell öpis** [7] **vorlese..und zwor e Situation.** **Mached**
Sch: **jo**
Ss: [unruhig]

L: **eu vilicht eifach Notitze dezue, wa eu** [8] **wichtig er-**
Ss: [unruhig]

L: **schiint** **da sch en**
Sf: **da Blatt do?**
Sm: **isch da en Suddelzeddel?**
Ss: [unruhig]

L: **Suddelzeddel** [9] **da sch en Suddelzeddel**
Sm: **hei, spinnsch?**
Ss: [unruhig]

L: **hoioioi Luxus. guet sch. s mues aber** [10] **rueig**
Sf_1: **haiaiai**
Sf_2: **Luxus!**
Ss: [unruhig]

L: **si!** Mit einem Ruck fährt ((..4 sec..)) Mit einem Ruck

L: fährt der zweiplätzige [11] Sessellift aus der Halle.(S)

(24.1 ff. (1. Realklasse, Kanton Thurgau))

Ein Grossteil der bisherigen Unterrichtsanalysen hat ergeben, dass der offizielle Sprachformwechsel nur selten zusammenfällt mit dem Beginn des Unterrichts bzw. seinem Ende: Vielmehr wird der Dialekt noch eine gewisse Zeit am Anfang des Unterrichts beibehalten, und auch gegen den Schluss der Lektionen wird häufiger davon Gebrauch gemacht. Es ist also berechtigt, im vorliegenden Fall ein Dialekt-Revier zu vermuten, wobei eine Kombination aus zeitlichen, thematischen und adressatenspezifischen Faktoren für sein Zustandekommen primär verantwortlich ist.

Bis turn 6 stehen personelle Angelegenheiten im Mittelpunkt des Gesprächs: Der Lehrer unterhält sich mit den Schülern über den Verbleib zweier Mitschüler und nach deren Eintreffen mit diesen über ihr verspätetes Erscheinen; vom Unterrichtsstoff ist noch nicht die Rede. In turn 6 und 7 kündigt der Lehrer der Klasse an, was er zu Beginn der Stunde vorhabe, worauf er den Schülern diesbezügliche Anweisungen erteilt (turn 7, 8). Noch bevor er zu lesen beginnt (turn 10), wendet er sich an einen oder einige wenige Schüler, während der Rest der Klasse sich unruhig auf das angeordnete Notizennehmen vorbereitet (turn 8, 9), und bittet schliesslich, wieder an alle gerichtet, um Ruhe (turn 9, 10). Auch diese Aeusserungen sind nicht lerninhaltzentriert, es werden nur Aussagen über den Unterrichtsstoff gemacht sowie Anleitungen gegeben, die dessen Bewältigung ermöglichen sollen. Wenn man nun davon ausgeht, dass in den Augen von Lehrer und Schülern nur solche Unterrichtsabschnitte für das Erreichen des schulischen Ziels wirklich relevant sind, in denen das Unterrichtsthema tatsächlich behandelt wird, so sind alle Aeusserungen der zitierten Sequenz 'Unterrichts-Nebenprodukte', die damit auch dem Anspruch, in der Standardsprache realisiert zu werden, nicht unterliegen. Wiederum könnte man also sagen, dass die Sprachform den Bagatellcharakter dieser sprachlichen Handlungen markiert. Diese Funktion wird in ihrer Wirkung jedoch abgeschwächt dadurch, dass es sich beim Dialekt hier um die situationsadäquate Sprachform handelt und nicht um einen Verstoss gegen die interaktionell entwickelten Normen - es handelt sich ja um ein typisches Dialekt-Revier, in dem dem Dialekt auch Revierbestätigungsfunktion zukommt.

Sollen nicht, neben denjenigen von Ramge, neue Kategorien geschaffen werden zur Unterscheidung kommunikativer Funktionen dialektalen Sprechens im Standardunterricht, so scheint es mir notwendig, die Bagatellisierungsfunktion etwas weiter zu fassen, als Ramge dies getan hat: Zusätzlich zu den Aeusserungen, die verlaufstechnische Angelegenheiten des Unterrichts betreffen - im vorgestellten Faktorenraster handelt es sich dabei vorwiegend um lerninhaltorientierte Aeusserungen zum Lehr- und Lernprozess -, soll auch solchen Bagatellisierungsfunktion zugesprochen werden können, die wohl unterrichts-, aber nicht lerninhaltorientiert sind, und schliesslich auch jenen, die nicht schulisch orientiert sind. All diesen Aeusserungstypen gemeinsam bleibt, dass sie belanglos sind, was die eigentliche Erarbeitung des Unterrichtsthemas angeht; neu hingegen ist, dass sie nicht alle - wohl aber immer noch die meisten - wichtig sind für das Gelingen des Unterrichts, also einen bestimmten didaktischen Wert haben. Im letzten Beispiel beträfe dies etwa den Ausschnitt '**da sch en Suddelzeddel hoioioi Luxus**' (turn 8, 9). Zudem muss davon ausgegangen werden, dass den meisten Aeusserungen, die einem Dialekt-Revier angehören, neben ihrer Revierbestätigungs- zusätzlich ebenfalls eine (abgeschwächte) Bagatellisierungsfunktion zukommt.

Die Zahl der Aeusserungen, denen aufgrund der aufgezählten Kriterien Bagatellisierungsfunktion zukommt und die nicht einer längeren Dialektsequenz angehören - wie jene beiden Beispiele, die eben vorgestellt worden sind -, übertrifft in den meisten Klassen diejenige mit anderen varietätenspezifischen Funktionen. Vielfältig ist auch die Palette der Faktoren, die den Bagatellcharakter der Aeusserung ausmachen. Die nachfolgend vorgestellten Beispiele vermögen diese Vielfalt nicht aufzuzeigen, versuchen jedoch, einen Eindruck davon zu vermitteln.

a) Lerninhaltzentrierte Aeusserungen mit Bagatellisierungsfunktion:

3. L: [232].Jura ist ziemlich unbekannt bei den Deutschschweizern

L: .und auch nicht [233] sehr beliebt, weil sie selber nämlich

L: auch nicht so beliebt sind..**sind ächli än** [234] **eiges Volk**

L: **det obe..**Nein, aber früher war er (beim) Kanton Bern. (S)

(7.232 ff. (5. Primarklasse))

Der dialektale Ausschnitt der Aeusserung ist hier zweifellos Teil der Ausführungen der Lehrerin zum Thema 'Jura'; genauer kann er als Begründung betrachtet werden zur Behauptung, die Jurassier seien bei den Deutschschweizern nicht sehr beliebt. Es ist zu vermuten, dass die besondere Art dieser Begründung den Anlass bildete, von der Standardsprache zum Dialekt zu wechseln: Keinesfalls kann es sich dabei um ein Argument handeln, das die Lehrerin gestützt auf offizielles Lehrmaterial einbringt; vielmehr ist die Dialektsequenz als Ausdruck der persönlichen, zumindest als nicht sehr differenziert erscheinenden Meinung der Lehrerin leicht erkennbar. Dass sie selbst sich der Fragwürdigkeit dieser Begründung bewusst ist, darf man aus dem folgenden 'nein' schliessen, mit dem sie diesen thematischen Strang beendet und ihre letzte Aussage zugleich auch relativiert oder sogar (teilweise) zurücknimmt. Durch den Varietätenwechsel wird der besondere Stellenwert des fraglichen Aeusserungsteils herausgestrichen, den Schülern kann damit implizit signalisiert werden: 'Was ich jetzt vortrage müsst ihr nicht als offiziellen Lerninhalt betrachten, es ist vielmehr meine subjektive Meinung zum Thema; für das, was wir miteinander erarbeiten und was ihr schliesslich wissen müsst, ist es nicht relevant.'

4. L: [237][diktiert, standardsprachlich]...wird mit einem Bruch

L: dividiert [238] ((..15 sec..)) **Komma** ((..12 sec..)) indem

L: man.(S)

(13.237 f. (1. Realklasse, Kanton Schaffhausen))

Es lässt sich anhand der Intonation in diesem Beispiel nicht mit absoluter Sicherheit entscheiden, ob es sich beim '**Komma**' um eine standardsprachliche oder eine dialektale Realisierung handelt. Andere Unterrichtsprotokolle haben aber ergeben, dass in einem Diktat die ebenfalls mitdiktierten Satzzeichen häufig im Dialekt gehalten werden[62]. Dass dem so ist, hängt wohl mit dem bedeutungsmässigen Stellenwert zusammen, den sie im Verhältnis zu den diktierten Textstellen einnehmen im Verständnis der Kommunizierenden: Während die Wörter das 'eigentlich Wichtige' an einem Text darstellen, regeln die Satzzeichen 'nur' die Gliederung dieses Textes, werden also nicht auf der textuellen (semantischen), sondern auf einer textstrukturierenden (syntaktischen) Ebene angesetzt. Sie sind zwar für die Herstellung des Textes wichtig, tragen jedoch an Bedeutung 'nichts' bei. So eingeschätzt haben sie aus der Sicht des Diktierenden (und der Schreibenden!) den Status einer 'Nebensächlichkeit'. Der kommunikative Sinn der dialektalen Realisierung der diktierten Satzzeichen besteht m.E. denn auch darin, diesen Stellenwert sprachlich auszudrücken.

b) Lerninhaltorientierte Aeusserungen zum Lehr- / Lernprozess:

5. L: [49](S).**Aso,** hier kann man [50] kürzen, Resultat?

L: $Robert$, **häsch äs kürzt?**
Robert: Neununddreissig sechsundfünf-

Robert: zig**sch**tel...

(13.49 f. (1. Realklasse, Kanton Schaffhausen))

6. Andrea: [54] Sechsundfünfzig [=Rechenresultat] [55]
L: $Jawoll$ **da**

L: **mu ni mal luege, s Buech git aber öppis anders..Jawoll,**
Ss: **(Getuschel, unv.)**

L: **guet.s isch richtig so** [56] neununddreissig sechsund-

L: fünfzigstel. Einer der vielen Druckfehler. Dann.zweite?

(13.54 ff. (1. Realklasse, Kanton Schaffhausen))

7. L: [102] Resultat fünf Achtzehntel. [103] **Guet. Da tönd mer**

L: **chli üäbe da (unv.) ä paar Bischpiil.** Neunundachzig..'b'..

(13.102 f. (1. Realklasse, Kanton Schaffhausen))

Bei allen drei Beispielen handelt es sich - soweit der dialektale Teil betroffen ist - um lerninhaltorientierte Lehreräusserungen zum Lehr- / Lernprozess, also um solche sprachliche Handlungen, denen, sofern dialektal realisiert, nach Ramge typischerweise Bagatellisierungsfunktion zukommt. Dies scheint auch hier der Fall zu sein. Unterschiedlich ist jedoch die konkrete Realisierung:

Im ersten Fall erkundigt sich der Lehrer danach, ob der angesprochene Schüler die Aufgabe technisch vollständig gelöst habe, nachdem er zuerst die Klasse standardsprachlich nach dem Resultat

---

62 Kropf (1981), S. 76.

gefragt hatte. Für ein inhaltliches Fortkommen im Unterricht ist aber insbesondere diese erste Frage von Belang, während sich die zweite lediglich auf das Vorgehen zur Erreichung des Ziels bezieht, nicht auf das Ziel selbst. In einer Hierarchie, die den Wert einer Aeusserung bezüglich des thematischen Fortschritts festlegt, müsste die dialektale Frage demnach hinter der standardsprachlichen rangieren. Diesem Umstand kann hier dadurch Ausdruck verliehen werden, dass der Lehrer vorübergehend zum Dialekt wechselt. Verstärkend kommt in diesem Fall sicher noch hinzu, dass der Varietätenwechsel mit einem solchen der Adressaten gekoppelt ist: War zuerst die ganze Klasse angesprochen, so ist es für den Dialektteil nur ein einzelner Schüler, was einen Sprachformwechsel im allgemeinen eher begünstigt.

Im ersten Teil der dialektalen Sequenz des nächsten Beispiels weist der Lehrer auf einen Widerspruch zwischen dem (falschen) Rechnungsresultat im Buch und demjenigen der Klasse hin; zugleich widerspiegelt der Wechsel aber auch sein unsicheres, zögerndes Verhalten vor dem eigenen Nachrechnen und dem damit verbundenen Entdecken des Druckfehlers (turn 51 - 54). Auch hier weist die varietäre Realisierung darauf hin, dass es sich bei der Aeusserung nicht um eine lerninhaltzentrierte handelt, sondern um einen Kommentar zum aktuellen Lernprozess. Gleiches gilt im übrigen auch für den zweiten Teil des Dialektabschnitts, wobei dort die Anerkennung der Schülerleistung der Varietät zusätzlich Einverständnis- bzw. Zuwendungsfunktion verleiht (s.u.).

Das letzte Beispiel schliesslich gehört einem Aeusserungstyp an, der allgemein im Deutschschweizer Standardunterricht sehr häufig dialektal realisiert wird und sich deshalb wohl bei sehr vielen Klassen als (nur vom Lehrer benütztes) Dialekt-Revier etabliert hat: Der Lehrer kündigt an, wie er weiterzufahren gedenkt. Oft, nicht aber in diesem Fall, ist damit eine explizite Anweisung an die Schüler verbunden, was sie demzufolge nun zu tun hätten, oder diese Anweisung ersetzt die Ankündigung der nächsten Unterrichtsschritte überhaupt.

c) Lerninhaltorientierte Aeusserungen zum Unterrichtsprozess:

8. L: [128](S). Kann man das? ((..8 sec..))
Ss: ((Lachen,Fingerschnippen))

L: [129][zu Daniel:] **Muesch halt öppis säge, wänn nöd um**

L: **mi ume gseesch!** [130] **Ah.du**
Daniel: **Aha, näi, ich gsee s scho**

L: **hetsch anders z tue obwohl s gseesch.** $Schiggi!$
Sm: **(unv.) er luegt ebe gern Sii aa!**

Kyung-S.: Nein, man kann (S)
(7.128 ff. (5. Primarklasse))

9. L: [100](S) habt ihr das jetzt ein [101] bisschen mitbekommen?

L: Verstanden? $0 Kei$, **dänn tüend er d Liinwand wieder ufezie**

L: [102] **d Vorhäng wieder uf** ((..30 sec..))
Ss: ((Geklapper, Umherlaufen,

L: [103] Das was wir jetzt besprochen haben (S)
Ss: Gemurmel))
(9.100 ff. (6. Primarklasse))

Die dialektalen Partien dieser beiden Lehreräusserungen beziehen sich nicht mehr auf den eigentlichen Lern- bzw. Lehrprozess, wie dies bisher der Fall war, sondern betreffen aktuelle unterrichtsorganisatorische Belange: In Ausschnitt 8 wendet sich die Lehrerin an einen einzelnen Schüler, da sie annimmt, er sehe wegen ihr nicht an die aufgehängte Tafel. Dessen Antwort ist, der thematischen Ausrichtung und der varietären Vorgabe der Lehrerin entsprechend, ebenfalls dialektal gehalten, ebenso eine Bemerkung eines andern Schülers, die jedoch nicht offiziellen Charakter hat, da er nicht in die offizielle turn-Abfolge aufgenommen wurde. Der Namensaufruf eines weiteren Schülers, dem die kommunikative Bedeutung zukommt: 'Ich habe euch vorhin eine Frage gestellt, beantworte du sie mir nun!', genügt jedoch, die thematische Ebene wieder zu wechseln - zurück zum lerninhaltzentrierten Diskurs - und die Schüler wieder vom Dialekt wegzubringen: Der Aufgerufene antwortet ohne zu zögern standardsprachlich.

Die zweite Sequenz ist am Ende einer längeren lerninhaltzentrierten Unterrichtsphase plaziert und bildet den organisatorischen Uebergang zur nächsten: Im Klassenzimmer sind diverse Vorkehrungen zu treffen, ehe mit dem Unterricht fortgefahren werden kann. Diese Anordnungen der Lehrerin ziehen aber zusätzlich auch ein verändertes Schüler-Verhalten nach sich - ganz im Sinn interaktionell vereinbarter Normen: Während der Zeit, die notwendig ist, um die von der Lehrerin veranlassten Aenderungen im Zimmer vorzunehmen, ist das ansonsten verpönte 'Schwatzen' zwischen den Schülern erlaubt, und es ist sogar eine gewisse Bewegungsfreiheit im Raum gegeben. Kurz: Die Ankündigung, dass gewisse verlaufstechnische Angelegenheiten zu erledigen seien, leitet eine kurze Phase nicht streng unterrichtlichen Verhaltens der ganzen Klasse ein. In diesem Zusammenhang ist auch der Varietätenwechsel zu sehen: Der Uebergang von der Standardsprache als eigentlicher Unterrichtssprache zum Dialekt markiert zugleich den veränderten Stellenwert, den die damit verknüpften Sequenzen im Unterrichsverständnis der Kommunizierenden innehaben: Während die Standardsprache den lerninhaltzentrierten Teil des Diskurses begleitete und Schüler und Lehrer auf ein Verhalten fixierte, das enger an institutionelle Rollenverteilung und dementsprechende Normen gebunden ist, kennzeichnet der Dialekt die davon betroffenen Handlungen und Sprechsituationen als weniger stark institutionell geprägt. Dieser Typus dialektalen Sprechens dürfte der Paradefall für die von Ramge postulierte Bagatellisierungsfunktion sein. Noch mehr als die unter b zusammengefassten Aeusserungen dürften die lerninhaltorientierten Aeusserungen zum Unterrichtsprozess in vielen Klassen derart häufig dialektal realisiert werden, dass sie dort als Dialekt-Reviere zu gelten haben, mit denen nicht-institutionelles Verhalten signalisiert oder initiiert werden kann.

d) Nicht lerninhaltorientierte Aeusserungen zum Unterricht:

10. L: [198](S). (Es hat) überall [199] viele Leute. So! **Je!.Scho**

L: **wieder so spaat!** Also,.das ist so. Man kann (S)

(7.198 f. (5. Primarklasse))

11. L: [324][erklärt Aufgaben:] (S) seinen eigenen Schluss ((..10

L: sec..)) Ja...aber (nun / und) Moment **jetz mol, jetz het s**

L: **glütet, gäll?** Also jetzt [325] dürft ihr schnell [Ende
Sm: [bejahend:] **mh**

Tonband]

(21.324 f. (4. Primarklasse))

12. L: [4](S). Welche Gruppe beginnt [5] [zu S_x:] ja
S_1: [laut flüsternd:] **nai noni!**
Ss: ((Geraune))
S_2: **näi**

L: [zu S_x?] **tschuldigung** [zu S_x?] du bist
Ss: ((Lachen, aufgeregtes Geraune))

(8.4 f. (5. Primarklasse))

Gemeinsam ist den drei dialektalen Partien der Lehreräusserungen, dass sie sich nicht auf den behandelten Lerninhalt beziehen, sondern lediglich mit der Abwicklung des momentanen Unterrichtsprozesses zu tun haben: Beispiel 10 gibt einen Ausruf der Lehrerin wieder, der thematisch einen Einbruch in eine längere Phase lerninhaltzentrierten Diskurses darstellt. Es erstaunt deshalb auch nicht, dass dieser vom zu erreichenden (inhaltlich bestimmten) Unterrichtsziel aus gesehen völlig irrelevante Aeusserungsteil nicht in der Standardsprache gehalten ist, sondern im Dialekt, der diesem Umstand Ausdruck verleihen soll. Als Adressaten können die Schüler dabei nur in zweiter Linie gelten: Obwohl die Lautstärke derart ist, dass die ganze Klasse die Lehrerin verstehen kann, muss aufgrund der konkreten Realisierung (Interjektion!) sowie des Fehlens weiterer Aeusserungen zum zeitlichen Ablauf (z.B. in Form einer Aufforderung an die Schüler, etwas schneller zu arbeiten) angenommen werden, dass sie hier primär zu sich selbst spricht.

Aehnlich zu interpretieren ist der zweite Ausschnitt: Hier werden zwei lerninhaltorientierte Aeusserungsteile - der Lehrer erläutert die Aufgaben (1. Teil) sowie das weitere Vorgehen in dieser Lektion (letzter Teil) - durch eine Frage unterbrochen, die mit diesem Lerninhalt in keiner Weise verbunden ist. Der kommunikative Sinn des Varietätenwechsels besteht m.E. auch hier darin, den 'Bagatellcharakter' der betreffenden sprachlichen Handlung in Bezug auf den 'eigentlichen' Unterrichtsinhalt auszudrücken. Will man auf die Lautstärke der Aeusserung abstellen, um den oder die Adressaten zu eruieren (nonvokal-nonverbale Kriterien stehen ja leider nicht zur Verfügung), so müsste man annehmen, dass der Lehrer sich, zumindest zu Beginn des Dialektteils, an die ganze Klasse richtet, ehe er sich zur Beantwortung seiner Frage an einen einzelnen Schüler wendet (angehängtes '**gäll?**'). Dies sei deshalb erwähnt, weil die Adressierung an einen einzigen Schüler die Tendenz zum Gebrauch des Dialekts verstärken kann; dies ist hier aber nur teilweise der Fall.

Wofür der Lehrer sich im letzten Ausschnitt entschuldigt, wird aus Tonbandaufnahme und Transkript nicht ersichtlich; thematisch scheint die Entschuldigung jedoch nicht an den behandelten Lerninhalt gebunden zu sein, sondern vielmehr eine Gegebenheit zu betreffen, die zwischen Lehrer und Angesprochenem vorgefallen ist. Ein Wechsel der Sprachform in dieser Situation ist deshalb fast vorprogrammiert: Einerseits wegen der Adressierung an einen Einzelschüler - verbunden mit einer markanten Lautstärkereduktion -, nachdem er vorher (in der Standardsprache) zur ganzen Klasse gesprochen hatte; andererseits wegen des Uebergangs zu einer thematischen Ebene, die aus lerninhaltlicher Sicht nicht von Belang ist und sich zudem beschränkt auf den Interaktionsraum der beiden direkt Kommunizierenden. Der Aspekt der Privatheit der Aeusserung wird hier durch den Wechsel zum Dialekt besonders hervorgehoben. In Bezug auf den Status der Aeusserung innerhalb des Klassengesprächs kann dem Dialekt aber ebenso bagatellisierende Funktion zukommen.

e) Nicht schulisch orientierte Aeusserungen:

Noch stärker ausgeprägt als im eben besprochenen Beispiel ist das Moment des Privaten, des vom institutionellen Rollenverhalten Losgelösten in der folgenden Sequenz:

13. L: [237] Keine Frage mehr? ((..14 sec..)) [Luzia soll geholt werden, wird im Korridor nicht gefunden, wo sie hätte warten sollen (aufgabenbedingt). Während dieser Zeit: Schritte, Flüstern]

L: **Im andrä Zimmer glaub** [238] ((..23 sec..)) **Hä,**
Andreas: **jo**
Ss: ((Schritte, Pfeifen,

L: **gohts bessär mit dän Ohra** [leise bei der Tür zu Lu-
Ss: Rascheln))

L: zia, die hereinkommt] **Sitz neb dän Armin** [239]
Luzia: **jo**

L: Armin, du musst laut reden mit Luzia.
Ss: ((Krach))

(12.237 ff. (2. - 8. Primarklasse))

Von Bagatellisierung kann man in diesem Zusammenhang schon beinahe nicht mehr sprechen, setzt diese dem Dialekt zugeschriebene Funktion doch voraus, dass der institutionelle Rahmen noch mehr oder weniger gewahrt ist. Gerade dies scheint mir hier aber nur noch sehr bedingt zuzutreffen: Wohl gehört genügendes Hörvermögen (Luzia hört zur Zeit der Aufnahme nicht gut) zu den Voraussetzungen des Unterrichts, die Frage der Lehrerin ist also durchaus berechtigt; doch gerade in diesem kurzen leisen Zwiegespräch zu ihrem körperlichen Befinden wird Luzia das Verhalten der

Lehrerin kaum mehr als typisch rollengebunden empfinden. Wir nähern uns hier m.E. dem Bereich ausserschulischen Sprechens, bedingt durch die thematische Ebene einerseits, die Kommunikationskonstellation andererseits, die die beiden Interagierenden vom Rest der Unterrichtsteilnehmer abschirmt. In diesem Grenzbereich verliert auch die dialektale Varietät zunehmend ihre kommunikativen Funktionen, die sie nur innerhalb eines rollenmässig gefestigten Rahmens und im entsprechenden standardsprachlichen Kontext voll entfalten kann. Diese Voraussetzungen sind hier nur noch teilweise erfüllt. Insofern die Situation objektiv dennoch im unterrichtlichen Rahmen plaziert ist, die Grundfunktionen dialektalen Sprechens - jene der Solidarisierung und Emotionalisierung - sicherlich zum Tragen kommen und der Bagatellcharakter der Aeusserung aus lerninhaltlicher Perspektive gegeben ist, scheint es mir aber auch in diesem Grenzfall noch vertretbar, dem Varietätenwechsel Bagatellisierungsfunktion zuzuschreiben.

f) Prozesssteuerung:

Im Abschnitt zu den verschiedenen Arten von Revieren[63] ist eine Gruppe von Wörtern behandelt worden, von denen gesagt wurde, dass sie im Unterricht sowohl dialektal als auch standardsprachlich gebraucht würden und verschiedene Bedeutungen annehmen könnten; dass sie, falls dialektal realisiert, meist satzwertig seien und die Aufgabe hätten, den Unterrichtsdiskurs zu gliedern und zu steuern. Als Beispiele aufgeführt wurden die Ausdrücke **'aso'**, **'nai'**, **'jo'**, die turn-Anmeldung und die turn-Uebergabe sowie das 'gut'/ **'guet'** in seiner Funktion als 'Signalwort'. Es scheint mir nun notwendig zu sein, hier nochmals kurz auf diese Gruppe zurückzukommen und sie aus der Perspektive der zur Zeit diskutierten Bagatellisierungsfunktion dialektalen Sprechens zu betrachten. Auf der thematischen Ebene, die sich bei dieser Funktion als die zentrale erwiesen hat, da es um die unterrichtliche Relevanz der Aeusserungen im Hinblick auf die Lerninhalte geht, erfüllen die fraglichen Ausdrücke zweifellos die entsprechenden Kriterien: Als sprachliche Mittel, den Interaktionsprozess zu gliedern und zu steuern, sind sie grundsätzlich unabhängig vom eben behandelten Lerninhalt; für das Gelingen des Unterrichts sind sie aber nicht nur wichtig, sondern geradezu notwendig. Insofern sie in sehr vielen Klassen in prozesssteuernder Funktion gewohnheitsmässig dialektal gebraucht werden, kommt ihnen auch Revierbestätigungsfunktion zu. Neben diesem Umstand dürfte auch die Tatsache, dass es sich bei diesen Ausdrücken, in diesem Sinn gebraucht, um umfangmässig nur sehr kurze Aeusserungsteile handelt, die nur schlecht in ihrer varietären Abweichung von der Unterrichtssprache erkannt werden, dazu beitragen, dass die kommunikative Bedeutung der Bagatellisierung nicht derart zur Geltung kommt wie in andern besprochenen Fällen. Grundsätzlich kann man jedoch sagen, dass auch diesen unterrichtsprozesssteuernden Ausdrücken Bagatellisierungsfunktion zukommt.

---

63 Siehe Abschnitt 5.3.2.2.2.

Beispielssequenzen sollen hier nicht mehr ausführlich diskutiert werden, da dies im Abschnitt zu den Revieren z.T. bereits geschehen ist. Ein kurzer Kommentar - sofern überhaupt nötig - soll deshalb für die nachfolgenden Ausschnitte genügen, die etwas von der Vielfalt dieser prozesssteuernden Kleinst-Aeusserungen bzw. -Aeusserungsteile wiedergeben mögen.

fa) Turn-Uebergabe:

14. Daniel: [174][Antwort auf Rechenaufgabe:] Drei Zehntel
L: Jawoll,

L: drei Zehntel. [175] **Nögscht**
Marcel: Fünf Neununddreissigstel.

(13.174 f. (1. Realklasse, Kanton Schaffhausen))

Ausserdem können turn-Uebergaben - neben dem im Revier-Abschnitt behandelten Namensaufruf, dem, wenn dialektal realisiert, ebenfalls Bagatellisierungsfunktion zukommt - mit Ausdrücken wie **'wiiter'**, **'jo'**, **'richtig'**, **'guet'** etc. erfolgen. Bei den beiden letztgenannten ist die Ueberschneidung mit andern möglichen Bedeutungen offensichtlich. An einem der wohl schillerndsten Ausdrücke, dem dialektalen **'guet'**, sollen die gebräuchlichsten Bedeutungsvarianten kurz dargelegt werden:

15.* Sf: (S) gibt zweihunderteinundneunzig Kilometer
L: **guet!** Ja, das

L: hast du ausgezeichnet gemacht.

16. Thomas: [24][liest die letzte an die Tafel geschriebene Frage, nachdem andere Schüler die andern Fragen gelesen haben:] Wie s/ soll der Stand aussehen?
L: **Mhm, guet!**

L: [25] Frage eins.behandelt.ihr zwei miteinander. (S)

(4.24 f. (3. Primarklasse))

17.* Sf: [liest einen Textausschnitt aus dem Buch:] (S) bis sie

---

Sf: nach Troja kamen
L: **Guet!**
Sm: [liest weiter:] Es erwies sich als (S)

Beispiel 15 gibt den üblichen Sinn des Wortes wieder: Das **'guet'** ist als Lob zu verstehen für die vom Schüler vollbrachte Leistung. Von der kommunikativen Funktion her gesehen, die der varietären Komponente zukommt, gehört es nicht hierher, sondern zur Einverständnis- und Zuwendungsfunktion, die weiter unten noch zur Sprache kommt. In den beiden andern Beispielen hingegen hat das **'guet'** nicht, oder zumindest nicht primär, diese anerkennende Bedeutung, sondern wird im 'uneigentlichen' Sinn gebraucht und erfüllt interaktionssteuernde Funktion: Die zweite Sequenz zeigt es am Uebergangspunkt zwischen zwei Unterrichtsphasen: Lasen vorher die Schüler die vom Lehrer an die Wandtafel notierten Fragen, die er jeweils erläuterte, geht es danach um die Verteilung der Aufgaben: Wer soll sich der Beantwortung welcher Fragen annehmen. Diesen Uebergang zu signalisieren und damit den Unterricht zu gliedern ist m.E. der primäre Sinn dieses **'guet'**. In Bezug auf den Unterrichtsinhalt ist es belanglos, enthält keinerlei Information. Dasselbe gilt auch für den letzten Ausschnitt. Hier allerdings hat der Ausdruck appellativen Charakter: Es geht nicht um eine Unterrichtsgliederung, sondern mehr um die Steuerung des Interaktionsprozesses: Der Schülerin wird bedeutet, dass sie jetzt weit genug gelesen habe; der Schüler, der in der Reihenfolge der Lesenden den nächsten Platz einnimmt, soll den turn übernehmen. Eine Bindung an das positiv bewertende 'gut' (siehe Bsp. 15) ist zwar gegeben, steht hier jedoch völlig im Hintergrund[64].

fb) Signalwörter:

War das erste **'guet'** in der eben besprochenen Beispielserie als Lob zu interpretieren, das letzte als turn-Uebergabe, gehört das mittlere zu einer Kategorie von Ausdrücken mit besonderer Funktion, die als 'Signalwörter' ebenfalls schon behandelt worden sind[65]. Neben dem 'gut' werden als Signalwörter ferner häufig verwendet: **'aso'**, **'so'**, **'sooli'** etc. Ein Beispiel dazu mag hier genügen:

18. Kl: [42][hat sich eine Kassette mit Vogelgesang angehört]

L: ..**Sooli**.das war also der Buchfinke..wie hat das getönt?

(26.42 (3. Primarklasse))

Wieder geht es darum, das Ende der einen Unterrichtsphase zu markieren und den Anfang einer neuen zu signalisieren. Je nachdem, in welcher Varietät die Signalwörter realisiert sind - sie werden ja auch in der Standardsprache gebraucht, wie wir gesehen haben -, enthalten sie auch Informationen zum institutionellen Stellenwert vor allem der nachfolgenden Unterrichtsphase: Ein resolut gesprochenes standardsprachliches 'gut' kann sehr wohl auch bedeuten, dass es nun wieder ernst gilt, ein erleichtertes **'guet'**, dass das unterrichtliche Pensum bewältigt ist und man zu einem weniger schulisch geprägten Umgangsstil übergehen kann[66]. An der prozess-

---

64 Eine solche Einschätzung muss sich aus dem Kontext - die Schülerin hat keine besonders lobenswerte Leistung vollbracht - sowie aus der vokal-nonverbalen Realisiereung des **'guet'** ergeben.

65 Siehe Abschnitt 5.3.2.2.2, Punkt E.

66 Dass der Einsatz solcher Signalwörter in Verbindung mit ihrer varietären Ausformung auch zu recht paradoxen Erscheinungen führen kann, liegt auf der Hand: Etwa dann, wenn damit der Uebergang zu einem wichtigeren Unterrichtsteil signalisiert werden soll - in dem auch die Unterrichtssprache strikt einzuhalten ist -, die dialektale Form des Signalwortes aber eher

steuernden Funktion der Ausdrücke ändert sich dabei nichts; für das Erarbeiten des Lerninhalts selbst tragen sie nichts bei. Bei dialektalen Realisierungen unterstreicht die varietäre Komponente diese 'Bedeutungslosigkeit' des Aeusserungsteils selbst sowie möglicherweise den reduziert-institutionellen Charakter der damit anvisierten Unterrichtsphase noch zusätzlich.

(Zusammenfassung) Gegenüber Ramges Konzept der Bagatellisierungsfunktion wurden hier einige Erweiterungen vorgenommen: Das Kennzeichen der Funktion sollte nicht mehr nur sein, dass der Vollzug der proponierten Handlung, sondern die Aeusserung als ganze - inklusive möglicher proponierter Handlung(en) - für das Abarbeiten des eigentlichen Lerninhalts belanglos sei. Der Sprecher signalisiert demnach nicht mehr nur: "'Ich weiss genau so gut wie ihr, dass das nicht so wichtig ist, was ich von euch will; [...]'"[67], sondern eventuell auch: 'Wir sind uns doch wohl einig, dass das, was ich jetzt sage, mit dem Erreichen unseres gemeinsamen Ziels nichts zu tun hat; deshalb spreche ich jetzt auch nicht im Standard.' Damit wird der Einbezug mancher Dialekt-Reviere möglich, die Ramge in seiner Studie nicht beschrieben hat und die für sein untersuchtes Sprachgebiet auch nicht in dieser Form anzutreffen sind, aber typisch sind für die deutschschweizerische Sprachlandschaft. Bagatellisierungsfunktion kommt solchen Aeusserungen, die einem Dialekt-Revier angehören, aber nur mit reduzierter Wirksamkeit zu - wenn überhaupt! Je fester etabliert im Gesamt klasseninterner interaktioneller Normen und je umfangreicher die aktuelle dialektale Realisierung, desto stärker wird die Revierbestätigungsfunktion sein, die der Aeusserung zukommt, und desto schwächer die Bagatellisierungsfunktion. Mit der erwähnten Erweiterung ist noch eine zweite Konsequenz verbunden: Ist bei Ramge die Relevanz der proponierten Handlung für das Gelingen des Unterrichts notwendiger Bestandteil der Funktionsdefinition, so ist eine solche Relevanz der dialektalen Aeusserung in der neuen Fassung nicht unbedingt nötig. Zwar zeigt die Praxis - oder zumindest das hier zugrundegelegte Korpus -, dass auch mit dieser weiteren Definition die meisten Dialektäusserungen bzw. -äusserungsteile diesen didaktischen Bezug aufweisen, dass er aber nicht überall vorhanden ist. Hier zeigt sich vielleicht am ehesten eine Schwäche von Ramges Konzept der kommunikativen Funktionen dialektalen Sprechens in der Schule: Ein Analyseinstrument zur Erfassung unterrichtlichen Sprechens, das die didaktische Relevanz als notwendiges Kriterium zur Beurteilung einer Aeusserung beinhaltet, wird der Vielfalt seines Objekts nicht ganz gerecht; wohl stehen die meisten sprachlichen Interaktionen unter didaktischer Ausrichtung, aber nicht alle - nicht beim Lehrer und erst recht

---

Gegenteiliges anzeigt. Ein Fall, der im übrigen durchaus vorkommen kann, werden doch diese Signalwörter, eventuell auch verbunden mit ermahnender Bedeutung, sehr häufig im Dialekt gehalten.

67 Ramge (1978), S. 215.

nicht bei den Schülern[68].

Es ist auffallend, wie vielen Aeusserungen bzw. Aeusserungsteilen Bagatellisierungsfunktion zugeschrieben werden kann, wenn man die andern kommunikativen Funktionen zum Massstab nimmt. Eine interne Gliederung wurde versucht anhand der thematischen Ausrichtung der dialektalen Sequenz, die hierfür als besonders geeignet erscheint, geht es doch bei dieser Funktion primär um die unterrichtliche Relevanz der Sprechhandlungen in Bezug auf die Lerninhalte. Ausführlicher behandelt wurden schliesslich einige sprachliche Möglichkeiten, die dazu dienen, den Interaktionsprozess zu gliedern und zu steuern, und die bereits in der Diskussion zur Revierbildung aufgegriffen worden sind. Sie erfüllen ebenfalls die Kriterien der Funktionsdefinition, wenn auch diese kommunikative Bedeutung meist nur in abgeschwächter Form wirksam wird, kommt den Ausdrücken in der aktuellen Realisierung doch oft noch Revierbestätigungsfunktion zu. Besondere Erwähnung fanden dabei verschiedene Arten der turn-Uebergabe sowie die 'Signalwörter'.

Es ist Ramge nach der Durchsicht des hier zur Verfügung stehenden Materials im übrigen beizustimmen, dass in der Bagatellisierungsfunktion besonders deutlich wird, wie "durch die Dialektformen die Sprechsituation plötzlich für den Augenblick als nicht-institutionell definiert wird"[69].

6.4 Abschwächungsfunktion

Die Abschwächungsfunktion dialektalen Sprechens ist nach Ramge "darauf gerichtet, dass der Lehrer Schülerhandlungen sprachlicher oder nichtsprachlicher Art, die er meist aus unterrichtsplanbezogenen Gründen nicht akzeptieren kann, so zurückweist, dass dadurch das Image des einzelnen Schülers möglichst wenig verletzt wird"[70]. Die solidarisierende Funktion des Dialekts werde eingesetzt, um tadelnde Eingriffe in ihren Auswirkungen zu mildern - Tadel, der aufgrund der sozial-situativen Konnotationen der Sprachformen in einer standardsprachlichen Realisierung besonders stark empfunden würde. Der Lehrer signalisiere mit der dialektalen Sprachform, dass er die in Frage stehende (sprachliche) Handlung zwar nicht akzeptieren könne, dass aber auf der 'Beziehungsebene' nach wie vor alles in Ordnung sei. Hervorgehoben wird ferner die Bedeutung von Gesamtkontext und sprecherischer Realisierung zur Abgrenzung der Abschwächungsfunktion von diskriminierend-emotionalisierenden Funktionen des Dialekts[71].

Im Gegensatz zur Bagatellisierungsfunktion scheint hier kein

---

68 Es ist bereits im theoretischen Teil bemerkt worden, dass sehr viele Untersuchungen schulischen Sprechens, wenn nicht die meisten, den Aspekt des nicht-didaktischen Sprechens vernachlässigen.

69 Ramge (1978), S. 215.

70 Ebd.

71 Ebd., S. 216.

Grund vorhanden zu sein, um grundsätzliche Aenderungen dieser Definition vorzunehmen.

a) Mildern von Tadel:

1. L: [143](S)..noch etwas..Philipp
Philipp: **Händ Sii das zeichnet?**

L: **Nei, das isch** [144] **da us em Buech use. Jetz wett i**

L: **aber ä Frag zu de Gschicht, nöd immer anderi** [145]

L: **Frage.**.Ist alles klar? Gut, [lauter:] wir lesen (S).

(5.143 ff. (3. Primarklasse))

2. L: [165] Alessandro, du [166] warst
Yvonne: [Aufruf:] Alessandro

L: schon einmal dran. **ja guet, säg s nomaal, chomm**
Ss: **(Flüstern)** **no öppis** /

L: **Sschscht!**
Ss: **(Schwatzen)**
Alessandro: **Aehm/ (unv.)** Geld verteilen (S)

(4.165 f. (3. Primarklasse))

Zu Ausschnitt 1: Die Frage, die die Lehrerin ursprünglich gestellt hatte, betraf die Geschichte, die die Klasse gerade behandelt hatte: Die Schüler sollten ihre eigenen Fragen dazu vorbringen. Philipp ist nun nicht der erste, der sich nicht <u>dazu</u> äussert, sondern eine andere Frage stellt. Während die Lehrerin sich vor ihm nicht darüber aufhielt, sondern die gestellten Fragen einfach beantwortete - und zwar in der Standardsprache -, wechselt sie nun die Varietät. Interessant für uns ist dabei insbesondere der zweite Teil der Dialektpartie: Die Abwehr von Fragen, die nach Ansicht der Lehrerin nicht dazugehören, kann von den Schülern auch interpretiert werden als Tadel an denjenigen unter ihnen, die solche Fragen vorgebracht haben. Um nun wieder auf ihren eingeschlagenen Weg zurückzukommen, dies denjenigen, die davon abgewichen sind, aber möglichst schonend beizubringen, wechselt die Lehrerin zum Vorbringen ihrer Mahnung zum Dialekt, der mit seinem solidarisierenden Effekt eine negative Wirkung hemmen kann. Das Bemühen, auch solche Schüleräusserungen, die nicht eigentlich zum Thema gehören, nicht schroff abzulehnen, zeigt sich im übrigen auch darin, dass sie alle diese Fragen beantwortet hat. Dass die Mahnung nicht diskriminierend aufzufassen ist, unterstreicht die Lehrerin durch die Art der Intonation. Nach dem 'gemilderten Tadel' schwenkt sie dann sofort zurück zur unterrichtsthematischen Ebene und zum Standard.

Der zweite Ausschnitt ist in einer Unterrichtsphase situiert, in der sich die Schüler gegenseitig das Wort erteilen. Obwohl sich verschiedene von ihnen noch nicht geäussert haben und sich einige um die turn-Uebernahme bewerben, ruft Yvonne Alessandro auf, der bereits einmal dran war. Der Lehrer, der ganz offensichtlich darum bemüht ist, alle Schüler am Unterricht zu beteiligen, greift in diesem Moment ein und macht auf den erwähnten Umstand aufmerksam, und zwar in der Standardsprache. Diese Bemerkung, dass er 'schon einmal dran' war, ist aber durchaus dazu geeignet, von Alessandro als Zurückweisung seiner Bemühungen empfunden zu werden - ihre Konsequenz wäre ja eigentlich auch gewesen, ihn nicht mehr sprechen zu lassen, sondern zuerst einen andern Schüler zu berücksichtigen. Um einer solchen Interpretation zuvorzukommen, belässt der Lehrer ihm explizit den turn und wechselt dazu zur dialektalen Varietät: 'Du warst zwar schon mal dran, was eigentlich nicht recht ist; aber ich sehe, dass du dich einsetzest, was ich sehr gut finde. Sag uns deshalb noch schnell, was du sagen möchtest.' So oder ähnlich könnte dieser Sprachformwechsel gedeutet werden; die (notwendige) Zurückweisung soll erträglich gemacht werden.

b) Vermeiden von Enttäuschung:

3. Martina: [66] Er wur- [67] de fast auch noch als Papst angese-

L: Nein! Das wurde er nicht. Nein
Martina: hen, ( ) Nicht?
Ss: ((Lachen))

L: **Nä,näi.** Der Papst hat ihm (S).

(25.66 f. (1. Gymnasialklasse, Kanton Luzern))

4. L: [88][auf Sm-Antwort:] Nein/ nicht/ offenbar nicht, **he'e**

L: ((lacht)) 's wäre möglich **he.ne-** [89] nein.der übernimmt

L: sofort (S)

(26.88 f. (3. Primarklasse))

In diesen beiden Beispielen geht es nicht um Tadel und dessen Abschwächung mittels Dialektgebrauch, sondern eher darum, aus der Ablehnung der Antworten möglicherweise erwachsende Enttäuschung zu vermeiden: Beide Schüler haben Antworten auf Fragen gegeben,mit denen der Lehrer (3) bzw. die Lehrerin (4) nicht einverstanden sein konnten. Dass Martina von ihrer Aeusserung überzeugt war, zeigt ihr ungläubiges 'nicht?' im Anschluss an die erste Zurückweisung. Der Wechsel der Sprachform und der damit verbundene solidarisierende Effekt können bewirken, dass die Ernüchterung auf seiten der Schülerin annehmbar ist, ohne dass der Lehrer den inhaltlichen Aspekt seiner Ablehung abschwächen muss.

Aehnliches geschieht auch im zweiten Beispiel: Auch hier ist am Schluss allen klar, dass die Antwort des Schülers falsch war; und trotzdem hat die Lehrerin versucht, dem Schüler die Annahme dieses 'Verdikts' zu erleichtern: einmal dadurch, dass sie seine Antwort als denkbare Möglichkeit anerkennt, andererseits durch die kurzen Wechsel zum Dialekt, die in der bereits beschriebenen Art wirken können und in diesem Fall beinahe den Eindruck erwecken, als täte es ihr leid, nein sagen zu müssen.

c) Aufwerten ungenügender Antworten:

5. L: [279](S) mit fünfunddreissig willst du kürzen, oder?

L: [280] **ah mit füf, jawoll, da wär au gange.** Aber
Sch: (unv.)

L: man kann es direkt mit fünfunddreissig (S)

(13.279 f. (1. Realklasse, Kanton Schaffhausen))

Im ersten Teil des zitierten Ausschnitts unterstellt der Lehrer dem Schüler die Kenntnis der richtigen Antwort. Dieser gibt jedoch - auf der Bandaufnahme nicht verständlich, aus der Lehrerreaktion aber ersichtlich - eine zwar ebenfalls mögliche, aber nicht die beste (=mit dem Vorschlag des Lehrers identische) Lösung an. Die beiden anschliessenden Aeusserungsteile enthalten dann die ablehnende Haltung des Lehrers: In der dialektalen Sequenz wird der Lösungsweg als ein möglicher anerkannt; die konjunktivische Verbform, das darauffolgende **'au'** sowie die sprecherische Realisierung deuten jedoch bereits an, dass damit nicht die richtige Antwort getroffen ist. Im Standardteil, mit dem trennenden 'aber' eingeleitet, wird dies dann deutlich, indem der Lehrer seine richtige(re) Lösung noch einmal präsentiert. Will man von der Abschwächungsfunktion dialektalen Sprechens aus argumentieren, so müsste man (auch) in diesem Fall sagen, dass der eigentlich ablehnende Inhalt mit dem Varietätenwechsel zum verbindenden, schulische Barrieren eher abbauenden Dialekt in einem Widerspruch steht derart, dass durch letzteres die (mögliche) Wirkung von ersterem abgeschwächt wird.

d) 'Prophylaktischer' Varietätenwechsel:

6. L: [60](S). **Guet,** wer hat.alle richtig, null Fehler?..Einen?

L: .Zwei? [61] Drei?.Vier?.**meh wie vier?.we viel?**
Sm: **Sechs, alles**

L: [62] **Und dä det hinä.wahrschinli au mee,**
Sm: **nid fertig kürzt..**

L: **oder?**
Sm_x: **Ja**

(13.60 ff. (1. Realklasse, Kanton Schaffhausen))

Dieser Ausschnitt gibt meines Erachtens einen Sonderfall innerhalb jener Aeusserungen wieder, denen aufgrund des Sprachformwechsels Abschwächungsfunktion zugeordnet werden kann: Da es bei dieser Funktion darum geht, einen Schülerbeitrag zurückzuweisen, ohne dass dessen Image darunter leidet, hat Ramge darauf hingewiesen, dass sie sich "ausschliesslich in reagierenden Zügen, an einzelne Schüler gerichtet" findet[72]. Dass dabei auch Ausnahmen vorkommen können, zeigt unser Beispiel: Der Lehrer stellt eine Reihe gleicher Fragen, auf die die Schüler nicht verbal, sondern

72 Ramge (1978), S. 215.

nur durch Handaufheben reagieren. Es handelt sich bei diesen Fragen also sicher nicht um reagierende, sondern um initiierende Züge. Besonderes Merkmal der Fragen ist es allerdings, dass der Lehrer die Zahl der Antwortenden etwa abschätzen kann: Er kann annehmen, dass einige Schüler keine oder wenige Fehler gemacht, und er kann ebenso annehmen, dass einige mehr gemacht haben. Ist nun mit dem Aufstrecken bei den ersten Fragen sicherlich ein gewisses Erfolgserlebnis auf seiten des sich meldenden Schülers verbunden, bedeutet es das (offensichtliche) Eingestehen eines Misserfolgs, je länger ein Schüler seine Meldung zurückhalten muss. Dass dem so ist, scheint auch der Lehrer zu wissen: Mit dem Wechsel zum Dialekt zu einem Zeitpunkt, da ein solches Eingeständnis für das Selbstbild der betreffenden Schüler problematisch werden könnte, und dem mit einem Varietätenwechsel verbundenen Uebergang zu einer symmetrischeren, ausserschulischem Handeln angenäherten Interaktionsform, vermag er einer möglicherweise selbstverletzenden Wirkung der fraglichen Schülermeldung zuvorzukommen. Sozusagen 'prophylaktisch' wird hier die abschwächende Funktion dialektalen Sprechens eingesetzt, um einzelnen Schülern ein Handeln in einer für sie unangenehmen Situation zu erleichtern und potentielle Diskriminierung abzuwehren. Den Appell, der an die betreffenden Schüler ergeht, könnte man etwa folgendermassen fassen: 'Scheut euch nicht, euch zu melden! Ihr habt zwar mehr Fehler gemacht, als eigentlich nötig wäre; zu befürchten habt ihr deswegen aber nichts, ich halte diese Resultate nicht für derart wichtig.'

e) Humor:

7. Andrea: [134](S) gleich [135] vier Siebenundzwanzigstel
L: Fast

L: (unv.) **no än Chnopf i dä Zunge. Nid** vier [136] Sieben-

L: undzwanzigstel, sondern muss das etwas trennen.vier

L: $Jawoll$, gut (S)
Andrea: vier sieben <u>Zwanzigstel</u>

(13.134 ff. (1. Realklasse, Kanton Schaffhausen))

8. L: [257] Und die [258] Flüsse sind dafür [mit welcher

L: Farbe eingezeichnet auf der Tafel]? Shiggi!
Kyung-Shik: Schwarz

L: **jo. Aechli denäbed, aber isch ja gliich.**

(7.257 f. (5. Primarklasse))

Oft sind humorvolle oder ironische Wendungen mit der Realisierung von Dialektäusserungen mit abschwächender Funktion verbunden: Statt einfach den Fehler zu konstatieren und nach einer besseren Lösung zu fragen, gibt der Lehrer im ersten Ausschnitt eine Begründung für die Fehlleistung, die dem Schüler anzeigen muss, dass er sie nicht als besonders gravierend taxiert, ja, sie (scheinbar) nur als Versprecher wertet. Die witzige Art der Erklärung ist zusätzlich dazu angetan, eine diskriminierende Interpretation der inhaltlichen Zurückweisung zu vermeiden.

Im zweiten Ausschnitt ist die dialektale Komponente wesentlich schwieriger zu deuten: Die Unterrichtsphase, in der die Klasse zum Zeitpunkt der Aeusserung steht, verläuft eher mühsam, und die Lehrerin hat teilweise Mühe, sich ob der schleppenden Abwicklung des Geschehens und der unbefriedigenden Schülermitwirkung und deren Antworten zu beherrschen. Weder die syntaktische Form des Dialektteils noch die sprecherische Realisierung lassen hier einen zweifelsfreien Schluss zu, ob die Aeusserung ironisch-wohlwollend oder sarkastisch-diskriminierend aufgefasst werden muss; der Gesamtkontext deutet eher auf letzteres hin. Ohne dies entscheiden zu müssen, lässt sich jedoch sagen, dass es sich hierbei um einen Grenzfall handelt: Je nachdem, ob man die Lehreräusserung schülerfreundlich oder -feindlich auslegen will, wird man der dialektalen Komponente eher abschwächende Funktion zuschreiben - im Sinn einer Bagatellisierung des Fehlers mit witzigem Unterton - oder aber eine diskriminierende (s.u.), die, expliziert, etwa wie folgt lauten müsste: 'Ganz unter uns gesagt, und ich meine es ernst: Ich hab die Hoffnung aufgegeben, dass ihr das noch kapiert; mir ist das doch gleich, macht doch, was ihr wollt!'

f) Der vokal-nonverbale Aspekt als entscheidende Interpretationshilfe:

9. Daniel: [172](S), drei.Dreieintel.
L: **Näi näi näi näi** nein
Ss: ((Ge-

Ss: lächter))
Daniel: Neun Eintel.
L: Drei ein Drittel?..
(13.173 (1. Realklasse, Kanton Schaffhausen))

In dieser Sequenz kann der Sprachformwechsel ohne Rückgriff auf die Intonation kaum adäquat interpretiert werden. Diese zu deuten bietet hier allerdings keine besonderen Schwierigkeiten, und auch die Reaktion der Klasse kann als Bestätigung gelten, dass keine verletzenden Absichten des Lehrers vorlagen. Wiederum wird durch den Varietätenwechsel, der durch die formale wie die vokal-nonverbale Realisierung der Aeusserung interpretierbar und unterstützt wird, die Schüleräusserung in einer Art zurückgewiesen, die von diesem ohne Imageverlust akzeptiert werden kann. In der Kürze und der Unauffälligkeit des Wechsels ist diese Sequenz einer andern ähnlich, die hier als letztes Beispiel zur Charakterisierung der Abschwächungsfunktion aufgeführt sei:

g) Interjektionen:

10. L: [38](S) aber wie heisst das was sie zuklebt..Röbi?
Röbi: Der

L: [39] $Jawoll$, wie sagen wir auch noch,
Röbi: Briefumschlag

L: wie könnte man auch sagen? [zweifelnd:] **mhm**, Hülle sagt
Sm: **äh.**Hühle?

L: [40] man weniger.
(5.38 ff. (3. Primarklasse))

Dieser Ausschnitt ist bereits einmal zitiert worden, als es um die Darstellung jener Interjektionen ging, die häufig als Kleinst-Reviere anzutreffen sind. Schon dort wurde auf die semantische Mehrschichtigkeit des '**mhm**' hingewiesen. Zwar steht hier primär der Aspekt der eigenen Unsicherheit näher: Die Lehrerin gibt (scheinbar) zu erkennen, dass sie im Zweifel sei über die Richtigkeit der Antwort. Sekundär aber schimmert die eigentliche, und zwar dem Inhalt gegenüber ablehnende Haltung der Lehrerin durch. Statt schlicht 'nein' zu sagen und den Schüler damit eventuell zu brüskieren, reagiert sie in einer Form, die seine Antwort als Möglichkeit nicht ganz verwirft. Dieser abschwächenden Absicht dient m.E. nun aber auch die varietäre Komponente der Interjektion: Auch wenn sie hier nicht eindeutig als dialektal ausgemacht werden kann, so liegt doch die Möglichkeit einer solchen Interpretation nahe.

In einem Grenzbereich befinden wir uns aber nicht nur wegen dieser Unentscheidbarkeit der Sprachform, sondern auch deshalb, weil es sich auch hier wieder um ein Gebiet mit relativ fest etabliertem Reviercharakter handelt. Dies hat zur Folge, dass die bereits mehrmals beschriebene Beziehung zwischen Revierbestätigungsfunktion und anderen kommunikativen Bedeutungen des Dialekts - hier die Abschwächungsfunktion - zu spielen beginnt: Je stärker interaktionell verankert das Dialektrevier, desto schwächer kommen andere kommunikative Funktionen zum Tragen.

<u>(Zusammenfassung)</u> Dass dem Dialekt im standardsprachlichen Unterricht Abschwächungsfunktion zukommen kann, wie dies Ramge in seiner Untersuchung postuliert, trifft auch für deutschschweizerische Verhältnisse zu. Es geht dabei darum, dass der Lehrer auf der unterrichtlich-thematischen Ebene (Sprech-)Handlungen von Schülern zurückweisen kann, ohne dass dadurch ihr Selbstwertgefühl und ihr Ansehen bei den Mitschülern verletzt und die Beziehung zum Lehrer beeinträchtigt würden. Der Widerspruch zwischen den Aussagen auf diesen beiden Ebenen ist deshalb das typische Kennzeichen dieser kommunikativen Funktion.

Der Effekt der Solidarisierung und Symmetrisierung, der mit dem Varietätenwechsel einhergeht, wird im einzelnen dazu verwendet, Tadel und Mahnungen in ihrer möglicherweise nachteiligen Wirkung zu mildern (a); ferner soll damit erreicht werden, dass Enttäuschung über aus thematischen Gründen zurückgewiesene Aeusserungen sich nicht allzu stark ausbreiten kann (b). Die der Beziehung zwischen den Unterrichtsteilnehmern förderliche Wirkung des Sprachformwechsels kann unterstützt werden durch den Einsatz von Humor und Ironie (e) sowie durch das Hervorstreichen positiver Aspekte in den zurückgewiesenen Aeusserungen (c). Im Gegensatz zu Ramge, der die Abschwächungsfunktion auf reagierende Lehreräusserungen beschränkt sah, wurde die Möglichkeit angesprochen, dass sie auch initiierenden Sprechakten zukommen könne (d): Insofern der Lehrer unter bestimmten Bedingungen die Schüler in Situationen hineinmanövrieren kann, von denen er im voraus weiss, dass sie sich ihnen kaum entziehen können und dass ein (Sprech-)Handeln in diesen Situationen mit einem Imageverlust verbunden ist, kann er den Dialekt mit seinen sozial-situativen Konnotationen einsetzen, um diese voraussehbaren Wirkungen, quasi prophylaktisch, abzuschwächen oder ganz zu vermeiden. Und schliesslich wurde auf die Nähe zu andern kommunikativen Funktionen - inklusive der Revierbestätigungsfunktion - hingewiesen sowie auf die Bedeutung des unterrichtlichen Kontextes und der konkreten - vor allem vokal-nonverbalen - Realisierung der Aeusserung für die Interpretation ihrer kommunikativen Bedeutung.

6.5 Einverständnis- und Zuwendungsfunktion

Bei der Einverständnis- und Zuwendungsfunktion spiegelt sich nach Ramge[73] "in den dialektalen Formen des Sprechens das solidarische Einverständnis mit dem Angesprochenen über etwas Drittes (eine Einstellung, einen Referenten) oder über eine Handlung des angesprochenen Schülers." Bezüglich ihrer Bindung an kommunikativ relevante Faktoren erwähnt er, dass sie "sowohl in initiierenden wie (öfter) reagierenden Zügen, innerhalb und ausserhalb von Unterrichtsplänen, meist jedoch an einzelne Schüler gerichtet" auftrete. Hervorgehoben wird ferner die fliessende Grenze zur Abschwächungsfunktion - was insbesondere bedingt ist durch das suggestive Hervorheben einer positiv besetzten Beziehungsebene - sowie der Umstand, dass die sich in der Dialektform spiegelnde Uebereinstimmung oft als Lob wirke.

So ist denn überhaupt auffällig - um bei diesem letzten Punkt zu beginnen -, wie häufig Lehrer von der Standardsprache zum Dialekt wechseln, um einen Schüler oder die ganze Klasse zu loben. Dabei wirken dann oft die explizite Formulierung und die sozial-situative Information des Varietätenwechsels so zusammen, dass die beiden Komponenten einander in ihrem Effekt verstärken:

a) Explizite Anerkennung, Lob etc.:

1. L: [99] Wer kam auf diese Lösung? Alleine,
Rebekka: [meldet sich]

L: Rebekka? [anerkennend, sehr leise:]
Rebekka: Ja.ich habe.nachgeschaut in einem. [100] Buch

L: **guet** Wer (S)
Rebekka: (unv.)

(11.99 f. (6. Primarklasse))

73 Ramge (1978), S. 216 f.

2. L: [121](S) und was würde er machen?
Dimitri: [schalkhaft:] Er würde sie kaputt

L: [122] **mh** ja.**rechtig.**$prima$.. [laut, be-
Dimitri: machen und essen

L: stimmt:] $Fein/$(S)

(26.121 f. (3. Primarklasse))

3. L: [154][Im Anschluss an eine kleine Theaterdarbietung der Schüler in der Standardsprache] **Danke schön gschpilt.** Sehr

---

L: schön..ganz ohne Text [-Vorlage].

(8.154 (5. Primarklasse))

In all diesen Ausschnitten wird die Zufriedenheit der Lehrerinnen über eine gebotene Leistung explizit ausgedrückt. Unterstrichen wird dieses Lob dadurch, dass sie es im Dialekt realisieren: Er zeigt an, dass das Einverständnis mit dem Handeln der Angesprochenen echt ist, die Freude an den Leistungen aufrichtig, da in jener Sprachform ausgedrückt, die für Echtheit und Aufrichtigkeit eher bürgt als die mit typischem Rollenverhalten stärker verbundene Standardsprache[74].

b) Ueberschneidung mit andern kommunikativen Funktionen:

Wie neben dem Anzeigen von Einverständnis und / oder Zuwendung auch andere kommunikative Funktionen mit dem Varietätenwechsel zum Tragen kommen können, zeigt folgendes Beispiel:

4. L: [130](S).**Aso** wie muss die Lösung heissen?..Ralf
Ralf: Ich habe

L: ReM? [131] Was ist R **ja du häsch es ja**
Ralf: R.e.M **mhm** ..(**aso**)

L: **rächt!** H.und **Ja aso.**ausgesprochen? [132]
Ralf: **Nei** H.H HeM Herisau ist

L: Jawohl.gut.(S)
Ralf: ein Element **hä**.von.den Kantonshauptorten

(11.130 ff. (6. Primarklasse))

Hier handelt es sich nicht um eine Ueberschneidung mit der Abschwächungsfunktion, wie sie Ramge beschrieben hat, sondern mit der Aktivierungsfunktion: Neben der ausdrücklichen Anerkennung der

---

74 Interessant in Bezug auf die verschiedenen kommunikativen Funktionen prinzipiell gleicher Wörter ist besonders die zweite Sequenz: Während das '**rechtig**' und das von seiner Varietät her nicht entscheidbare 'prima' die vorangegangene Schüleräusserung beurteilen, ist das anschliessende 'fein' nicht mehr in diesem Sinn zu deuten - obwohl dies grundsätzlich möglich wäre; die längere Pause (..) sowie der veränderte Tonfall und die gesteigerte Lautstärke lassen es als Ausdruck mit Prozesssteuerungsfunktion erscheinen, als typisches 'Signalwort'.

Richtigkeit der (noch nicht vollständig präsentierten) Schülerantwort enthält die Aeusserung als ganze die Aufforderung, weiterzufahren: 'Nur mutig, du kannst es ja!': So etwa könnte die zum Ausdruck gebrachte Haltung umschrieben werden. Intonation und Satzstruktur legen eine solche Interpretation auch varietätenunabhängig bereits nahe; der Sprachformwechsel als solcher schliesslich unterstreicht durch die Evokation des damit assoziierten Bedeutungspotentials den solidarisierenden Appellcharakter der Aeusserung einerseits, die Uebereinstimmung auf inhaltlicher wie auf der Beziehungsebene andererseits.

c) Widerspruch zwischen varietätenunabhängiger und varietätenspezifischer Information:

5. L: [141](S). Wie heisst die Kantonshauptstadt?
Christine: **ää**

L: ja. **Glück ghaa**
Christine: $Aarau$ (Tja)

(11.141 f. (6. Primarklasse))

Ambivalent bezüglich ihres kommunikativen Sinns ist auch diese dialektale Lehrersequenz: Der ironische Unterton, der dem **'Glück ghaa'** unabhängig von seiner varietären Realisierung anhaftet, steht in Wechselwirkung mit der durch den Sprachformwechsel aktualisierten Varietäteninformation: Der kurzfristige Abbau von sprachformbedingten Barrieren zwischen den Kommunizierenden dürfte es der Lehrerin erleichtern, die ironische Note überhaupt einzubringen, da sie dann eher damit rechnen kann, dass der solidarisierende Effekt einen ebenfalls möglichen diskriminierenden überwiegt, die Ironie - etwa einem Augenzwinkern vergleichbar - als solche erkannt und dem Aspekt des Einverständnisses untergeordnet wird.

d) Hervorheben von Verstehen / Einverständnis:

6. L: [204] War das ein Abfalleimer? [205]
Anja: Nein, de/ das sch/

L: Ah, ja den Abfall von/ **ja jtzt, jetzt**
Anja: das runde Plättchen

L: **weiss i was.** Ihr habt so kleine Plättchen mitgenommen.

(18.204 f. (2. Primarklasse))

Der Sprachformwechsel kann in diesem Ausschnitt nicht im Sinn eines Lobes interpretiert werden; die Aeusserung der Schülerin wird aber dennoch aufgewertet, und zwar dadurch, dass das prinzipiell unterstellte Einverständnis auf der für die Klärung solcher Fragen 'zuständigen' Sprachformebene demonstrativ hervorgehoben wird - sei es nun mit Absicht oder nicht! Die aus der Sicht der Lehrerin reichlich sonderliche Aeusserung Anjas - anscheinend war ihr der assoziative Gedankengang der Schülerin nicht sofort zugänglich - wird nicht zurückgewiesen, sondern angenommen, der Grund für das fehlende Verständnis nicht in der Aeusserung, sondern im eigenen Verstehensprozess gesucht. Durch den sicherlich sehr spontanen Varietätenwechsel - die Lehrerin wechselte während dieser Lektion praktisch nie zum Dialekt - wird das (Sprech-)-Handeln der Schülerin nachträglich - nach anfänglichem Miss- bzw. Unverständnis - als sinnvoll bewertet, ihre Position im Interaktionsprozess dadurch gestärkt.

e) Unterstellen von hoher Leistungsfähigkeit:

7. L: [147](S), schau mal zwölf und vier an.
Sandra: An, da/ **äh** drei

L: [148] **Natürli. Nögscht**
Sandra: Fünfundzwanzigstel

(13.147 f. (1. Realklasse, Kanton Schaffhausen))

8. L: [70](S) das hat nämlich [71] <u>einen</u> Grund warum sie

L: nicht zurückschreibt Daniel
Daniel: **äh** **si wott persönlich sägä**

L: erstens das ja
Daniel: [72] **si wott persönlich sägä öbs göchi**

Röbi: **eh** **mm** Es
L: aber es hat noch einen anderen [73] Grund Röbi

Robi: geht schneller
L: **ä ja klar.** Es geht viel schneller als (S)

(5.70 ff. (3. Primarklasse))

Aeusserungsteile wie **'natürli'** oder **'ä ja klar'** kommentieren die vorangegangenen Schülerleistungen, und zwar so, dass nicht nur die Richtigkeit dieser Leistungen festgestellt wird, sondern zugleich auch suggeriert wird, dass die verlangten Antworten so einfach zu finden seien, dass man eigentlich ganz selbstverständlich darauf kommen müsse. Eine solchermassen unterstellte Selbstverständlichkeit der geforderten Lösung könnte vom betreffenden Schüler nun aber durchaus auch negativ interpretiert werden, etwa im Sinn von: 'Was ich eben gesagt habe, ist offenbar recht banal, da jedermann bekannt, und verdient es deshalb nicht, besonders erwähnt oder gar gelobt zu werden'. Dass diese Deutungsmöglichkeit aber kaum aufgegriffen wird, dafür scheint mir - neben der Intonation - insbesondere die varietäre Komponente verantwortlich zu sein: Das Erzielen eines solidarisierenden Effekts durch den Sprachformwechsel legt eine positive Bewertung der erwähnten Selbstverständlichkeit nahe: Die Lehrperson gibt damit zu verstehen, dass sie die betreffende Lösung eigentlich erwartet habe, nicht weil diese so einfach gewesen wäre, sondern weil sie eigentlich gewusst habe, dass der Schüler so gut sei, um sie finden zu können. Ein dermassen suggeriertes Einverständnis über die Fähigkeiten des Schülers kann wiederum als Lob aufgefasst werden und ist sicher dazu angetan, sein Selbstbewusstsein zu stärken.

f) Unterstellen einer gemeinsamen Optik:

9. L: [227](S). Deshalb werden **waarschin/** [228] wahrschein-

L: lich auch die Jurassier nicht begeistert sein, wenn wir

L: von.Delsberg [229] sprechen
Daniel: **Wiä heissed diä?**
Sm: $Jurassier$

L: $Jurassier$ **Schöön, gä?** **M/hh** [Zu-
Ss: ((Gelächter))
Daniel: **jaa**

L: stimmung] ((Lachen)) (7.227 ff. (5. Primarklasse))

In diesem Ausschnitt betrifft der Varietätenwechsel nicht die Beurteilung eines Schülerverhaltens, sondern das Urteil über einen Unterrichtsgegenstand: Die Lehrerin kann aufgrund der Frage Daniels sowie des anschliessenden Lachens der Schüler annehmen, dass diese den scheinbar neuen Ausdruck 'Jurassier' recht komisch finden; sie lässt sich dies durch ihr **'schöön, gä?'** denn auch nochmals bestätigen. Dadurch aber, dass sie zur Formulierung dieser 'Frage' den Dialekt verwendet, tritt sie gleichsam aus ihrer Lehrerrolle heraus und wechselt auf die Seite der Schüler. Sie erweckt damit den Eindruck, als sei sie mit ihnen in der Beurteilung des fraglichen Ausdrucks einer Meinung. Der Varietätenwechsel ermöglicht der Lehrerin also einen Wechsel der Rolle und, damit verbunden, der Optik und führt so zu einem Lehrerin und Schüler verbindenden Einverständnis über einen Lerngegenstand. Der an die Sprachform geknüpfte Aspekt der Solidarisierung ist in dieser Sequenz ausserordentlich stark ausgeprägt.

g) Uebernahme von Dialektausdrücken:

10. L: [147][Hat Aufgaben erklärt]
Sch: **Sii muemer. (unv.)**
Sf: **Mit Füli, Herr Sigg?**
Sch: **Sii aber wie gaat das?**

L: Das hinten dürft ihr mit [148] **Füli**, ja
(20.147 f. (3. Primarklasse))

11. Benno: [143](S) der Salat, **wo** ich gepostet+ habe, hat das

Benno: M/**Mami** nicht [144] gern ge/ nicht gern
L: **Ah, s Mami** hat

L: diesen Salat nicht so gern gehabt.
(18.143 f. (2. Primarklasse))

12. L: [164](S). Der **Fritzli** [=Figur aus einer Geschichte], ihr

L: habt ihn **Fritzli** [165] genannt oder ihr nennt ihn **Fritzli**,.
(21.64 f. (4. Primarklasse))

Zuwendungs- und Einverständnisfunktion kommt dem Dialekt in diesen Beispielen insofern zu, als die Lehrpersonen gewisse Elemente aus dem dialektalen Repertoire der Schüler in ihre standardsprachliche Rede integrieren und sich damit mit einem Teil der Lebenswelt der Schüler auf sprachliche Weise identifizieren. Eine gewisse Nähe zur Veranschaulichungsfunktion ist hier sicherlich gegeben, spielt jedoch nur eine untergeordnete Rolle, da der veranschaulichende Gebrauch des Dialekts an initiierende Züge gebunden ist, sämtliche dialektalen Ausdrücke hier aber reaktiv verwendet werden: Sie wurden alle von den Schülern im aktuellen Unterrichtskontext bereits gebraucht. Durch den Wechsel der Varietät wird signalisiert: 'Ich bin einverstanden mit der Art, wie ihr redet, und akzeptiere es, dass ihr diese Ausdrücke nicht in die Standardsprache übersetzt; ich weiss auch, wieso ihr das tut, auch mir geht es bei der Beurteilung und der sprachlichen Realisierung dieser Erfahrungsbereiche ähnlich wie euch.' Die dialektalen Ausdrücke weisen denn auch jeweils ganz bestimmte Merkmale auf: Auf einen gemeinsamen Nenner gebracht könnte man sagen, dass sie derart in der dialektalen Varietät eingebettet sind, dass eine Uebersetzung in die Standardsprache die emotionale Bindung zwischen dem gemeinten Objekt und dem Sprecher / Hörer qualitativ verändern würde: Das '**Mami**' ist eben nur das wirkliche **Mami**, wenn es auch tatsächlich so heisst, und nicht etwa 'Mutter'! Es ist auch nicht verwunderlich, dass der Dialekt in dieser Funktion besonders in unteren Klassen anzutreffen ist und sich später aufgrund der entwickelteren sprachlichen Abstraktionsfähigkeit der Schüler verliert - sie brauchen dann selbst den Dialekt dafür nicht mehr und geben dem Lehrer damit auch keinen Anlass mehr, Varietätenwechsel mit dieser Funktion vorzunehmen[75].

In den aufgeführten Beispielen wird die erwähnte Identifikation bzw. Solidarisierung mit den Schülern und ihrer Sprache verschieden realisiert: Während in den ersten beiden Sequenzen die Dialektausdrücke kommentarlos und ganz selbstverständlich übernommen werden, weist der Lehrer in der dritten explizit darauf hin, dass er den Sprach(form)gebrauch der Schüler übernimmt. Am damit erzielten Effekt ändert sich dadurch aber nichts.

---

75 Dass Lehrer z.T. sogar eher dazu neigen, in solchen Fällen den Dialekt einzusetzen und damit die Angst der Schüler vor standardsprachlichen Normen abzubauen versuchen, hat Ramge (1978), S. 217, am Beispiel des Verbs 'tun' bereits aufgezeigt, das im Unterricht möglichst vermieden werden sollte; auch die Studie zum Sprachgebrauch in der Unterstufe im Kanton Zürich (Kropf (1983), S. 87) hat auf die frühe Existenz solcher Normen hingewiesen. Wie stark sie zeitweise in den Unterricht eingreifen, wird in folgendem Ausschnitt deutlich:

Markus: [106] Da wickelt [107] mein **Mami** mich
L: [zustimmend:] **mhm**
Sch: [leise korrigierend:] meine Mutter

(2a.106 f. (2. Primarklasse))

h) Gebrauch dialektaler Rufnamen:

13. L: [169](S). Also **Wolfi**, hast du eine Frage?
(12.169 (2.-8. Primarklasse))

14. L: [76](S) ohne die kann man nicht leben..**Wörmli** hat gesagt,.
(14.76 (3. Sekundarklasse, Kanton Luzern))

15. L: [100] Das wäre also [101] der Widerspruch zu **Mädi**?
14.100 f. (3. Sekundarklasse, Kanton Luzern))

Bei diesem Typus von Varietätenwechsel geht es nicht mehr nur um die Uebernahme einzelner Teile des dialektalen Sprachrepertoires der Schüler durch den Lehrer, sondern um die Uebernahme der - meist dialektal ausgeprägten - Rufnamen der Schüler im standardsprachlichen Kontext. Waren in der eben besprochenen Kategorie bereits solche Ausdrücke von einem Sprachformwechsel betroffen, die eine stärkere emotionale Nähe zu den Schülern aufwiesen, so geht es nun um die Identität der Kommunizierenden selbst: Es scheint mir für die Gestaltung einer Beziehung nicht unwesentlich zu sein - und dies gilt nicht nur, aber sicher auch im Klassenzimmer -, mit welchen Namen sich die Interagierenden ansprechen. Mit dem Verwenden des dialektalen Rufnamens, jenes Namens also, der auch ausserhalb der Schule von den Schülern untereinander gebraucht wird, gibt der Lehrer gleichzeitig zu erkennen, dass er die Schüler in ebendieser Identität anerkennt und darauf verzichtet, eine zweite, rein schulische und durch die Sprachform von der anderen gesonderte Identität aufzubauen. Auch in dieser Art von Varietätenwechsel, die den aus Schülersicht wohl ganz zentralen Aspekt der Anrede betrifft, spiegelt sich die Solidarisierung des Lehrers mit den Schülern, mit ihrer gesamten Persönlichkeit, in der - über die Schülerrolle hinaus - auch sämtliche andern Lebensbereiche miteinbezogen sind. Durch eine einfache varietätenspezifische Handlung des Lehrers wird m.E. hier zum Ausdruck gebracht, dass die ihm anvertrauten Kinder und Jugendlichen als Menschen und nicht nur als Schüler gewürdigt werden[76]. Dabei spielt es auch keine Rolle, ob der Lehrer den dialektal 'aufbereiteten' Vor- oder Nachnamen braucht oder eine Phantasieprägung.

(Zusammenfassung) Ramges Einverständnis- und Zuwendungsfunktion dialektalen Sprechens findet sich auch im deutschschweizerischen Unterricht; seine Definition der Funktion wurde dabei unverändert übernommen.

Es wurde darauf hingewiesen, dass die Lehrer für explizites Lob, Zustimmung oder Anerkennung für das Verhalten von einzelnen

---

76 Es versteht sich wohl von selbst, dass eine derartige Achtung der Schüleridentität nicht allein aus solch sprachformspezifischem Verhalten abgeleitet werden kann, sie ist auch ohne diese Varietätenwechsel möglich; ebenso offensichtlich scheint mir aber zu sein, dass dieses Verhalten dafür ein wichtiger Bestandteil sein kann.

Schülern oder der Klasse sehr häufig zum Dialekt übergehen, die positiv verstärkende Wirkung des Sprechhandlungstyps somit durch die varietäre Komponente seiner Realisierung noch zusätzlich unterstützt wird (a). Die Nähe zwischen dieser kommunikativen Funktion und anderen, die Ramge anhand eines Beispiels mit zusätzlicher Abschwächungsfunktion aufgezeigt hatte, wurde auch im hier zur Verfügung stehenden Material gefunden: In Ausschnitt b lag eine Ueberschneidung mit der Aktivierungsfunktion nahe, und auch das Beispiel in Ausschnitt c war ambivalent in dem Sinn, als die Interpretationsmöglichkeiten sowohl eine diskriminierende als auch eine anerkennende Komponente enthielten. Zwei verschiedene Arten, wie durch den Wechsel der Sprachform vorangegangene Schüleräusserungen aufgewertet und damit auch deren Selbstwertgefühl gestärkt werden können, zeigten die Dialektsequenzen in den Abschnitten d und e. Dass der Varietätenwechsel vom Lehrer auch dazu benützt werden kann, seine Lehrerrolle in den Hintergrund zu schieben und sich der Schülerperspektive anzuschliessen, kam unter f zum Ausdruck. Auch die Uebernahme von bestimmten, durch eine starke emotionale Bindung Sprecher - Objekt charakterisierten Teilen des dialektalen Schüler-Repertoires im Standardkontext (g) muss im Zusammenhang mit dieser kommunikativen Funktion gesehen werden: Ein solches Verhalten des Lehrers kann Identifikation mit der Schülersprache und damit auch Anerkennung der gesamten, nicht nur schulischen Schülerwelt signalisieren. Aehnlich zu interpretieren ist schliesslich die Verwendung dialektaler Rufnamen im Unterricht: Sie scheint mir Ausdruck dafür zu sein, dass die Schüler vom Lehrer nicht nur in ihrer schulischen, sondern in ihrer gesamten, rollenunabhängigen Identität akzeptiert werden.

6.6 Diskriminierungsfunktion

Als 'negatives Pendant' zur Einverständnis- und Zuwendungsfunktion ist Ramges Diskriminierungsfunktion konzipiert[77]: Dialektales Sprechen im standardsprachlichen Unterricht kann dann diskriminierend wirken, "wenn die emotionalisierende Basisfunktion des Sozialsymbols Dialekt im Vordergrund steht" und "sofern die Aeusserung sprecherisch 'ärgerlich', 'wütend' oder 'unwillig' realisiert wird." Die Diskriminierungsfunktion ist nach Ramge "stets an die Handlungsform des Tadels gebunden, so dass der Dialektgebrauch hier als Verstärkung der potentiellen Diskriminierung durch die Sprechhandlung zu verstehen ist."

Insofern Sprechhandlungstyp und varietätenspezifische Information einander in ihrer Wirkung unterstützen, ist der dialektale Tadel - nur mit vertauschten Vorzeichen - exakt analog der expliziten Form des Lobes, der Zustimmung etc., die unter a bei der Einverständnis- und Zuwendungsfunktion behandelt wurde. Eine weitere auffällige Parallele, die an diese beiden Funktionen gebunden ist, besteht darin, dass ausgesprochen häufig von der

---

[77] Ramge (1978), S. 217 f.

Standardsprache zum Dialekt gewechselt wird, wenn die betreffenden Wirkungen - Anerkennung bzw. Diskriminierung - erzielt werden sollen, dass in vielen Klassen sogar praktisch nur im Dialekt gelobt und getadelt wird[78].

a) Zurechtweisungen:

1. L: [136]..Wer hat noch zu arbeiten? Jürg, du?.Du?. Und du? Ihr

L: drei? Gut. Dann.. **$Luca$** [137] **sitz jetzt ane!** Ihr müsst.

L: euch jetzt etwas beeilen (S) (20.136 f. (3. Primarklasse))

2. L: [169] Die einen.finden, [170] Geld verteilen in der Klasse,

L: jeder bekommt den/ **sind jetz doch mal ruig!/** jeder bekommt

L: den gleichen Betrag. (4.169 f. (3. Primarklasse))

Die Zurechtweisung betrifft im ersten Fall einen einzelnen Schüler, im andern die ganze Klasse. Bei beiden fällt auf, wie der Aerger über ein Schülerverhalten den (Sprech-)Handlungsplan der Lehrer stört und unterbricht: Sie halten mitten im Satz inne, um für den Tadel zum Dialekt zu wechseln. Der Wechsel auf der thematischen Ebene - das unterrichtsorganisatorische bzw. lerninhaltzentrierte Gespräch wird kurzfristig durch Verhaltensanweisungen unterbrochen - ist hier zusätzlich gekoppelt mit einer Reihe von Veränderungen anderer kommunikativ relevanter Faktoren: Den Varietätenwechsel begleitet ein erhöhtes emotionales Engagement, das mit dem Uebergang zum Standard sofort wieder zurückgenommen wird; äusserlich schlägt sich dies nieder in der bewegteren Stimmführung sowie der erhöhten Lautstärke während des Dialektteils.

b) Vorwürfe:

3. L: [47] Ist das die Innerschweiz, Andi? [48] **Also guet,**
Andi: **Näi**

L: **warum hocksch dänn daa und (unv.) nüüt?** [49][zornig:] Was

L: ist es?
Andi: [leise:] Die Ostschweiz (7.47 ff. (5. Primarklasse))

---

[78] Dass Disziplinierungen sehr oft dialektal realisiert werden, wurde bereits 1980 in der Pilotstudie an der Universität Zürich festgestellt; bei der Durchsicht von 12 Lektionen einer ersten Realklasse im Kanton Zürich ergab sich beispielsweise, dass in standardsprachlichem Kontext 8 Ermahnungen ebenfalls in der Standardsprache gehalten waren, dass zu diesem Zweck aber 15 mal zum Dialekt gewechselt wurde. Siehe Kropf (1981), S. 94.

4. L: [79](S) wie reagiert Karl [80] darauf? ((..5 sec..)) **Mich**

L: **nimmt Wunder, wie genau ihr gläse händ.** Wie reagiert Karl

L: [81] auf diese Kriegserklärung, (S)

(9.79 ff. (6. Primarklasse))

Die Schüler werden hier nicht zurechtgewiesen, sondern es werden vom Lehrer Vorwürfe gegen sie erhoben; wiederum ist im einen Fall ein einzelner Schüler der Adressat, im andern die ganze Klasse. Wie unter a ist auch hier unmittelbar mit dem Uebergang zum Dialekt ein vorübergehender Distanzabbau zwischen den Kommunizierenden verbunden: Was der Lehrer jetzt sagt, beansprucht Gültigkeit, ist ernst gemeint und vermittelt auch gleichzeitig eine Einschätzung des bzw. der Angesprochenen durch den Lehrer sowie ihrer interaktionellen Beziehung.

c) 'Negative Aktivierung':

Dass der Tadel aber auch eingesetzt werden kann, um die Schüler zu einer Leistung oder vermehrter Aktivität anzutreiben, zeigt folgender Ausschnitt:

5. L: [73](S), und darauf?. Was machen die Eidgenossen?..**So**

L: **chömed,** [74] **s isch langwiilig.** $Roman$
Roman: greifen **ähm** Karl

Roman: der Kühne an, (S)

(9.73 f. (Primarklasse))

Die positiv anspornende Komponente, die der dialektalen Sprachform in ihrer Aktivierungsfunktion zukam, geht hier völlig unter: Der gereizte Tonfall sowie der Wortlaut verleihen der Aufforderung einen negativ emotionalisierenden Charakter; der Appell wird nicht mehr aufgebaut auf dem als gemeinsam unterstellten Handlungsauftrag, wie dies bei der Aktivierungsfunktion der Fall war, sondern auf der (negativen) Beurteilung der Schüleraktivität durch die Lehrerin. Er dürfte damit von den Schülern auch eher als Drohung denn als bittende Aufforderung zum Mitmachen gedeutet werden.

d) Gesteigerte Emotionalität:

6. L: [254] Auf dieser Karte.sind.die Kantons.grenzen eingezeich-

L: net. Welche Farbe? [255] **O Gott namaal. $Diana$!** [L klopft

L: mit Zeigestock auf den Boden] Wie sind die Kantonsgrenzen

L: eingezeichnet? [zornig]

7.254 f. (5. Primarklasse))

Dass diese Funktion des dialektalen Sprechens mit gesteigertem Erregungszustand des Sprechenden einhergeht, wird an diesem Beispiel sehr deutlich: Die Lehrerin, die sich bereits vorher über mangelnde Initiative der Klasse und falsche Schülerbeiträge beklagt hatte, wird gegen Ende der Lektion in ihren Reaktionen zunehmend heftiger: Der Ausruf **'O Gott namaal'**, an die ganze Klasse gerichtet, kann denn auch nur noch als Ausdruck der Verzweiflung über das scheinbare Unvermögen der Schüler interpretiert werden, der Stockschlag und das zornige Anheben der Stimme als ultimative Aufforderung, 'jetzt endlich vorwärtszumachen'.

Wie es zu einer solchen Steigerung kommen kann, demonstriert folgende Ausschnittsabfolge:

7. L: [191] Daniela mit dem Tessin. [192] *
Daniela: **ää**...der Tessin

L: ..ja beantworte mal *./ [verärgert zu Schüler:] **lass**

L: **das sii..** warum **aha**..wohin fliesst dann der
Daniela: (unv.) (unv.)

L: Tessin?
(11.191 f. (6. Primarklasse))

* = etwas fällt zu Boden

8. L: [196](S). Ja.dann weiter.f..Simone * **(Jetz langet s**
Simone: **aso**

L: **öppe)**
Simone: Die Aare ist kein Element von [197] M
(11.196 f. (6. Primarklasse))

9. Rebekka: [199].die.die.geht auch in den Po [200]
L: Nein, nein!

L: * [sehr verärgert:] **jetz langet s,**
Ss: ((Lachen))

L: **jetz langets mit Sache wo abeflüüged und jetz** [201]

L: **tüend mer emal echli lüüter rede..jetz isch fertig...**

L: **$André$**
André: **Aso** ich glaub, schluss- [202] endlich (S)
(11.199 ff. (6. Primarklasse))

Dreimal wird der standardsprachliche Unterrichtskontext von der Lehrerin unterbrochen, um zu ermahnen und zu tadeln. Dabei steigert sich nicht nur der Grad ihrer Verärgerung (Stimmführung, Lautstärke); auch die Adressierung verschiebt sich: Während sie sich anfänglich an einen einzelnen fehlbaren Schüler wendet, muss sich zuletzt die ganze Klasse angesprochen fühlen - die sprecherische sowie die konkrete verbale Realisierung (**'mer'**) legen diese Deutung nahe; die 'Schuldzuteilung' wird damit pauschal vorgenommen, der Tadel an alle verteilt - auch an jene, die eigentlich nichts mit dem beanstandeten Verhalten zu tun haben. In ihrer Erregung geht sie sodann dazu über, nicht mehr nur das ihren Zorn auslösende Ereignis zu erwähnen, wie sie dies zu Beginn getan hatte, sondern auch noch weitere Punkte in ihre Kritik aufzunehmen. Und schliesslich verschärft sich auch der Wortlaut ihrer Rede: Während ein **'jetz langet s öppe'** dem Angesprochenen noch einen gewissen Spielraum lässt, ist dies beim **'jetz langet s'** nicht mehr der Fall; das zwischen zwei kurze, den Ernst der Lage noch unterstreichende Pausen eingebettete **'jetz isch fertig'** legt dann definitiv die Grenzen fest, die nicht mehr überschritten werden dürfen.

e) Häufung verschiedener kommunikativer Funktionen:

Die verschiedenen kommunikativen Funktionen, die dem Dialekt zukommen können, können unter Umständen sehr nahe beieinander auftreten:

10\. L: [154](S). Das stand auch im Text. [155] Wie hiess

L: das? **Lueged na im Buech, ich säg eu das jetzt aso**

L: **nöd äna** [156] ((..15 sec..)) Seite
Ss: ((Geklapper, Hefte, Bücher, Geknalle))

L: hundertfünfundfünfzig ..drei [157] **stimmt,**
Ss: **(Gemurmel)**

L: **das händ er ja gar nöd gläse hüt, drum.** Aber es

L: steht Seite [158] hundertfünfundfünfzig. Ihr habt

L: es nicht gelesen. Ich habe zu weit geschaut..[159]

L: hundertfünfundfünfzig rechts oben, wer hat es ge-

L: funden? ((..7 sec..)) **Und da chömets, diä** [160]

L: **Finger, Chrischtian**
Christian: Absagebrief

(9.154 ff. (6. Primarklasse))

Der erste Wechsel stellt eine Reaktion auf das Schweigen, das Nicht-Antworten der Schüler in der aktuellen Situation sowie auf ihre unbefriedigenden vorherigen Aktivitäten dar; er zeigt die Enttäuschung der Lehrerin über das Schülerverhalten und muss als Tadel aufgefasst werden, bei dem Wortlaut, sprecherische Realisierung und Sprachformwechsel einander in ihrer diskriminierenden Wirkung unterstützen. Im zweiten Wechsel zum Dialekt ist, aus thematischer Perspektive, wie im ersten nicht der Lerninhalt zentral, sondern die Beziehung zwischen diesem Lerninhalt, der Lehrerin und der Klasse; die Aussage enthält das Eingeständnis, einen Fehler gemacht zu haben. In dieser veränderten Lage erhält aber der Varietätenwechsel einen andern Stellenwert: Während zuerst die (negativ) emotionalisierende Grundfunktion stark überwog, von 'Solidarisierung im Sozialsymbol Dialekt' sicherlich nicht die Rede sein konnte, tritt diese nun in den Vordergrund: 'Ich sehe, dass ich euch Unrecht getan habe, aber ich hoffe, dass ihr mir das nicht allzu übel nehmt; so ein Fehler kann doch mal passieren, nicht?' Durch diese 'Anbiederung' in sprachformspezifischer Hinsicht wird der Grad der Aufrichtigkeit der Entschuldigung eher erhöht, und es wird den Schülern gleichzeitig erschwert, sie zurückzuweisen: Die Lehrerin benützt die Sprachform der Schüler, und jemandem, der gleich spricht wie man selbst, ist es auch leichter zu verzeihen als einem andern, der einem bereits aufgrund seiner Sprechweise als 'fremd' erscheint. In Ramges Kategoriensystem würde diesem Varietätenwechsel sicher Einverständnis- und Zuwendungsfunktion zukommen. Beim letzten Abweichen von der Standardsprache schliesslich ist die bittende Komponente aus der Aeusserung gewichen; der (allzu) freudige Unterton in der Rede der Lehrerin deutet jedoch darauf hin, dass sie - als Reaktion auf ihr (diskriminierendes) Fehlverhalten - sich noch betont optimistisch gibt. Auch hier ist das solidarisierende Moment primärer Träger des kommunikativen Sinns der Aeusserung: 'Ich hab's doch gewusst, dass ihr es könnt, wenn wir uns nur alle gemeinsam anstrengen und das Richtige tun.' Insofern diese Dialektpartie aufgrund von Wortlaut, Intonation und varietätenspezifischer Realisierung auch als Ansporn verstanden werden kann - während die erste Dialektsequenz gerade wegen ihrer dialektalen Ausformung eher entmutigend wirken musste -, dürfte es sich hierbei, was die Komponente der Sprachform anbelangt, um eine Mischung aus Einverständnis- / Zuwendungsfunktion und Aktivierungsfunktion handeln.

<u>(Zusammenfassung)</u> Zentrales Element der Diskriminierungsfunktion dialektalen Sprechens, wie Ramge sie beschrieben hat, ist die im Kommunikationsprozess aktualisierte negativ emotionalisierende Grundfunktion des Dialekts; die andere Komponente, jene der Solidarisierung, ist nicht vorhanden. Dadurch, dass sie an bestimmte Handlungsformen und sprecherische Realisierungstypen gebunden ist, ist sie von den andern kommunikativen Funktionen, die sich alle eher positiv auf die Interaktionsbeziehung Schüler - Lehrer auswirken, relativ leicht zu unterscheiden. Eine ganze Reihe von kommunikativ relevanten Faktoren ist bei Varietätenwechseln mit dieser Funktion denn auch ziemlich konstant: Das gesteigerte emotionale Engagement (d), das meist damit verbunden ist, schlägt sich nieder in der Stimmführung, der Lautstärke, der Gestik und eventuell anderen nonverbalen Verhaltensweisen; ebenfalls damit gekoppelte Uebergänge auf thematischer Ebene können das in der Realisierung sich befindliche Satzgefüge unvermittelt sprengen: Die nach abgebrochenem Satz eingefügten Zurechtweisungen (a), Vorwürfe (b), Ausrufe und Drohungen (c) etc. erscheinen dann aufgrund dieser spezifischen Faktorenkonstellation als eigentliche 'Fremdkörper' innerhalb des 'normalen' Unterrichts. Charakteristisch für diese Funktion ist ferner ein Abbau bzw. eine Zunahme der Distanz zwischen den Kommunikationspartnern - je nachdem, wie man den Begriff fasst: Abbau insofern, als der Lehrer im Zustand erhöhter Erregung einem Schüler bzw. der Klasse gleichsam mit seinem gesamten Machtanspruch unmittelbar, ohne jegliche interaktionelle Schonung entgegentritt und signalisiert, dass es jetzt ernst gelte; eine starke (zumindest innerliche) Reaktion auf seiten der Schüler wird kaum je ausbleiben. Als Zunahme der Distanz hingegen muss das betreffende Verhalten gewertet werden, wenn ein Sympathiekriterium als Grundlage gewählt wird: Zweifellos verbessert sich die Beziehung zwischen den Kommunikationspartnern nicht, wenn zusätzliche diskriminierende Mittel - wie hier etwa der Dialekt - eingesetzt werden.

6.7 Verständnissicherungsfunktion

Ramge[79] bezeichnet die Verständnissicherungsfunktion dialektalen Sprechens als Spezialfall der Einverständnis- und Zuwendungsfunktion, die an 'Unterbrechungspläne' gebunden sei, bei denen es darum gehe, "die wechselseitige Verständigung zwischen Lehrer und Schüler (wieder-)herzustellen und zu kontrollieren". Die dialektale Komponente der Aeusserung zeige dabei an, "dass die Klärung sich gewissermassen ausserhalb des 'eigentlichen' Unterrichtsverlaufs vollzieht" nach Prinzipien alltäglicher Kommunikation.

a) Wiederholung von Teilen der Schüleräusserung:

1. Seav: [84] Die Chamäleon verwachs/ **äh** verwechseln auch [85]

Seav: immer die andere Farbe und **äh** (?) zum Beispiel in eine
L: ja

Seav: grüne Blätter liegt, dann wird [86] er ah grün
L: **S Cha-**

Seav: ja
L: **mäleon? mhm.**ja'a

(3b.84 ff. (3. Primarklasse))

2. L: [62](S). Was fällt auf?. Daniel!
Daniel: $S Orange$ ist im

L: [63] **S Orange?**
Daniel: Kanton Graubünden **äh.** ja
Sch: **(Zustimmung)**

L: Es hat auch Oranges im Kanton Graubünden, [64] meinst

L: du <u>das</u>?
Daniel: Ja, es ist **eifach** eine andere Sprache.

(7.62 ff. (5. Primarklasse))

In beiden Sequenzen wechseln die Lehrerinnen die Varietät zu einem Zeitpunkt, da sich auf der unterrichts-inhaltlichen Ebene eine Unsicherheit zeigt: Im ersten Beispiel ist die dialektale Frage wohl aufzufassen als: 'Ich hab dich doch richtig verstanden? Du meinst doch das Chamäleon, nicht?!' Im zweiten hingegen scheint die Lehrerin den Sinn der Schüleräusserung nicht ganz verstanden zu haben; entsprechend ist ihre Frage eher zu deuten als: 'Was meinst du genau mit dieser Antwort?' Nicht nur für Daniel, auch für den andern zustimmenden Schüler ist deren Bedeutung aber offenbar klar, worauf die Lehrerin ihre vorher dialektal gehaltene Kurzfrage expliziter formuliert, geknüpft an einen möglichen Interpretationsvorschlag. Die Technik aber, wie auf die Unsicherheit, das Fehlen des genauen Verstehens auf inhaltlicher Ebene hingewiesen wird, ist in beiden Fällen gleich: Teile der voran-

79 Ramge (1978), S. 218.

gegangenen Schüleräusserung, mit denen das Verständnisproblem zentral verknüpft ist, werden in Frageform und dialektal wiederholt.

b) Explizite Fragen:

3. L: [35] Ja. [leiser:] Daniela, was ist bei dir anders?

Daniela: **ja aso ich han aifach** [36] 'alle Selbstlaute' **ane-**

L: Alle Selbstlaute, **aso** mit Doppellauten
Daniela: **gschribe ghaa**

L: und mit [37] Umlauten. **Oder wie?** [letzte Frage:leiser]
Daniela: **nänäi, eifach so**

L: ah als/.als Wort.alle Selbs/. [38] ja.
Daniela: Selbstlaute

L: jetzt gut. (S)

(11.35 ff. (6. Primarklasse))

4. L: [151] $Jaawoll, richtig, Edi$. **Wiä** [152]
Monika: **(Flüstern)** **Chan me**

L: Vierzehn Zweihundertfünftel?
Monika: **chürze?**

(13.151 f. (1. Realklasse, Kanton Schaffhausen))

Die Problematik, die diesen beiden Sprachformwechseln zugrundeliegt, ist jener unter a sehr ähnlich: Wiederum versuchen die Lehrpersonen ein auf unterrichts-inhaltlicher Ebene beeinträchtigtes Verständnis wieder herzustellen; die Art, wie dies angegangen wird, ist diesmal jedoch eine andere: Es werden im dialektalen Teil keine Wiederholungen der vorangegangenen Schüleräusserungen geliefert, die einen Hinweis auf die Stelle der Verständnisschwierigkeit gegeben hätten, sondern es sind jetzt damit zusammenhängende Fragen, die explizit formuliert werden. In den meisten Fällen liesse sich die eine Form der Verständnissicherung ohne grosse Probleme in die andere transformieren und umgekehrt.

Im einzelnen unterscheiden sich die beiden unter b aufgeführten Beispiele dadurch, dass im ersten Fall das Verstehen deshalb nicht gewährleistet ist, weil sich die Schülerin nicht präzis genug ausdrückt; im zweiten hingegen handelt es sich um ein akustisches Problem: Der Lehrer hat ganz einfach nicht verstanden, was Monika geflüstert hat.

c) Vom Schüler formulierte Verunsicherung - Klärung durch den Lehrer:

Die Verunsicherung bezüglich des gegenseitigen Verstehens und damit die Formulierung dieser Unsicherheit gehen aber nicht immer vom Lehrer aus:

5. L: [184] Wer kann noch zur allgemeinen Bildung erklä-

L: ren, wo die Rhone ins Meer fliesst? [185]
Ss: ((Gelächter))

L: **Ja, genauer** **Oder welem Land**
André: **a wo? I weles Meer?** **ja**

L: **oder so?**...Christina
Christina: [leise:] vielleicht ins [186] Mittelmeer

(11.184 ff. (6. Primarklasse))

Dem Schüler scheint die Frage der Lehrerin zu wenig genau gestellt zu sein, was er mit der Wiederholung der allgemeinen Frage und einer möglichen Interpretation - ebenfalls in Frageform (zu deuten als: 'Sie meinen wohl: In welches Meer fliesst die Rhone?) - zum Ausdruck bringt. Zur Klärung dieser Unsicherheit verlässt die Lehrerin, wie zuvor bereits der Schüler, die Standardsprache und präzisiert ihre Fragestellung. Sobald sie den Eindruck hat, die Verständigung sei wieder gewährleistet, schwenkt sie wieder zur Unterrichtssprache zurück und gibt mit dem standardsprachlichen Aufruf der nächsten Schülerin gleich auch eine Definition der unterrichtlichen Situation: 'Die Phase der Verständnissicherung ist jetzt abgeschlossen, von nun an geht's wieder 'normal' weiter.'

Von den bisher zu dieser Dialektfunktion aufgeführten Beispielen wird hier vielleicht am ehesten deutlich, dass es sich bei der Verständnissicherung um einen interaktiven Prozess handelt, in den auch die Schüler miteinbezogen sind und der auch diesen das 'Recht' gibt, die Unterrichtssprachform dialektal zu durchbrechen.

d) Verständnissicherung auf verschiedenen thematischen Ebenen:

Die Sicherung oder (Wieder-)Herstellung von gegenseitigem Verstehen ist thematisch nicht auf lerninhaltzentrierte Inhalte fixiert. Im folgenden Ausschnitt etwa geht es um die Beurteilung bzw. Rekonstruktion des Unterrichtsablaufs:

6. Sf: [144][beginnt falsche Rechnung zu lösen]
L: **Nä**, neunzig c, **hann**

L: **i s nid gseit?** Neunzig c.die erste und dann.d.

(13.144 (1. Realklasse, Kanton Schaffhausen))

Dass die Schülerin eine Aufgabe zu lösen beginnt, die nicht der entspricht, die der Lehrer vorher tatsächlich bestimmt hatte, kann mehrere Gründe haben. Offensichtlich ist lediglich, dass ein Missverständnis vorliegt, dass die betreffende Schülerin und der Lehrer nicht mehr dasselbe Ziel verfolgen. Ueber die Ursachen dieses Missverständnisses aber ist sich der Lehrer nicht im klaren. Seine Frage dient der Wiederherstellung dieses Konsenses - wobei hier die Mitwirkung der angesprochenen Schüler wegfällt, da er, quasi als 'Antwort' auf seine Frage, die zu lösende Aufgabe nochmals nennt (in der Standardsprache!) und damit auch gleich das Missverständnis beseitigt.

e) Konsenskontrolle / -bestätigung durch Kleinstwechsel:

In vielen Klassen dienen sehr kurze, unauffällige Varietätenwechsel dazu, das gegenseitige Verstehen zu kontrollieren - im Gegensatz zu seiner Wiederherstellung, wie dies in den bisherigen Sequenzen der Fall war:

7. L: [177](S) und du hast jetzt gefragt was will Christiane von

L: Oma **oder?** [178]
R: **mhm** **mhm (unv.) Jeannette wiso het si s gseit?**

(5.177 f. (3. Primarklasse))

8. L: [240](S) das nach/ andere [241] spielen wir nachher, **hä?..**

L: $fein$.

(21.240 f. (4. Primarklasse))

Das dialektale **'oder'** dient in diesem Fall dazu, den Angesprochenen zu einer Aeusserung zu veranlassen, ob er mit der von der Lehrerin gelieferten Behauptung einverstanden sei oder nicht. Es zeigt sich an diesem Beispiel auch sehr deutlich, dass diese Absicht auch syntaktisch / vokal-nonverbal realisiert werden kann: Der Schüler antwortet im bejahenden Sinn bereits auf den ersten, standardsprachlichen Teil der Aeusserung der Lehrerin, hat ihn also adäquat als Frage interpretiert. Der dialektale Einschub bewirkt hier also lediglich eine 'doppelte' Bestätigung.

Solche fragenden **'oder'** mit der Funktion, das gegenseitige Einverständnis aufrecht zu erhalten, sind häufig anzutreffen, wenn es auch oft schwierig ist, sie mit Sicherheit einer bestimmten Verietät zuzuweisen; die Tendenz bei den entscheidbaren Fällen ist jedoch eindeutig: Die dialektalen Realisierungen überwiegen bei weitem[80].

Den Typus von Varietätenwechsel im zweiten aufgeführten Beispiel haben wir bereits im Abschnitt zu den Revieren ausführlicher behandelt[81]: Die Funktion des **'hä'** bzw. eines **'hm'** ist jener des eben besprochenen **'oder'** analog, bedeutet also soviel wie: 'Sind wir uns in der Gestaltung des Unterrichtsablaufs (bzw. in der

---

80 Ein 'oder' am Schluss einer Aeusserung kann aber auch andere Funktionen haben, wie die folgende Sequenz zeigt:

L: [383] Das sind [384] Rivalen $oder$? (12.383 f. (2.-8. Primarklasse)).

Es handelt sich hier um eine typische didaktische Frage, die einen bestimmten Begriff evozieren will, in diesem Fall eine Alternative zum von den Schülern bereits genannten Begriff 'Rivalen'. Mit Verständnissicherung hat dieses 'oder' also nichts zu tun.

81 Siehe Abschnitt 5.3.2.1.1, Punkte B.c: **'hä?'**; C.a: **'hm?'**.

Bewertung des Unterrichtsinhalts / unserer gegenseitigen Beziehung usw.) einig?' Eine solche Abstimmung der gegenseitigen Standpunkte der Kommunikationspartner ist sicherlich eine der Grundvoraussetzungen dafür, dass im Unterricht effizient gearbeitet werden kann; sie gehört damit zu den 'kommunikativen' Aufgaben eines jeden Lehrers. Bei der Erfüllung dieser Aufgabe kommt dem Dialekt nun offenbar eine nicht zu unterschätzende Rolle zu, auch in jenen Mikrobereichen, in denen Varietätenwechsel wegen der Kürze ihrer Realisierung und der Häufigkeit ihres Auftretens von den am Unterricht Beteiligten oft kaum wahrgenommen werden.

(Zusammenfassung) Auch Ramges letzte kommunikative Funktion dialektalen Sprechens kann unverändert für die deutschschweizerischen Verhältnisse übernommen werden. Insofern es - ganz allgemein - darum geht, im Unterricht einen interaktiven Konsens zu erhalten, steht die solidarisierende Grundfunktion beim Varietätenwechsel im Vordergrund. Dieser zeigt dabei an, dass das 'normale' Unterrichtsgespräch zur Erreichung dieses Ziels kurzfristig verlassen wird, dass die Klassenmitglieder für diese Zeit 'nichtschulisch' miteinander reden.

Die ausgewählten Unterrichtssequenzen haben einige Aspekte dieser Funktion schärfer hervortreten lassen:

A. Der Dialekt erfüllt, wenn man es genauer betrachtet, verschiedene Funktionen, die jedoch alle dem gleichen übergeordneten Zweck dienen, nämlich den Unterrichtsverlauf für alle Beteiligten zu optimieren. Dabei kann es darum gehen,
   1. den erwähnten Konsens nach dem Erkennen einer Störung wiederherzustellen (a-d);
   2. das Vorhandensein dieses Konsenses während störungsfreier Unterrichtsphasen zu überprüfen und den Kommunikationspartnern zu bestätigen (e). Diese Konsenskontrolle / -bestätigung erfolgt dabei meist mittels Kleinstwechseln von der Standard- zur Dialektvarietät, die oftmals Reviercharakter aufweisen (**'oder?' / 'hä?' / 'hm?'** etc.).

B. Der Verlust des gegenseitigen Verstehens kann auf verschiedene Arten erfolgen: Als Möglichkeiten wurden in den Beispielen insbesondere akustische Schwierigkeiten, mangelnde Präzision des Ausdrucks sowie Interpretationsprobleme angesprochen.

C. Die konkreten sprachlichen Techniken der Verständnissicherung sind vielfältig. Auf einige davon wurde näher eingegangen (besonders unter a und b).

Grundsätzlich handelt es sich bei sprachlichen Aeusserungen, die der (Wieder-)Herstellung bzw. Kontrolle und Bestätigung gegenseitigen Verstehens dienen, um Bestandteile eines interaktiven Prozesses, bei dem die Mitwirkung beider Partner unerlässlich ist, sei es in initiierendem oder reagierendem Sinn. Daraus lässt sich auch der Umstand verstehen, dass in solchen Fällen meist nicht nur der Lehrer, sondern auch die Schüler die standardsprachliche Unterrichtsnorm dialektal durchbrechen.

6.8 Abschliessende Bemerkungen zu diesem Kapitel

Ziel dieses Kapitels war es, die sieben kommunikativen Funktionen dialektalen Sprechens des Lehrers im Unterricht, die als Arbeitsgrundlage von Ramge (1978) übernommen wurden, auf ihre praktische Tauglichkeit in deutschschweizerischen Verhältnissen zu prüfen, sie intern zu differenzieren und gegebenenfalls Modifikationen an ihrer Definition vorzunehmen. Eine Gesamtbilanz der Ergebnisse soll nicht hier, sondern erst im Anschluss an das nächste Kapitel gezogen werden, das sich mit den entsprechenden kommunikativen Funktionen auf Schülerseite befasst. Zu fragen ist aber, ob mit den hier verwendeten, gegenüber Ramge z.T. leicht veränderten Kategorien all jene dialektalen Aeusserungen erfasst werden konnten, die nach den einleitenden Bemerkungen zu diesem Kapitel davon hätten erfasst werden sollen.

Prinzipiell unberücksichtigt blieben jene Dialektäusserungen, die aufgrund der Konstellation der kommunikativ relevanten Faktoren mit sehr hoher Wahrscheinlichkeit einem Dialekt-Revier zuzurechnen waren; ihnen kommt fast ausschliesslich Revierbestätigungsfunktion zu[82].

Ebenfalls nicht eingegangen wurde auf offensichtliche Versprecher, die als 'Uebersetzungsfehler' betrachtet werden können und von den Lehrern auch meist erkannt und korrigiert wurden:

1. L: [203](S). Wir sind jetzt da [204] beim Tessin **han**/ hängen
   L: geblieben. (7.203 f. (5. Primarklasse))

2. L: [171](S) Wasserpi**sch**/ pistole. (21.171 (4. Primarklasse))

Im Vergleich zu den Schülern ist bei den Lehrern die standardsprachliche Kompetenz meist gut ausgebildet; trotzdem unterlaufen auch ihnen - mehr oder weniger oft - Fehler, die kompetenzbedingt sind und von den Sprechern - und dementsprechend meist auch von den Schülern - nicht erkannt werden. Zwei Beispiele mögen hier genügen:

---

82 Da es sich bei den Dialekt-Revieren und den sie konstituierenden Normen um interaktionelle und damit im Vergleich zu den institutionellen um mehr oder weniger starken Veränderungen unterworfene Kategorien handelt, ist der Uebergang zwischen Zugehörigkeit und Nicht-Zugehörigkeit zu einem Revier natürlich ein fliessender, wobei der exakte Punkt einer einzelnen Aeusserung auf der stufenlosen Skala zwischen diesen beiden Endpunkten sich wohl kaum exakt fassen lässt; nicht selten dürfte deshalb jener Fall eintreten, da einer einzelnen Dialektäusserung sowohl (schwache) Revierbestätigungs- als auch eine der 7 spezifischen kommunikativen Funktionen zukommt, wenn auch sie in abgeschwächter Form. Solche Aeusserungen wurden in der Untersuchung jeweils berücksichtigt.

3. L: [7] Wisst ihr [8] noch aus der..vierten Klasse..warum.dass+

L: sie da in die Pfahlbauten gezogen sind?

(10.7 f. (6. Primarklasse))

'4. L: [395] Es ka- [396] men+ ja alle reich und es waren alle.zu-

L: frieden.

(12.395 f. (2.-8. Primarklasse))

Während die - im Dialekt übliche - 'dass'-Konstruktion standardsprachlich in weiten Teilen der Deutschschweiz Verwendung findet, ist der Gebrauch des Verbs 'kommen' in diesem Zusammenhang - es steht hier anstatt des im Standard üblichen 'werden' - ein sicherer Hinweis auf die Bündner Herkunft der Sprecherin, wo 'kommen' in dieser Bedeutung dem normalen Gebrauch entspricht. Insofern diese kompetenzbedingten Dialektteile in der standardsprachlichen Rede von den Unterrichtsteilnehmern nicht als solche erkannt werden, besitzen sie für sie auch keine kommunikative Relevanz, haben demnach auch keine kommunikative Funktion.

Auch dieser Typus des Dialektgebrauchs wurde bei der Unterrichtsanalyse ausgeklammert. Damit ist die Liste der 'Ausnahmen' jedoch bereits abgeschlossen. Die dialektalen Aeusserungen bzw. Aeusserungsteile im Standardkontext, die nicht einer von diesen Kategorien zuzurechnen waren, wurden in die Analyse einbezogen und auf mögliche kommunikative Funktionen geprüft. Schwierigkeiten tauchten dabei insofern auf, als bei diversen Sequenzen sich mehrere Funktionen teilweise überschnitten; das Problem war also weniger, einer Aeusserung überhaupt eine kommunikative Funktion zuzuweisen, als vielmehr, in einzelnen Fällen ihr eine <u>einzige</u> Funktion zuzuordnen. Damit musste jedoch gerechnet werden. Eine gewisse Unschärfe der Erfassung ergibt sich zwangsläufig aus dem methodischen Ansatz der systematischen Kategorisierung eines sprachlichen 'Objekts', das in seiner komplexen Konstituierung solche eindeutigen Festlegungen eben gerade <u>nicht</u> zulässt. Auf solche Ueberschneidungen hat aber Ramge selbst schon aufmerksam gemacht; wie er musste auch ich mich damit begnügen, die verschiedenen beteiligten Funktionen dort, wo es möglich schien, zu gewichten, sie im übrigen als solche aber einfach aufzuzeigen.

7. KOMMUNIKATIVE FUNKTIONEN DIALEKTALEN SPRECHENS BEI DEN SCHUELERN

Der Begriff der 'kommunikativen Funktion' war im theoretischen Teil der Arbeit folgendermassen definiert worden: Unter 'kommunikativer Funktion einer dialektalen bzw. dialektgerichteten Aeusserung' im standardsprachlichen Unterricht wird der auf Verlauf und Konstituierung eines Interaktionsprozesses bezogene Sinn der dialektalen bzw. dialektgerichteten Komponente dieser Aeusserung verstanden[83].

Ramge (1978) hat sich zu den Gründen, die ihn bewogen haben, kommunikative Funktionen nur beim Dialektgebrauch des Lehrers zu untersuchen, nicht geäussert. Sowohl seine eigene Definition von 'kommunikativer Funktion'[84] als auch die oben zitierte, die gegenüber dieser lediglich etwas spezifischer auf die bivarietäre Sprachsituation der deutschen Schweiz zugeschnitten ist, bindet den Begriff jedoch nicht an eine bestimmte Personengruppe wie beispielsweise die Berufsgruppe 'Lehrer'. Will man nun seine Anwendung nicht auf den Bereich des eigentlich 'didaktischen Sprechens' beschränken, so scheint dies nach der gegebenen Definition nicht nur möglich zu sein, sondern - dies legen die theoretischen Erörterungen zu Beginn der Arbeit nahe - auch durchaus fruchtbar:

- Wie der Lehrer verfügen auch die Schüler über eine <u>Sprachformvariationsfähigkeit</u>, sie sind in der Lage, vom Dialekt zur Standardsprache zu wechseln und umgekehrt[85]. Es ist klar, dass bei Lehrer und Schülern diese Variationsfähigkeit je nach Beherrschungsgrad der beiden Varietäten unterschiedlich stark ausgebildet ist.
- Wie der Lehrer <u>wissen</u> auch die Schüler <u>um die sozial-situative Konstituierung der beiden Varietäten</u> sowie die Wirkungsweise ihres Einsatzes; unterschiedlich ausgebildet ist bei diesen beiden Sprechergruppen aber
  -- der <u>Inhalt</u> dieses Wissens: Aufgrund der unterschiedlichen Sozialisationsdauer ist das Erfahrungsreservoir, aus dem solche Wissensbestände hervorgehen, und damit dieses Wissen

---

83 Siehe Abschnitt 4.3.

84 Ramge (1978), Seite 211.

85 Nach Ramge (1978), S.197, lässt sich diese Kompetenz im von ihm untersuchten Sprachgebiet bis ins dritte Lebensjahr von Kindern zurückverfolgen. Wie es damit in der Schweiz bestellt ist, ist meines Wissens noch nicht erforscht. Sicher hingegen ist, dass eine passive Kenntnis der Standardsprache im Vorschulalter vorhanden ist, die aktive Beherrschung spätestens ab Schuleintritt aufgebaut wird. Siehe dazu die Abschnitte 3.1.2, 3.2 sowie Sieber / Sitta (1986), Abschnitt 4.2.1, S. 113 f.

selbst, verschieden aufgebaut (so dürfte etwa die Einstellung gegenüber den beiden Sprachformen bei Schülern und Lehrern verschieden ausgeprägt sein);

-- der Bewusstheitsgrad dieses Wissens: Im allgemeinen (!) kann man wohl annehmen, dass die Wirkmechanismen sprachformspezifischer Variation bei einem Lehrer wegen seiner längeren sprachlichen Sozialisation sowie seiner beruflichen Ausbildung stärker im Bewusstsein verankert sind als bei einem Schüler; nur so ist auch der spezifisch didaktische Einsatz solcher Varietätenwechsel möglich. Es sei jedoch ausdrücklich daran erinnert, dass solches Wissen auch dann effektvoll genutzt werden kann, wenn beim Sprecher diesbezüglich keine bewusste Absicht vorhanden ist.

- Betrachtet man die Schüler nicht als passive Rezipienten, für die der schulische Unterricht veranstaltet wird, sondern als aktive Partner in einem lebendigen Interaktionsprozess, so wird man, trotz aller rollenbedingten Einschränkungen, sagen müssen: Nicht nur der Lehrer, sondern auch die Schüler definieren und verändern durch ihre Sprechtätigkeiten gegenwärtige Situationen des Unterrichtsprozesses[86], und sie wissen auch - mehr oder weniger bewusst -, dass sie dies tun (können).

Jede Unterrichtsstunde macht es deutlich: Sowohl Lehrer als auch Schüler wechseln mit unterschiedlicher Häufigkeit von der einen zur andern Sprachform. Im Sinn des bisher Gesagten soll im weiteren Verlauf der Arbeit folgender Hypothese nachgegangen werden:

> Jeder dialektalen / dialektgerichteten Aeusserung bzw. jedem dialektalen / dialektgerichteten Aeusserungsteil eines Schülers lässt sich eine bestimmbare kommunikative Funktion zuordnen, die abzuleiten ist aus der gewichteten Summe der kommunikativ relevanten Faktoren der Kommunikationssituation, in der die betreffende Aeusserung steht[87].

Damit ist aber noch nichts ausgesagt über die Art der kommunikativen Funktionen, die bei den dialektalen / dialektgerichteten Einschüben der Schüler postuliert werden. Es ist nicht anzunehmen, dass solches Sprechen identische Funktionen haben wird wie jenes beim Lehrer: Dafür unterscheiden sich diese beiden Gruppen viel zu sehr. Im theoretischen Teil ist denn auch ausführlich auf die rollenspezifische Seite der Schüler - Lehrer - Beziehung im Unterricht hingewiesen worden: Die dreifache Autoritätsrolle des Lehrers (Generationenunterschied / Wissensgefälle / institutionelle Macht) schliesst auf der Ebene des Sprachgebrauchs auch eine gegenüber den Schülern grössere standardsprachliche Kompetenz mit ein sowie die Befugnis, die Unterrichtssprache bzw. -sprachform festzulegen. Wir haben auch gesehen, dass dem Dialekt in diesem sprachlichen Gefüge, das der Schulunterricht mit seinen diversen institutionellen und interaktionellen sprach(form)spezifischen

---

86 Vgl. Ramge (1978), S.197.

87 Vgl. dazu die einleitenden Bemerkungen zu Kapitel 6.

Normen darstellt, aufgrund seiner unterschiedlichen sozial-situativen Verankerung bei Schülern und Lehrern unterschiedliche Grundfunktionen zukommen, oder, anders ausgedrückt, dass sie beim Gebrauch des Dialekts verschiedenartige varietätenspezifische Wissensbestände aktivieren[88].

Weiter ist erwähnt worden, dass sich die genannten Autoritätsstrukturen - zumindest der Tendenz nach - derart auswirken, dass daraus eine Polarisierung des Schülerverhaltens in einen eher konformen und einen eher obstruktiven Zweig resultiere. Den beiden im deutschschweizerischen Unterricht anzutreffenden Sprachformen kann damit, je nach der jeweiligen Ausgestaltung der varietätenspezifischen Normen, die Wirkung zukommen, schulische Erwartungsmuster zu erfüllen oder eben nicht, wobei dem Dialekt - wegen der Etablierung der Standardsprache als offizieller Unterrichtssprache - eher die Aufgabe zufällt, sprachliche Ausweich- und Kompensiermöglichkeiten zu schaffen, Handlungsräume zu erschliessen, die in einem standarddominierten Umfeld nicht vorhanden bzw. nicht erlaubt sind. Sowohl Lehrer als auch Schüler besitzen damit die Möglichkeit, durch den Gebrauch der einen oder andern Varietät in Relation zu einem gegebenen bzw. aufgebauten Normengefüge und zu den daraus abgeleiteten Erwartungen der Unterrichtsteilnehmer sich selbst, die Beziehung zu anderen sowie die gegenwärtige Situation zu definieren.

Zur Analyse der dialektalen Beiträge der Lehrer im hier vorliegenden Korpus stand in Ramges Konzept der kommunikativen Funktionen ein Instrument zur Verfügung, das zwar in seiner theoretischen Fundierung einige Aenderungen erfuhr und auch in der Ausgestaltung der einzelnen Funktionen leicht modifiziert werden musste, teils aus konzeptimmanenten Gründen - seine Aufstellung schien etwas zu stark an rein didaktischem Sprechen orientiert -, teils wegen der Anpassung an spezifisch deutschschweizerische Sprachverhältnisse; im grossen und ganzen erwies es sich aber als tauglich, dem dialektalen Sprachgebrauch von Lehrern im Standardunterricht auch in der deutschen Schweiz spezifische kommunikative Funktionen zuzuweisen. Ein solches Instrument steht nun, da es um die entsprechenden Funktionen auf Schülerseite geht, nicht mehr zur Verfügung - zumindest kann nicht mehr von einer konkreten kategorialen Einteilung, wie sie Ramge vorgeschlagen hat, ausgegangen werden. Das Verständnis der 'kommunikativen Funktion' hingegen bleibt sich gleich, ebenso die die Funktionen konstituierenden Merkmale.

Es dürfte sich, bei aller Unterschiedlichkeit der am Unterricht beteiligten Kommunikationspartner, dennoch als sinnvoll erweisen, die beim dialektalen Sprechen des Lehrers angetroffenen kommunikativen Funktionen daraufhin zu prüfen, ob sie eventuell, zumindest teilweise, nicht auch für die Schüler Gültigkeit haben. Dies drängt sich schon deshalb auf, weil sich im letzten Kapitel gezeigt hat, dass es sich bei den Aeusserungen mit varietätenspezifischer Funktion oft um Teile von interaktiven Prozessen handelt, bei denen zur Erreichung des (Sprech-)Handlungszwecks dem

---

88 Siehe Abschnitt 4.1.

initiativen Lehrerhandeln eine Reaktion von Schülerseite folgen muss, dass diese Reaktion auch dem gleichen Ziel dienen kann und damit auch den Gebrauch der gleichen Varietät impliziert[89]. Andere kommunikative Funktionen, die dialektalem Lehrersprechen zukommen, werden dafür bei den Schülern ganz fehlen wegen ihrer Verankerung in der lehrerspezifischen Rollenstruktur und der daraus erwachsenden didaktischen Ausrichtung.

Erschwert wird die Suche nach kommunikativen Funktionen dialektalen Sprechens bei den Schülern sicher auch dadurch, dass es sich bei diesen 'Schülern' um eine sehr inhomogene Gruppe von Sprechern handelt. Schwierigkeiten ergeben sich dabei gleich in zweierlei Hinsicht:

- Einmal ist damit zu rechnen, dass sich kommunikative Funktionen ergeben werden, die nur bei Schülern unterer Schulstufen anzutreffen sind, andere wiederum, die nur bei älteren Schülern vorkommen; eine weitere Gruppe von Funktionen dürfte altersunabhängig sein. Der Grund für diese Differenzierung liegt wohl primär in der unterschiedlich stark ausgebildeten linguistischen und kommunikativen Kompetenz der Schüler, ihrer unterschiedlich weit fortgeschrittenen Entwicklung / Sozialisation.
- Das andere Problem ist weniger ein objektimmanentes als vielmehr ein durch die konkrete Anlage dieser Arbeit bedingtes: Die Datenbasis, die hier zur Verfügung steht - Tonbandaufnahmen von Unterrichtslektionen sowie die Transkripte dazu -, ist zwar von sehr guter Qualität, doch stammen die meisten Aufnahmen aus Klassen des Primar- und des unteren Sekundarschulbereichs; aus höheren Schulstufen liegen nur wenige Protokolle vor. Diese Lücke zu schliessen ist ohne erheblichen Mehraufwand, der hier nicht geleistet werden kann, kaum möglich. Für kommunikative Funktionen des Dialekts, die in den wenigen greifbaren Protokollen oberer Schulstufen nicht gefunden werden können, die dort jedoch - nach den theoretischen Ueberlegungen - auftreten <u>könnten</u>, wird in diesem Kapitel in vermehrtem Mass das Asterisk-Verfahren angewendet werden[90]. Gewisse Beispiele, ja eventuell ganze Funktionen werden damit zwar einen leicht 'phantomhaften' Charakter bekommen: Es wird, von der Theorie her kommend, etwas postuliert, was sich anhand des hier vorhandenen Materials nicht zeigen lässt! Trotzdem scheint mir dieses Vorgehen sinnvoll: Die jeweils konstruierten Beispiele mögen dazu herausfordern, ihre praktische Plausibilität zu prüfen - die, die entsprechende Erfahrungen haben, können womöglich sogar vergleichen! - sowie ihre Verträglichkeit mit dem theoretischen Fundament, in das sie eingelassen sind; und jenen, die ebenfalls Unterrichtsanalyse in diese Richtung betreiben, kann dieses Verfahren vielleicht Anhaltspunkte geben, worauf <u>auch</u> noch geachtet werden könnte - dies im Sinn einer späteren praktischen Veri-/Modi-/Falsifizierung des hier theoretisch Postulierten.

---

89 Siehe Abschnitt 6.7.
90 Vgl. Anm. 28 in Teil II.

Es sollen im folgenden drei Gruppen von kommunikativen Funktionen unterschieden werden. Das Kriterium, das dabei zur Kategorienbildung herangezogen wird, ergibt sich aus den oben erörterten typischen schulischen Verhaltensmöglichkeiten, die ihren Ausgangspunkt im Rollengefüge der Unterrichtsteilnehmer haben.

Eine erste Gruppe umfasst die kommunikativen Funktionen, die eher konformes Rollenverhalten begleiten. Von den dialektalen Grundfunktionen stehen hier jene der Solidarisierung, u.U. auch jene der (positiven) Emotionalisierung im Vordergrund; es geht um die Symmetrisierung der Interaktionsbeziehung im Sinn einer Annäherung der Gesprächspartner auf den verschiedenen kommunikativen Ebenen.

Die dritte, letzte Gruppe beinhaltet demgegenüber jene kommunikativen Funktionen, die eher obstruktives Rollenverhalten begleiten. Zentral ist dabei die dritte Grundfunktion dialektalen Sprechens, die nur dem Sprechen von Schülern zukommen kann und die wir 'Abgrenzungsfunktion' genannt haben; die Symmetrisierung trägt hier eine negativ emotionalisierende Komponente und zielt darauf ab, den Schüler in eine Position zu bringen, die derjenigen des Lehrers äquivalent ist durch die (demonstrative) Beanspruchung des Sprachformvariationsrechts, das grundsätzlich nur jenem zusteht. Dialektales Sprechen mit diesen Funktionen führt zu einer erhöhten Spannung zwischen den Kommunizierenden.

Die zweite Gruppe schliesslich vereinigt einige kommunikative Funktionen, die man in Bezug auf rollenspezifische Merkmale als 'neutral' bezeichnen könnte: Die Dialektteile in den Aeusserungen, denen diese Funktionen zukommen, sind weder typischerweise an konformes noch obstruktives Schülerverhalten gebunden, sondern unabhängig von diesem Kriterium, oder sie begleiten, je nach aktueller Konstellation der kommunikativ relevanten Faktoren, einmal die eine, einmal die andere Verhaltensdimension. Unter diese Kategorie fallen auch die Funktionen, die jenen Varietätenwechseln zukommen, die aufgrund ihrer Unscheinbarkeit und ihrer geringen bewusstseinsmässigen Verankerung oft kaum wahrgenommen werden.

Die Wahl des Kriteriums 'konformes vs. obstruktives Rollenverhalten' zur Kategorisierung der kommunikativen Funktionen dialektalen Sprechens bei den Schülern war eine willkürliche - wenngleich sie gegenüber anderen Möglichkeiten sicherlich Vorteile aufweist[91]; eigentlichen Erklärungswert besitzt sie nicht. Es sei ferner erwähnt, dass die Grenzen zwischen den drei Gruppen fliessend sind - ebenso wie jene zwischen den einzelnen kommunikativen Funktionen. Dies zu betonen scheint jedoch - nach den Ausführungen im Lehrerkapitel und angesichts des heuristischen Status' der Unterscheidungen einerseits, der immensen Vielfalt konkreter sprecherischer Realisierungen andererseits - beinahe überflüssig.

---

91 Zentral dabei dürfte der Umstand sein, dass sie sich an den Grundfunktionen dialektalen Sprechens orientiert.

7.1 Kommunikative Funktionen, die eher konformes Rollenverhalten begleiten

7.1.1 Annäherungsfunktion

Schüler, die im Standardunterricht den Dialekt zur Annäherung einsetzen, bauen insbesondere auf den positiv emotionalisierenden und solidarisierenden Effekt, der damit erzielt werden kann. Im Gegensatz zu den andern Funktionen dieser Gruppe, bei denen diese Grundfunktionen aktiviert werden, um ein Ziel zu erreichen, das darüber hinaus geht, ist diese Aktivierung selbst hier das Entscheidende: Es geht primär darum, die Beziehung zwischen Schüler und Lehrer aufzuwerten und die eigene Position innerhalb dieser Beziehung zu stärken, während bei den Funktionen, die später behandelt werden, die Aktualisierung varietätenspezifischer Informationen als eine der Voraussetzungen erscheint, von denen aus weitere, wichtigere Ziele anvisiert werden. Bei Unterrichtssequenzen, in denen der Dialekt in dieser Funktion eingesetzt wird, stehen deshalb auch immer personale Aspekte der Kommunizierenden im Mittelpunkt und weniger solche, die sich auf Lerninhalte, unterrichtsorganisatorische Belange etc. konzentrieren.

Bezüglich der Schulstufenabhängigkeit der Funktionen, die dem Dialekt bei den Schülern zukommen können, ist folgendes zu sagen: Zwar kann dialektales Sprechen bei allen Altersklassen Annäherungsfunktion erfüllen; die Formen jedoch, die konkreten Aktualisierungstypen der Funktion, sind altersspezifisch unterschiedlich ausgeprägt - das wird an den Beispielen offensichtlich werden. Der Bewusstheitsgrad, mit dem hier von Schülerseite aus operiert wird, dürfte sehr unterschiedlich sein - sowohl bei älteren als auch bei jüngeren Schülern: Während bei den meisten wohl nur dunkle Ahnungen über das Funktionieren solcher Mechanismen vorhanden sind, ihr Einsatz intuitiv und ungeplant aufgrund früherer Erfahrungen zustande kommt, dürften andere dieses Mittel z.T. sehr gezielt einsetzen.

Die folgenden Beispiele zeigen einige der Möglichkeiten auf, wie diese Funktion realisiert werden kann:

a) Suche nach Bestätigung:

1. L: [368] (S) was kommt [369] euch zu den Zehen noch in den

L:	Sinn?	Karin?
Marco:	**Ich chan scho alli uswändig**	

(3a.368 f. (3. Primarklasse))

Die Dialektäusserung kann so nicht als Antwort auf die Frage der Lehrerin aufgefasst werden; es handelt sich dabei auch nicht um einen Beitrag innerhalb der offiziellen turn-Abfolge: Marco ist nicht aufgerufen worden, sondern hat sich von sich aus eingeschaltet. Die Lautstärke verleiht seinem Beitrag zudem quasi-offiziellen Charakter. Thematisch ist die Aeusserung zwar an die Frage der Lehrerin gebunden, kommentiert jedoch primär das eigene Verhalten im Zusammenhang mit dem Gesprächsinhalt. Diese Merkmale zielen, in ihrer Gesamtheit, wohl darauf ab, von der Lehrerin Anerkennung und Lob für dieses Verhalten zu bekommen. Von Bedeutung ist dabei auch der Einsatz des Dialekts: Nicht nur ist er Ausdruck dafür, dass sich der Schüler ausserhalb des Hauptkommunikationsstrangs befindet - und damit aufgrund der interaktionell gesetzten Normen auch zum Gebrauch dieser Varietät 'berechtigt' ist -, sondern er signalisiert zusätzlich, dass die von ihm angestrebte Anerkennung auf einer Ebene anzusetzen ist, die Lehrer und Schüler in ihrer Gesamtpersönlichkeit integriert und nicht nur unter (rollen-)spezifischen Aspekten: Der Zuspruch, zu dem der Schüler auffordert, betrifft denn auch nicht primär die Bestätigung einer speziellen Leistung, sondern vielmehr die Person des Schülers an sich. Als Sprachform, die Familiarität und Intimität impliziert, leistet der Dialekt hier nützliche Dienste, um persönliche Nähe im aktuellen Interaktionsprozess herzustellen und persönliche Bestätigungssignale auszusenden.

Ebensolcher Suche nach persönlicher Anerkennung dient - zum Teil wenigstens; andere Beweggründe mögen durchaus vorhanden sein! - auch das besonders in unteren Schulstufen anzutreffende häufige Melden einzelner Schüler, das nicht in erster Linie dem Anbringen einer Aeusserung - und damit einem unterrichtsthematisch begründbaren Zweck - dient, sondern eher dem Markieren von Präsenz und Aufmerksamkeit. Diese Meldungen, oder genauer: diese Kundgebungen des Willens, offiziell den turn zu übernehmen, sind in diesen unteren Schulklassen oft eine Zusammensetzung aus gestischen (Handaufstrecken, Fingerschnippen etc.), mimischen (erwartungsvoller Gesichtsausdruck etc.) und verbalen (z.B. 4.31 (3. Primarklasse): **ja, ich, döf ich**) Komponenten. Auch in solchen Fällen ist der Gebrauch des Dialekts interaktionell abgesichert, und im Anschluss an die Ausführungen in früheren Abschnitten müsste man wieder von typischen Revieren sprechen; neben der damit verbundenen Revierbestätigungsfunktion kann der dialektalen Komponente aber zudem der kommunikative Sinn zukommen, den Lehrer auf einer spontanen, unmittelbaren sprachlichen Ebene anzusprechen und ihn damit für sich zu gewinnen.

Als weitere - und hier letzte - Möglichkeit, mittels Sprachformwechsel von der Standardsprache zum Dialekt persönliche Bestätigung zu suchen, sei eine Form des Fragens erwähnt, die nun eher bei älteren Schülern auftritt, in einem wesentlichen Punkt aber mit dem eben geschilderten Verhalten bei jüngeren übereinstimmt: Entscheidendes Merkmal solcher Fragen ist es, dass sie nicht primär gestellt werden, um eine adäquate Antwort darauf zu erlangen, sondern um Zeugnis davon abzulegen, dass der Fragende gut aufgepasst hat, sich etwas bei der Behandlung des aktuellen Themas gedacht hat o.ä.; nicht das thematische Interesse ist also die treibende Kraft hinter der Frage, sondern die durch die Art der Frage programmierte persönliche Bestätigung, die mit der Antwort gekoppelt ist.

Nun müssen solche Fragen durchaus nicht dialektal realisiert werden; auch in standardsprachlicher Form können sie diesen Zweck erfüllen, ja, der Wechsel der Sprachform könnte sogar den Plan gefährden, wird doch dabei eine offizielle Unterrichtsnorm verletzt[92]. Dass trotzdem zur Erreichung solcher Ziele häufig zum Dialekt übergegangen wird, muss demnach seine guten Gründe haben. Zu vermuten ist auch hier, dass die konkrete Art der Realisierung der Aeusserung sowie die Aktivierung varietätenspezifischer Information das Risiko aufzuwiegen vermögen, das mit dem Wechseln der Sprachform eingegangen wird. Durch den Gebrauch des Dialekts wird auf der Interaktionsebene Schüler - Lehrer m.E. zweierlei in Gang gesetzt: Unter dem Aspekt der Rollenverteilung erfolgt, zumindest bei näherem Hinschauen, eine Festigung der Positionen: Der Schüler äussert zwar etwas Gescheites, anerkennt jedoch mehr oder weniger demonstrativ den Lehrer als denjenigen, der fachlich kompetenter ist als er selbst und auch das Fachwissen des Schülers beurteilen kann und soll; von Symmetrisierung auf dieser Ebene kann also keine Rede sein, eher das Gegenteil ist der Fall. Eine solche Symmetrisierung findet dafür auf schulrollenübergreifender Ebene statt: Durch den Gebrauch des Dialekts und die damit verbundene Aktualisierung seiner Grundfunktionen wird Nähe hergestellt zwischen den Kommunizierenden, werden Autoritätsstrukturen abgebaut; damit wird aber auch zugleich wieder jene Asymmetrie untergraben, die gleichzeitig auf rein unterrichtlicher Ebene bestätigt wird! Diese auf verschiedenen Ebenen, aber simultan ablaufenden, einander diametral entgegengesetzten Prozesse der Polarisierung und Symmetrisierung scheinen mir massgebend daran beteiligt zu sein, dass der an sich paradoxe Fall auftreten kann, dass ein Schüler gerade dadurch, dass er eine Unterrichtsnorm missachtet, zu einem für ihn positiven Ziel gelangen kann.

b) Suche nach Entschuldigung, Mitleid, Verzeihung etc.:

2.* L: So, Claus, nun mach mal vorwärts! Wie muss diese

L:	Gleichung heissen?!
Claus:	[mit flehender Stimme:] **Aber Sii, ich chan das würklich**
Claus:	**nöd.**

Der kommunikative Sinn der varietären Komponente dieser Aeusserung dürfte - wie bewusst auch immer er verfolgt werden mag - ein ähnlicher sein wie in Ausschnitt a: Der Wechsel zielt darauf ab, den Lehrer auf einer Interaktionsebene zu treffen, auf der der Schüler die Chance hat, dessen Machtposition aufzufangen; er zielt darauf ab, den Lehrer als Mitmenschen, nicht in seiner unterrichtlichen Funktion anzusprechen und ihn davon abzubringen, von seinen schulischen Machtmitteln Gebrauch zu machen. Konkret geschieht dies dadurch, dass es dem Lehrer durch das ihm suggerierte Gefühl der allgemein positiven Beziehung zu diesem Schüler - Wirkung der Aktualisierung der varietätenspezifischen Information sowie der sprecherischen Realisierung der Aeusserung - erschwert wird,

---

92 Im Gegensatz zum Melden bei den jüngeren Schülern kann in diesem Fall meist nicht davon ausgegangen werden, dass ein solcher Normbruch interaktionell geschützt ist.

sich von seiner 'strengen' Seite zu zeigen - er müsste gegen eine vom Schüler mit dem Varietätenwechsel mitgelieferte positive Definition ihrer Beziehung und oft auch gegen eine schmeichelhafte Zeichnung seiner selbst ankämpfen, was aus einsehbaren Gründen nicht immer leicht fallen dürfte.

c) 'Erzwingen' von Einverständnis:

Einem rhetorischen Kniff ähnlich kommt eine weitere Möglichkeit, die sozial-situative Konstituiertheit der beiden Sprachformen für das Verfolgen eigener Absichten fruchtbar zu machen; hier ein (denkbares) Beispiel:

3.* L: [Während einer Lektion, in der schulpolitische Angelegenheiten diskutiert werden:] (S), und dann muss man natür-
L: lich auch die andere Seite sehen: Es ist durchaus vertret-
L: bar, dass (S)/
Sm: **Aso Härr Loretan, jetz hanich immer ggmaint,**
Sm: **das Si öisi Aalige understütze würded.**

Auch diese Schüleräusserung müsste nicht dialektal realisiert sein, und sie würde dennoch einen ähnlichen Effekt erzielen: nämlich denjenigen, den Lehrer spüren zu lassen, dass er mit dem, was er eben gesagt hat, die Erwartungen der Schüler enttäuscht. Der Wechsel der Sprachform - und hier wiederholt sich etwas, was bereits im Kapitel zu den kommunikativen Funktionen des Dialekts beim Lehrer mehrfach betont wurde - akzentuiert hier jedoch diese Stossrichtung und verleiht ihr eine Reihe spezieller Merkmale: Der Dialekt situiert die Kommunikationspartner auf einer Interaktionsebene, die durch Unmittelbarkeit, interpersonelle Nähe gekennzeichnet ist, auf der ein Schutz hinter Rollenstrukturen kaum mehr möglich ist; von dem, was hier gesagt wird, kann man annehmen, dass es ernst gemeint ist, dass es eher die direkte, unverblümte Meinung des Sprechenden wiedergibt, als wenn der standardsprachliche Filter noch dazwischengeschaltet wäre; es ist schwieriger, sich hier etwas vorzumachen. All diese Konnotationen, in einem langen Prozess des gegenseitigen sich Kennenlernens aufgebaut, können in dieser Sprechsituation aktualisiert werden, und zwar bei Schülern und Lehrer. Gekoppelt mit dem Aeusserungsinhalt könnte man den primären Sinn der Aeusserung etwa folgendermassen paraphrasieren: 'Jetzt sind Sie also doch nicht der Vertraute, der Kumpel, als den wir Sie eingeschätzt haben; das ist echt enttäuschend!' Bewusst oder unbewusst werden hier varietätenspezifische Informationen aktiviert mit dem Ziel, die Echtheit und Tiefe des Ausgedrückten zu betonen: Für den Angesprochenen muss es doppelt schwer sein zu hören, dass er die Schüler nicht in seiner Rolle als Lehrer - von dem man sowieso nicht viel erwarten kann -, sondern als Mensch, mit dem man sich verbunden fühlte, enttäuscht hat. Mit zur Schülerabsicht, die hier verfolgt wird, gehört sicher auch, den Lehrer zum nochmaligen Ueberdenken seiner (Sprech-)Handlung zu veranlassen, unter Umständen Korrekturen vorzunehmen, um dann dem positiv gezeichneten Bild von sich und der Beziehung zu seinen Schülern besser zu entsprechen.

(Zusammenfassung) Das Suggerieren von Nähe durch den Einsatz des Dialekts kann sicher noch andere Formen annehmen als die hier aufgezeigten; in den Grundzügen dürften die Hauptmerkmale dieser ersten kommunikativen Funktion dialektalen Sprechens bei den Schülern jedoch nun ersichtlich geworden sein: Im Zentrum steht immer das mehr oder weniger bewusste Bemühen, mit Hilfe des Varietätenwechsels die dialektalen Grundfunktionen der Emotionalisierung und Solidarisierung zu aktivieren und dadurch die persönliche Verbundenheit zwischen Sprecher und Angesprochenem hervorzuheben oder eine solche Verbundenheit zu suggerieren. Die derart erzeugte Nähe zwischen Schüler und Lehrer kann dann je nachdem genutzt werden, um persönliche Bestätigung zu erfahren (a), Mitleid zu erwecken (b) oder auch den Lehrer zu bewegen, sich nach einem von ihm und der gemeinsamen Beziehung gezeichneten (positiven) Bild und den daran geknüpften Erwartungen zu verhalten (c). Andere Varianten des Umgangs mit dieser dialektalen Funktion sind durchaus denkbar.

Die Anliegen, die dazu führen, den Dialekt in dieser Funktion einzusetzen - Suche nach Bestätigung, Mitleid, Unterstützung etc. -, sind prinzipiell altersunabhängig, und so kann es denn auch nicht erstaunen, dass die Annäherungsfunktion in allen Alterskategorien anzutreffen ist. Andererseits muss jedoch erwähnt werden, dass sich die Anwendungsformen dieser Funktion sehr wohl unterscheiden können - primär wohl deshalb, weil die kommunikative Funktion des Dialekts immer an bestimmte (Sprech-)Handlungstypen gebunden ist, die sich als solche während der schulischen Sozialisation stark entwickeln und verändern können. Von den hier erwähnten Beispielen sei etwa an das intensive 'Bestätigungsmelden' (unter a) erinnert, das sich auf frühere Schuljahre beschränkt, sowie an die Möglichkeit, die varietätenspezifischen Informationen stark suggestiv ausgerichtet einzusetzen, wie dies in Abschnitt c der Fall war; dieses letzte Verfahren dürfte nur bei älteren Schülern auftreten. Der Bewusstheitsgrad, der an den Einsatz dieser Funktion gebunden ist, kann stark variieren, und zwar bei Schülern jeden Alters.

7.1.2 Verständnissicherungsfunktion

Anlässlich der Besprechung der Verständnissicherungsfunktion des Dialektgebrauchs beim Lehrer ist bereits darauf hingewiesen worden, dass es sich bei jenen Unterrichtssequenzen, in denen dem Varietätenwechsel eine solche Funktion zugeschrieben wird, jeweils um stark partnerschaftlich ausgerichtete Situationen handelt, in die sowohl Lehrer als auch Schüler involviert sind und in denen sich meist auch beide äussern. Welche Formen dieser Funktion im Schülerbereich zukommen und inwieweit sie von denjenigen beim Lehrer abweichen, soll im folgenden näher geprüft werden.

Zentraler Punkt der Funktionsdefinition war es gewesen[93], dass der Dialekteinsatz zur (Wieder-)Herstellung und Kontrolle der wechselseitigen Verständigung zwischen Lehrer und Schülern diene und dabei signalisiere, dass "die Klärung sich gewissermassen ausserhalb des 'eigentlichen' Unterrichtsverlaufs vollzieht"[94]. Diese Definition schliesst die Schüler nicht aus als mögliche 'Benützer' dieser Funktion: Auch in ihrem Interesse muss es liegen - zumindest generell und zudem aus anderen Gründen, als sie beim Lehrer vorhanden sind -, einen allgemeinen Konsens bezüglich Lerninhalten und Unterrichtsdurchführung aufrechtzuerhalten bzw. im Störungsfall wieder herzustellen. Der Rahmen hingegen, in den Ramge diese Funktion gestellt hat - ein Punkt, der auch im Lehrerkapitel übernommen wurde -, ist nun nicht mehr gegeben: Es ist kaum mehr möglich, die Verständnissicherungsfunktion als Spezialfall der Einverständnis- und Zuwendungsfunktion zu betrachten, und zwar primär deshalb, weil diese - kurz ausgedrückt - auf Schülerseite zwar ebenfalls vertreten ist, aber nur noch in stark gewandelter Rumpfform: Die didaktische Ausrichtung, die sie dort zur Hauptsache getragen hatte, ist jetzt natürlich nicht mehr vorhanden. Ebenso offensichtlich ist auch, dass eine solche didaktische Komponente auch in der schülerseitigen Verständnissicherungsfunktion fehlt; sie soll hier also aus dem Status einer Unterkategorie, den sie im Lehrerkapitel erhalten hatte, gelöst und auf die gleiche Stufe wie die andern Funktionen gestellt werden.

a) Verständnissicherung auf verschiedenen thematischen Ebenen:

Wie auf Lehrerseite können auch bei den Schülern alle belangreichen thematischen Sektoren von der Verständigungssuche betroffen sein. In den folgenden Beispielen stehen lerninhaltspezifische Fragen im Mittelpunkt:

1. L: [200](S). Das ist eine so munzige+ [201]Ausnahme,.die kann

L: man dann noch.erwähnen. Ausser der Walsersiedlung.Bosco

L: [202] Gurin. So! Bosco Gurin, tönt zwar
Sm: **Wiä heisst das? Bosk(us) Gurin?**

L: italienisch.**hä?**

(7.200 ff. (5. Primarklasse))

2. L: [78](S). Vielleicht hat sie [79] zuhause gar kein

L: Telefon Oder es ist kaputt ja
Daniel: oder ist **kabutt** Oder ist

L: **hä?**
Daniel: in der Firma Oder es ist **i de Firma.**

(5.78 f. (3. Primarklasse))

---

93 Siehe Abschnitt 6.7.
94 Ramge (1978), S.218.

In beiden Fällen ist ein Teil der Aeusserung des Partners nicht verstanden worden, und es kommt zu einem Sprachformwechsel, um die 'Panne' zu beheben. Solche Störungen, die den zielgerichteten (in Bezug auf den Lerninhalt, vor allem aber auch auf das gegenseitige Verstehen der Kommunizierenden) Ablauf der Lektion aufhalten, verlangen, wie andere Interaktionsprozesse auch, nach adäquaten Reaktionsmöglichkeiten. Zu diesen Möglichkeiten zählt auch, wie wir bereits in Abschnitt 6.7 gesehen haben, der Varietätenwechel, der dem Partner anzeigen kann, dass zur Bewältigung einer an sich heiklen Situation kurzfristig zu jener Sprachform übergegangen wird, die vertrauter ist, in der man sich auch kompetenter fühlt und die einem den Partner auch 'näher' erscheinen lässt; der Wechsel geschieht im Glauben daran, dass solche Kommunikationsstörungen dort weniger auftreten, und in der Hoffnung, dass sich solche, die in der andern Varietät, dem Standard, vorkommen, auf dieser Ebene besser beheben lassen. Der Mechanismus, der hier zum Tragen kommt, ist also bei Schülern und Lehrern grundsätzlich ein sehr ähnlicher!

Konkret unterscheiden sich die beiden zitierten Beispiele dadurch, dass der Schülern einmal selbst nach etwas nicht Verstandenem fragt, das andere Mal derjenige ist, der eine klärende Antwort geben muss[95].

Die Verständnissicherungsfunktion kann sich aber auch auf Themenbereiche beziehen, die die Abwicklung des Unterrichts betreffen; ein einziger Ausschnitt möge zur Illustration genügen:

3. L: [267](S). Jedes [268] liest mal Aufgabe d durch

L: ((..21 sec..)) [Schüler lesen] André
André: **aso.m.aso.söll i**

André: **jetz es Biischpil säge;** so **aso.**zum Bei-
L: Zum.Beispiel, ja

André: spiel.vierundzwanzig.

(11.267 f. (6. Primarklasse))

Weder aus den vorangegangenen Erläuterungen der Lehrerin noch aus dem gelesenen Text scheint deutlich hervorzugehen, wie der Schüler reagieren soll; seine Frage betrifft denn auch nicht das Unterrichtsthema selbst, sondern das Verhalten diesem gegenüber: Auf meta(unterrichts)thematischer Ebene versucht hier der Schüler, den von der Lehrerin zwar supponierten, von ihm selbst aber verlorenen Konsens über das weitere gemeinsame Vorgehen wiederherzustellen. Sobald dies gelungen ist - was mit der Antwort der Lehrerin der Fall ist -, wechselt er, ohne dazu speziell aufgefordert zu werden, auf die (unterrichts)thematische Ebene und zur Standardsprache zurück.

---

95 In der letzten Sequenz fällt zudem auf, wie neben dem Sprachformwechsel zwei weitere Möglichkeiten eingesetzt werden, um die Verständigung wieder sicherzustellen: Der Schüler wird in seiner letzten Antwort lauter, und der syntaktische Satzaufbau erfährt im eingeschobenen 'es', das vorher - Zeichen umgangssprachlicher Reduktion - ausgelassen worden war, eine Erweiterung.

b) Diverse Techniken der Verständnissicherung:

Im Lehrerabschnitt ist auch bereits auf die häufigsten Ursachen hingewiesen worden, die zu solchen Verständnisschwierigkeiten führen: Neben akustischen Phänomenen - zu denen auch die obigen Ausschnitte zu zählen sind - wurden Interpretationsprobleme sowie mangelnde Präzision des Ausdrucks genannt; zu letzterem wurde auch ein Beispiel aufgeführt, das einen Schüler als denjenigen zeigte, der - im Dialekt - den Lehrer implizit darum bat, sich nochmals genauer auszudrücken[96]. Von der konkreten Realisierung her können diese Verständigungsversuche reichen von impliziten Fragestellungen mit möglichen Interpretationsangeboten[97], Wiederholungen von unklaren Aeusserungsteilen[98] usf. bis zu ganz expliziten Formulierungen wie der folgenden:

4. L: [4]..welches Gebiet hast du behandelt?
Sf: **as was/ aso..was**

Sf: **meined Si?**
L: **ehm.**zu welchem [5] zu welchem Bild willst du

L: etwas sprechen;
(26.4 f. (3. Primarklasse))

Nicht immer jedoch muss das Verständnis völlig fehlen, wie es in diesem Ausschnitt der Fall ist; häufig stellt sich nur die Frage, welche aus einer Reihe von Interpretationsmöglichkeiten wohl die richtige sei[99] oder ob eine Aeusserung richtig verstanden worden ist, wie es in dieser Sequenz der Fall ist:

5. L: [321](S).Element.heisst.**aso** ein [322] abgekürztes e.

L: Eine Teilmenge.ist wie.ein abgekürztes.c. Also zum

L: Beispiel [323] wenn ich sage.Bananen ((Husten))..und

L: jetzt von Früchten. Ist jetzt das eine [324] Teil-

L: menge oder nicht?..Christina Dann ist das
Christina: Ja sicher

L: eine Teilmenge. Dann [325] schreiben ja
Nathalie: **aso** Bananen. **Nöd Stei-**

L: Ja..ist eine Frucht. Oder.jetzt Tomaten
Nathalie: **obscht**
(11.321 ff. (6. Primarklasse))

Expliziert liesse sich die Frage der Schülerin etwa umschreiben mit: 'Ich habe Sie doch richtig verstanden, 'Bananen' ist die

96 Abschnitt 6.7, Bsp. 5.
97 Ebd.
98 Abschnitt 6.7, Punkt a.
99 Eine Variante, dies zu eruieren, demonstriert der Schüler in Abschnitt 6.7, Bsp. 5.

Teilmenge und nicht 'Steinobst'', wobei der Dialekt wiederum markiert, dass die Wiederherstellung des Konsens' sich ausserhalb des Hauptkommunikationsstrangs abspielt.

Häufig ist der Dialekt mit dieser Funktion auch anzutreffen in Aeusserungen, die eine inadäquate Interpretation des Zuhörers zurückweisen:

6. L: [142] Den andern Salat hast du nicht so gern gehabt oder

L: den Kopf- [143] salat?
Benno: **mm, nei.nei, ehm,** de/der Salat,

Benno: **wo** ich gepostet+ habe, hat das **M/Mami** nicht [144] gern

Benno: ge/nicht gern.

(18.142 ff. (2. Primarklasse))

c) Statt Konsenskontrolle / -bestätigung: prophylaktische Konsenssicherung:

All die bisher aufgeführten Sequenzen waren Beispiele für Wechseltypen von der Standardsprache zum Dialekt, wie sie im Unterricht vergleichsweise häufig vorkommen; alle dienten sie dazu, eine fehlende oder verlorengegangene Uebereinstimmung hinsichtlich des gegenseitigen Verstehens bzw. der Beurteilung von Unterrichtsprozessen (wieder-)herzustellen. Von einer andern, beim Lehrer sehr häufig anzutreffenden Möglichkeit, den Dialekt mit Verständnissicherungsfunktion einzusetzen, war bislang noch nicht die Rede: Wir hatten oben gesehen, dass es während des Unterrichts zu den kommunikativen Tätigkeiten des Lehrers gehört, einen den weiteren Fortgang der Lektion gewährleistenden Verständniskonsens der Klassenmitglieder nicht nur neu herbeizuführen im Fall einer Störung, sondern ihn auch periodisch zu überprüfen, sein Vorhandensein den Schülern zu signalisieren und sich diese 'Zustandsdiagnose' des gegenseitigen Verstehens wo möglich auch von ihnen bestätigen zu lassen. Wir haben ferner gesehen, dass der Lehrer diese Konsenskontrolle bzw. -bestätigung meist mittels Kleinstwechseln (**'hm?'**, **'hä?'**, **'oder?'** etc.) zu erreichen versucht. Wie steht es nun diesbezüglich auf Schülerseite?

Im Gegensatz zu den bisherigen Erörterungen, die doch eine recht grosse Uebereinstimmung in der Verwendung des Dialekts mit Verständnissicherungsfunktion bei Lehrern und Schülern erbrachte, trifft man in dieser Frage auf unterschiedliches Verhalten. Jene Kleinstwechsel etwa, von denen eben die Rede war, sind in dieser Funktion bei den Schülern sozusagen nicht anzutreffen. Begründet liegt dies nicht etwa im Datenmaterial, sondern im unterschiedlichen Status der Unterrichtsteilnehmer: Während es quasi zu den Berufspflichten des Lehrers gehört, einen allgemeinen Konsens zu garantieren und damit auch den Lernfortschritt der Schüler erst zu ermöglichen, ist das Interesse an einem solchen Konsens beim Schüler inhaltlich anders ausgerichtet - er hat ja schliesslich keinen Bildungsauftrag zu erfüllen - und hat zudem rein persönlichen Charakter, bezieht also die andern Unterrichtsteilnehmer nicht in der Art ein, wie dies beim Lehrer der Fall ist. Viele dieser verständnissichernden Kleinstwechsel können zudem nur unter der Voraussetzung adäquat eingesetzt werden, dass ihr Benützer über lerninhaltspezifische Kompetenzen bzw. Rechte zur Unterrichtsgestaltung verfügt, welche die andern Teilnehmer nicht haben: So ist z.B. ein '**hm?**' mit verständnissichernder Funktion am Ende einer inhaltlich wissenszentrierten Aeusserung nur in einer Konstellation möglich, in der jemand mit einem bestimmten Wissen an einen andern herantritt, der dieses Wissen nicht hat; umgekehrt ist dies nicht möglich: Es würde zweifellos als Anmassung interpretiert, würde ein Schüler eine an den Lehrer gerichtete lerninhaltspezifische Aeusserung mit einem '**hm?**' abschliessen in der Absicht, die wechselseitige Verständigung zu überprüfen! Ebenso kann nur jemand, der über das Recht verfügt, einen Interaktionsprozess zu gestalten, bei andern nachfragen, ob sie damit einverstanden sind; ein Schüler, der in seiner Rolle meist darauf fixiert ist, den Unterricht sowohl inhaltlich als auch gestaltungsmässig primär einmal zu 'rezipieren', kann dies nicht.

Trotzdem kommt es auch bei Schülern vor, dass sie Kleinstwechsel mit Verständnissicherungsfunktion von der Standardsprache zum Dialekt vornehmen, allerdings geprägt durch die eben erwähnten inhaltlichen und adressatenbezogenen Besonderheiten.

7. Sm: [102] **Aso** da sitzt der..die Sekre- [103] tärin, die telefo-

Sm: niert und **ä.ebe.**der Chef **gugüxlet** etwas.

(20.102 f. (3. Primarklasse))

Zur Diskussion steht hier das dialektale '**ebe**'. Zentral für das Verständnis seines kommunikativen Sinns scheint mir seine Plazierung zu sein zwischen dem '**ä**', das wohl nur als Ausdruck des Zögerns gedeutet werden kann, den beiden kurzen Pausen, die ebenfalls in dieser Richtung zu interpretieren sind, und dem Dialektverb '**gugüxle**' (besondere Art des Schauens). Sowohl die Signale des Zögerns als auch das fragliche '**ebe**' dürften auf die Verwendung des letzten Verbs ausgerichtet sein: Entweder wusste der Schüler zu diesem Zeitpunkt noch nicht, mit welchem Verb er seinen Satz abschliessen wollte, oder das '**gugüxle**' war bereits eingeplant. In beiden Fällen ist sein Zögern durchaus verständlich: Es kann als Mittel eingesetzt sein, um Zeit zum Finden einer passenden Verbform zu gewinnen; es kann aber auch der Unsicherheit Ausdruck geben, ein solches Dialektwort in seinen Satz aufzunehmen, weil er weiss, dass er damit gegen eine Unterrichtsnorm verstossen würde. In diesem Kontext nun scheint mir das '**ebe**' daraufhin angelegt zu sein, im voraus auf einen Konsens mit dem Lehrer hinzuwirken: Das gegenseitige Verständnis ist zwar noch nicht gefährdet, aber es könnte es werden durch den darauffolgenden dialektalen Satzabschluss. Die varietäre Komponente des '**ebe**'-Wechsels könnte in ihrer kommunikativen Bedeutung somit etwa folgendermassen umschrieben werden: 'Ich weiss ja, dass ich mit dem folgenden Teil meiner Aeusserung gegen eine Norm verstosse, tue es auch ungern; aber ich weiss auch, dass Sie um meine Lage wissen und dafür Verständnis aufbringen werden; Sie wissen ja, wie ich es meine!'. Auf einer 'höheren' Ebene als jener des lerninhaltspezifischen Unterrichtsgesprächs wird damit ein Einverständnis zwischen den Kommunizierenden suggeriert. Dass diese prophylaktische Einverständnissicherung, die wegen eines bevorstehenden Normbruchs (Dialektgebrauch beim **'gugüxle'**) notwendig wird, ausgerechnet mittels eines ebensolchen Normbruchs (Varietätenwechsel beim **'ebe'**) realisiert werden soll, ist zwar paradox, im Umkreis der hier diskutierten Fragestellung aber durchaus nicht untypisch[100].

(Zusammenfassung) Ausgangspunkt der Ueberlegungen in diesem Abschnitt war der Umstand, dass auch bei den Schülern ein - im Vergleich zum Lehrer zwar anders motiviertes und ausgerichtetes - Interesse an einem Konsens bezüglich des Unterrichtsgeschehens (im weitesten Sinn) vorhanden sei. Insbesondere wegen des Fehlens der beim Lehrer zentralen didaktischen Komponente wurde die Verständnissicherungsfunktion beim Schüler von einer Bindung an andere Funktionen, wie dies beim Lehrer der Fall war, gelöst.

Unter einer ganzen Reihe von Perspektiven wurden bei der Be-

---

100 Vgl. Abschnitt 7.1.1, Punkt a. Prophylaktisch verständnissichernd kann auch das häufig anzutreffende **'aso'** eingesetzt werden (vgl.Abschnitt 5.3.2.2.2):

8. Sm: [104] [antwortet:] Jeder..ja der **seit meischtens..**
Sm: meistens für die an/**.aso** noch für die anderen (S).

(20.104 (3. Primarklasse))

Es ist schwierig, die kommunikative Funktion dieses **'aso'** präzis festzulegen: Einerseits wirkt es wiederaufnehmend und in diesem Sinn präzisierend bezüglich des eben abgebrochenen Satzteils; andererseits kann es auch interpretiert werden als: 'Ich hab hier zwar etwas Mühe, aber Sie wissen sicher, was ich meine!'. In dieselbe Richtung, wenn auch in expliziterer Form, zielt auch der Sprachformwechsel in folgendem Ausschnitt:

9. Röbi: [30] [Als Antwort auf die Frage, was Apfelstrudel
Röbi: sei] Das ist **em..eh ich weiss scho us was es be-**
Röbi: **schtaat aber.**das ist **äh** Teig, rundum Teig [31] und **äh**
Röbi: in der Mitte **aso** ja, in Apfel.
L: eingerollt

(5.30 f. (3. Primarklasse))

Röbis Beteuerung, 'schon zu wissen, woraus Apfelstrudel gemacht sei', muss wohl verstanden werden als Versuch, der Lehrerin die Ursachen seines zögernden Sprechens zu erklären, da er ganz offensichtlich anzunehmen scheint, dass sie es missdeutet als inhaltliche Schwierigkeit, während er in Tat und Wahrheit nur um eine adäquate Formulierung ringt. Es geht also darum, das als gefährdet betrachtete Einverständnis bezüglich der wechselseitigen Beurteilung des Schüler(sprech)-handelns zu sichern; dass dies geschieht, ohne dass die Lehrerin sich in diese Richtung geäussert hätte, gibt dem Varietätenwechsel seinen spekulativ-prophylaktischen Charakter.

schreibung dieser Funktion ähnliche Merkmale beobachtet wie zuvor schon beim Lehrer:

- Die Suche nach (Wieder-)Herstellung der wechselseitigen Verständigung bezieht sich sowohl auf lerninhaltliche Aspekte als auch auf Fragen der Unterrichtsgestaltung und der Beurteilung des gegenseitigen Verhaltens (a);
- die Ursachen, die zum Varietätenwechsel mit Verständnissicherungsfunktion führen, sind auf Schülerseite ähnliche wie auf Lehrerseite (akustisches Nichtverstehen; Interpretationsprobleme; mangelnde Ausdruckspräzision);
- auch die konkreten Realisierungsformen bewegen sich - strukturmässig - in einem ähnlichen Rahmen (explizite Formulierungen (Fragen, Aufklärung von Missverständnissen durch Abwehr falscher Deutungen); Wiederholungen von unklaren Aeusserungsteilen; implizite Fragestellungen mit möglichen Interpretationsangeboten) (b);
- der fragliche Konsens kann tatsächlich fehlen oder verloren gegangen sein, es kann sich aber auch um eigene oder vermutete fremde Zweifel bezüglich der Interpretation/Beurteilung eines Lerninhalts, einer (Sprech-)Handlung, eines Unterrichtszustandes etc. handeln.

All diese Punkte beziehen sich auf Sprachformwechsel, die in der (bewussten oder unbewussten) Absicht zustande kommen, wechselseitige Verständigung (wieder-)herzustellen; sie kommen also bei Lehrern und Schülern vor. Jene Wechsel hingegen, die beim Lehrer konstatiert wurden, deren kommunikative Bedeutung es ist, diese Verständigung periodisch zu kontrollieren und ihr Vorhandensein den Schülern zu bestätigen, konnten bei diesen selbst nicht angetroffen werden; ein Hinweis auf die rollentheoretisch begründete unterschiedliche sprachliche Ausgangslage der Unterrichtsteilnehmer versuchte diesen Umstand zu erklären.

Auf Schülerseite sind dafür jene Varietätenwechsel zu finden, die den Konsens prophylaktisch, mittels Kleinstwechseln oder explizit, aufrechtzuerhalten versuchen, da sie oftmals aus Situationen heraus entstehen, in denen sich der Sprecher in Schwierigkeiten befindet (c).

Die Verständnissicherungsfunktion des dialektalen Sprechens kommt - möglicherweise in unterschiedlicher Ausprägung - bei Schülern aller Altersstufen vor.

7.1.3 Einverständnisfunktion

Es ist im eben behandelten Abschnitt bereits angesprochen worden, dass jene Kategorie von Dialektwechseln, denen beim Lehrer Einverständnis- und Zuwendungsfunktion zugesprochen wurde, auf Schülerseite nur als Randerscheinung auftreten würde. Wie steht es damit bei näherem Hinsehen?

Im Lehrerteil wurde als zentraler Aspekt der Funktion das "solidarische Einverständnis mit dem Angesprochenen über etwas

Drittes [...] oder über eine Handlung des angesprochenen Schülers"[101] herausgestrichen. Ein zweites, entscheidendes Moment wurde von Ramge nicht direkt angesprochen, ergibt sich implizit aber bereits aus seinem Zusatz, dass sich die im Dialekt spiegelnde Uebereinstimmung häufig als Lob auswirke. Dialektaler Sprachgebrauch des Lehrers, dem diese Funktion zugeschrieben wird, muss stets auch vor seinem institutionellen Rahmen betrachtet werden: Jegliches (Sprech-)Handeln des Lehrers ist zugleich auch didaktisches Handeln - oder kann zumindest so interpretiert weden. Es ist offensichtlich, dass dies ganz besonders auch gilt, wenn es um Handlungsformen geht, die, wie das 'Loben', sozusagen zum 'Grundstock' didaktischen Handelns gehören. Gerade diese Komponente fehlt nun aber beim Schüler: Loben - im eigentlichen Sinn - kann der Schüler seinen Lehrer nicht, ebensowenig wie tadeln: Das verbietet ihm seine Position innerhalb der Institution Schule; er kann allenfalls seiner Meinung darüber Ausdruck geben, ob er ein bestimmtes Lehrerverhalten positiv oder negativ beurteilt, er kann also 'Einverständnis' - bzw. 'Abweisung' - signalisieren.

Das zweite Element in Ramges Funktionsbegriff, jenes der 'Zuwendung', entfällt demnach auf Schülerseite, da es vollständig an die Lehrerrolle gebunden ist. Wie gesagt: Es ist durchaus möglich, dass ein Schüler sein Einverständnis über etwas kundtut, nur wird seiner Aeusserung die didaktische Komponente des Lobes, die beim Lehrer stets mitgedacht werden muss, nicht anhaften. Die Einverständnisfunktion dialektalen Sprechens beim Schüler unterscheidet sich also <u>grundsätzlich</u> von der Einverständnis- und Zuwendungsfunktion beim Lehrer! Wie sieht dies nun aber konkret aus:

a) Offizielle und inoffizielle Kurzantworten:

Auffallend ist die grosse Zahl alleinstehender oder äusserungseinleitender **'jo'**, **'mhm'**, **'ähä'** usw., die in verschiedensten Handlungskontexten auftauchen; eine kleine Auswahl mag hier einen ersten Eindruck vermitteln:

aa) Offizielle turn-Uebernahme:

1. L: [177](S) und du hast jetzt gefragt was will Christiane

L:	von Oma	**oder**?	
Reto:		**mhm**	

(5.177 (3. Primarklasse))

2. L: Jetzt möchte ich hören von euch, wie es weitergeht..

L:	Ralph?!		fertig?
Ralph:		(liest S)	**jo**

(Kropf (1981), S. 24, PNr. 3.30-33. (1. Realklasse, Kanton Zürich))

---

101 Ramge (1978), S.216.

- Der thematische Bezugspunkt solcher Antworten ist offen: Es mag sich um lerninhaltliche Fragen handeln, um solche, die die Unterrichtsorganisation betreffen oder auch um Aspekte, die gar nicht mit dem Unterricht in Zusammenhang stehen.
- Es kann hier als Faustregel gelten: Je kürzer die Antworten ausfallen, desto eher werden sie dialektal gehalten sein. Sehr oft nehmen sie Reviercharakter an - und erhalten damit auch Revierbestätigungsfunktion, ohne dass die 'ursprüngliche' Einverständnisfunktion der Dialektkomponente ganz verloren ginge.

Die Antworten sind aber auch denkbar mit dialektalem oder standardsprachlichem Nachsatz:

3. L: Könntest du es zeichnen?
   Sm: **jo** [geht an die Wandtafel] **(erläu-**

   Sm: **tert D)**

(Kropf (1981), S. 15, PNr. 20.45 f. (1. Realklasse, Kanton Zürich))

4. Sm: [antwortet auf L-Frage:] **jo**, (S)
   (Kropf (1981), S.7, PNr. 7.31. (1. Realklasse, Kanton Zürich))

Aeussern sich gleich mehrere Schüler miteinander, so ist die Wahrscheinlichkeit noch grösser, dass sie sich des Dialekts bedienen, um ihrer Zustimmung Ausdruck zu geben; bei solchen 'kollektiven' Antworten ist die Grenze zur nächsten Kategorie dann jedoch fliessend:

ab) Inoffizielle turn-Uebernahme:

5. L: [37](S) ihr kennt das Spiel vielleicht schon.es kommt immer
   Ss: **ja**

   L: ein (unv.) [38] es kommt immer ein Gegenstand (unv.)
   Ss: **ja** **ja**
   (23.37 f. (5. Primarklasse))

6. L: [83] Hast du die Aufgaben/ doch dann weisst du den

   L: Schluss [zu jenen, bei denen dies auch zutrifft:]
   Thomas: **ich han aber 'Pulver und** [84] **Rauch' gleese.**

   L: Dann erzählt ihr nachher 'Pulver und Rauch'
   Ss: **mhm, mhm**
   (18.83 f. (2. Primarklasse))

7. L: [56] nimmt mich nur Wunder, wie der in [57] den Briefkasten

   L: kommt Plötzlich ist er in Omas Briefkasten
   Sf: **mhm**
   (5.56 f. (3. Primarklasse))

In welcher konkreten Form auch realisiert: Stets handelt es sich um 'ja-Antworten' auf explizite Lehrerfragen oder auf Aeusserungen, zu denen die Schüler, quasi kommentierend, ihr Einverständnis in der Art solcher Kürzest-Antworten ausdrücken können.

b) Explizitere Formulierungen mit Einverständnisfunktion:

Neben diesen Kurzantworten treten natürlich auch explizitere Formen dialektalen Sprechens auf, denen im standardsprachlichen Kontext ebenfalls Einverständnisfunktion zukommen kann. Doch auch hier ist es so, dass die varietäre Komponente die Wirkung der Sprechhandlungstypen lediglich unterstützt und nicht für sich allein Sinn konstituieren kann: Die Aspekte der Solidarisierung, der positiven Emotionalisierung und Annäherung der direkten Kommunikationspartner sind mit den (Sprech-)Akten des Bejahens, des Zustimmens, die in den allermeisten Fällen an diese Dialektfunktion gekoppelt sind, bereits gegeben, und die Aktivierung sprachformspezifischer Information durch den Wechsel von der Standardsprache zum Dialekt verstärkt diese Ausrichtung nur noch. Einige willkürlich herausgegriffene Sequenzen mögen dies illustrieren:

8. L: [255](S) Ich fand's sehr gute Diskussion. Ich (S)
Sf: **ja, iich ää**

(4.255 (3. Primarklasse))

9. L: [162] War es nicht 'SERZ', war das nicht [163] 'SERZ' die

L: Abkürzung? Was war denn das 'S'?
Ss: **ah, doch**

(18.162 f. (2. Primarklasse))

c) Die varietätenspezifische Information als Hauptträgerin der kommunikativen Funktion:

Sicher gibt es auch Ausnahmen von der eben erwähnten allgemeinen Tendenz, Fälle also, bei denen die varietäre Komponente des Wechsels mehr oder weniger allein den Effekt des Signalisierens von Einverständnis hervorbringt und nicht, oder nicht in derart starkem Mass, durch sprechaktspezifische Information unterstützt wird:

10. Matti: [257](S) immer so kleine Mäschchen am Boden [258]
L: ja ja

Sm: **au das känn i**
Matti: ganz kleine.

(3a.257 f. (3. Primarklasse))

11.* Sf: Wir hatten einmal eine Katze, die hat in der Stube alle

Sf: Vorhänge mit ihren Krallen aufgeschlitzt
Sm: [ungefragt, für alle gut hörbar:] **Bi öis händ**

Sm: **t'Chatze emol de ganz Sofa kabutt ggmacht.**

Bei beiden Beispielen handelt es sich nicht um offizielle Beiträge: Die Schüler erhalten den turn nicht zugesprochen. Ihre Aeusserungen können auch nicht mehr derart explizit als Bestätigung bzw. als bejahende Reaktion auf die vorhergehenden Beiträge aufgefasst werden, wie dies bisher stets der Fall war, es sind vielmehr ergänzende Kommentare dazu. Der Grad der Uebereinstimmung - sowohl auf inhaltlicher wie auf interaktioneller Ebene - rührt m.E. hier also weniger vom wörtlich formulierten Einverständnis her als vielmehr von der Einverständnis herstellenden und sichernden Wirkung, die dem Dialekt in dieser Sprachformwechselsituation zukommen kann.

d) Nähe zu andern kommunikativen Funktionen:

Die Abgrenzung der Einverständnisfunktion - die, das sei auch noch erwähnt, sowohl bei jüngeren als auch bei älteren Schülern vorkommt[102] - von andern dialektalen Funktionen ist teilweise recht heikel: Es ist bereits gesagt worden, dass einige dieser Wechsel mit einer Häufigkeit zu beobachten sind, die ihnen je nach der klassenspezifischen Ausprägung der interaktionellen Normen Reviercharakter und damit auch Revierbestätigungsfunktion verleiht. Die Kürzestäusserungen, bei denen dies am häufigsten der Fall ist, geraten aber gerade wegen dieser Kürze auch in die Nähe der Bagatellisierungsfunktion - auf die weiter unten noch einzugehen sein wird -, wobei durch den Wechsel zum Dialekt nicht der Bagatellcharakter des Aeusserungsinhalts, sondern des Aeusserungsumfangs zum Ausdruck gebracht werden kann. Der Umstand wiederum, dass viele Sprachformwechsel, denen hier Einverständnisfunktion zugeschrieben wurde, den Status inoffizieller Beiträge haben, zwingt dazu, sie auch daraufhin zu prüfen, ob sie nicht auch noch Einbezugs- oder Rückzugsfunktion haben könnten[103]; insbesondere den Faktoren 'Lautstärke' und 'Adressierung' käme hier besonderes Gewicht zu.

(Zusammenfassung) Gegenüber der Einverständnis- und Zuwendungsfunktion, wie wir sie beim Dialektgebrauch des Lehrers angetroffen

---

102 Diese allgemeine Aussage könnte sicher noch differenziert werden nach den konkreten Realisierungstypen, die die Funktion annehmen kann: Gerade auch die Beweggründe, die dazu führen, die so stark verbreiteten Kürzestantworten - **'jo'**, **'ähä'** etc. - dialektal zu halten, unterscheiden sich sicher je nach dem Alter der Schüler. Zu vermuten ist etwa, dass in jüngeren Jahren der Dialekt hier auch Ausdruck der Unmittelbarkeit, der Echtheit der Antwort ist, während bei den älteren Schülern eher eine gewisse Nachlässigkeit mitspielen kann im Sinn von: Diese Kurzantworten sind eigentlich gar keine richtigen Antworten und brauchen deshalb auch nicht standardsprachlich realisiert zu werden. Solche Unterschiede, so fein sie auch sein mögen, sind durchaus geeignet, auch den kommunikativen Sinn eines Varietätenwechsels zu beeinflussen.

103 Siehe die Abschnitte 7.2.2 und 7.2.3.

haben, unterscheidet sich die Einverständnisfunktion beim Varietätenwechsel von Schülern ganz wesentlich: Zwar kann immer noch davon gesprochen werden, dass durch den Dialekt ein solidarisches Einverständnis mit dem Angesprochenen zum Ausdruck komme; geändert aber hat sich die inhaltliche Ausrichtung der solidarisierenden Komponente: War dabei beim Lehrer stets an die Einbettung all seines Tuns in einen didaktischen Rahmen zu denken - was auch seinen einzelnen (Sprech-)Handlungen, insbesondere aber jenen des Lobes, der Anerkennung etc. einen stark didaktischen Zug verleiht -, entfällt dieses Motiv zur Solidarisierung beim Schüler vollständig.

Diese Differenzen wirken sich auch auf die konkreten Aeusserungstypen aus, denen diese Funktion zukommen kann. Unterschieden wurde einerseits in Redebeiträge mit oder ohne offizielle turn-Uebernahme, die durch die Kürze ihres Umfangs gekennzeichnet sind (**'jo', 'mhm', ähä'** etc.) und der Beantwortung von Fragen mit Alternativausgang (ja/nein) dienen oder dem Ausdruck von Einverständnis mit einem bestimmten Vorgehen, einer Aeusserung etc. (a); andererseits wurden verschiedene explizitere Formen aufgezeigt, die jedoch denselben Zweck verfolgen (b). Diesen beiden Kategorien gemeinsam ist der Umstand, dass die varietäre Komponente des Wechsels den kommunikativen Sinn einer Aeusserung nicht eigentlich hervorbringt, sondern die im Sprechakttyp angelegte Information 'nur' verstärkt. In der dritten Kategorie (c) ist dies weniger der Fall: Dort ist die durch den Wechsel aktivierte sozial-situative Information Hauptträgerin der kommunikativen Funktion.

Ferner wurde die Nähe der Einverständnisfunktion zu einer Reihe von andern Funktionen hervorgehoben, die sich aufgrund typischer Faktorenkonstellationen (Offizialitätsgrad: Kollektive Aeusserungen, Aeusserungen ohne turn-Uebergabe; Aeusserungsumfang; sprecherische Realisierung; Adressierung etc.) ergeben kann (d). Und schliesslich wurde erwähnt, dass der Dialekt mit dieser Funktion von Schülern aller Altersstufen eingesetzt wird, wenn auch je nach konkretem Realisierungstyp sicher noch differenziert werden müsste[104].

---

104 Man mag sich fragen, wo die Kategorien g und h aus dem Lehrerabschnitt zur Einverständnis- und Zuwendungsfunktion geblieben sind, als es um die Verwendung emotional stark geladener vertrauter dialektaler Schülerbegriffe ging bzw. um den Gebrauch von Dialektrufnamen. Es sind dies zwei Beispieltypen, an denen sehr schön deutlich wird, dass das Verwenden derselben Dialektausdrücke im standardsprachlichen Kontext bei Lehrern und Schülern unterschiedliche kommunikative Bedeutung haben kann; genauer wird darauf in Abschnitt 7.2.1 ('Intensivierungsfunktion') eingegangen.

7.1.4 Veranschaulichungs- und Präzisierungsfunktion

Aehnlich wie bei der eben behandelten Funktion drängt sich auch hier der Vergleich zwischen dialektalem Sprechen mit Veranschaulichungsfunktion beim Lehrer und ebensolchem Sprechen beim Schüler auf. Sehr schnell wird dabei klar, dass auch die Unterschiede bei einem solchen Vergleich ähnlich ausfallen: Wie bei den (Sprech-) Handlungen des 'Lobens', 'Anerkennens' etc., die dort beim Lehrer im Mittelpunkt standen, handelt es sich auch hier bei derjenigen des 'Veranschaulichens' um eine Kategorie, die stark in den Dienst didaktischer Anliegen genommen werden kann: Veranschaulichung - so wurde dort festgestellt[105] - ist beim Lehrer immer auch deutbar als Versuch, seine Themen 'schmackhaft' zu machen - in unserem Fall durch die Aktivierung varietätenspezifischer Information, die dem anvisierten 'Objekt' den Anschein verleiht, vertrauter und realitätsnäher, echter zu sein. Wählt ein Lehrer also Ausdrucksformen, die eine veranschaulichende Wirkung zeigen, so tut er dies nicht - oder nicht nur - in seinem eigenen persönlichen Interesse, sondern primär im Hinblick auf seinen Unterrichtsauftrag. Diese Voraussetzungen entfallen auf Schülerseite. Wenn es nun auch durchwegs vorkommen kann, dass die dialektale Komponente bei Sprachformwechseln auch bei Schülern eine solche Funktion übernehmen kann, so ist doch stets dieser Hintergrund mit zu berücksichtigen, der den Stellenwert der Funktion prägt und sich auch auf die konkreten Realisierungstypen auswirkt, die von Lehrern und Schülern im Zusammenhang mit dieser Funktion gebraucht werden.

a) Wechsel auf Anfrage und aus eigenem Antrieb:

Der Dialekt wird von Schülern des öfteren in Situationen gebraucht, in denen sie, aus eigenem Antrieb oder von der Lehrperson dazu aufgefordert, einen Inhalt, der bereits zur Sprache kam, genauer beschreiben. Wie schon in früheren Abschnitten ist auch hier von besonderem Interesse, inwiefern sprechaktspezifische und varietätenspezifische Information einander unterstützen und ergänzen.

aa) Präzisierung:

1. L: [116][Während der Besprechung einer Bildergeschichte](S)

L:	sagen	ja?
Sm:	Fritzchen eilt zum Pfa/	Fritzchen eilt zum Pfarrer

Sf:	zum Papst	**zum das säge.**
L:	warum?	

(21.116 (4. Primarklasse))

2. Sf: [40][leise:] **Ah jetzt weis i was..** (S-Antwort) [41]
   L: Silvia!

[105] Siehe die Zusammenfassung von Abschnitt 6.1.

L: ja, meinst du? Aha, weil [42] weil sie nicht
Sf: **wo sie umeluegt**
Sm: **ja sicher!**

L: aufpasste?
Sf: **wo sie de Peter aluegt.**
(21.40 ff. (4. Primarklasse))

In Ausschnitt 1 verlangt der Lehrer nach einer Begründung für die vorher gegebene Antwort; die Präzisierung erfolgt also auf eine ausdrückliche äussere Veranlassung hin, und die Aeusserung der Schülerin erhält damit auch unabhängig von ihrer varietären Realisierung präzisierende Funktion. Der Anteil der dialektalen Komponente beschränkt sich darauf, die Glaubwürdigkeit der Antwort zu erhöhen und ihr den Anschein des Selbstverständlichen zu geben. In diesem Sinn dürfte durch den Sprachformwechsel das bereits im Sprechakt selbst ausgedrückte Anliegen der Schülerin unterstützt und verstärkt werden.

In der zweiten Sequenz liegen die Dinge etwas anders: Eine zusätzliche Erläuterung wird nur indirekt verlangt, und die sprecherische Realisierung der Frage 'ja, meinst du?' könnte von der Schülerin durchaus auch so interpretiert werden, als habe der Lehrer sie nicht recht verstanden und zweifle nun an ihrer Aussage. Ihre Erklärung wirkt denn auch stark in Richtung einer Rechtfertigung ihrer ursprünglichen Antwort. Aber auch hier kann durch den Wechsel von der Standardsprache zum Dialekt jene im sozialsituativen Nebeneinander der beiden Sprachformen begründete Information aktiviert werden, die darauf abzielt, die Aeusserung vertrauter, damit aber auch plausibler erscheinen zu lassen. Sprechakttyp und Sprachform unterstützen einander also auch hier wechselseitig in ihrer präzisierenden Funktion[106].

b) 'Wissen' um die Leistungsfähigkeit des Dialekts:

3. Matti: [129](S) vor vielleicht ein paar Wochen nur hat er

Matti: [Kater] einen Vogel gefangen
L: Wer? **Sämi**? [130] Hat
Sabine: **Sämi**

L: einen Vogel gefangen?
Sabine: ja. **Det hämmer aaglüüte.**
Peter: **Miis isch**

Peter: **besser**
Sf: **Was hät** [131] **er gmacht**?
L: Hat er ihn gefressen?

106 Die Nähe dieses letzten Beispiels zur Verständnissicherungsfunktion des Dialekts ist offensichtlich: Je nachdem, wie die Schülerin die Frage des Lehrers auffasst, wird ihre Antwort eher präzisierenden oder eher verständnissichernden Charakter haben.

Matti: **nä'ä**
Sabine: **nä'ä nume gspilt. Dänn hät er kä Federe** [132] **mee gha**
L: Er hat ja genug

L: zum Fressen.
Ss: ((Gelächter))
Marco: **Er hät kä Fädere gha**
Sm: **kä Fädere mee gha**

L: $Peter?$ [133]
Peter: **Aeh..dort,** wo wir (S)

(3a.129 ff. (3. Primarklasse))

Die genauere Schilderung der Umstände ist in diesem Ausschnitt thematisch an einen Lebensbereich der Schüler gebunden - der Kater daheim und was er so alles anstellt -, der ihnen sehr nahe steht. Dies äussert sich einerseits in der sehr lebhaften Anteilnahme der Schüler am Gespräch - in der zitierten Sequenz entwickelt sich ein Gespräch, das ausserschulischer Kommunikation sehr ähnlich ist und bei dem die Lehrerin nur noch eine Teilnehmerin unter anderen ist -, andererseits im Uebergang zum Dialekt: Gerade auf einer Schulstufe, auf der sich die standardsprachliche Kompetenz noch in einem frühen Aufbaustadium befindet, muss es für die Schüler - und auch für manchen Lehrer, wie in Abschnitt 6.1 gezeigt wurde - als 'selbstverständlich' erscheinen, zur Beschreibung eines derart vertrauten Inhalts nicht bei der Standardsprache zu bleiben, mit der alles andere als Vertrautheit assoziiert wird, sondern zum Dialekt zu wechseln. Die dialektale Komponente signalisiert hier m.E. also zugleich das subjektive Wissen der sprechenden Schüler, dass sie in dieser Sprachform einen solchen Inhalt präziser, adäquater auszudrücken vermögen - nicht nur, weil sie selbst Teil des betreffenden Erfahrungsbereichs ist, sondern auch, weil die entsprechende sprachliche Kompetenz besser ausgebildet ist.

Stärker als in den beiden ersten Beispielen wird hier deutlich, wie dem Sprachformwechsel unabhängig vom Sprechakttyp Informationswert zukommt: Der geschilderte Inhalt wird präziser gefasst und erscheint wegen der emotionalen Nähe und dem sprecherverbindenden Effekt der gewählten Varietät auch echter.

c) In Verbindung mit einer Konkretisierung auf thematischer Ebene bzw. als Nachtrag:

Ohne eingehenderen Kommentar seien die drei folgenden Sequenzen zitiert, die typisch sind für diese Funktion dialektalen Sprechens im Unterricht:

4. L: [32] Was für eine Sprache spricht man im Kanton Zürich?

Sm: [leise:] **Tütsch** [33]
L: $Stefan!$
Stefan: Man spricht **aso.**schwei-

Stefan: zerdeutsch **aso** [34] **züritütsch. So, wiä mir jetzt redet**

L: Nein, wie (wir) eben nicht reden sollten [Schmunzeln]

(7.32 ff. (5. Primarklasse))

5. Joseph: [186] Aber es gibt noch viel an/ ä viel anderen [187]

Joseph: so Arten Falle, so **ähm** **jo äh** **Säck zum**
L: Was Fallen? ja

Joseph: **Bischpil.**

(3a.186 f. (3. Primarklasse))

6. Sm: [107][erklärt dem Lehrer etwas:](S) muss sie (unv.). **oder**

Sm: **vo Hand.**

(20.107 (3. Primarklasse))

Sowohl im vierten als auch im fünften Ausschnitt verbindet sich mit dem Varietätenwechsel eine Konkretisierung auf thematischer Ebene: 'Schweizerdeutsch' - **'Züritütsch'** bzw. 'Fallen' - **'Säck'**. Thematische Ebene und dafür gewählte Sprachform stimmen also in ihren Konnotationen überein, beide Wechsel zielen auf eine Verdeutlichung, eine exaktere Fassung des vorher Gesagten. Beim letzten Beispiel schliesslich handelt es sich thematisch um einen Nachtrag, der die gegebene Antwort vervollständigen soll.

d) Wechsel wegen sprachlichen oder inhaltlichen Schwierigkeiten:

Oben ist gesagt worden, dass verschiedentlich zum Dialekt gewechselt wird aus dem - mehr oder meist weniger bewussten - Wissen heraus, in dieser Sprachform einen Gedanken besser ausdrücken zu können. Aehnlich gelagert, doch mit umgekehrten Vorzeichen, sind jene Wechsel, die dadurch zustande kommen, dass ihre Sprecher den sprachlichen oder auch inhaltlichen Anforderungen des zu Aeussernden nicht gerecht werden:

7. Nicole: [251] Und alle [252] fünfundzwanzig zusammen hab/ haben

Nicole: da/ da nicht/ **aso/ äm/ i so me** kleinen Stand nicht

Nicole: Platz.

(4.251 f. (3. Primarklasse))

8. Sm: [zur Lehrerin] Andreas hat - **mer es Spilzüg mitprocht**

(Kropf (1983), S. 166, PNr. M 87 (2. Primarklasse))

9. Sf: [38] Der Chauffeur [39] braucht es auch noch bei der Harass

Sf: / bei der **Dingsbums.**

(20.38 f. (3. Primarklasse))

10. Jacqueline: [zum Lehrer] Er macht seinen - **jo sin Dings do.**

(Kropf (1981), S. 41, PNr. 9.43 (1. Realklasse, Kanton Zürich))

All diese Schüler haben in ihrer momentanen Lage Mühe, sich auszudrücken; um sich dennoch verständlich zu machen, wechseln sie die Varietät. Der Dialekt zielt damit nicht mehr daraufhin ab, etwas bereits Gesagtes näher zu umschreiben oder zu verdeutlichen, sondern vielmehr etwas noch nicht Gesagtes überhaupt verständlich auszudrücken; veranschaulichend bzw. präzisierend wirkt der Dialekt also nicht in Bezug auf eine standardsprachliche Aeusserung, sondern in Bezug auf einen noch unausgesprochenen Gedanken.

Es ist ziemlich offensichtlich, dass die gewünschte Klärung in den beiden letzten Ausschnitten nicht erreicht wird; im Gegensatz zu den beiden ersten ist aber auch nicht klar, ob es sich bei den Ausdrucksschwierigkeiten der Schüler um solche sprachlicher oder inhaltlicher Art handelt. Als Versuch, das Problem mittels eines Ersatzbegriffs, der für den standardsprachlichen bzw. den gesuchten inhaltlichen (natürlich ebenfalls standardsprachlichen) Ausdruck steht, in den Griff zu bekommen, weist die varietäre Komponente des Wechsels auch Züge der Verständnissicherungs-[107] und der 'Hilfe!'-Funktion[108] auf.

e) In Verbindung mit einem Statuswechsel der Aeusserung:

Wie sich der offizielle bzw. der inoffizielle Status von Aeusserungen auf das varietäre Verhalten der Schüler auswirkt, zeigt beispielhaft folgender Ausschnitt:

11. Sf_1: [57] Der Vater denkt: Jetzt kleb ich ihr.ihr jetzt denn+

Sf_1: gleich (S) [58]
L: Was heisst das, jetzt kleb ich ihr dann
Sm_1: **Da (unv.) doch gmeint zwöi**

L: auch gleich eins? Was ist das, das [59] versteh ich nicht
Sf_2: **eis houe**
Sm_2: **houe**

L: so recht? ( ) ja?
Sf_3: **oorfiige**
Sm_3: Jetzt hau ich dir dann eins
Sm_4: **En Oorfiige** [60]

Sm_4: **houe e/ e mim Chind**
L: Aha, aber jetzt ist's klar. (S)

(21.57 ff. (4. Primarklasse))

Den dialektalen Voten kommt hier allerdings nur sekundär Veranschaulichungsfunktion zu, da die Schüler den turn nicht zugesprochen erhielten und man davon ausgehen kann, dass es sich bei solch

---

107 Siehe Abschnitt 7.1.2. Sowohl das **'Dingsbums'** als auch stärker noch das **'jo sin Dings do'** implizieren, dass der Angesprochene weiss oder doch wissen sollte, worum es geht; aufgehoben ist diese Information sowohl im konkreten sprachlichen Ausdruck als auch in dessen varietären Realisierung durch die Evozierung des Eindrucks persönlicher Nähe und Vertrautheit mit dem Erfahrungshintergrund des Partners. Vgl. Punkt c in Abschnitt 7.1.2.

108 Siehe Abschnitt 7.1.5.

inoffiziellem Sprechen um ein recht stark verankertes Dialektrevier handelt.

f) Bei 'passender' Gelegenheit:

Im Lehrerabschnitt zur entsprechenden Funktion (6.1, Punkt e) hatten wir gesehen, dass Lehrer ab und zu Dialektausdrücke in ihre Aeusserungen einfügen, wenn ihnen dies der Situation besonders angepasst erscheint. Aehnliches ist nun auch auf Schülerseite zu beobachten:

12. Martin: [139] Nun das fünfte Mal schon, [140] dass ich auf

---

Martin: diesem Eis (unv.) auf die **pump gheie**..

(8.139 f. (5. Primarklasse))

Zweifellos wäre es für den Schüler kein Problem gewesen, seine Aeusserung standardsprachlich zu beenden; fraglich ist jedoch, ob er in dieser Sprachform einen Ausdruck gefunden hätte, der nicht nur bezüglich seiner Denotation, sondern auch bezüglich seiner Konnotationen bei den Zuhörern so wirksam gewesen wäre: Von Bedeutung ist dies besonders deshalb, weil die betreffende Aeusserung in einer Unterrichtsphase plaziert ist, in der die Schüler ein Rollenspiel durchführen, das allen Spass zu machen scheint und die Schüler teilweise geradezu einlädt, publikumswirksame Einlagen zu bringen. Der Sprachformwechsel mit seinem der Schülersprache zugehörigen Dialektteil ist deshalb hervorragend geeignet, die Rede des Schülers lebendiger und damit das Rollenspiel insgesamt echter wirken zu lassen.

g) Lautimitationen:

Veranschaulichungsfunktion haben natürlich auch die besonders von jüngeren Schülern gern und recht oft eingesetzten Imitationen von Geräuschen und Lauten aller Art. Da diese bereits im Abschnitt zu den absoluten Dialektrevieren besprochen worden sind, sei auf die dortigen Ausführungen verwiesen[109].

h) Partikeln:

Hinsichtlich der Präzisierungsfunktion einiger Partikeln, vorab des häufig in diesem Sinn gebrauchten '**aso**', soll hier ebenfalls ein Hinweis auf früher bereits Gesagtes genügen[110]. Auch hier kann man annehmen, dass diese kommunikative Bedeutung nicht voll zur Wirkung kommt angesichts der starken Revierbestätigungsfunktion, die vielen dieser Partikeln zukommt.

---

109 Siehe Abschnitt 5.3.2.1.1, Punkt E.

110 Siehe Abschnitt 5.3.2.2.2, Punkt A.e.

Es ist bereits erwähnt worden, dass sich die Veranschaulichungs- und Präzisierungsfunktion - wie dies auch anderswo der Fall ist - mit verschiedenen anderen kommunikativen Funktionen des Dialekts überschneiden kann. Auf eine weitere - heikle - Berührungsnähe sei zum Schluss dieses Abschnitts kurz hingewiesen: Es ist nicht einfach, häufig wohl sogar unmöglich, zu entscheiden, ob es sich bei einem Varietätenwechsel um ein blosses Interferenzproblem zwischen den beiden Sprachformen handelt oder ob ihm tatsächlich kommunikative Bedeutung zukommt. Begründet liegt die Schwierigkeit darin, dass aus den zugänglichen Daten vielfach nicht erschlossen werden kann, ob - auf der Seite des Sprechers - eine diesbezügliche Absicht vorliegt oder ob - auf der Seite der andern Unterrichtsteilnehmer - eine solche Aeusserung in diesem Sinn als kommunikativ bedeutungsvoll interpretiert wird. In diesen Fällen von vornherein das Vorhandensein einer Veranschaulichungs- und Präzisierungsfunktion anzunehmen, scheint mir jedenfalls problematisch. Hier ein Beispiel:

13. Dimitri: [86][Unterrichtsthema: Vögel] Ist **eh/ aso/** .ist **eh/**

Dimitri: der den/ der der dann geflogen [87] kommt nicht.böse

Dimitri: weil das nicht seine Eier sind und macht sie

Dimitri: **futsch**?[111]

(26.86 f. (3. Primarklasse))

<u>(Zusammenfassung)</u> Wie schon bei der Verständnissicherungs- und der Einverständnisfunktion des dialektalen Sprechens galt es auch bei der Veranschaulichungs- und Präzisierungsfunktion, zuerst den theoretischen Hintergrund sichtbar zu machen, vor dem sie anzutreffen ist - dies besonders im Hinblick auf die entsprechende Funktion beim Lehrer. Als zentral erwies sich dabei wiederum die auf Schülerseite entfallende Verbindung mit didaktischen Intentionen, was sich sowohl auf die einzelnen Realisierungstypen der Sprachformwechsel als auch auf deren Bedeutung auswirkt.

Im Anschluss daran kamen einige Besonderheiten dieser Funktion zur Sprache, wobei es vor allem um eine Differenzierung der Motive ging, die zu den Varietätenwechseln führen: Den präzisierenden bzw. veranschaulichenden Aeusserungen, die auf Veranlassung des Lehrers erfolgten, stehen jene gegenüber, die die Schüler aus eigenem Antrieb vornahmen (siehe z.B. a); weiter kann unterschieden werden zwischen solchen, bei denen ein den Unterrichtsteilnehmern unterstelltes 'Wissen', dass man als Deutschschweizer dem Auszudrückenden gerechter werden kann, wenn man Dialekt spricht, den Wechsel auslöst (b), und anderen Standard-Dialekt-Uebergängen, die in sprachlichen oder auch inhaltlichen Problemen der Schüler wurzeln (d). Viele Wechsel, denen von ihrer varietären Realisie-

---

111 Der Ausdruck **'futsch'** gehört zwar auch der Standardsprache an; dass er hier trotzdem dem Dialekt zugerechnet wird, rührt daher, dass er dem Schüler mit grösster Wahrscheinlichkeit nur als dialektaler Ausdruck bekannt war, nicht aber als standardsprachlicher.

rung her Veranschaulichungs- oder Präzisierungsfunktion zugesprochen werden kann, sind zudem gekoppelt mit analogen Wechseln auf andern Ebenen: Angesprochen wurden hier die Faktoren 'Thema' (c) sowie 'Offizialitätsstatus' der Aeusserungen (e). Dass diese Funktion - dann allerdings in abgeschwächter Form - auch in Verbindung mit Revierbestätigungsfunktion vorkommen kann, wurde am Beispiel der Lautimitationen (g) und einem besonderen Typus der Partikel '**aso**' (h) aufgezeigt.

Von praktischer Bedeutung für die Gesprächsanalyse war das Problem, auf das zum Schluss aufmerksam gemacht wurde, dass es nämlich zeitweise kaum möglich ist, bei einem Varietätenwechsel zu entscheiden, ob ihm die kommunikative Funktion der Veranschaulichung/Präzisierung zukomme oder ob es sich vielmehr um ein kompetenzbedingtes Interferenzproblem handle. Mit der bereits mehrfach erwähnten Verallgemeinerung schliesslich kann man sagen, dass diese Funktion auf allen Altersstufen anzutreffen ist[112].

7.1.5 'Hilfe!' - Funktion

In der Nähe der Verständnissicherungsfunktion angesiedelt ist eine andere kommunikative Funktion des Dialekts, die beim Lehrer nicht zu finden ist und auf Schülerseite vorwiegend, in einigen Realisierungstypen sogar nur bei jüngeren Schülern vorkommt, da sie stark an deren standardsprachliche Kompetenz gebunden ist. 'Hilfe!'-Funktion wird sie deswegen genannt, weil der Gebrauch des Dialekts stets eine inhaltliche oder auch sprachliche Unsicherheit markiert und der Lehrer durch den Einsatz entsprechender Sprechakttypen einerseits, die Aktivierung der positiv emotionalisierenden sowie der solidarisierenden Grundfunktion des Dialekts im Sprachformwechsel andererseits explizit oder meist implizit dazu aufgefordert wird, diese Unsicherheit zu beheben. Die Verbindung zur Verständnissicherungsfunktion ist bei folgendem Wechseltypus besonders augenfällig:

a) Eher unbewusste Kleinwechsel:

1. Matti: [211](S) eine Mausefalle hingetan mit **aso** so eine **wo.wo**

   Matti: (unv.) wenn **äh** [212] zuspickt+. **aso** (S).
   Sm: **zueschpickt**

   (3a.211 f. (3. Primarklasse))

2. Marco: [163](S) einen Käfig so so zwei..**eso** ja, ja
   Joseph: **Stäcke**

112 Die Schwierigkeiten mit der Interferenzfrage allerdings verschwinden erwartungsgemäss mit zunehmendem Alter und standardsprachlicher Kompetenz.

Marco: zwei $Stä$/ Ste **aso** ja
L: zwei s/ zwei so [164] Eisenstäbe?

(3a.163 f. (3. Primarklasse))

Die Unsicherheit von Matti, die hier sprachlicher Natur ist, kommt im ersten Ausschnitt gleich in verschiedenen Wechseln zum Dialekt zum Ausdruck: Kommunikativ bedeutsam kann das erste '**aso**' in zweierlei Hinsicht werden: Einerseits - und damit ist die Nähe zur Verständnissicherung angesprochen - kann es implizieren, dass die Hörer 'wohl schon wissen', was er ausdrücken wolle; andererseits klingt aber bereits jene Funktion an, die wir später noch in 'reinerer' Form antreffen werden: Die Verständnis suggerierende Partikel, plaziert in einer Aeusserung, die die Unsicherheit des Sprechers offensichtlich zutage treten lässt (hier: Sprachformwechsel, Pausen, Wortwiederholungen), kann auch - in diesem Fall wohl eher unbewusst - darauf abzielen, die Zuhörer zum Eingreifen zu animieren und dem Sprecher in seiner sprachlichen (bzw. inhaltlichen) Not beizustehen. Dass diese Wirkung auch eintrifft - selbst wenn Matti sie wahrscheinlich nicht beabsichtigt hat -, zeigt sich daran, dass ein Mitschüler ihm mit einem 'passenden' Wort zu Hilfe kommt - was allerdings zusätzliche Schwierigkeiten bringt, muss dieses Wort doch zuerst noch in die Standardsprache übersetzt werden; von der Unsicherheit damit zeugt m.E. das '**äh**', während das zweite '**aso**' wohl eher wiederaufnehmenden Charakter hat.

Die zweite Sequenz zeigt gleich zwei '**eso**'/'**aso**' mit konsenssuggerierender und hilfesuchender Funktion, beide zudem unmittelbar vor dem helfenden Eingreifen eines nachfolgenden Sprechers plaziert: Während die erste Partikel als Folge der Suche nach einem passenden Ausdruck gesehen werden kann, zeugt die zweite eher von der Mühe Marcos, den ihm von Joseph zugehaltenen Dialektausdruck standardsprachlich umzusetzen. In beiden Fällen erzielt der Wechsel - in Verbindung mit andern Unsicherheit anzeigenden Merkmalen - also genau jene Hörerreaktionen, die der ihm hier zugeschriebenen kommunikativen Funktion entsprechen: Auf den Hilferuf erfolgt die Hilfeleistung.

b) Eher bewusste Wechsel: Bitte um Bestätigung bzw. Uebersetzung eines Wortes:

Der Wechseltyp, der durch die folgenden Sequenzen repräsentiert ist, ist stark an die standardsprachliche Kompetenz der Schüler gebunden und demzufolge nur auf unteren Schulstufen zu beobachten:

3. Rosa: [26] Der Vater hält sich die Hand auf der..Backe+?

L: Auf die Wange, [27] ja, Gabi [= Aufruf]

(21.26 f. (4. Primarklasse))

4. Sf: [zur Lehrerin] (S-Satz) **verstucht**..? (vor-
L: verstaucht habe

Sf: heriger S-Satz +) verstaucht habe.

(Kropf (1983), S. 154 f., PNr. J 118-120 (2. Primarklasse))

Beide Aeusserungen enden mit einem Ausdruck, der entweder ganz dialektal realisiert ist (Beispiel 4) oder eine verstandardsprachlichte Form eines Dialektwortes darstellt (Beispiel 3[113]). Ebenfalls beiden Aeusserungen gemeinsam ist die mittels Intonation herbeigeführte Umwandlung von einer Aussage in eine Frage, wobei nur jeweils der letzte Ausdruck diesen Fragecharakter erhält. Meist sind diese bereits vom Sprechaktyp und der varietären Realisierung her gesonderten Aeusserungsteile zusätzlich durch eine Sprechpause getrennt[114]. Was die beiden Ausschnitte voneinander unterscheidet, ist primär der Fragetyp, der damit verbunden ist und sich äusserlich in der unterschiedlichen Stimmführung niederschlägt: Während die Intonation bei 'Backe' erst aufsteigt und dann zurücksinkt, ist sie bei **'verstucht'** aufsteigend bis zum Schluss. Entsprechend dürften auch die Absichten, die damit verbunden sind, verschieden sein: Rosas Frage kann interpretiert werden als: 'Ich bin nicht ganz sicher, ob das Wort, das ich hier brauche, standardsprachlich korrekt ist; wenn ja, würden Sie mir das bitte bestätigen, oder mir mit einem passenden aushelfen, wenn dies nicht der Fall ist!?' Demgegenüber muss die Frage im zweiten Beispiel wohl verstanden werden als: 'Ich möchte gern dieses Wort benutzen, weiss aber nicht, wie es in der Standardsprache heisst; würden Sie mir bitte eine Uebersetzung davon geben?!' Beide Schülerinnen wissen vermutlich, dass sie in Konflikt geraten mit der Norm, ihren Beitrag in seiner Gesamtheit standardsprachlich realisieren zu müssen; während die Viertklässlerin jedoch einen Uebersetzungsversuch zur Prüfung anbietet, präsentiert die Zweitklässlerin einen Dialektausdruck, den sie gern vom Lehrer übersetzt haben möchte. Die varietäre Komponente des Wechsels kann damit unter zwei Aspekten betrachtet werden: Einerseits ist sie unmittelbarer Ausdruck der fehlenden standardsprachlichen Kompetenz in einem spezifischen Bereich; andererseits kann sie, in Verbindung mit anderen kommunikativen Merkmalen wie Fragetyp (Intonation), Pause vor dem und Aeusserungsabbruch nach dem betreffenden Ausdruck, verstanden werden als solidarisierender Appell an die Lehrperson, Verständnis aufzubringen für dieses spezifische sprachliche Problem und die gewünschte Hilfeleistung zu erbringen. Im Gegensatz zu den Beispielen unter a dürfte diese Art von Sprachformwechsel einen hohen Grad von Bewusstheit aufweisen.

Die Dialekteinschübe oder die zur Prüfung vorgelegten 'Standard'-Ausdrücke weisen eine Art Zitatcharakter auf, indem ein einzelnes Element der einen Varietät in einen Aeusserungskontext

---

113 **'Bagge'** ist der im Schweizerdeutsch übliche Ausdruck für 'Wange' oder 'Backe', welch letzteres dem Schüler als Standardwort aber wohl kaum bekannt war; der von ihm verwendete Ausdruck dürfte eher eine vom Dialekt ausgehende 'Uebersetzung' darstellen.

114 Siehe Beispiel 3; in Beispiel 4 ist dies nicht nachprüfbar, da die Sequenz nicht auf Tonband vorhanden ist.

der anderen gestellt wird mit dem Ziel, mittels der ebenfalls durch diesen Akt erbetenen Hilfe des Lehrers dieses gleiche Element durch ein ('echt') standardsprachliches zu ersetzen. Insofern kann die 'Hilfe!'-Funktion auch als Gegenstück zur Veranschaulichungsfunktion betrachtet werden: Während dort ein Dialektausdruck jeweils gewählt wird, weil er am betreffenden Ort besonders passend scheint, wird hier jeweils einer gewählt, von dem der Schüler weiss, dass er gerade in seiner dialektalen Ausprägung unpassend und deshalb zu ersetzen ist.

c) Explizitere Bitten um Hilfe:

5. Ernst: [361] Einfach wenn sie **ähm** so dünkler+ sind, dann können

Ernst: [362] s/ kommen sie **ehnder** aus **ähm** ener+ aus **ähm wie**
L: eher

Ernst: **sait me äh** aus heisseren [363] Ländern (S).
(3a.361 ff. (3. Primarklasse))

6. L: [194] $Rolf!$ [soll die Frage beantworten, wohin der

L: Fluss Tessin fliesst]
Rolf: In den/ **.ä. de See da, de.** $Lago

Rolf: Maggiore$
(11.194 (6. Primarklasse))

Bei diesem Wechseltyp können die Schwierigkeiten, denen Ausdruck verliehen wird, sowohl sprachlicher als auch inhaltlicher Natur sein: So ist etwa in Beispiel 5 nicht auszumachen, ob der Schüler mit seinem **'wie sait me'** nach einem standardsprachlichen Ausdruck fragt oder nach einem Ausdruck überhaupt, der seiner Aeusserungsabsicht adäquat wäre; beides ist denkbar. In Beispiel 6 ist klar, dass der Schüler nach einem bestimmten Begriff sucht, unabhängig von seiner Varietät.

Bezüglich der Adressierung der fraglichen Dialektteile ist hier bemerkenswert, dass in beiden Fällen sowohl der primäre Adressat der ganzen Aeusserung, nämlich die Lehrperson, angesprochen sein und demzufolge auch reagieren könnte - es handelt sich ja beide Male (explizit oder implizit) um eine Frage! - als auch der Sprecher selbst: Dann handelte es sich um eine Art Selbstgespräch. Da die Schüler jeweils zu sprechen fortfahren, ohne ein Eingreifen des Lehrers abzuwarten, ist letzteres sogar eher wahrscheinlich. Die kommunikative Bedeutung des Dialekts - Anzeigen einer inhaltlichen oder sprachlichen Schwierigkeit sowie die versteckte Bitte, helfend einzugreifen, falls diese Schwierigkeit nicht überwunden werden könnte - bleibt dabei jedoch erhalten[115].

---

115 Auch in diesen beiden Ausschnitten ist die Nähe zur Verständnissicherungsfunktion des Dialekts gegeben: Sowohl im **'ä.de See da'** als auch, schwächer, im **'ähm wie sait me äh'** scheint ein Konsens hinsichtlich des noch Auszudrückenden suggeriert zu werden.

d) Thematisieren der Unsicherheit:

Ein letzter Wechseltyp im Rahmen dieses Abschnitts ist in folgender Sequenz repräsentiert:

7. L: [148] Jetzt überlegst du dir einmal, was da gebraucht wird
   Ss: ((Murmeln))
   Sm: **Sii da chum ich hine und vorne nöd drus.**
(20.148 (3. Primarklasse))

Explizit weist hier der Schüler darauf hin, dass er mit der vom Lehrer vorgeschlagenen Aufgabe Probleme hat; angesprochen ist dabei ausdrücklich der Lehrer. Die dialektale Komponente unterstreicht die Echtheit und Ernsthaftigkeit des Beitrags und kann wiederum, in Verbindung mit andern Aeusserungselementen (v.a. Intonation), interpretiert werden als Bitte an den Lehrer, diesen Schwierigkeiten ein Ende zu bereiten. Neben dieser 'Hilfe!'-Funktion könnte der varietären Komponente aber auch Bagatellisierungsfunkion zugesprochen werden, dann nämlich, wenn die Aeusserung primär unter ihrem 'metakommunikativen' Aspekt betrachtet würde: Thematisch steht nicht der Lerninhalt im Zentrum der Aeusserung, der Schüler spricht über seine Einstellung, sein Verhalten gegenüber diesem Lerninhalt. Und unter der Voraussetzung, dass nur direkt zum Lerninhalt Gehörendes der Forderung nach standardsprachlicher Realisierung unterliegt, dieser Aeusserung hinsichtlich des Erreichens des Lernziels unmittelbar aber keine Bedeutung (und also Bagatellcharakter) zukommt, könnte sie durchaus 'ausnahmsweise' dialektal realisiert werden. Mit dem Hinweis auf die Bagatellisierungsfunktion ist damit auch bereits der nächste Abschnitt angekündigt.

<u>(Zusammenfassung)</u> Die 'Hilfe!'-Funktion dialektalen Sprechens im Unterricht ist dadurch gekennzeichnet, dass mittels der Aktivierung der solidarisierenden und der positiv emotionalisierenden Grundfunktion einem Hörer zu verstehen gegeben wird, er solle mithelfen, Schwierigkeiten sprachlicher oder inhaltlicher Natur, die der Sprecher mit dem Varietätenwechsel zugleich anspricht, zu beseitigen. Diese Aufforderung erfolgt meist implizit durch den Wechsel, oft in Kombination mit andern Unsicherheit anzeigenden Elementen (Stocken, Pausen, Wortwiederholungen etc.), kann aber auch ausdrücklich formuliert werden.

Auf vier Kategorien von Wechseln wurde speziell eingegangen:

- Eher unbewusste Kleinwechsel ('**ähm**', '**aso**'), die in Verbindung mit andern entsprechenden Aeusserungsfaktoren bei sprachlichen und/oder inhaltlichen Schwierigkeiten einerseits einen Konsens hinsichtlich des noch Auszudrückenden suggerieren (Nähe zur Verständnissicherungsfunktion) und andererseits implizit um Abhilfe für diese Schwierigkeiten ersuchen (a).
- Eher bewusste Wechsel am Ende einer Aeusserung, intonatorisch als Fragen realisiert; mit dem Wechsel kann implizit die Aufforderung verbunden sein, den betreffenden Ausdruck entweder als akzeptabel zu bestätigen (Bsp. 3) oder durch einen passen-

deren zu ersetzen (Bsp. 4). Dieser 'klassische Fall' von 'Hilfe!'-Funktion ist, kompetenzbedingt, nur in unteren Schulstufen anzutreffen und ist jeweils Ausdruck sprachlicher Probleme (b).

- Explizitere Formen des Varietätenwechsels, dem Prinzip nach jedoch mit Kategorie a vergleichbar und sowohl bei sprachlichen als auch inhaltlichen Schwierigkeiten zu beobachten (c).
- Wechsel, die die aufgetauchten Probleme (meist inhaltlicher Art) explizit thematisieren und in ihrer Eigenschaft als 'Sprechen über den Unterricht' eine gewisse Nähe zur Bagatellisierungsfunktion des Dialekts aufweisen (d).

Allgemein findet sich diese Funktion meist oder gar ausschliesslich bei jüngeren Schülern, da sie meist an die standardsprachliche Kompetenz der Schüler gebunden ist.

7.1.6 Bagatellisierungsfunktion

Im Kapitel, das die kommunikativen Funktionen des Dialekts beim Lehrer behandelte, ist von der Bagatellisierungsfunktion sehr ausführlich die Rede gewesen; das ist wohl vertretbar, nimmt sie doch, was sowohl die Vielfältigkeit konkreter Erscheinungsformen als auch die relative Häufigkeit ihres Vorkommens im Unterricht angeht, eine Vorrangstellung ein. Aehnlich, wenn nicht noch ausgeprägter, präsentiert sich die Lage auf Schülerseite: Es scheint, schon nach der Durchsicht des geringen Datenmaterials, das zur Verfügung steht, ausgeschlossen zu sein, hier einen Ueberblick über typische Realisationsformen dieser Dialektfunktion geben zu können, über günstige unterrichtliche Voraussetzungsmuster, die ihr Auftreten fördern, oder über einzelne Kombinationen kommunikativ relevanter Faktoren, die häufig mit dieser Funktion verbunden sind. Zuzuschreiben ist dieser Umstand einmal dem breiten Spektrum kommunikativen Handelns, das von der Funktionsdefinition abgedeckt wird; ebenso spielt aber die nicht nur bei Lehrpersonen, sondern auch bei Schülern schon sehr früh und in hohem Mass ausgebildete Fähigkeit eine Rolle, sehr präzis beurteilen zu können, was im Hinblick auf das Lernziel von Bedeutung ist und was nicht, oder, mit andern Worten, zu differenzieren, was jetzt 'eigentlicher Unterricht' und was 'nicht-so-ganz-eigentlicher Unterricht' ist; und schliesslich ist entscheidend, dass die Schüler, und zwar gerade in diesem Sprechhandlungsbereich, ausserordentlich häufig die Sprachform wechseln - viel häufiger, als man gemeinhin annimmt.

Im Rahmen dieser Arbeit, in der es darum geht, eine Gesamtschau kommunikativer Dialektfunktionen im Unterricht zu versuchen, wird die Bagatellisierungsfunktion aus den erwähnten Gründen zu kurz kommen. Es kann hier deshalb, wie schon im entsprechenden Lehrerabschnitt, nur darum gehen, einige besonders typische Sequenzen zu zeigen, bei denen sich in der dialektalen Komponente der Bagatellcharakter der Aeusserung bzw. eventuell darin proponierter Handlungen spiegelt, und auf ein paar Faktoren hinzuweisen, die oft an diese Funktion gebunden sind.

Aber werfen wir zunächst einen Blick zurück auf die theoretische Grundlegung der Bagatellisierungsfunktion: Gegenüber den Ausführungen bei Ramge ist die Funktionsdefinition im Lehrerabschnitt etwas weiter gefasst worden: Nicht mehr nur der Vollzug der in der Aeusserung proponierten Handlung sollte für das Erarbeiten des eigentlichen Lerninhalts belanglos sein, sondern die Aeusserung als ganze, mitsamt darin möglicherweise proponierten Handlungen. Damit wurde der Einbezug verschiedenster Dialektreviere ermöglicht, in denen ebenfalls der Bagatellcharakter der betreffenden (Sprech-)Handlung zum Ausdruck kommt - wenn auch in abgeschwächter Intensität, weil den betreffenden Aeusserungen zugleich auch Revierbestätigungsfunktion zugeordnet werden kann; ausserdem wurde die Relevanz der Aeusserung für das Gelingen des Unterrichts relativiert, da dieser Definitionsbestandteil lediglich spezifisch didaktisches Sprechen zu erfassen vermag, dem gesamten sprachlichen Unterrichtsgeschehen aber nicht gerecht wird.

Gerade diese letzte Definitionserweiterung öffnet nun aber die Funktion auch dem dialektal-unterrichtlichen Sprechen der Schüler - wobei hier durchaus nicht die Meinung vertreten wird, dass diese nicht auch didaktisch relevante, für das Erreichen des Lernziels aber unbedeutende Beiträge leisten könnten! Diese neue Definition scheint mir ohne Einschränkungen auch auf das Schülersprechen anwendbar zu sein. Es kann demnach bei einem Vergleich Schüler - Lehrer höchstens noch darum gehen, eventuelle Unterschiede im Auftreten der Bagatellisierungsfunktion auf der Ebene der konkreten Realisierungen und der damit verbundenen kommunikativ relevanten Faktoren aufzuzeigen und diese, wenn möglich, vor dem theoretischen Hintergrund der unterschiedlichen Rollenverteilungen einzuordnen.

a) Gliederung der Dialektsequenzen nach der thematischen Ausrichtung:

Analog den Ueberlegungen im entsprechenden Lehrerabschnitt scheint auch bei den Schülern der Faktor 'Thema' eine zentrale Position einzunehmen bei der Zuweisung einer Bagatellisierungsfunktion zu den einzelnen dialektalen Sprachformwechseln:

aa) Lerninhaltzentrierte Aeusserungen mit Bagatellisierungsfunktion:

1. [53][Fach Rechnen; Einführung neuer Mengenlehrebegriffe wie Grund-/Teilmenge etc.]

L: Gut.Grossbuchstabe [54] für irgendeine Menge.egal

L: welche M
Nathalie: **Chas au es M sii?** **wänns vorher es M ghaa**

L: [55] irgend.das sind ja verschiedene Aufgaben
Nathalie: **hät?**

L: jetzt Mit Doppel- [56] strich.
Martin: **Mit em Doppelstrich**

L: unbedingt ja. (S)

(11.53 ff. (6. Primarklasse))

Die Aeusserungen von Nathalie und Martin haben durchaus offiziellen Charakter, auch wenn sie nicht ausdrücklich aufgerufen worden sind; sie stehen beide auf der Ebene der Hauptkommunikation als Teil einer turn-Abfolge .. - Lehrer - Schüler - Lehrer - Schüler - Lehrer - ..; thematisch sind sie auf den aktuellen Lerninhalt ausgerichtet. Dass trotzdem beide Schüler ihren Beitrag im Dialekt halten, ist m.E. nicht darauf zurückzuführen, dass dem Inhalt Bagatellcharakter zugesprochen werden sollte; vielmehr scheint eine solche Bedeutungslosigkeit der Aeusserungsform, oder genauer: der varietären Realisierung attribuiert zu werden: 'Wir wissen doch alle beide, Sie und ich, dass nicht so wichtig ist, in welcher Sprachform ich spreche, sondern was ich sage; ich nehme an, da sind wir völlig einer Meinung!'. Es wird hier also, verallgemeinert man den konkreten Fall, an das solidarische Einverständnis des Lehrers in einer Angelegenheit appelliert, bei der dieser kaum 'nein' sagen kann: Wer würde denn schon, vor diese Alternative gestellt, die Form über den Inhalt einer Aeusserung stellen! Bei einzelnen Schülern kann dieser Hierarchiegedanke recht bewusst verankert sein und sich in relativ regelmässigem Dialektgebrauch niederschlagen, was je nach der Reaktion des Lehrers entweder zur Bildung eines individuellen Dialekt-Reviers führt oder zu einer zunehmenden Oppositionsstellung dieses Schülers zum Lehrer. Damit würde allerdings auch die dialektale Grundfunktion der Abgrenzung aktiviert.

2. Andrea: [49] Neununddreissig sechsundfünfzig**schtel.**

(13.49 (1. Realklasse, Kanton Schaffhausen))

3. Thomas: [119] Vier geteilt durch zwei **git** zwei und ein
L: jawoll
Thomas: Drittel

(13.119 (1. Realklasse, Kanton Schaffhausen))

Bereits im Lehrerabschnitt ist erwähnt worden, dass während des Diktierens Interpunktionszeichen häufig im Dialekt realisiert werden. Mit einem ähnlichen Phänomen haben wir es auch hier zu tun: Bei Ausschnitt 2 handelt es sich um einen typischen 'Abschleifungswechsel': Der dialektale **-schtel**-Schluss ist unter Deutschschweizern recht verbreitet, nicht allzu auffällig als Normverstoss und deshalb meist toleriert. Diese Toleranz dürfte ebenso zu den Gründen für einen solchen Wechsel gehören wie der sprachökonomische Aspekt - unter derartigen Voraussetzungen 'lohnt' sich der Uebersetzungsaufwand nicht - und jener eben besprochene, dass das Resultat (d.h. der Inhalt) nun mal wichtiger sei als seine sprachliche Realisierung.

Ausschnitt 3 kommt dem Fall der Interpunktionszeichen sehr nahe: Auch das **'git'** ist im Hinblick auf das 'eigentlich Wichtige' an der Rechnung, insbesondere deren Lösung, von sekundärer Bedeutung[116], kann als Konstante in allen Rechnungen - immer kommt exakt vor dem Resultat ein '='-Zeichen (versprachlicht: gibt/**git**, gleich/**glich**, macht/**macht**) zu stehen - zudem als bekannt und vernachlässigbar betrachtet werden. Genau dieser Einstellung dürfte der Varietätenwechsel an solchen Stellen entsprechen. Im varietären Mikrobereich lässt sich hier beobachten, welchen Aeusserungsteilen welche unterrichtliche und interaktionelle Relevanz zugemessen wird.

ab) lerninhaltorientierte Aeusserungen zum Lehr-/Lernprozess:

4. L: [382]Ja genau..Marco?
Marco: **ähm, mues mer dänn die alli die**

Marco: **die abschribe döt?**

(3a.382 (3. Primarklasse))

5. L: [2] Gut. Seav! **Bisch immer drii-**
Seav: **Ich bin immer driigfalle**

L: **gfalle?**
Seav: Ja, weil Kä/ Kängu/ Känguru (S)

(3b.2 (3. Primarklasse))

6. [49][während einer Theateraufführung in der Standardsprache; Vanessa sucht eine Weile nach einer Textstelle, dann lachend:]
Vanessa: **Ich finds ja nüme...** ((räuspert sich)) Na das ist
Gruppe: (unv.)

Vanessa: ja der Ausweis. (S)

(8.49 (5. Primarklasse))

Die Aeusserungskategorie, zu der unter 4. ein Beispiel angegeben ist, ist mengenmässig, besonders in unteren Schulstufen, stets sehr gut vertreten, so dass der Wechseltyp oft beinahe Reviercharakter hat: Es handelt sich dabei um Fragen, die meist vollständig im Dialekt gehalten sind und den Zweck verfolgen, vom Lehrer Auskunft einzuholen über das weitere Vorgehen in Zusammenhang mit dem aktuellen Lerninhalt. Die dialektale Komponente widerspiegelt dabei m.E. das Verhältnis, in dem - im Urteil des Sprechenden - der Inhalt der fraglichen Aeusserung zum Lerninhalt selbst steht: Es geht dabei um eine Frage (bzw. eine Aussage, Behauptung etc.) <u>zum</u> Lerninhalt, der Lerninhalt selbst wird dabei also nur indirekt, in einem Meta-Verhältnis als 'Reden-über', verhandelt. Der Bagatellcharakter, der mit dem Dialekt angezeigt wird, betrifft demnach die thematische Ausrichtung der Aeusserung, und zwar gemessen an einer Hierarchie möglicher Themata, wobei das

---

116 Auch andern mathematischen Zeichen gegenüber kann diese Haltung beobachtet werden, wie z.B. in folgendem Ausschnitt:

Sf: [148] (S) Einunddreissigstel geteilt **dur** neun. (S)

(13.148 (1. Realklasse, Kanton Schaffhausen))

direkte Verhandeln der Lerninhalte zuoberst rangiert und mit der höchsten standardsprachlichen Normebene assoziiert wird.

Aehnlich ist auch Beispiel 5 zu beurteilen: Der Schüler äussert sich dort ebenfalls nicht zum 'eigentlichen' Unterrichtsthema, sondern zu seinem Verhalten diesem gegenüber; zu paraphrasieren wäre die den Varietätenwechsel begleitende Information etwa mit: 'Meine Aeusserung ist nicht zu verstehen als Beitrag zur Erreichung des Unterrichtsziels, sondern 'lediglich' als Kommentar zu unserem Thema; ich gehe davon aus, dass wir uns einig sind, dass dafür die Standardsprache nicht unbedingt notwendig ist.'

Das letzte Beispiel schliesslich zeigt anhand eines Varietätenwechsels während einer standardsprachlichen Theateraufführung musterhaft auf, was auch während des Unterrichts Gültigkeit hat: Was nicht direkt Rollentext ist, braucht auch nicht standardsprachlich realisiert zu werden, da nur der Text selber zählt, alles andere von sekundärer Bedeutung ist. Oder auf den Unterricht bezogen: Was nicht direkt den Unterrichtsinhalt zum Thema hat, erhält (oft) Bagatellcharakter zugesprochen, was sich dann in vermehrtem Dialektgebrauch niederschlägt.

ac) Lerninhaltorientierte Aeusserungen zum Unterrichtsprozess:

7. Esther: [168](S)[169] (S)
L: Ja Sags nochmal
Ronny: **Ich has nöd verstande**

(3b.168 f. (3. Primarklasse))

8. L: [311](S) ja, André
André: **jo, aso, wi si grad** [Sf vor L] [312]

André: **gsait hät.** Wenn die Grundmenge Früchte sind (S)

(11.311 f. (6. Primarklasse))

9. L: [229](S) Beat! [=Aufforderung] **mhm.** Caroline!
Beat: **nai, ich ha/**
Caroline: Hund.

Caroline: also ein Hund, der (S)

(3b.229 (3. Primarklasse))

Die Aeusserungen mit Sprachformwechsel, die hier zusammengefasst sind, beziehen sich thematisch auf interaktionelle Begebenheiten bzw. solche des Unterrichtsprozesses, lassen jedoch alle die Verbindung mit den aktuellen Lerninhalten noch erkennen: In Sequenz 7 wird im Dialektteil die Lautstärke der Aeusserung der Vorrednerin angesprochen, die dazu geführt hat, dass der Sprecher sie nicht hat hören/verstehen können. Der dialektale Ausschnitt in Beispiel 8 stellt den Bezug zu einer früheren Aeusserung her und spezifiziert zugleich auch das Verhältnis, in dem der folgende Beitrag zu dieser früheren Aeusserung steht: Das **'wi si grad gsait hät'** bestätigt das Gesagte und kündigt an, dass der eigene Beitrag ähnlich ausfallen wird. Sequenz 9 schliesslich ist als Ablehnung der turn-Uebergabe durch die Lehrerin zu verstehen: Statt sich zum Thema zu äussern, sagt der Schüler, dass er sich (zu diesem

Thema)(im Moment) nicht äussern könne.

Wie bereits in Abschnitt (ab) ausführlich dargelegt wurde, scheint mir auch hier die dialektale Komponente interpretierbar zu sein als eine Art Statuszuweisung, mit der die sprechenden Schüler ihre Aeusserungen versehen; als eine Statuszuweisung, die sich primär orientiert an der thematischen Ausrichtung der Aeusserung und der Relevanz dieser Ausrichtung im Hinblick auf die assoziative Paarung: direkter Bezug zum Lerninhalt - Standardsprache.

ad) Nicht lerninhaltorientierte Aeusserungen zum Unterricht:

10. Sm: [297] [leise] (unv.) **bisle, chan i schnäll/**
L: Aber schnell

(18.297 (2. Primarklasse))

11. L: [9] Doch die [Bilder] zeig ich jetzt gerade
Peter: **Sii, mich**

Peter: **blän.dets aso grad da zwüsched em Store dure**
Ss: ((Murmeln))

Karin: [11] **Mich bländets au** **Mich/ mich/ mir/ mir**
L: $Karin?$

Karin: **chunts nöd druf aa öb mer** [12] **de Storen abe tuet. Mich**

Karin: **bländets nur us dem Fänschter**
L: **ja, ja nu. Das isch ja nöd** [13] **eso**

L: **schlimm.**.Ich möchte euch ein Paar Katzenbilder zeigen.

(3a.9 ff. (3. Primarklasse))

Vom Thema her gesehen handelt es sich bei diesen Dialektausschnitten um Aeusserungen, die unterrichtsorganisatorische Belange ohne Bindung an die gegebenen Lerninhalte betreffen. Diesem Umstand geben die Schüler dadurch Ausdruck, dass sie für diese Aeusserungsteile die Varietät einsetzen, die als die dafür 'adäquatere' gelten kann. In Beispiel 10 wird ein solcher Sprachformwechsel zusätzlich noch dadurch erleichtert, dass es sich beim verlangten 'Auf-die-Toilette-gehen-Dürfen' um eine Handlung aus dem Privatbereich handelt, wofür sicher eher der Dialekt 'zuständig' ist - und der ausserdem ein verbales Repertoire zur Verfügung stellt, das standardsprachlich bei Schülern in diesem Alter kaum gleichwertig ausgebildet ist. Die Bemerkung von Peter in Ausschnitt 11, dass es ihn blende, wird zum Anlass, kurz über die diesbezüglichen Unterrichtsbedingungen zu sprechen, wobei auch die Lehrerin vom Dialekt Gebrauch macht - um nachher mit einem neuerlichen Wechsel zur Standardsprache diese Gesprächsphase abzubrechen und den Lerninhalt wieder in den Mittelpunkt zu rücken. Die kommunikative Bedeutung des Wechsels ist bei beiden Sequenzen der zu vergleichen, die wir schon in den bisherigen Abschnitten angetroffen haben: Durch den Varietätenwechsel kann der Bagatellcharakter, der der Aeusserung in Bezug auf den Faktor 'thematische Relevanz' beigemessen wird, zum Ausdruck gebracht werden.

ae) Redesteuerung:

Ebenfalls ins Gebiet der Bagatellisierung aufgrund der thematischen Ausrichtung der Aeusserung gehört eine ganze Reihe von Ausdrücken, Redewendungen und Gesprächsteilen, die primär nicht der dialogischen Kommunikation dienen, sondern die Herstellung des eigenen Redebeitrags steuern bzw. ihn mit gewissen Zusatzinformationen versehen. Obwohl im Lehrerkapitel nicht behandelt, kommen sie auch dort vor, wenn auch meist mit geringerer Häufigkeit. Einige dieser Elemente sind uns schon im Abschnitt zu den Dialekt-Revieren begegnet; sie sollen hier nur noch unter dem Aspekt der eben diskutierten Dialektfunktion betrachtet werden. Auf andere dagegen wird noch näher einzugehen sein.

Von den absoluten Dialekt-Revieren sind jene vielen Interjektionen dazuzuzählen, die wegen ihrer Kürze hinsichtlich der varietären Realisierung kaum oder gar nicht wahrgenommen werden und denen im Sprachempfinden der einzelnen Sprecher meist auch gar kein 'Wort-Charakter' zugesprochen wird. Thematisch - und damit ist ja der Hauptfaktor der hier diskutierten Kategorie von Sprachformwechseln angesprochen - sind diese Interjektionen nicht auf die gegebenen Lerninhalte hin ausgerichtet und werden weder von den Sprechern noch von den Hörern zum offiziellen Unterrichtsdiskurs gerechnet, sondern, falls überhaupt bemerkt, höchstens als (eher störende) Nebenprodukte der Sprachproduktion betrachtet. Genau diese geringe Relevanz dieser Aeusserungsteile für die inhaltliche Bewältigung des Unterrichtsstoffs offenbart sich m.E. in deren selbstverständlichen dialektalen Realisierung. Als Beispiel sei hier nur das häufige **'äh'** in seinen verschiedenen Bedeutungsvarianten (Initialverzögerung, Zögern, Selbstkorrektur etc.) genannt[117].

Bei den interaktionellen Dialektrevieren sind hier besonders die Mikroreviere angesprochen, die mit den eben erwähnten Interjektionen insbesondere die Unauffälligkeit sowie die fehlende Lerninhaltorientierung gemeinsam haben - erinnert sei etwa an das so vielseitig einsetzbare **'aso'**. Hinsichtlich ihres kommunikativen Sinns können sie denn auch ganz ähnlich wie jene gedeutet werden: Auch hier kann mit dem Dialekt signalisiert werden, welcher (untergeordnete, bagatellhafte) Status dem Aeusserungsteil bzw. der damit verknüpften (Sprech-)Handlung im gesamten unterrichtlichen Sprechgefüge zugemessen wird.

Ebenfalls primär der Redesteuerung dienen explizitere 'Selbstgespräche':

12. Thomas: [159] Vierzehn Drittel **und denn** drei mal sieben

(13.159 (1. Realklasse, Kanton Schaffhausen))

13. L: [111](S) wir haben einen König [112] kennengelernt,

L: (S)
Christof: [antwortet] Ludwig der sechzehn/ **äh jo, sächzähnt.**

(25.111 f. (1. Gymnasialklasse, Kanton Luzern))

---

117 Vgl. Abschnitt 5.3.2.1.1, Punkt A.

14. Beatrice: [99] **ehm**, und dann hatte der [100] **Räs, glaub i,**

Beatrice: **Räs, nei** der **Räs** hat die Steine/
L: Wer?
(18.99 f. (2. Primarklasse))

15. L: [172] Gut, Röbi du hast noch eine [173] Frage
Röbi: Was

Röbi: schreibt Christiane, **ou isch das nöd schomal voorcho?**

Röbi: Was schreibt Christiane.seiner Oma (unv.)
L: **nei**
(5.172 f. (3. Primarklasse))

In Ausschnitt 12 kann dem Dialektteil in dem Sinn Bagatellisierungsfunktion zukommen, als es sich dabei um ein inhaltlich irrelevantes Verbindungselement zwischen zwei diesbezüglich relevanten Teilen handelt. Es ist nicht untypisch, dass diese Art von Wechsel gehäuft in mathematischen Fächern auftritt, wo die Abgrenzung zwischen dem 'eigentlich Wichtigen' - etwa den Rechnungsschritten in unserem Beispiel - und den dafür notwendigen, aber thematisch unwichtigen sprachlichen Verbindungsstücken leicht getroffen werden kann. Ebenfalls bezeichnend ist, dass der dialektale Teil leiser realisiert ist als der Rest der Aeusserung - auch dies ein Hinweis auf den Stellenwert, den der Schüler ihm beimisst.

Der Wechsel in Sequenz 13 kann in zwei Teile zerlegt werden: das **'äh jo'**, das die wiedergewonnene Sicherheit - der Schüler hatte seine Antwort in Zweifel abgebrochen - als eine Art 'sprachlicher Reflex' anzeigt, sowie die Wiederholung der bereits gegebenen, aber erst jetzt definitiv als richtig erkannten Antwort. Beide Teile haben Bagatellcharakter - aber auf verschiedene Weise: Während der Ausruf leicht als nicht zum inhaltlich bestimmten Unterrichtsdiskurs gehörend erkennbar ist, ist die wiederholte Antwort wohl lerninhaltzentriert, modifiziert die bereits gegebene aber nicht und ist auch kaum - das lässt sich wiederum aus der Lautstärke schliessen - als Intensivierung gedacht; sie erscheint deshalb, gemessen an der ersten, eigentlich als überflüssig.

Der Dialektteil in Beispiel 14 ist eine Mischung zwischen Selbstgespräch und nicht spezifisch adressierter Suche nach Bestätigung für die eigene Frage. In dieser Eigenschaft erscheint die dialektale Komponente des Wechsels als Signal an mögliche Zuhörer, das eben Gesprochene lediglich als 'versuchte Antwort' zu werten, als Aeusserungsteil, dem nicht besonders grosses Gewicht zuzumessen ist; in der undeutlichen Adressierung können zudem für potentielle Hörer die dialektalen Grundfunktionen aktiviert werden, etwa im Sinn von: 'Ich relativiere (mit dem Varietätenwechsel) den Wert meiner Aussage, weil ich mir ihrer nicht ganz sicher bin; habt Verständnis für meine momentane Lage!'

Analog interpretierbar scheint mir auch die letzte Sequenz zu sein, wobei hier das Gewicht von der Selbst- eher auf die Fremdadressierung gelegt ist; so stark jedenfalls, dass die Lehrerin die Frage aufnimmt und auf sie eingeht.

af) Prozesssteuerung:

Welche Stellung prozesssteuernde und -gliedernde sprachliche Elemente einnehmen, wenn man sie unter der Perspektive der Bagatellisierungsfunktion dialektalen Sprechens betrachtet, ist im Lehrerkapitel ausführlich erörtert worden[118]; was dort generell gesagt wurde, gilt in vollem Umfang auch für diesbezügliches Sprechen bei den Schülern. Was sich jedoch anders präsentiert, sind die konkreten Erscheinungsformen der Funktion: Sowohl die für den Lehrer als besonders typisch dargestellten Signalwörter als auch die verschiedenen Arten von turn-Uebergabe sind Ausdruck von sprachlichem Verhalten, das eng an die Lehrerrolle gebunden ist; sie auf Schülerseite anzutreffen ist deshalb unmöglich oder zumindest höchst unwahrscheinlich. Dafür kann die Entsprechung zur turn-Uebergabe, das 'Melden', als prozesssteuerndes Element mit Bagatellisierungsfunktion betrachtet werden. Auf diverse Formen der turn-Anmeldung ist bereits in den Abschnitten zu den absoluten[119] (**'hm'** o.ä.) und den interaktionellen[120] (**'sii'**) Dialekt-Revieren eingegangen worden, und ich möchte auf weitere Beispiele hierzu verzichten. Dafür seien noch einige explizitere Typen des Sich-Meldens aufgeführt, ohne dass im Detail darauf eingegangen würde:

16. L: [231] Genau Ja?
Esther: **Ich weiss no öppis** Ich habe noch
Esther: vorher **we/** etwas zum Hund sagen wollen.
(3b.231 (3. Primarklasse))

17. Silvia: [40][leise, macht sich bemerkbar] **Ah jetzt weiss i**
Silvia: **was..** (S-Antwort)
L: Silvia
(21.40 (4. Primarklasse))

18. L: [58] Etwas hast du vergessen.**hä** $Philipp$
Sm: **aha**
Philipp: **äm.**sie
Philipp: wirft (S)
(5.58 (3. Primarklasse))

19. L: [259] Und jetzt noch eine dritte Szene: Nämlich
Sf: **De Gross-**
L: Vater, der Grossvater, (S)
Sf: **vatter**
(21.259 (4. Primarklasse))

In Sequenz 16 bewirbt sich die Schülerin um die turn-Uebernahme, indem sie sich laut an die Lehrerin wendet und ihr ihren Beitrag ankündigt. Beispiel 17 ist analog aufzufassen, mit dem Unter-

118 Siehe Abschnitt 6.3, Punkt f.
119 Abschnitt 5.3.2.1.1, Punkt C.d.
120 Abschnitt 5.3.2.2.2, Punkt C.

schied, dass die Schülerin sich nur indirekt an den Lehrer wendet: Sie spricht leise - halb für sich selbst, halb für mögliche Zuhörer - und will dem Lehrer damit vermutlich signalisieren, dass sie etwas weiss und deshalb den turn übernehmen könnte, dass es aber nicht unbedingt sein muss. In der leiseren Realisierungsform und der diffusen Adressierung sind hier zwei Elemente vertreten, die den Dialekt weniger als Normverstoss erscheinen lassen, als dies vorher der Fall war.

In Beispiel 18 interessiert besonders das '**aha**': Von der Lautstärke her ist es derart realisiert, dass auch die Lehrerin es hören konnte. Es ist durchaus möglich, dass es als turn-Anmeldung beabsichtigt war: Die eigentliche Bedeutung des '**aha**' wäre dann etwa die gewesen: 'Ich weiss, worauf Sie anspielen, Sie können mich aufrufen.'

Sequenz 19 schliesslich stellt einen Sonderfall dar, bei dem die Schülerin durch den Einwurf einer Kurzfassung ihres Anliegens auf dieses aufmerksam machen will: Sie nimmt - ganz zu Recht - an, dass in der nächsten Unterrichtsphase eine Rollenverteilung für die dritte Theaterszene vorgenommen wird. Eigentliches Ziel ihres Beitrags ist es, den Lehrer zu einer turn-Uebergabe an sie zu veranlassen, in der sie ihren Wunsch expliziter vortragen könnte, etwa: (Wahrscheinlich standardsprachlich!) 'Ich möchte den Grossvater spielen!'. Dass es nicht soweit kommt, ist wohl dem Umstand zuzuschreiben, dass sie recht leise spricht und der Lehrer sich zu diesem Zeitpunkt mitten in einem längeren Satz befindet.

Allen vier Dialektsequenzen gemeinsam ist, dass sie die unterrichtliche Interaktion zwar entscheidend beeinflussen, jedoch - sowohl als Aeusserung selbst als auch in Bezug auf die darin proponierten Handlungen - nichts zur Erarbeitung der aktuellen Lerninhalte beitragen; durch den Wechsel der Sprachform wird dieser fehlenden Relevanz Ausdruck gegeben.

b) Vergleich der Bagatellisierungsfunktion bei Lehrern und Schülern unter thematischer Perspektive:

Die bisherigen Ausführungen zum Dialektgebrauch mit Bagatellisierungsfunktion orientierten sich an einer Kategorisierung der Aeusserungen, deren Einteilungskriterium ihre thematische Ausrichtung war. Wenn wir nun einen Blick werfen auf den entsprechenden Lehrerabschnitt[121], so fällt zuerst einmal auf, dass das Prinzip, nach dem die Varietätenwechsel vorgenommen werden, das gleiche ist: Der Dialekt kann eingesetzt werden, um den Bagatellcharakter des davon betroffenen Aeusserungsteils bzw. der ganzen Aeusserung in Bezug auf die eben behandelten Lerninhalte zu signalisieren. Im einzelnen aber - auch das wird schnell offensichtlich - unterscheiden sich die Wechseltypen doch recht stark voneinander: Erinnert sei nur etwa daran, dass beim Lehrer diese Funktion häufig solchen Sequenzen zukommt, in denen es darum geht, den Schülern Anweisungen zu geben, während auf Schülerseite umgekehrt häufig Fragen zum Vorgehen davon betroffen sind; auch die rede-

---

121 Abschnitt 6.3.

und prozesssteuernden Ausschnitte, denen wir begegnet sind, unterscheiden sich sprecherspezifisch. Allgemein darf man wohl sagen, dass die gleiche Funktion dialektalen Sprechens bei Lehrern und Schülern teils gleichen, teils unterschiedlichen Realisierungstypen zukommt und dass diese Unterschiede letztlich ihre Wurzeln im typisch schulischen Rollengefüge haben. Beide, sowohl Lehrer als auch Schüler, definieren mit dem Gebrauch von Standardsprache und Dialekt auch den Stellenwert ihrer Aeusserungen bzw. einzelner Aeusserungsteile in der Dimension +/- unterrichtsrelevant; entsprechend den rolleneigenen Einflusspotentialen ist es jedoch im allgemeinen so, dass bei Lehrerwechseln mit Bagatellisierungsfunktion die konkreten Auswirkungen auf den Unterricht grösser sind[122].

Bevor wir zur nächsten kommunikativen Funktion übergehen, sei noch in aller Kürze auf einige weitere Faktoren hingewiesen, die neben dem thematischen ebenfalls den Ausgangspunkt bilden können, der Dialektkomponente einer Aeusserung Bagatellisierungsfunktion zuzuschreiben:

c) Weitere Faktoren, die bei der Bagatellisierungsfunktion eine zentrale Rolle spielen können:

Es fällt immer wieder auf, und zwar bei jüngeren und älteren Schülern, dass gewisse Aeusserungen desto eher dialektal realisiert werden, je kürzer sie sind, und zwar auch dann, wenn sie im vorher besprochenen Sinn 'unterrichtsrelevant' sind. Besonders offensichtlich wird dies bei den vielen **'jo'** bzw. **'nai'**, die entweder allein die ganze Aeusserung ausmachen oder von einem dialektalen oder standardsprachlichen Nachsatz begleitet sind; aber auch andere kurze Aeusserungen sind oft ganz im Dialekt gehalten. Zu vermuten ist, dass in vielen dieser Fälle die Einstellung des Schülers zu seinem Redebeitrag den Ausschlag gibt, die man etwa umschreiben könnte mit: 'Meine Aeusserung ist so kurz, dass es sich eigentlich gar nicht um eine 'richtige' Aeusserung handelt; und da nur 'richtige' Aeusserungen in der Standardsprache realisiert werden müssen, kann ich in diesem Fall darauf verzichten.' Was 'richtig' in diesem Zusammenhang bedeutet, ist dabei aus den - dem Schüler aus seiner unterrichtlichen Erfahrung bekannten - Erwartungen des Lehrers an die Sprechbeiträge der Schüler zu erschliesssen. Darunter fällt u.a. auch die Forderung nach 'ganzen', 'wohlformulierten' Sätzen, während demgegenüber Kurzantworten und Teilsätze im allgemeinen eher verpönt sind. Es liegt damit auch auf der Hand, dass die Bagatellisierungsfunktion dialektalen Sprechens, deren zentrales Kriterium die Kürze einer Aeusserung ist, eher auf Schülerseite anzutreffen ist.

Ganz ähnlich zu argumentieren wäre bei andern Faktoren, die alle in der Beurteilung durch den Schüler - der sich wiederum an seinen interaktionellen Erfahrungen und Erwartungen orientiert - den Stellenwert einer Aeusserung entscheidend mitdefinieren im Hinblick darauf, ob diese Aeusserung der Forderung nach standard-

---

122 Vgl. z.B. Abschnitt 6.3, Punkt c, Beispiel 9.

sprachlicher Realisierung unterworfen ist oder nicht. Solche Faktoren wären etwa:

- Lautstärke der Aeusserung: Je leiser eine Aeusserung, desto eher weichen die Schüler von der Standardnorm ab;
- Initiativcharakter der Aeusserung: initiative Aeusserungen werden eher dialektal realisiert als reaktive;
- turn-Uebergabe / -Uebernahme: Schüler, die den turn von sich aus übernehmen, neigen eher dazu, in einem solchen Fall den Dialekt zu gebrauchen.
- Adressierung: Der Gebrauch des Dialekts kann signalisieren, dass der Sprecher sich primär an Mitschüler adressiert, dass sich seine Aeusserung nicht oder nur beschränkt in der üblichen turn-Abfolge Lehrer - Schüler - Lehrer befindet; diese Möglichkeit ist dem Lehrer nicht gegeben, da er im Unterricht keine gleichgestellten Kommunikationspartner hat[123].

In all diesen Fällen kann der Dialekt den Bagatellcharakter einer Aeusserung signalisieren, nun aber nicht in Bezug auf ihre thematische Ausrichtung, sondern in Bezug auf einen bestimmten Aeusserungsfaktor, der den Gebrauch der Standardsprache mehr oder eben weniger impliziert und damit auch den Status der Aeusserung als solcher mitbestimmt. Gerade in diesem Bereich, in dem es um eine nuancierte Bewertung der einzelnen Aeusserungen mittels Varietätenwechsel im gesamten Gefüge der Redebeiträge geht, scheinen die Schüler schon früh sehr differenzierte Fähigkeiten zu erwerben und einzusetzen. Sie verfügen damit auch über ein Instrument, ihre Aeusserungen zu konnotieren, das die Lehrpersonen in dieser Weise gar nicht anwenden dürfen, da ein solcher Gebrauch sich mit ihrer Verpflichtung, den Standard zu sprechen, nicht vereinbaren liesse.

(Zusammenfassung) Die im Lehrerkapitel gegenüber Ramge modifizierte Definition der Bagatellisierungsfunktion des Dialekts wurde zu Beginn dieses Abschnitts unverändert auch für die Schüler übernommen; ebenfalls übernommen wurde die dort vertretene Ansicht, dass es sich beim Faktor 'thematische Ausrichtung' um das wichtigste Kategorisierungskriterium dieser Funktion handelt (a). Entsprechend wurde daraufhin die Einteilung vogenommen: Unter aa wurden lerninhaltzentrierte Aeusserungen mit Bagatellisierungsfunktion behandelt, wobei besonders dem häufig nachgelebten Motto 'wichtiger als die varietäre Realisierung meiner Aeusserung ist deren Inhalt!', gewissen sprachökonomischen Abschleifungstendenzen sowie der Möglichkeit Beachtung geschenkt wurde, mittels Sprachformwechsel die thematische Relevanz einzelner Aeusserungsteile hervorzuheben bzw. abzuschwächen. Bei den lerninhaltorientierten Aeusserungen zum Lehr- / Lernprozess (ab) wurden die bei Schülern besonders häufigen Fragen und Kommentare zum Vorgehen bzw. zum behandelten Lerninhalt hervorgehoben, die wichtige Bestandteile einer oft anzutreffenden varietätenspezifischen Kommunikationsstrategie sind, die von der Forderung nach Standardrealisierung

---

123 Für weitere Faktoren siehe Abschnitt 5.2.

ausklammert, was nicht unmittelbar zum Lerninhalt gehört. Auch die lerninhaltorientierten Aeusserungen zum Unterrichtsprozess (ac) sowie die nicht lerninhaltorientierten Aeusserungen zum Unterricht (ad), die zunehmende Abstraktion von diesen Lerninhalten markieren, können unter dieser Perspektive betrachtet werden. Bei den redesteuernden Elementen, denen Bagatellisierungsfunktion zugesprochen wurde (ae), kamen einige bereits früher behandelte absolute und interaktionelle Dialekt-Reviere zur Sprache sowie einzelne Formen von 'Selbstgesprächen'; ferner wurde darauf hingewiesen, dass diese redesteuernden Aeusserungsteile oftmals in Verbindung mit andern Faktoren (z.B. geringe Lautstärke) realisiert werden und durch ihre varietäre Differenzierung Zusatzinformationen zur Interpretation der Redebeiträge liefern. Von den sprachlichen Elementen schliesslich, die primär der Prozesssteuerung im Unterricht dienen (af), wurde näher auf das Phänomen des 'Sich-Meldens' eingegangen.

Ein kurzer Vergleich mit dem entsprechenden Lehrerabschnitt ergab, dass das Prinzip des Varietätenwechsels mit Bagatellisierungsfunktion auf Schülerseite zwar gleich ausgebildet ist, dass aber nur ein Teil der konkreten Realisierungsformen übereinstimmt, während ein anderer Teil schüler-(bzw. lehrer-)spezifisch ausgebildet ist. Diese Unterschiede wurden auf die Bindung der Aeusserungstypen an das schulische Rollengefüge zurückgeführt (b).

Zum Schluss wurde auf eine Reihe von Faktoren hingewiesen, die, ähnlich wie jener der 'thematischen Ausrichtung', ebenfalls zu Sprachformwechseln mit Bagatellisierungsfunktion führen können ('Kürze', 'Lautstärke', 'Adressierung', 'Initiativität' etc.) (c). Wie jener signalisieren auch diese einen besonderen Status der Aeusserungen, der sich orientiert nach der assoziativen Bindung zwischen dem betreffenden Faktor und den beiden Varietäten. Auf Schülerseite scheint in diesen Möglichkeiten ein subtiles Instrument vorhanden zu sein, die sprachlichen Beiträge mit zusätzlichen Informationen zu versehen[124].

7.2 Kommunikative Funktionen, die sowohl konformes als auch obstruktives Rollenverhalten begleiten können

7.2.1 Intensivierungsfunktion

Bei der Intensivierungsfunktion wird die sprachformspezifische Variationsfähigkeit des Schülers als ihm eigene Möglichkeit

124 In diesem Abschnitt nicht erwähnt wurde der Umstand, dass auch manchem Dialekt-Revier auf Schülerseite - analog zu den diesbezüglichen Ausführungen im Lehrerabschnitt - Bagatellisierungsfunktion zukommt, in mehr oder weniger abgeschwächter Form, je nachdem, wie stark etabliert das betreffende Revier ist und wie stark dementsprechend die Revierbestätigungsfunktion, die den einzelnen Aeusserungen zukommt.

gewertet, seinen Anliegen Nachdruck zu verleihen, als kommunikatives Instrument, mit dem er die verschiedenen Handicaps, die er im Vergleich zum Lehrer hat - fachliche und sprachliche Kompetenz, Autoritätsgefälle etc. -, aufzuwiegen versuchen kann. Es handelt sich demnach um eine Funktion, die ganz auf die Schülerrolle zugeschnitten ist und keine Entsprechung auf Lehrerseite hat.

Je nach Faktorenkombination bei der konkreten Realisierung einer Aeusserung werden dabei die solidarisierende und die positiv emotionalisierende Grundfunktion des Dialekts oder aber die Abgrenzungsfunktion aktiviert, gepaart u.U. mit der negativ emotionalisierenden Komponente. Der Wechsel der Varietät kann dabei gesehen werden als Rückgriff des Schülers auf die 'Ernstfallsprache', mit der er den Anspruch erhebt, als ernsthafter Partner des Lehrers anerkannt zu werden und nicht nur in der ihn von vornherein kommunikativ einschränkenden Schülerrolle. Der Dialekt ist dabei die Sprachform, in der man sich von Mensch zu Mensch unterhält, in der gilt, was gesagt wird, in der rollenspezifische Normen weniger zum Tragen kommen als in der Standardsprache[125]. Meist sind die Aeusserungen, denen Intensivierungsfunktion zugeschrieben werden kann, zusätzlich von einem verstärkten emotionellen Engagement getragen und haben oft initiativen Charakter, fallen also eher selten unter die offizielle unterrichtliche turn-Abfolge. Zu erwähnen ist ferner, dass Ueberschneidungen mit andern kommunikativen Funktionen des Dialekts sicherlich nichts Aussergewöhnliches sind, handelt es sich bei der Intensivierungsfunktion doch primär um einen Parameter, der Angaben dazu liefert, in welchem Ausmass gewisse bereits gegebene Informationen interpretiert werden müssen, welchen Grad von Gültigkeit sie beanspruchen, während andere Funktionen eher solche neuen Informationen liefern.

Das Datenmaterial, das hier zur Verfügung steht, enthält sicher nur einige wenige Möglichkeiten, die aufzeigen können, wie Schüler den Dialekt einsetzen, um ihren Redebeiträgen mehr Nachdruck zu verschaffen; eine sinnvolle Kategorisierung einzelner Typen hat sich bisher noch nicht abgezeichnet, so dass im folgenden lediglich einzelne Beispiele bzw. Beispielgruppen einen Eindruck zu vermitteln suchen, welchen konkreten Realisierungsformen Intensivierungsfunktion zukommen kann. Es werden dabei zuerst einige Ausschnitte zur Sprache kommen, die eher konformes Rollenverhalten anzeigen, und anschliessend solche, die eher für rollenobstruktives Verhalten stehen.

---

125 Es ist klar, dass das Vorhandensein dieser beiden Varietäten mit ihrer sozial-situativen Konstituierung in- und ausserhalb des Unterrichts sowie der Umstand, dass zwischen ihnen im allgemeinen klar unterschieden werden kann, leicht zu polarisierenden Einschätzungen und Projektionen auch in diese Richtung führen.

a) Aeusserungen, die eher konformes Rollenverhalten anzeigen:

1. L: [267](S). Schaut mal, das ist dieses Bild da!
Sf: [zögernd:] aber die

L: Ja,. [268] die Mutter, die sagt noch
Sf: Mutter
Ss: die Mutter, **d Mueter**

L: nichts, die schaut ( ) zu
Sm: **Mol, bi det/**

(21.267 f. (4. Primarklasse))

Es geht in diesem Ausschnitt darum, anhand eines Bildes zu eruieren, welche Figuren für eine Theaterszene gebraucht werden. Verschiedene Schüler sind nun offensichtlich der Meinung, der Lehrer habe die Rolle der Mutter vergessen, und intervenieren deswegen: Die Voten sämtlicher Schüler sind initiativ, erfolgen ohne vorherige turn-Uebergabe durch den Lehrer und sind sich auch in der Verdichtung ihrer sprecherischen Realisation ähnlich: 'Die Mutter' steht jeweils für die explizitere Form: 'Wir müssen noch die Rolle der Mutter besetzen'. Unterschiedlich ist lediglich die varietäre Realisierung der Meldungen: Während die erste Schülerin noch zögernd die Standardsprache benützt, ertönen die Rufe nach ihr bereits forscher, aber immer noch in der Standardsprache, und erst gegen Ende dieses kurzen 'kollektiven Aufschreis' der Schüler erfolgt dann, verbunden mit noch weiter gesteigerter Lautstärke und emotionalem Einsatz, der Wechsel zum Dialekt. Dieser Ablauf: Standardsprache und zurückhaltende Realisierungsform - Standardsprache und leichtes emotionelles Engagement - Dialekt und starkes emotionelles Engagement - ist überaus typisch für eine derartige Situation, in der es darum geht, den Lehrer von etwas zu überzeugen. Die dialektale Komponente bei den letztsprechenden Schülern, der hier m.E. Intensivierungsfunktion zukommt, liesse sich hinsichtlich ihrer kommunikativen Bedeutung etwa folgendermassen umschreiben: 'Es ist tatsächlich so, dass wir die Rolle der Mutter brauchen; wollen Sie das bitte zur Kenntnis nehmen, wir bestehen darauf!' Besonders wegen des initiativen Charakters der Aeusserungen besteht hier ausserdem eine Nähe zur Einbezugsfunktion, die im nächsten Abschnitt behandelt wird.

2. [Diskussion unter den Schülern in der Standardsprache; der Gong beendet die Diskussionsrunde]
Ss: [168] **ou! Ich waiss no öppis!** [169] wir könnten/ **no öppis/**
L: ja

L: ich fasse zusammen (S)

(4.168 f. (3. Primarklasse))

Entsprechend den Ausführungen in Abschnitt 7.1.6 könnte den dialektalen Teilen dieser Aeusserungen durchaus auch Bagatellisierungsfunktion zukommen, handelt es sich doch um eine spezielle Form der turn-Anmeldung. Daneben kommt ihnen in dieser Faktorenkonstellation m.E. aber auch Intensivierungsfunktion zu, in dem Sinn, dass durch die Aktivierung sprachformspezifischer Information die Ernsthaftigkeit und Dringlichkeit des Anliegens, sich noch zu äussern, unterstrichen wird.

3. L: [207] Sonst noch was? Ja
Christian: **Aber Frau Humbel... wämmer**

Christian: **jetzt aanämed, dass.mir (D)** [kompliziert]

(7.207 (5. Primarklasse))

Die Funktion, die dem Dialekt in dieser Sequenz zugeschrieben wird, wird hier zusätzlich unterstützt durch die verbale Realisierung in der turn-Anmeldung, indem durch das einleitende **'aber'** der Sinn des kommenden Beitrags angedeutet wird: Christian will auf etwas zurückkommen, womit er nicht einverstanden ist, oder, in diesem Fall zutreffend, wozu er noch weitere Erläuterungen für notwendig hält. Dieses 'Nachhaken', in der konkreten Realisierungsform angedeutet und in der Sprachform formuliert, die für Echtheit und Glaubwürdigkeit des Vorgetragenen bürgen soll, wird hier als Versuch des Schülers interpretiert, die Lehrerin davon zu überzeugen, dass es notwendig sei, nochmals auf das betreffende Thema einzutreten.

4. L: [220] Das weiss ich nicht. Ich glaub schon [dass es das
Stefan: **gits**

L: gibt]

(3b.220 (3. Primarklasse))

5. L: [51] neununddreissig?
Andrea: sechsundfünfzig**schtel** ((.11sec.))

L: (unv.) **mä ja nüt**
Sm: **Da stimmt scho.**

(13.51 (1. Realklasse, Kanton Schaffhausen))

In diesen Sequenzen wird durch den Dialektteil ein Tatbestand oder eine vorgebrachte Meinung bekräftigt: In Beispiel 4 geht es darum, dass die Lehrerin auf die vorhergehende Schüleräusserung keine Antwort geben kann; dafür scheint sich Stefan auf diesem Gebiet auszukennen: Er bestätigt jedenfalls mit seinem **'gits'**, dass das fragliche Phänomen existiere, wobei der Dialekt wohl weniger deshalb gebraucht wird, weil neben der Lehrerin auch der fragende Schüler angesprochen ist, sondern eher, weil seiner Aussage mehr Gewicht verliehen werden soll. Die emotionalisierende Komponente ist dabei durchaus positiv. Dies ist auch in Ausschnitt 5 noch der Fall, wo ein Schüler das vorher geäusserte Resultat von Andrea als richtig bestätigt. Auch hier wirkt sich der Dialekt derart aus, dass das Anliegen des Schülers verdeutlicht und verstärkt wird.

b) Aeusserungen, die eher rollenobstruktives Verhalten anzeigen:

6. Sf: [41] (S-Antwort)
L: ja, meinst du?
Sm: **ja sicher!**
(21.41 (4. Primarklasse))

Auch in diesem Beispiel wird durch den Dialektteil eine vorgebrachte Meinung bekräftigt; es scheint hier aber eher so zu sein, dass die emotionalisierende Grundfunktion dabei ist, ins Negative zu kippen: Darauf lässt insbesondere die Intonation des Dialektteils des Schülers schliessen, der sich wegen des 'ja, meinst du?' mit seiner Meinung in Opposition zu derjenigen des Lehrers wähnt. Aber auch in dieser Situation verfolgt der Einsatz des Dialekts m.E. das primäre Ziel, die Aussage in ihrer Glaubwürdigkeit und Richtigkeit zu bekräftigen.

7. Roberto: [75] In der Wüste kann gar k/ kann gar kein **äh** gar

Roberto: keine Katze leben [76] Die hat ja nichts zu
L: Doch!

Roberto: fressen **ja aber wo dänn? Frisst si dä**
L: doch, doch
Sm: **Sand**

Roberto: **Sand uf?**
L: [77] ja, es hat/ du stellst dir die Wüste (S)
(3b.75 ff. (3. Primarklasse))

Der Schüler scheint in diesem Ausschnitt derart von seiner Ansicht überzeugt zu sein, dass ihm jeglicher Widerspruch dazu ziemlich absurd vorkommt. Als er merkt, dass er mit seinen Argumenten bei der Lehrerin nicht durchkommt, wechselt er die Sprachform, um dann noch einmal - im Vertrauen auch auf die Wirkung dieser letzten Massnahme! - seine Sache zu verteidigen. Der kommunikative Sinn dieses Wechsels ist wohl am ehesten zu umschreiben mit: 'Jetzt reden wir aber mal ehrlich miteinander! (Sie täuschen sich, wenn Sie meinen, Sie könnten mich auf den Arm nehmen!)'. Hier ist genau das realisiert, was zu Beginn des Abschnitts mit 'Ernstfallsprache' angesprochen worden ist: Der Schüler glaubt der Lehrerin ganz offensichtlich nicht und wechselt die Sprachform, um dann auf einer andern Ebene, die mit den positiven Attributen des Dialekts ausgestattet ist, die Diskussion wieder aufzunehmen - in der Hoffnung, als Partner ernst genommen zu werden und sich so auch besser Gehör verschaffen zu können. Auch hier - wie in den restlichen Beispielen - überwiegt bei den kommunikativen Grundfunktionen des Dialekts eher jene der Abgrenzung.

8. Joseph: [295] Dann hat er uns für ein paar [296] Tage **äh** ein

Joseph: Vogel gegeben. Dann ist er bei dem.**äh** weiss auch nicht

Joseph: [297] wo er hingegangen ist
L: **Mhm**
Peter: **Was für eis?**

Sm: **ä Muus oder e Chatz**
Joseph: **Ich ha jo gsait,** [298] **en Vogel.**

(3a.295 ff. (3. Primarklasse))

Mit zum Sprachformwechsel beigetragen hat hier sicher auch die Adressierung des letzten Dialektteils: Insofern sich Joseph primär an die fragenden Mitschüler wendet, entspricht die gewählte Varietät durchaus interaktionellen Normen. Das einzige, was ihn an die Standardsprache 'binden' könnte, ist der Umstand, dass er sich mitten im Hauptkommunikationsstrang befindet. Mit dem Wechsel zum Dialekt und der veränderten Primäradressierung verlässt er aber diesen Strang kurzfristig. Diese Einschränkungen sind zu berücksichtigen, wenn hier dennoch davon gesprochen wird, dass dem Wechsel Intensivierungsfunktion zukommt: Es wird damit m.E. unterstrichen, dass es sich bei der Aeusserung um eine Wiederholung handelt (die nicht notwendig gewesen wäre, hätten die andern vorher besser zugehört). Prinzipiell ist dieser Typus der 'Intensivierung bei Wiederholung' jedoch auch ohne die genannten einschränkenden Bemerkungen denkbar.

9. L: [51] Ja jetzt sieht man nur [52] die Hälfte des n
Jürg: **Das**

Jürg: **begriife mer dänk au.**

(20.51 f. (3. Primarklasse))

Das Klassengespräch dreht sich hier darum, wie durch die Verdeckung einer Aufschrift auf einem Bild aus 'Orangina' 'Orar' wird, wobei besonders das 'halbierte' n (wird zum r) interessiert. Der Lehrer versucht nun zu erklären, wie aus dem n ein r wurde. Stärker als in den bisherigen Beispielen dringt hier die abgrenzende Grundfunktion des Dialekts durch[126]. Der Wechsel dient wohl vor allem dazu, die eigene Haltung mit aller Deutlichkeit darzulegen, so dass auch für den Lehrer keine Zweifel mehr bestehen können. In diesem Sinn kommt dem Varietätenwechsel primär Intensivierungsfunktion zu.

Als Spezialfall unter den Aeusserungstypen mit Intensivierungsfunktion kann man - und damit soll dieser Abschnitt beschlossen werden - das Verwenden von Ausdrücken betrachten, die, wenn in die Standardsprache übersetzt, jene Vertrautheit verlieren würden, die ihnen eigen sein muss, um im Sprachbewusstsein der Schüler als 'vollwertige' Begriffe[127] gelten zu können. Als Beispiele dafür seien nur genannt die Namen von nahen Verwandten (**'Götti'**, **'Mami'**), Dialektumwandlungen von Eigennamen (**'Wolfi'**, **'Richi'**), besondere Ausdrücke ohne vertraute standardsprachliche Entsprechungen ('den **Mutsch** machen' für 'den Kopf machen') oder solche, die in der Standardsprache 'fremd' klingen würden ('Fernseh+' für

126 Der varietären Komponente der Aeusserung könnte - je nach genauer Absicht des Schülers - auch Protestfunktion zukommen. Siehe Abschnitt 7.3.2.

127 Schon im Lehrerkapitel ist zum Teil ausführlich darauf eingegangen worden: Siehe die Abschnitte zur Veranschaulichungs- (6.1) und Einverständnis- / Zuwendungsfunktion (6.5).

'Fernseher'/'Fernsehapparat'). Ohne dass dies bewusst beabsichtigt wäre und unabhängig von der Dimension rollenkonform / rollenobstruktiv, werden hier dialektale Ausdrücke z.T. derart in den standardsprachlichen Kontext eingefügt, dass Unmittelbarkeit und Glaubwürdigkeit der Aussage und damit auch ihre Intensität gesteigert werden.

(Zusammenfassung) Die Intensivierungsfunktion des Dialekts im Standardunterricht findet sich, so, wie sie in diesem Abschnitt definiert wurde, nur auf Schülerseite: Es wurde die Ansicht vertreten, dass Varietätenwechsel, denen diese Funktion zukommt, den kommunikativen Zweck verfolgen, mittels Rückgriff auf die dialektspezifischen Attribute (Sprachform, in der man sich ehrlicher, ernsthafter, direkter, unabhängiger von Rollennormen bewegt etc.) den eigenen Anliegen mehr Gewicht zu verleihen; dass der Dialekt damit auch dazu beitrage, gewisse Handicaps der Schüler (kommunikative Kompetenzen, Autoritätsansprüche des Lehrers etc.) auszugleichen, indem sie jene Varietät einsetzen, die sie kompetenzmässig näher an den Lehrer heranführt und die auch die starren schulischen Rollenverteilungen bis zu einem gewissen Grad aufzuweichen vermag. Dialektalem Sprechen, das - wie bewusst auch immer - solche Ziele verfolgt, wird hier zusammenfassend 'Intensivierungsfunktion' zugeschrieben.

Im Gegensatz zu allen bisher besprochenen Funktionen begleitet diese nicht mehr ausschliesslich rollenkonformes, sondern auch rollenobstruktives Verhalten; dementsprechend werden neben den solidarisierenden und positiv emotionalisierenden Grundfunktionen des Dialekts z.T. auch diejenigen der Abgrenzung und der negativen Emotionalisierung aktiviert.

Aeusserungen, denen Intensivierungsfunktion zukommt, haben eher initiativen Charakter und sind meist emotional stark geladen; erwähnt wurde ferner, dass Ueberschneidungen mit andern Funktionen nicht selten sind.

Ausser der Orientierung an der Dimension rollenkonform (a) / rollenobstruktiv (b) wurde bei den konkreten Beispielen keine interne Kategorisierung vorgenommen. Die einzelnen Ausschnitte zeigten u.a. verschiedene Versuche, mittels Varietätenwechsel

- eigene Anliegen betont in den Unterrichtsablauf einzubringen (Bsp. 1);
- deren Ernsthaftigkeit zu unterstreichen (Bsp. 2);
- bereits Vorgetragenes zu bestätigen oder zu bekräftigen (Bsp. 4 - 6);
- die Ernsthaftigkeit des Anliegens sowie der ganzen Sprechsituation hervorzuheben (Bsp. 7).

Als Spezialfall von Dialektgebrauch mit Intensivierungsfunktion wurden schliesslich einige Gruppen von Ausdrücken genannt, die an Vertrautheit, Prägnanz und Wirkintensität verlieren würden, wenn man sie standardsprachlich realisierte. Die Funktion ist bei Schülern aller Altersklassen zu finden.

7.2.2 Einbezugsfunktion

Im theoretischen Teil der Arbeit[128] ist ausführlich auf den - oft vernachlässigten - Umstand hingewiesen worden, dass sich unterrichtliche Kommunikation nicht eindimensional auf der 'offiziellen' Ebene der turn-Abfolge .. Lehrer - Schüler - Lehrer .. abspielt, sondern auf verschiedenen Kommunikationsebenen, die mit unterschiedlichen Offizialitätsgraden korrelieren und auf denen unterschiedliche Sprachverhaltensweisen mit unterschiedlichen Normen anzutreffen sind; ferner, dass diese verschiedenen Ebenen nicht voneinander isoliert sind, sondern dass auch zwischen ihnen kommuniziert werden kann. Zu bemerken ist hierzu aber, dass Schüler und Lehrer hinsichtlich des Benützens dieser Kommunikationsebenen aufgrund ihrer unterschiedlichen institutionellen Rollen auch über unterschiedliche Voraussetzungen und (Sprech-) Handlungsmöglichkeiten verfügen: Während es für den Lehrer nur unter ganz bestimmten Bedingungen (z.B. private Unterhaltung mit einem Schüler während einer Unterrichtsphase, deren Kommunikationsform dies zulässt) möglich ist, die Hauptkommunikationsebene zu verlassen, ja, es sich umgekehrt meist so verhält, dass jene Kommunikationsebene, auf die der Lehrer sich begibt, gerade durch sein sprachliches Erscheinen auf dieser zur offiziellen Hauptkommunikationsebene wird, präsentiert sich die Lage auf der Seite des Schülers grundsätzlich anders: Sein Einfluss, den Status einer Kommunikationsebene zu verändern, ist seiner inferioren Position entsprechend gering. Auf der andern Seite verfügt er im Gegensatz zum Lehrer während des ganzen Unterrichts über verschiedene Kommunikationspartner: den Lehrer und die Mitschüler - der Lehrer hat es nur mit den Schülern, nicht aber mit seinesgleichen zu tun; und diese verschiedenen Kommunikationspartner-'Typen' verlangen bekanntlich nach einem adäquaten kommunikativen Repertoire. Diese beiden Faktorengruppen - unterschiedliche Kommunikationsebenen und unterschiedliche Adressierungsmöglichkeiten - bilden die hauptsächlichen Voraussetzungen, dass sich auf Schülerseite meist schon in tiefen Schulstufen ein ausserordentlich differenziertes Regelsystem entwickelt, das die Zuweisung einzelner Aeusserungen zu den Kommunikationsebenen sowie den Adressierungstypen mittels Sprachformvariation - und wohl auch noch anderer Faktoren - festlegt. Diese Möglichkeit ist dem Lehrer weitgehend genommen. Die Einbezugsfunktion des Dialekts im Unterricht basiert nun, ebenso wie auch die im Anschluss daran diskutierte Rückzugsfunktion, genau auf diesen Zuweisungsmechanismen. Ziel eines Dialektgebrauchs mit Einbezugsfunktion ist es, einen Redebeitrag, der aufgrund seiner spezifischen Faktorenkombination aus der Sicht des sprechenden Schülers als offiziell oder inoffiziell gelten soll, auf der Ebene des offiziellen Geschehens, also der Hauptkommunikation, zu plazieren oder ihn so anzubringen, dass er von den auf dieser Ebene Interagierenden zumindest wahrgenommen wird, und zwar von einer Position aus anzubringen, die neben derjenigen der Hauptkommunikation liegt. In dieser Definition sind verschiedene

---

[128] Siehe Abschnitt 2.3, besonders 2.3.4.

Möglichkeiten enthalten, die es in der Aufgliederung der Sequenzen, die diese Funktion übernehmen können, zu berücksichtigen gilt. Allgemein aber ist entscheidend, dass der Schüler sich mittels differenzierter Sprachformvariation zwischen verschiedenen Kommunikationsebenen frei bewegen kann und so den andern Unterrichtsteilnehmern zusätzliche Informationen liefert, wie sie seine Aeusserung ihrem kommunikativen Sinn nach interpretieren sollen. Je nach der besonderen Absicht der Aeusserung werden auch die durch den Wechsel aktivierten dialektalen Grundfunktionen eher konformen oder eben obstruktiven Charakter aufweisen.

Dialektwechsel, denen Einbezugsfunktion zukommt, weisen hinsichtlich der Zusammensetzung der kommunikativ relevanten Faktoren meist typische Konstellationen auf: So müssen die Aeusserungen, in denen der Wechsel stattfindet, von ihrer Lautstärke her genügend stark sein, um von den andern Kommunikationsteilnehmern gehört zu werden und damit einen gewissen Grad von Offizialität zu gewinnen; sie sind ferner, was ihre Ausgangslage betrifft, nicht auf der Ebene der Hauptkommunikation plaziert - es ist ja das eigentliche Ziel der betreffenden Aeusserung, offiziell oder inoffiziell auf die Ebene der Hauptkommunikation zu gelangen. Dies erklärt auch, wieso diese Aeusserungen fast immer initiativen Charakter haben.

Mit der Bagatellisierungsfunktion hat die Einbezugsfunktion ein wichtiges Merkmal gemeinsam, das sich auf die Zielrichtung des Varietätenwechsels bezieht: Wir haben dort gesehen, dass es darum ging, anhand des Kriteriums der thematischen Ausrichtung einer Aeusserung, der unterrichtlichen Relevanz des Inhalts bzw. darin proponierter Handlungen, der Aeusserung mittels Sprachformvariation eine bestimmte Wichtigkeit zuzuschreiben oder ihr eine solche abzusprechen. Eine derartige 'Gewichtung' findet nun auch beim Varietätengebrauch mit Einbezugsfunktion statt: Anstelle des Faktors 'Thema' ist es jetzt aber derjenige der Plazierung auf den verschiedenen Kommunikationsebenen, der ausschlaggebend ist für die Bewertung der Aeusserung. Es ist klar, dass andere Komponenten ebenfalls noch hineinspielen, jedoch in weniger entscheidendem Ausmass.

Doch kommen wir nun zu einigen konkreten Unterrichtssequenzen aus dem Korpus, denen nach der obigen Definition Einbezugsfunktion zugesprochen werden kann[129].

a) Versuche, offiziell auf die besetzte Hauptkommunikationsebene zu gelangen:

1\. L: [196][auf einen Schülerbeitrag folgend] Genau, das hat auch

---

129 Die Auswahl von Beispielen für diesen Abschnitt fiel ausserordentlich schwer: Die Fülle der Möglichkeiten, die Vielfalt unterschiedlicher Konkretisierungstypen war so gross, dass man sicher davon ausgehen kann, dass dieser Funktion des Dialekts im Unterricht hohe Bedeutung zukommt.

L: damit zu tun. Gut, das kann auch sein: Zu [197]wenig Platz!
Sm: **z wenig Platz** [Als Ergänzung zum von jenem Mitschüler Gesagten]
(7.196 f. (5. Primarklasse))

Die Hauptelemente, die vorher angesprochen wurden, sind hier vorhanden: Der Schüler spricht so laut, dass er wahrgenommen wird - die Lehrerin geht auf sein Votum ein; er ist weder aufgerufen worden noch hat er sich zur turn-Uebernahme gemeldet, handelte also initiativ; die Hauptkommunikationsebene ist zur Zeit seines Sprechens besetzt: Unmittelbar beim Sprechen durch die ebenfalls sprechende Lehrerin, allgemein durch die offizielle turn-Abfolge 'antwortender Schüler - kommentierende Lehrerin'. Auf dieser Hauptkommunikationsebene hat der sich einschaltende Schüler zu diesem Zeitpunkt keine eigentliche Interaktionserlaubnis, er dringt also quasi von ausserhalb auf die offizielle Unterrichtsebene. Seinen Beitrag hingegen versteht er, wenn ich das richtig sehe, durchaus als offiziellen: Thematisch ist er lerninhaltzentriert, und auch die Intonation lässt darauf schliessen, dass es ihm dabei ernst ist. Die dialektale Komponente seiner Aeusserung schliesslich widerspiegelt m.E. das 'Wissen' des Schülers um die Situation, in der er spricht: Er weiss - wie bewusst auch immer -, dass er gegen die Norm der geregelten turn-Abfolge verstösst, weiss auch, dass für Redebeiträge dieser Art - da sie ohnehin nicht der Regel entsprechen - die Standardsprache nicht so zwingend vorgeschrieben ist wie für offizielle, 'legale' Beiträge, und hat gerade dadurch die Möglichkeit, unter Aktivierung der solidarisierenden und der (positiv) emotionalisierenden Grundfunktionen des Dialekts sein Votum auf der Ebene der Hauptkommunikation zu plazieren.

Dass schon jüngere Schüler sehr präzise zu unterscheiden vermögen, welche Aeusserungen zur Hauptkommunikation gehören - und damit offiziellen Charakter haben - und welche nicht, und dass sie diese Kenntnis durch entsprechenden Varietätengebrauch auch zum Ausdruck bringen, zeigt folgender Ausschnitt:

2. L: [341](S). S ist zwar etwas anderes. Andi?
Andi: **s git no** Wenn sie vom

Andi: Baum fällt dann (S)
(3a.341 (3. Primarklasse))

Die äusseren Gegebenheiten sind praktisch identisch mit jenen des letzten Beispiels: Wieder spricht ein Schüler initiativ, so, dass er wahrgenommen wird, während gleichzeitig die Lehrerin spricht; thematisch ist sein Beitrag ebenfalls lerninhaltzentriert, und es werden durch den Wechsel zum Dialekt dieselben Grundfunktionen aktualisiert. Im Gegensatz zu oben spricht der Schüler hier nicht aus, sondern hält inne. Die Lehrerin wiederum fasst seine Meldung als Wunsch auf, sich offiziell zu äussern, und erteilt ihm den turn. Damit ist für den Schüler aber die Notwendigkeit verbunden, Standard zu sprechen. Und genau dies geschieht auch: Während er seinen <u>Versuch</u>, in die Hauptkommunikation einbezogen zu werden, im Dialekt realisiert, ist seine Aeusserung <u>auf</u> dieser Ebene standardsprachlich gehalten.

3. Joseph: [295] Dann hat er uns für ein paar [296] Tage **äh** ein
Sm: **Was für es**

Joseph: Vogel gegeben. (S)
Sm: **Viich?**
(3a.295 f. (3. Primarklasse))

4. Anja: [70][erzählt] , dass es noch drei Rosinen- [71] brötchen

Anja: kaufen sollte.
Benno: **Mmh, di Gschicht hani scho mal ghört,**
L: $Andi$ (unv.)

Benno: **känn si.**
L: Gut, (S)
(18.70 f. (2. Primarklasse))

Die Ausschnitte 3 und 4 zeigen, dass die dialektalen Schülereinschübe, die das Ziel verfolgen, auf der Hauptkommunikationsebene aufgenommen zu werden, an beliebigen Orten plaziert werden können: Wurde in den ersten beiden Sequenzen jeweils die Lehrerin unterbrochen, so ist dies in Beispiel 3 bei einem Schüler der Fall, und im letzten Ausschnitt springt Benno in eine Pause zwischen zwei offiziellen turns. Was die beiden letzten von den beiden ersten Ausschnitten weiter unterscheidet, ist der beabsichtigte Status der Aeusserungen: Waren 1 und 2 als offizielle Beiträge zum Unterrichtsthema gedacht, so sind 3 und 4 'nurmehr' Fragen bzw. Kommentare dazu, die zur eigentlichen Erarbeitung des Lerninhalts wenig beitragen - und insofern auch Bagatellcharakter haben -, dennoch aber aufgrund ihrer Merkmalskombination in die Hauptkommunikationsebene eingreifen.

b) Versuche, offiziell auf die offene Hauptkommunikationsebene zu gelangen:

Unterrichtslektionen sind im allgemeinen kein eintöniger turn-Ablauf nach dem Schema: Lehrerimpuls/-frage - Schülerreaktion - Lehrerkommentar/-bewertung + neuer Impuls/Frage etc. - wenn der Ablauf auch häufig diesem Rhythmus folgt. Die Unterbrüche in diesem 'normalen' Ablauf sind vielfältig, seien sie nun vom Lehrer oder vom Schüler herbeigeführt. Solche Einschnitte auf der Hauptkommunikationsebene bilden auch die situative Voraussetzung für eine Reihe von Aeusserungstypen, denen gemäss obiger Definition Einbezugsfunktion zukommen kann:

ba) Bei programmierter Selbstauswahl:

5. L: [58] Was heisst das, jetzt kleb ich ihr dann auch gleich

L: eins? Was ist das, das [59] versteh ich nicht so recht?
Sf_1: **eis houe**
Sm_1: **houe**
Sf_2: **oorfiige**

L: ( )Ja?
Sm_2: Jetzt hau ich dir dann eins
Sf_3: **en Oorfiige** [60] **houe**

Sf_3: **e/ e mim Chind**
L: Aha, aber jetzt ist s klar.

(21.58 ff (4. Primarklasse))

6. L: [225] Beachtet dann noch die/ achtet [226] noch diese

L: Einzelheit, ja. **Mm** **Aehm** ja, also
Sm: **Wer isch das?**
Sf_1: **Mueter**
Sf_2: **d Mueter**

L: bitte Cedrig!
Sf_3: **jetz chunt er dänk** [227] **no zwöi Oorfiige über**
Cedrig: Dieser (S)

(21.225 ff. (4. Primarklasse))

In beiden Fällen stellt der Lehrer eine Frage, ohne sie an einen bestimmten Schüler zu adressieren, und gibt damit der ganzen Klasse die Möglichkeit zu antworten. Es ist bereits im Abschnitt zum regelmässigen Dialektgebrauch erwähnt worden, dass diese Fragemethode vermehrt dazu führt, dass die Schüler sich des Dialekts bedienen. Unter der Perspektive der hier besprochenen kommunikativen Funktion könnte nun argumentiert werden, dass der Dialekt unter Ausnützung der situativen Voraussetzungen - der nächste Sprecher wurde vom Lehrer nicht festgelegt, es sind quasi kollektive, anonyme Aeusserungen möglich - dazu verwendet wird, einer Aeusserung den Status eines offiziellen, auf der Ebene der Hauptkommunikation plazierten Beitrags zu geben. Von Schülerseite aus gesehen könnte man von einer 'Maxime' in dem Sinn sprechen, dass der Schüler grundsätzlich so lang dialektal an der Hauptkommunikation zu partizipieren oder sich in diese einzuschalten versucht, als er dies aufgrund seiner Einschätzung der diversen Normen für möglich hält. Es geht also auch bei diesen Phasen der programmierten Selbstauswahl darum, einen gewissen Grad von Offizialität zu beanspruchen, eine Aeusserung in die Hauptkommunikationsebene einzubringen, ohne jedoch eine von ihren wichtigsten Regeln, jene der standardsprachlichen Realisierung nämlich, einzuhalten. Die dabei angesprochenen dialektalen Grundfunktionen sind in beiden erwähnten Beispielen die 'positiv' besetzten der Solidarisierung und Emotionalisierung. Ein solches Verhalten dauert in der Regel allerdings genau so lang, bis der Lehrer die 'Freiheit' der Selbstauswahl beendet und den turn wieder persönlich zuteilt, ein initiatives 'Ueberspringen' auf die Hauptkommunikationsebene also erschwert. Beide Beispiele zeigen dies auf unterschiedliche Weise: Während das 'ja' des Lehrers in Beispiel 5 - eventuell verbunden mit Augenkontakt oder auffordernder Gestik - (zumindest explizit) noch keine persönliche Adressierung enthält, ist eine solche im letzten Beispiel vorhanden. In Ausschnitt 5 sind sowohl die standardsprachliche als auch die dialektale Antwort als 'offizielle' Antworten innerhalb der 'normalen' turn-Abfolge zu betrachten - sie unterscheiden sich beide in einer

Reihe von Merkmalen (Lautstärke, Explizitheit, situative Plazierung, Grad der Aufmerksamkeit der Zuhörer etc.) von den vorherigen; im letzten Beispiel dagegen antwortet nur noch der aufgeforderte Schüler, und zwar erwartungsgemäss in der Standardsprache. Dieser Ablaufmechanismus: Lehrerfrage mit programmierter Selbstauswahl - verschiedene dialektale Schülerantworten - persönliche Adressierung durch den Lehrer - standardsprachliche Antwort des aufgerufenen Schülers (der sich vorher eventuell auch schon dialektal geäussert hatte) ist, besonders bei Klassen mit jüngeren Schülern, die noch mehr Lust verspüren, sich spontan zu äussern als ältere, ausserordentlich häufig anzutreffen.

bb) Bei 'Leerstellen':

7. L: [87][zeigt ein neues Bild einer Bildergeschichte]
Sm_1: **Ou**

Sf_1: **Das isch** [88] **schön gemein!**
Sf_2: **Scho wider eis!**
L: Es geht.immer
Sf_3: **nei**

L: so weiter.und so weiter . Gian Vito, [89] siehst du's?
Sf_4: **D Mueter**

Sf_4: **het bis jetz no keini übercho**
Sm_2: Die Mutter gibt **im** Peter eine

Sm_2: Ohrfeige.
(21.87 ff. (4. Primarklasse))

8. L: [20][nach einer Schülerantwort] Gut
Sm: **Aso ich han eigetlich**

L: [21] Du hast an den Leoparden gedacht, ja.
Sm: **de Leopard gnoo.**
(23.20 f. (5. Primarklasse))

In beiden Sequenzen ist zum Zeitpunkt, da die Schüler eingreifen, die Hauptkommunikationsebene nicht besetzt durch einen Sprecher oder die gewisse Aussicht auf einen offiziellen Redebeitrag, noch ist durch den Lehrer die Möglichkeit der programmierten Selbstauswahl gegeben; in beiden Beispielen ist also hinsichtlich des weiteren Unterrichtsverlaufs eine kleine Lücke gegeben, die denjenigen, die sich sprachlich (oder auch nichtsprachlich) darin bewegen möchten, eine gewisse Freiheit in Bezug auf die Ausgestaltung und die Interpretation ihres Beitrags gibt, die während einer Phase etablierter Hauptkommunikation nicht gegeben ist. Dieser Spielraum betrifft etwa die thematische Ausrichtung einer Aeusserung - ein Rahmenthema ist zwar gegeben, die 'Lücke' verpflichtet aber, so wie sie eben geschildert wurde, keineswegs, diesen Faden aufzunehmen - und ihre varietäre Realisierung: Die Faktorenkonstellation der Kommunikationssituation ist nicht derart, dass der Gebrauch der Standardsprache als zwingend erscheint.

In Beispiel 7 reagieren die Schüler spontan auf die bildliche Vorgabe der Lehrerin, im 'Wissen' darum - so die Behauptung -, dass sie dies 'öffentlich' tun, also für alle zugänglich und quasi auf einer kurzfristig neu etablierten Hauptkommunikationsebene (da die andere ja für den Moment unterbrochen ist), dass sie dabei aber andern Kommunikationsregeln folgen können bis die 'normalen' mit der Wiederherstellung der abgebrochenen 'alten' Hauptkommunikationsebene wieder ihre Gültigkeit erlangen. Dass dieser Moment nicht wird auf sich warten lassen, wissen die Schüler ebenfalls: In diesem Beispiel erkennt man dies am Schüler, der seinen Beitrag standardsprachlich realisiert, damit jene Zwischen-Hauptkommunikationsebene abbricht und wieder an die alte anknüpft[130].

In Ausschnitt 8 nützt der Schüler die nach dem prozesssteuernden Signalwort der Lehrerin entstehende kurze Pause - das 'gut' schliesst eine Unterrichtsphase ab, bevor zur nächsten übergegangen wird -, um einen eigenen Beitrag einzubringen, der thematisch im Rahmen des eben behandelten Lerninhalts liegt. Wiederum signalisiert der Gebrauch des Dialekts dabei, dass der Sprecher 'von aussen' auf die Hauptkommunikationsebene zugreift. Aktiviert werden wieder die 'positiven' dialektalen Grundfunktionen.

c) Versuche, inoffiziell auf die Hauptkommunikationsebene zu gelangen:

In dieser Kategorie liesse sich sicher wieder unterscheiden zwischen Aeusserungen, die die besetzte Hauptkommunikationsebene tangieren und solchen, bei denen sie offen ist, wie dies bei a und b unternommen worden ist. Wichtiger aber ist hier folgendes: Im Gegensatz zu den ersten beiden Gruppen, bei denen es in der Absicht der Schüler lag, als Sprecher <u>offiziell</u> wahrgenommen zu werden, trifft dies bei der hier behandelten Kategorie nicht zu: Zwar geht es immer noch darum, von der Lehrerin (und der Klasse) wahrgenommen zu werden; doch sind die jeweiligen Aeusserungen thematisch so ausgerichtet, dass sie nicht als offizielle Unterrichtsbeiträge angesehen werden können - und auch nicht so bewertet werden sollen aus der Sicht der Sprecher. Es dürfte dabei mehrheitlich nicht im Interesse der Sprechenden liegen, ihre Person allzusehr in den Vordergrund zu stellen, sondern eher, ihren Beitrag 'anonym', inoffiziell zu plazieren: Sie äussern sich zwar, nehmen sich als Person aber gleich wieder zurück. Der Dialekt fungiert hier also gleichsam als Aeusserungsmittel, sich

---

130 Leider ist nicht mehr auszumachen, ob es sich beim standardsprechenden Schüler um den von der Lehrerin angesprochenen Gian Vito handelt, der ihre Frage als Aufforderung zur Formulierung eines offiziellen Beitrags verstanden haben könnte. Ist diese Uebereinstimmung nicht gegeben und lagen keine anderen Aufforderungssignale von seiten der Lehrerin vor, so hätte der Schüler vollständig von sich aus an die alte Hauptkommunikationsebene angeknüpft - im Wissen natürlich, dass dies früher oder später sowieso geschehen würde. Sein Handeln liesse sich dann verstehen als das Erfüllen einer der Lehrerin unterstellten Erwartung an ihn. Beide hier aufgezeigten Möglichkeiten sind durchaus realistisch.

'aus dem Hintergrund', unerkannt bemerkbar zu machen. Gegenüber a und b signalisiert der Dialekt hier denn auch im allgemeinen eher Distanz als Annäherung, die Grundfunktionen, die aktualisiert werden, sind eher jene der Abgrenzung, eventuell auch jene der negativen Emotionalisierung. Solche Aeusserungen haben tendenziell eher obstruktiven Charakter, und je nach Intensität dieser Komponente sind Ueberschneidungenn mit der Protest- und Absagefunktion möglich. Hier einige Beispiele dazu:

9. L: [34](S). Und warum si/ warum war jetzt eine [Katze] so

L: hell, die [35] ich euch gezeigt habe und die andere so

L: dunkel?.Habt ihr eine Idee? ((..5 sec..)) [36]
Ronny: **isch**

L: [rügend:] $Du Ronny$
Ronny: **gwäsche worde**
(3b.34 ff. (3. Primarklasse))

10. L: [41](S) sonst musst du nach draussen [42] gehen
Ronny: **Mich**

L: Ich hab's jetzt (S)
Ronny: **nimmt sie immer zerscht**
(3b.41 f. (3. Primarklasse))

11. L: [256](S). Ich habe den [257] Blauen die Hausaufgaben er-

L: erklärt, den Gelben werd ich's noch/ den Gelben
Ss: **Ou** (unv.)
Ss: (unv.) **Was jetz scho wider?**

L: werd ich's noch erklären.
(4.256 f. (3. Primarklasse))

12. L: [125](S). Gut ja, legt das [126] Notizheft beiseite

L: ja Ihr
Sf: **zuemache?**
Sm: **Ich ha niä öpis ufgschribe** (unv.) [127]

L: bekommt jetzt (S)
(5.125 ff. (3. Primarklasse))

In Sequenz 9 ist Ronnys Aeusserung zwar themenbezogen, doch ganz offensichtlich nicht als ernsthafter Beitrag gedacht. Ihn offiziell in der Hauptkommunikationsebene einzubringen - mit 'Melden' und turn-Uebergabe - ist kaum denkbar, ebensowenig eine damit verbundene standardsprachliche Realisierung. Hier bietet sich als Ausweichvarietät der Dialekt an, der es dem Schüler ermöglicht, sich zu äussern, ohne gleichzeitig den Anspruch zu erheben, einen offiziellen Beitrag zum Unterrichtsthema zu leisten; vielmehr unterstreicht hier die normabweichende Sprachform den 'unpassenden' Charakter der Aeusserung, erlaubt es dem Schüler, von allen gehört zu werden und trotzdem die aufgrund seiner Aeusserung notwendige Distanz zur Lehrerin zu wahren.

Von ihrer thematischen Ausrichtung her haben die Dialektteile in den Beispielen 10 und 11 Bagatellcharakter; dass ihnen trotzdem nicht primär Bagatellisierungs-, sondern die hier behandelte besondere Form der Einbezugsfunktion zugeschrieben wird, liegt daran, dass die betreffenden Schüler eigentlich wissen, dass sie sich mit ihren Beiträgen in Opposition zu den Lehrpersonen befinden, und dass ihre Aeusserungen demzufolge Ausdruck einer eigentümlichen Mischung sind aus dem Wunsch, für alle hörbar auf der Hauptkommunikationsebene zu sprechen und sich doch im Hintergrund zu halten. Diese Ambivalenz ist bei der Bagatellisierungsfunktion nicht gegeben. Sie zeigt sich in Beispiel 10 auch in der konkreten sprecherischen Realisierung: Eigentlich wäre die Lehrerin gar nicht angesprochen (**'mich nimmt sie immer zerscht!'**); trotzdem ist für alle Beteiligten offensichtlich, schon wegen der hohen Lautstärke, dass die Absicht der Aeusserung nicht erreicht wäre, wenn der Schüler von der Lehrerin nicht gehört würde.

Bei Ausschnitt 12 handelt es sich m.E. um einen Ausdruck der Auflehnung gegen das vom Lehrer angekündigte Vorgehen; wiederum ist es aber nicht ein offizieller Protest eines bestimmten Schülers, sondern ein 'Beitrag aus der Klasse', der zwar in die Hauptkommunikation Eingang finden soll, dessen Sprecher aber vermutlich keinen grossen Wert darauf legen würde, als solcher bekannt zu sein. Genau diese gleiche Ambivalenz widerspiegelt sich auch im letzten Beispiel: Gut ersichtlich ist hier eine doppelte Adressierung der Aeusserung: Mit der Bemerkung, während des Unterrichts nie etwas aufgeschrieben zu haben, kann sich der Schüler der Bewunderung seiner Mitschüler gewiss sein - ebenso allerdings des Missfallens der Lehrerin. Zwischen diesen beiden Polen zu balancieren - Anerkennung bei den Mitschülern zu finden, ohne die Lehrerin allzusehr aufzubringen - ist die heikle Aufgabe einer solchen Aeusserung, die auf der Hauptkommunikationsebene plaziert werden muss - sonst wäre der Zweck nicht erfüllt -, ohne dass sie es eigentlich darf.

(Zusammenfassung) Ausgangspunkt der Einbezugsfunktion des Dialekts, die nur auf Schülerseite anzutreffen ist, war der Umstand, dass sich die Schüler stärker als der Lehrer im Unterricht auf verschiedenen Kommunikationsebenen bewegen können, denen unterschiedliche Offizialitätsgrade und unterschiedliche Sprechnormen entsprechen, und dass sie schon sehr früh lernen, mittels Sprachformvariation ihre Aeusserungen diesen Kommunikationsebenen zuzuweisen. Ziel eines Dialekteinsatzes mit dieser Funktion ist es, jeweils von ausserhalb der Hauptkommunikationsebene offiziell oder inoffiziell einen Redebeitrag auf dieser zu plazieren. Meist weisen solche Beiträge typische Konstellationen kommunikativ relevanter Faktoren auf, wobei der initiative Charakter sowie die auf der Hauptkommunikationsebene notwendige Lautstärke zentrale Komponenten sind. Je nach Aeusserungstyp werden verschiedene dialektale Grundfunktionen aktiviert, die dann eher konformes oder eher obstruktives Rollenverhalten begleiten.

Die Vielfalt an Aeusserungen mit Einbezugsfunktion besonders in frühen Schulklassen - allgemein kann man wohl sagen, dass die Häufigkeit des Auftretens dieser Funktion vor allem von der (ungehemmten) Redefreudigkeit der Schüler abhängt - wurde aufgeteilt in drei grössere Gruppen:

- Versuche, einen vom Sprecher als offiziell eingestuften und einzustufenden Redebeitrag auf der besetzten Hauptkommunikationsebene zu plazieren (a);

- Versuche, einen vom Sprecher als offiziell eingestuften und einzustufenden Redebeitrag auf der offenen Hauptkommunikationsebene zu plazieren (b), wobei hier zusätzlich unterschieden wurde, ob diese Ebene sich infolge 'programmierter Selbstauswahl' (ba) oder einer 'Leerstelle' (bb) offen präsentierte.
  Diese beiden ersten Gruppen korrelieren eher mit rollenkonformem Verhalten, es werden also die 'positiven' Grundfunktionen des Dialekts aktiviert.
- Versuche, mit einem vom Sprecher als inoffiziell eingestuften und einzustufenden Redebeitrag auf die Hauptkommunikationsebene zu gelangen (c). Hier signalisiert der Dialekt eher Distanz als Annäherung, es sind eher die 'negativen' Grundfunktionen, die ins Spiel kommen und die Aeusserung tendenziell als obstruktiv erscheinen lassen. Zu beobachten ist dabei häufig eine ambivalente Haltung des Sprechers zwischen dem Wunsch nach Einbezug auf der Hauptkommunikationsebene und einem gleichzeitigen Sich-daraus-heraushalten-Wollen, zwischen Auffallen- und Nichtauffallen-Wollen. Oft ist dies auch Ausdruck einer doppelten Adressierung an die Lehrperson einerseits, die Mitschüler andererseits und der damit verbundenen, einander zuwiderlaufenden Absichten.

7.2.3 Rückzugsfunktion

Die Rückzugsfunktion dialektalen Sprechens im Unterricht ist in enger Anlehnung an die eben besprochene Einbezugsfunktion zu sehen: Zentrale Komponente ist wie dort die Möglichkeit und Fähigkeit der Schüler, mittels Sprachformvariation den Offizialitätsstatus ihrer Aeusserungen zu definieren und sie damit auch auf den unterschiedlichen Kommunikationsebenen zu plazieren. Sie beschränkt sich, wie jene, auf den Dialektgebrauch bei den Schülern. Wie der Name es bereits andeutet, kann sie als Gegenstück zur Einbezugsfunktion aufgefasst werden: Von entscheidender Bedeutung ist dabei, dass der Schüler, der im standardsprachlichen Kontext den Dialekt gebraucht, in die Hauptkommunikationsebene eingegliedert ist, sei es durch einen bereits getätigten eigenen Redebeitrag, sei es durch einen offiziellen Aufruf der Lehrperson, was seine Reaktion 'automatisch', ohne dass er etwas dagegen tun könnte, auf diese Ebene setzt; das zweite zentrale Element besteht darin, dass der Schüler versucht, durch den Gebrauch des Dialekts und die dadurch aktualisierten sozial-situativen Informationen der Sprechsituation ihre Offizialität zu nehmen und sich so möglichst von der Hauptkommunikationsebene zurückzuziehen. Der Dialekt kann also als Versuch interpretiert werden, die offizielle Hauptkommunikationsebene, in die der Schüler involviert ist, 'inoffiziell zu machen' oder zu verlassen, primär wohl darum, weil er weiss, dass dies die Ebene ist, auf der er - wie natürlich auch die andern Unterrichtsteilnehmer - am verletzlichsten ist.

Die Konstellation kommunikativ relevanter Faktoren weist dementsprechend meist auch gewisse Besonderheiten auf, worunter neben den bereits aufgezählten vor allem Anzeichen von Unsicherheit zu erwähnen sind, die sich meist, aber nicht immer, auf den Unterrichtsinhalt beziehen. Das Empfinden dieser Unsicherheit und der Wunsch, sich aus der offiziellen Kommunikation zurückzuziehen, grenzen diese Dialektfunktion auch ab gegenüber jener der Bagatellisierung: Thematisch könnten viele dieser Wechsel jener Funktion zugeordnet werden; nicht die Absicht aber, die thematische Bedeutungslosigkeit der Aeusserung im Hinblick auf das Lernziel auszudrücken, steht für den Schüler bei seinem Varietätenwechsel im Vordergrund, sondern jenes erwähnte Unsicherheitsgefühl und der daraus resultierende Wunsch, 'inoffiziell' zu werden. Ebenfalls zu den konstanten Faktoren, die Aeusserungen mit Rückzugsfunktion kennzeichnen, ist ihre reaktive Plazierung in der Abfolge der Redebeiträge zu zählen; auch darin unterscheiden sie sich grundsätzlich von den Aeusserungen mit Einbezugsfunktion.

Was die Aktivierung der dialektalen Grundfunktionen bei diesen Wechseln anbelangt, so können wieder zwei Gruppen unterschieden werden: Einerseits eine (meist grössere) Gruppe von Aeusserungen, bei denen sich die Unsicherheit des Schülers in Richtung auf eine Annäherung an den Lehrer auswirkt: Die Komponenten der Solidarisierung und der positiven Emotionalisierung kommen dann zum Tragen, der Schüler versucht, beim Lehrer Verständnis für die eigene Unsicherheit zu wecken und ihn von einer negativen Reaktion abzuhalten. Im mittels Sprachformwechsel gesuchten Einverständnis mit der Lehrperson, im Versuch, von der Hauptkommunikationsebene, die die rollenspezifischen Unterschiede zwischen den Kommunizierenden am deutlichsten hervorhebt, wegzukommen, soll die Unsicherheit beseitigt, neue Sicherheit gewonnen werden. Andererseits können aber auch die Grundfunktionen der Abgrenzung und der negativen Emotionalisierung durch den Varietätenwechsel aktualisiert werden: Der Dialekt signalisiert dann eher Distanz zum Lehrer und zum von ihm vertretenen Unterrichtsstoff, auch Rückzug auf ein Kompetenzgebiet - den Dialekt -, auf dem jener seine Ueberlegenheit nicht mehr so leicht ausspielen kann, auf dem die eigenen Möglichkeiten grösser sind und so die Unsicherheiten im Bereich der Lerninhalte relativiert werden. Welche der Grundfunktionen im Einzelfall aktiviert werden, ergibt sich aus der spezifischen turn-Abfolge sowie der sprecherischen Realisierung der jeweiligen Aeusserung.

Da im vorliegenden Korpus diese kommunikative Funktion nur relativ wenigen Aeusserungen mit Dialektwechsel zukommt, ergab sich - ausser jener anhand der Unterscheidung 'eher rollenkonform' / 'eher rollenobstruktiv' - keine weitere interne Gliederung.

a) Varietätenwechsel mit Rückzugsfunktion und eher rollenkonformer Ausrichtung:

1. L: [26] Rolf, mit welchen Aufgaben hab ich begonnen ge-

L: stern?. Hab ich [27] dir gesagt, dass wir zuerst lösen?

L: (S)
Rolf: [verunsichert:] **hm (nime aa)** zuerst **di zweit**

(11.26 f. (6. Primarklasse))

2\. L: [192](S) wohin fliesst [193] dann der Tessin.. Wer

L: weiss denn das? ... Nathalie
Ss: ((Geflüster/Lachen))
Nathalie: In einen andern Fluss

L: Wi/ [194]
Ss: ((Gelächter))
Nathalie: **glaub bim Wallis deet** (unv.)

(11.192 ff. (6. Primarklasse))

Die Faktoren, die zur Interpretation der kommunikativen Absicht der Dialektteile herangezogen werden können, lassen darauf schliessen, dass die Schüler nicht aus einer Trotzstimmung dem Lehrer gegenüber gehandelt haben. Schon aus der Wortwahl (**'nime aa'** / **'glaub'**) wird ersichtlich, dass sie nicht überzeugt sind von dem, was sie sagen; auch die reduzierte Lautstärke zeigt diese Unsicherheit an. Wiederum dürfte die Intonation in diesen beiden Ausschnitten das Hauptindiz für eine Interpretation liefern, die im Gebrauch des Dialekts den Wunsch nach einer Annäherung an die Lehrerin sieht. Unter Berücksichtigung der Aktualisierung der entsprechenden Grundfunktionen liesse sich der kommunikative Sinn des Varietätenwechsels etwa umschreiben mit: 'Sie sehen ja, dass ich ein bisschen in Schwierigkeiten bin, und was ich sage, ist sicher nicht das, was Sie erhofft haben; meine Antwort ist deshalb nur als 'inoffiziell' zu betrachten, sie gilt nicht als 'eigentliche' Antwort!' Dieses Sich-Zurücknehmen aus der Hauptkommunikation wird massgeblich dadurch erreicht, dass die betreffenden Schüler nicht so laut reden, wie es auf dieser Ebene üblich ist, und nicht die dafür vorgesehene, unterrichtliche Offizialität markierende und betonende Sprachform gebrauchen. Aehnlich können auch die beiden nächsten Sequenzen verstanden werden:

3\. L: [212](S). Was geschieht dann? Weil sie eben so nahe an

L: der [213] Sprachgrenze sind? Oder direkt ..**hä** .Stefan?

Stefan: stehen deutsche Namen
L: zum Beispiel? [214] (S)
Sm: **Rüti, oder?**

(7.212 ff. (5. Primarklasse))

4\. L: [250](S) Thomas! Andi!
Thomas: **Ich weiss grad nüme**
Andi: Der Schlosser

Andi: ma/ Schlösser

(18.250 (2. Primarklasse))

Wiederum findet die Unsicherheit des Schülers in Ausschnitt 3 auch ihren verbalen Niederschlag, diesmal im **'oder?'**. Er scheint zu ahnen, dass seine Antwort nicht nach dem Wunsch der Lehrerin sein würde - in der Tat war diese auf der Suche nach zweisprachigen Ortstafeln, ohne dass dies aus ihren Ausführungen sehr deutlich geworden wäre. Mittels dialektaler Realisierung seiner Aeusserung relativiert der Schüler m.E. ihren Stellenwert im Gefüge der Hauptkommunikationsbeiträge, definiert sie als 'nur bedingt dazugehörend'. Beispiel 4 dagegen zeigt einen Ausschnitt, in dem ein Schüler von der Lehrerin aufgerufen wird, ohne dass er in der Lage wäre, die verlangte Antwort zu geben. Durch den Aufruf der Lehrerin wird er aber, ob er das will oder nicht, auf die Hauptkommunikationsebene geholt, und seine Antwort erhält damit - was auch immer er sagen mag - von vornherein das Prädikat 'offiziell', und zwar mit all den daran gekoppelten Erwartungen hinsichtlich thematischer Ausrichtung, sprecherischer Realisierung, Adressierung etc. Der Schüler gerät damit in die Zwangslage, offiziell antworten zu müssen, auch wenn er die an ihn gerichteten Erwartungen - wie dies in unserem Beispiel der Fall ist - nicht erfüllen kann. Die bivarietäre Unterrichtssituation bietet hier eine Möglichkeit, sich aus dieser Lage zumindest teilweise zu befreien: Daneben, dass er die Unmöglichkeit, die verlangte Antwort zu geben, verbalisiert, unterstreicht er durch die Weigerung, die für solche offiziellen Antworten vorgeschriebene Standardsprache zu gebrauchen, seinen 'Rückzug' von der Hauptkommunikationsebene, in die er wider seinen Willen eingegliedert worden ist.

5. L: [51] Wer probiert das mal nachzumachen? Isabelle?

Isabelle:	**nä'ä** **nä'ä**
L:	**ned?**

(26.51 (3. Primarklasse))

Die Nähe zur Bagatellisierungsfunktion ist hier auffällig, besonders zu jenem Wechseltyp infolge der Kürze und Unauffälligkeit der Aeusserung. Es ist hier jedoch m.E. ganz offensichtlich - die angesprochene Schülerin ist in höchstem Masse verlegen -, dass nicht dies der Grund ist für den Uebergang zum Dialekt, sondern dass dieser zu suchen ist in ihrer Abwehrhaltung gegenüber dem von der Lehrerin vorgebrachten Wunsch: Wie in den bisherigen Sequenzen, wenn auch umfangmässig stark reduziert, kann der Dialekt auch hier das Bestreben der Schülerin signalisieren, sich aus der Hauptkommunikation zurückzuziehen, inoffiziell zu werden, und zwar unter Aktivierung jener sozial-situativen Informationen des Dialekts, die seinen beiden 'positiven' Grundfunktionen entsprechen.

b) Varietätenwechsel mit Rückzugsfunktion und eher rollenobstruktiver Ausrichtung:

6. L: [103](S). Was waren das für Zahlen, Christina? Zwölf

L:	komma eins, [104] zwölf komma drei etcetera?
Christina:	(unv.)

L:	Ja wie **gheissen** sie? [105] **Hä'ä,**
Christina:	[lachend:] Unnatürliche Zahlen

L: hä'ä
Christina: **ch aso/**. vielleicht s/ sind das dann die

L: ((pfeift negierend)) [106]
Christina: negativen Zahlen (unv.)

L: Doch, wir wissen's
Christina: **Aso ich weiss ä nöd**

(11.103 ff. (6. Primarklasse))

Nach zwei negativen Bewertungen ihrer Antworten durch die Lehrerin hat die Schülerin - auch hier kann die Intonation als Indiz dafür herangezogen werden - ganz offensichtlich genug von dieser Frage und gibt bekannt, dass sie die Antwort nicht wisse. Der Varietätenwechsel kann in dieser Situation wohl unter zwei Aspekten gedeutet werden: Einerseits ist er thematisch bedingt, begleitet also den Uebergang von den lerninhaltzentrierten Antworten zu einem metathematischen Sprechen über das eigene Verhältnis (des Nichtwissens) zur unterrichtsstofflichen Frage; man könnte hier also auch von einer Bagatellisierungsfunktion des Dialekts sprechen. Von grösserer Bedeutung scheint mir aber die andere Komponente des Wechsels zu sein: Der Dialekt kann auch gesehen werden als Ausdruck des Wunsches der Schülerin, den unfruchtbar gewordenen Dialog mit der Lehrerin abzubrechen und sich aus der offiziellen turn-Abfolge zurückzuziehen. Neben dem leicht enervierten Tonfall, der den Dialektteil begleitet, dürfte auch der Umstand, dass ein solcher Rückzug einem Affront der Lehrerin gegenüber gleichkommt - einiges deutet darauf hin, dass diese nicht gewillt ist, einen andern Schüler zur Beantwortung ihrer Frage aufzurufen -, dazu beitragen, dass hier eher die Grundfunktionen der Abgrenzung und der negativen Emotionalisierung wirksam werden, dass also Distanz geschaffen wird zwischen den beiden Kommunizierenden.

7*. L: Worin besteht schon wieder der Unterschied zwischen

L: einer Anode und einer Kathode? Marc?
Marc: **Ou nai, nöd scho**

L: Ja?!
Marc: **wider** **Anode positiv, Kathode negativ (?)**

Aufgrund der Art der Antwort kann kaum auf einen Wunsch des Schülers nach Annäherung an den Lehrer geschlossen werden; der Schüler erwartet keine Solidarisierung bzw. positive Rückmeldung auf die eigene Unsicherheit, indem er zum Dialekt wechselt. Vielmehr ist dieser Wechsel wohl zu interpretieren als Ausdruck des Unwillens, sich dem Lehrer stellen zu müssen im Wissen, wahrscheinlich eine falsche Antwort und sich damit eine Blösse zu geben; als Ausdruck des Wunsches, sich aus dieser unangenehmen Situation zurückzuziehen, obwohl der Lehrer auf einer Antwort beharrt ('ja?!'). Die Grenze zur Absagefunktion, die gleich im Anschluss an diesen Abschnitt behandelt wird, dürfte bei solchen Varietätenwechseln mit Rückzugsfunktion, bei denen von den dialektalen Grundfunktionen jene der Abgrenzung im Vordergrund steht, häufig fliessend sein; als Abgrenzungskriterium kann dabei am ehesten die Unsicherheit des sprechenden Schülers dienen, die oben als Handlungsvoraussetzung dieser Funktion bezeichnet wurde und die bei der Absagefunktion meist ganz fehlt.

(Zusammenfassung) Wie bei der Einbezugsfunktion diente auch bei der Rückzugsfunktion die Möglichkeit der Schüler, mittels Sprachformvariation den Status ihrer Aeusserungen in Bezug auf die verschiedenen Kommunikationsebenen zu definieren, als Ausgangspunkt der Ueberlegungen. Als Gegenstück zu jener kann die Rückzugsfunktion insofern betrachtet werden, als die Schüler mit dem Wechsel zum Dialekt nicht versuchen, auf die Hauptkommunikationsebene zu gelangen, sondern im Gegenteil darum bemüht sind, von dieser loszukommen, in die sie vorher durch einen eigenen Beitrag oder durch den Aufruf der Lehrperson eingegliedert waren. Ziel des Dialekteinsatzes ist es also, der Sprechsituation ihren offiziellen Hauptkommunikationscharakter zu nehmen, und zwar dann, wenn die betreffenden Schüler sich in Schwierigkeiten inhaltlicher oder auch sprachlicher Natur befinden und demzufolge auf der Ebene des offiziellen Unterrichts besonders 'verletzlich' sind. Es handelt sich deshalb - auch dies im Gegensatz zur Einbezugsfunktion - stets um reagierende Aeusserungen. Was die Aktivierung der dialektalen Grundfunktionen anbelangt, so wurden wiederum anhand des Kriteriums 'rollenkonform' / 'rollenobstruktiv' zwei Gruppen von Aeusserungen unterschieden: Einerseits jene, die auf eine Annäherung an den Lehrer abzielen, auf Verständnis für die eigene Unsicherheit: Bei ihnen stehen die solidarisierende und die positiv emotionalisierende Wirkung des Varietätenwechsels im Vordergrund (a). Auf der andern Seite stehen jene Aeusserungen, bei denen die Grundfunktion der Abgrenzung zentral ist, deren varietäre Komponente Distanz zum Lehrer und Rückzug auf einen Kompetenzbereich (Dialekt) anzeigt, auf dem die komplementäre Distribution nicht so krass ausgebildet ist (b). Beide Aeusserungsgruppen signalisieren durch den Verzicht auf verschiedene hauptkommunikationstypische Merkmale (Lautstärke, Standardsprache etc.) den Rückzug aus dieser Hauptkommunikationsebene, wirken sich jedoch bezüglich der Definition der Schüler - Lehrer - Beziehung unterschiedlich aus. Was die altersmässige Verteilung der Funktion anbelangt, so ist zu vermuten, dass Typ a eher stärker bei jüngeren, Typ b stärker bei älteren Schülern vertreten ist.

7.3 Kommunikative Funktionen, die eher obstruktives Rollenverhalten begleiten

Die Schüler unterstehen ab einer bestimmten Klasse jeweils der Norm, sich standardsprachlich auszudrücken. Damit ist ihnen aber zugleich auch die Möglichkeit gegeben, gegen diese Norm gezielt und mehr oder weniger bewusst zu verstossen. Sie halten sich damit nicht nur nicht an die offiziellen Spielregeln, sondern beanspruchen gleichzeitig auch das nur dem Lehrer zustehende Recht zur Sprachformvariation während des offiziellen Unterrichts. Solche Verstösse fallen natürlich besonders dann ins Gewicht, wenn die standardsprachliche Kompetenz ein Niveau erreicht hat, auf dem ein Varietätenwechsel nicht mehr als Folge mangelnder Sprachbeherrschung interpretiert werden kann. Dies ist der eine Grund, wieso kommunikative Funktionen, die eher obstruktives Rollenverhalten begleiten, eher bei älteren Schülern anzutreffen sind. Ein anderer besteht darin, dass solche Normverstösse häufig auch ganz bewusst eingesetzt werden und dass das dafür notwendige Selbstbewusstsein bei jüngeren Schülern noch kaum in genügendem Mass ausgebildet ist. Der Dialekt wird damit im spannungsreichen Nebeneinander der beiden Sprachformen im Unterricht aber auch zu einem Instrument der Rebellion, der Verweigerung.

Es werden im folgenden drei solche Funktionen unterschieden, die Absage-, die Protest- sowie die Sabotagefunktion.

7.3.1 Absagefunktion

Schüler, die den Dialekt mit Absagefunktion einsetzen, geben damit ihrem Unwillen gegenüber verschiedenen unterrichtlichen Faktoren Ausdruck; davon scheinen mir folgende drei besonders erwähnenswert: Die Absage kann sich primär beziehen auf

a) die Forderung, die Standardspache gebrauchen zu müssen;
b) das unterrichtliche Programm des Lehrers;
c) den Lehrer selbst als Gesamtpersönlichkeit bzw. spezielle Eigenschaften von ihm.

Der Dialekt zeigt jeweils an, dass der betreffende Schüler nicht willens ist, die entsprechenden an ihn gerichteten Erwartungen zu erfüllen, wobei die Ausrichtung auf die erwähnten Faktoren von Bedeutung ist, der Dialekt also nicht die Absage selbst in den Mittelpunkt rücken soll, wie dies bei den nächsten Funktionen teilweise der Fall sein wird. Ein weiteres Charakteristikum dieser Funktion ist die Bindung an reaktive Aeusserungen: Die Absage richtet sich stets - reaktiv bezugnehmend - auf einen Unterrichtsfaktor, der aus dem unmittelbaren (Sprech-)Handlungskontext erschliessbar ist, in der Aeusserung also nicht explizit genannt werden muss. In welchem Ausmass bei derartigem Dialektgebrauch die Grundfunktionen der Abgrenzung und der negativen Emotionalisierung wirksam werden, ist sehr unterschiedlich und hängt sowohl von der Sprecherintention ab als auch von der Interpretation der Aeusserung durch die andern Unterrichtsteilnehmer, vorab durch den Lehrer. Wiederum sind zu einer solchen Interpretation neben der varietären Ausprägung auch andere kommunikativ relevante Faktoren heranzuziehen, von denen der sprecherischen Realisierung (Intonation!) sowie dem nonverbalen Verhalten sicher besondere Bedeutung zukommt.

a) Absage an die Forderung, in der Standardsprache zu sprechen:

1*. L: [während einer Rechnungsoperation](S). Und wie muss ich

L: da weiterfahren? ..Jürg?
Jürg: **Z'ersch cha me das 5 x chürze,**

Jürg:	**dänn gits no y plus 2 x hoch 2, und dänn ales mol 2 x y.**
(L:	Gut, aber sagst du das noch auf Hochdeutsch?)

Es gibt Schüler, deren Abneigung gegen das Sprechen der Standardsprache so weit geht, dass sie sich im Unterricht konsequent weigern, sie zu gebrauchen; andere wählen einen Zwischenweg und benützen sie nur so oft, wie unbedingt notwendig ist, damit das Verhältnis zum Lehrer nicht gestört wird. Dass ein solches Verhalten gegen die geforderte Sprachform gerichtet ist und nicht gegen andere unterrichtliche Bereiche, ist meist aus der Konstellation der andern kommunikativ relevanten Faktoren zu erkennen, in unserem Beispiel etwa daran, dass die Antwort inhaltlich den Erwartungen des Lehrers entspricht, man also schliessen kann, dass der Lerninhalt grundsätzlich akzeptiert ist, oder auch am Tonfall der Antwort, der keine persönliche Opposition zum Lehrer anzeigt. Es liegt auf der Hand, dass es auf die Interpretation dieses Sprachgebrauchs durch den Lehrer ankommen wird, ob die gegenseitige Beziehung nicht doch in Mitleidenschaft gezogen wird, etwa dann, wenn der Schüler damit implizit die Vorrangstellung des Inhalts gegenüber der (Sprach-)Form herausstreicht, der Lehrer dagegen primär den Normverstoss darin erkennt.

b) Absage an den Lerninhalt:

Dialektgebrauch im standardsprachlichen Kontext mit dieser Funktion muss sich aber nicht immer selbst thematisieren, wie dies unter a der Fall war; der Tatbestand des Normbruchs kann - so die Behauptung - auch andern Zielen nutzbar gemacht werden wie etwa der mehr oder weniger demonstrativen Absage an das vom Lehrer vertretene unterrichtliche Programm:

2*.	L:	Gut, jetzt haben wir gesehen, Alexander zog von Makedo-
	L:	nien aus über Mesopotamien, das heutige Pakistan bis ins
	L:	Indusgebiet. Und von dort ist er...Toni?
	Toni:	**Wider haiggange**

Einfach ausgedrückt könnte man hier sagen: Mangelndes Interesse drückt sich darin aus, dass der Schüler auch sprachlich 'abschaltet'. Die varietäre Komponente der Aeusserung könnte hier - in Verbindung mit andern Faktoren wie der Kürze des Beitrags, dem thematischen Nicht-Erfüllen der Lehrererwartungen und dem Uninteressiertheit anzeigenden Tonfall - gedeutet werden als: 'Was Sie hier mit uns machen (Geschichtsunterricht / Schule überhaupt), geht mich eigentlich herzlich wenig an, interessiert mich nicht; mit einer Mitarbeit meinerseits - auch im Bereich des Standardsprechens - dürfen Sie nicht rechnen.' Der Dialekt zeigt also an, dass der betreffende Schüler nicht willens ist, sich dem vom Lehrer geplanten und durchgeführten Unterricht und den damit an ihn gerichteten Erwartungen und Forderungen zu unterwerfen. Der hier bewusst vollzogene Normbruch und das Beanspruchen des Lehrerrechts, die Sprachform zu wechseln, bringen den Schüler über die

Ablehnung des Unterrichtsinhalts in Opposition zum Lehrer; im gezielten Sprachformwechsel wird die Abgrenzungsfunktion des Dialekts aktiviert, der Schüler bezieht eine Position, die derjenigen des Lehrers dadurch symmetrisch angenähert ist.

c) Absage an die Lehrperson bzw. gewisse Lehrereigenschaften:

Zwischen dieser und der eben besprochenen Kategorie zu unterscheiden ist nicht immer ganz einfach, da eine Ablehnung auf thematischer häufig auch eine auf persönlicher Ebene nach sich zieht oder so interpretiert wird; diese Koppelung muss jedoch nicht notwendigerweise eintreten. Im folgenden Beispiel richtet sich die varietäre Realisierung der Schüleräusserung gegen ein bestimmtes Frageverhalten des Lehrers:

3*. L: Was hatte Napoleon neben seinen Soldaten alles dabei

L: auf seinem Zug nach Aegypten..Maria?
Maria: Wahrscheinlich

L: ja, die Feldküche, und?.Ja?
Maria: eine Reiseküche oder so

Hans: Ein Lazarett
L: Ja, und?.. François?
François: Irgendwelche Hand-

L: Gut,
François: werker, die defektes Material flicken konnten.

L: und?..Ja?
Rolf: **Und es Ggwehr und es Velo.**

Die absurde Antwort des Schülers ist hier wohl primär zu verstehen als Ausdruck seines Unwillens gegenüber der monotonen, allzu simplen Und-und-und-Fragerei des Lehrers. Zweifellos hätte er diesen Unwillen auch wirksam ausdrücken können, wenn er dieselbe Aeusserung standardsprachlich realisiert hätte. Der Wechsel zum Dialekt dürfte in einem solchen Fall aber verstärkenden Effekt haben dadurch, dass die Oppositionsstellung zum Lehrer durch den Normbruch betont und gleichzeitig eine mögliche Solidarisierungsebene mit den Mitschülern aufgebaut wird; durch das Verweigern der thematisch adäquaten Antwort und der dazu erwarteten Sprachform tritt noch deutlicher hervor, dass der Schüler den Lehrer mit seiner Frageart 'leerlaufen' lässt.

Dass für diese dialektale Funktion kein einziges Originalbeispiel beigebracht werden konnte, kann eigentlich nicht erstaunen. Es ist bereits zu Beginn des Kapitels erwähnt worden, dass kommunikative Funktionen, die eher rollenobstruktives Verhalten begleiten, eher bei älteren Schülern vorkommen und dass gerade aus diesem Altersbereich nur sehr wenig gutes Analysematerial zur Verfügung steht. Dies ist jedoch nicht der einzige Grund: Auch bei einem umfangreicheren Korpus dürften die Aeusserungen mit eindeutig feststellbarer Absagefunktion eher selten sein: Verbunden mit rollenobstruktivem Verhalten - wie auch immer es sich konkretisieren mag, sei es in varietätenspezifischen Normbrüchen oder anders

- ist immer auch die Gefahr, gegen den Vertreter der Norm - den Lehrer - zu unterliegen und sich damit Gegenmassnahmen auszusetzen. Gerade in der Schule, in der das Rollengefüge im allgemeinen derart komplementär ausgerichtet, das 'Macht'-Gefälle derart krass ausgebildet ist, kann es nicht verwundern, wenn derartiges Verhalten von seiten der Schüler eher die Ausnahme bildet - auch bezüglich der Sprachformverweigerung.

(Zusammenfassung) Die Absagefunktion dialektalen Sprechens im standardsprachlichen Unterricht drückt, verallgemeinert, den Unwillen des Schülers aus, bestimmten an ihn gerichteten Erwartungen nachzukommen; sie ist demnach thematisch (im weitesten Sinn) ausgerichtet und bezieht sich auf Unterrichtsfaktoren, die dem unmittelbaren Kontext angehören. Damit zusammenhängend ist eine stets reaktive Komponente solcher Aeusserungen. Durch die Aktualisierung der Abgrenzungs- und der negativen Emotionalisierungsfunktion des Dialekts setzt sich der Schüler mit seinem Normbruch und der Beanspruchung des Sprachformvariationsrechts in Opposition zum Lehrer - potentiell selbst dort, wo die Weigerung, die Standardsprache zu gebrauchen, mit der Person des Lehrers nichts zu tun hat. Wie stark die dialektalen Grundfunktionen die Interaktion prägen, hängt nicht zuletzt auch ab vom Zusammenspiel der varietären Komponente mit andern kommunikativ relevanten Faktoren und deren Interpretation durch Lehrer und Mitschüler. Hinsichtlich der thematischen Ausrichtung dieser Funktion - die eher selten vorkommt und ausserdem wohl praktisch nur bei älteren Schülern - wurden drei Kategorien unterschieden, wonach die Absage die Forderung nach standardsprachlichem Sprechen selbst betreffen kann (a), den im Unterricht eben behandelten Stoff (b) oder aber gewisse Verhaltensweisen des Lehrers (c). Von der Interpretation der varietären Komponente durch die Lehrperson hängt es bei all diesen Kategorien ab, wie stark dadurch auch die persönliche Beziehung zum Schüler belastet wird.

7.3.2 Protestfunktion

Wenn die These stimmt, dass ein Wechsel von der Standardsprache zum Dialekt im Unterricht von Schülerseite auch eingesetzt werden kann, um sich vom Lehrer abzugrenzen, zu ihm Distanz zu schaffen, so dürfte man eigentlich auch annehmen, dass auch Sprechakttypen, die eine Opposition Schüler - Lehrer anzeigen, häufig vom Dialekt begleitet sind. Das ist denn auch tatsächlich der Fall: Es ist eher die Regel als die Ausnahme, dass Schüler in dieser Varietät etwa reklamieren, widersprechen usw.

Zu den hervorstechenden Merkmalen der Protestfunktion dialektalen Sprechens gehört die bei fast allen davon betroffenen Aeusserungen vorhandene Bindung an einen Sprechakttyp, der ebenfalls - im weitesten Sinn - den Zweck verfolgt, Protest zu signalisieren. Im Unterricht dürften ausserdem jene Fälle häufiger sein, die reaktiv ausgerichtet sind, also Bezug nehmen auf Ereignisse, die sich unmittelbar vorher zugetragen haben. Kommunikativ wirksam wird die varietäre Komponente einer solchen Aeusserung insofern, als dadurch das Gewicht des Protests unterstrichen wird: Durch den Rückgriff auf die 'Ernstfallsprache' wird signalisiert, dass das vertretene Anliegen echt ist; die Oppositionshaltung zum Angesprochenen wird durch die im Varietätenwechsel aktualisierten Grundfunktionen der Abgrenzung und meist auch der negativen Emotionalisierung verstärkt. Um seine eigene Position dabei zu stärken, geht der Schüler von der Standardsprache zu jener Varietät über, in der er sich zur Austragung einer Meinungsverschiedenheit kompetenter fühlt, in der er auch dem Lehrer weniger krass unterlegen ist als in der anderen.

Die Aeusserungen bzw. Aeusserungsteile, denen Protestfunktion zugeschrieben werden kann, waren im vorhandenen Korpus zahlreich genug, um hier einen guten Einblick zu ermöglichen. Dass dem so ist, zeugt im übrigen auch davon, dass sich auch jüngere und jüngste Schüler für ihre Anliegen wehren und dafür auch ihre Fähigkeit zur Sprachformvariation einsetzen. Eine systematische Gliederung ergab sich daraus aber nicht. So wird es im folgenden vor allem darum gehen, einige besonders häufige Realisierungstypen dieser Funktion aufzuzeigen:

a) Protest eines Einzelschülers:

1. L: [101] So, jeder sagt mir jetzt das Wort, das er am

L: wichtigsten [102] findet. Philipp Gut,
Philipp: Christiane.

L: das steht schon da, das schreib ich nicht mehr [103]

L: auf, Jeannette? Jawoll
Jeannette: Brief.
Philipp: [beleidigt:] **das staat aber äscho**

L: Jaa das gehört aber zum Titel

(5.101 ff. (3. Primarklasse))

2. L: [115][zu Daniel](S). Gut, aber so wichtig [116] ist

L: das Wort ['Mund'] auch wieder nicht
Philipp: [protestierend; greift ein Wort auf, das er bereits in turn [109] eingebracht hatte, ohne dass die Lehrerin besonders davon Notiz genommen hätte] **Aber** $Geld$

Philipp: **isch doch ä wichtig susch chönnt** [117] **si jo gar nöd**

Philipp: **telefoniere** **han ich aber**
L: $Ja klar$ warum meinst du,

L: das hast du ja [118] noch gar nicht gesagt? $ah
Sm: **moll**

L: ja$, ich schreibe nicht mehr alles auf
Philipp: **aber** [119] **wiso**

L: [beschwichtigend:] ja, die gehört ja auch noch
Philipp: **händ Si dänn** Mutter?

L:	zur Familie **hm**, dann haben [120] wir alle von der
L:	Familie
Sf:	**s Gäld**
Philipp:	**Telefon ghört doch aber nöd zu dä Familie**
L:	[121] [etwas genervt:] ja, von jetzt an
Ss:	((Lachen))
L:	schreibe ich keine Wörter mehr auf

(5.115 ff. (3. Primarklasse))

Im Dialektteil in Ausschnitt 1 reklamiert Philipp, weil er der Meinung ist, dass die Lehrerin seine vorgängige Antwort zu Unrecht zurückgewiesen habe; er beruft sich dabei auf das analoge Votum von Jeannette, das nicht zurückgewiesen wurde. Diese Reklamation hält er im Dialekt, im Gegensatz zu seiner vorherigen Antwort. Beispiel 2 beginnt ähnlich: Der Schüler bringt ein Wort erneut in die Diskussion, das die Lehrerin vorher übergangen hatte. Das Beharren auf dieser früheren Antwort, dessen Protestcharakter auch von der Intonation her unterstützt wird, wird, wiederum im Gegensatz zu der ersten gegebenen Antwort in turn [109], erneut dialektal realisiert, ebenso Philipps Beteuerung, er habe das fragliche Wort bereits einmal gebracht ('**han ich aber**'). Ab turn [119] dann versucht er, immer noch seinen früheren Beitrag verteidigend, die Argumentation der Lehrerin ad absurdum zu führen. Dass ihm dabei die Möglichkeit, zum Dialekt wechseln zu können, von Nutzen ist, ist offensichtlich: Es ist kaum vorstellbar, dass ein Drittklässler bereits über eine derart gut ausgebildete Standardkompetenz verfügt, um so keck, so schlagfertig einen Lehrer angreifen zu können; der Dialekt gibt ihm also die sprachliche Sicherheit zu einem solchen Unterfangen, die schulische Asymmetrie wird teilweise aufgehoben dadurch, dass er eine Norm missachtet, die ihn gegenüber der in der Standardsprache kompetenten Lehrerin zusätzlich benachteiligt. Neben dieser Aufwertung der eigenen Position ermöglicht es ihm der Gebrauch des Dialekts aber auch, eine Ebene der Solidarisierung mit den Mitschülern aufzubauen, was ihm in dieser Sequenz auch vorzüglich gelingt: Nicht nur bewegt er einen Schüler, ihm - selbstverständlich auch im Dialekt! - mit seinem '**moll**' beizupflichten und der Lehrerin zu widersprechen; damit, dass er ein Argument der Lehrerin ins Lächerliche zieht, bringt er die Schüler sogar zum Lachen - über die gelungene Aeusserung und nicht zuletzt wohl auch über die Lehrerin.

b) Solidarisierung mit einem Mitschüler:

Die Solidarisierung unter den Schülern scheint dann, wenn es darum geht, gegen den Lehrer aufzutreten, ganz allgemein in einem engen Zusammenhang mit dem Varietätenwechsel zum Dialekt zu stehen. Unterstützend kommt dabei hinzu, dass Aeusserungen, die Ausdruck einer solchen Solidarisierung sind, meist initiative Züge tragen, sich nicht in die offizielle turn-Abfolge einreihen und zudem häufig aus der 'kollektiven Anonymität' heraus erfolgen, als spontane Zwischenrufe.

3. L: [238] Ja Peter, das hast du uns ja schon einmal [239]

L:	erzählt.	doch	also mir auf jeden Fall schon.	
Peter:	**nai**			
Sm:	**nä'ä**			
Sf:	**nä'ä**			

(3a.238 f. (3. Primarklasse))

4. Sm: [34][hat vorher eine S-Antwort gegeben, an deren Richtigkeit der Lehrer dann zweifelte] **Hä'ä das stimmt**
Sf: **Das stimmt**[131]

(20.34 (3. Primarklasse))

In beiden Sequenzen wehren sich die angesprochenen Schüler mit ihren Dialektvoten gegen die Aussagen der Lehrpersonen, worauf sich einige Mitschüler, ebenfalls dialektal, mit unterstützenden Beiträgen einschalten: Gemeinsam nehmen sie Stellung gegen die Lehrer, und zwar in jener Varietät, die ihnen für ein solches Unternehmen die meisten Einflussmöglichkeiten gibt, in der sie sich den Lehrern auch einigermassen ebenbürtig fühlen können. Die Norm, sich im Unterricht standardsprachlich auszudrücken - die, wie wir gesehen haben, auch eine Norm ist, die die Schüler als standardsprachlich Unterlegene vieler kommunikativer Möglichkeiten beraubt -, muss gerade in solchen Situationen, in denen es um die Austragung von Meinungsverschiedenheiten geht, durchbrochen werden können, um es den Schülern zu ermöglichen, ihre Interessen zu vertreten.

c) Kollektiver Protest:

Neben dem Aspekt der Solidarisierung unter den Schülern bei Aeusserungen des Protests gegen den Lehrer ist auch bereits jene Tendenz zum kollektiven Vorgehen angesprochen worden, das solche Dialektbeiträge oft begleitet und das die bereits durch den Sprachformwechsel gestärkte Position des bzw. der Sprecher zusätzlich festigt:

5. L: [169] Die einen finden, [170] Geld verteilen in der

L:	Klasse, jeder bekommt den/ **sind jetz doch mal ruig!**/
Viele Ss:	**ne'e, nai, nä'ä**

L:	jeder bekommt (S)

(4.169 f. (3. Primarklasse))

Der Lehrer referiert hier einen Schülervorschlag zu einer Klassenunternehmung, der aber offenbar nicht die Unterstützung der

131 Hier zu entscheiden, ob es sich um Dialekt oder Standard handelt, fällt nicht leicht; die Intonation deutet jedoch eher darauf hin, dass sich die Schüler dialektal ausdrücken. Vgl. dazu Anmerkung 44 in Teil II der Arbeit.

Mehrheit findet: Eine ganze Reihe von Schülern reagiert so heftig auf den Vorschlag, dass der Lehrer um Ruhe bitten muss. Gerade diese Stärke des Engagements, die Unmittelbarkeit des Ausdrucks ist aber, besonders natürlich bei jüngeren Schülern, an die dialektale Varietät gebunden: Aus Gründen der kommunikativen Kompetenz - die Standardsprache ist noch nicht derart gut ausgebildet, dass auch bei gesteigertem emotionalem Engagement spontan über sie verfügt werden könnte -, aber auch aus jenen kommunikations-'strategischen' Gründen, wie sie in diesem Abschnitt erörtert wurden, ist eine solche Sequenz mit standardsprachlich protestierenden Schülern in der Unterrichtsrealität wohl nicht anzutreffen.

d) Häufig anzutreffen: Protest gegen ein angekündigtes Vorgehen:

Bei den bisherigen Beispielen, mit Ausnahme des letzten, lag der Schwerpunkt bei Dialektäusserungen von Einzelschülern, die sich wegen eines mit ihnen persönlich in Zusammenhang stehenden Themas einsetzten und dabei z.T. von Mitschülern unterstützt wurden. Zahlenmässig häufiger und in vielen Klassen beinahe regelmässig anzutreffen sind jedoch jene Dialektäusserungen mit Protestfunktion, bei denen die Schüler sich gegen ein vom Lehrer angekündigtes Vorgehen zur Wehr setzen:

6. L: [309](S). Ihr würdet jetzt einmal [310] bitte das Arbeits-

L: heft hervornehmen...und, ja macht das einmal ((..15 sec..))
Sf: **nä'ä**
Ss: **Ouu** [grosser Protest]

(21.309 f. (4. Primarklasse))

7. L: [309] Wir versuchen jetzt das Theater in diesem Sinn auch

L: einmal [310] durchzuspielen, ein bisschen weg vom Auswen-

L: digüben Nicht <u>das</u> Theater, [311] <u>unser</u> Theater,
Sm: **Namal?**
Sf: **Jetz?**

L: 'Der kleine Prinz' ... **mached er s parat**

(8.309 ff. (5. Primarklasse))

Auch in diesen Beispielen, deren thematische Ausrichtung - es handelt sich um Aeusserungen, in denen nicht die Lerninhalte selbst zentral sind, sondern organisatorische Aspekte davon - den Gebrauch des Dialekts ohnehin fördert, sind die Komponenten der Solidarisierung in der Sprachform, der kollektiven Verstärkung unter den Schülern sowie der Abgrenzung zum Standard sprechenden Lehrer deutlich auszumachen. Von geringerer Bedeutung als in andern Ausschnitten ist hier dagegen jener Aspekt, dass durch den Varietätenwechsel die verbale 'Konkurrenzfähigkeit' der Schüler erhöht würde.

e) Protest gegen einen Mitschüler:

Der Protest der Schüler, der im Sprachformwechsel eine Verstärkung erfährt, muss sich aber nicht in jedem Fall gegen den Lehrer richten; ebenso kann auch ein Mitschüler davon betroffen sein:

8. Gianna: [242](S) das Schulzimm/ mer ist ja nicht vier Meter
   Sf: **doch**

   Gianna: lang
   Sf: **sicher, drüü/**
   L: Drei Meter, Gianna, und (S)

(4.242 (3. Primarklasse))

In solchen Fällen dürfte jedoch die Protestfunktion des Dialekts nur in stark abgeschwächter Form wirksam sein: Insofern es sich um einen - wenn auch auf der (Standard erfordernden) Ebene der Hauptkommunikation, in die sich die intervenierende Schülerin eingeschaltet hat, ausgetragenen - Dialog zwischen Schülern handelt, könnte leicht argumentiert werden, dass der Dialekt dabei durchaus interaktionellen Regeln entspricht, damit keinen gravierenden Normbruch darstellt und demzufolge kommunikativ auch kaum wirksam wird.

<u>(Zusammenfassung)</u> Die Protestfunktion dialektalen Sprechens im Unterricht stützt sich auf die varietären Grundfunktionen der Abgrenzung und der negativen Emotionalisierung und ist nur auf Schülerseite zu beobachten. Sie begleitet und verstärkt im allgemeinen Sprechakttypen, die schon von sich aus eine Opposition zum Angesprochenen anzeigen (Widersprechen, Reklamieren, Argumentieren etc.) und meist auf unmittelbar vorangegangene Ereignisse Bezug nehmen. Bezüglich ihrer Plazierung im Unterrichtsdiskurs dürften die <u>initiativen</u> Aeusserungen mit Protestfunktion eindeutig überwiegen.

Kommunikativ relevant wird der Dialekt primär in dreierlei Hinsicht: Einerseits findet durch den Uebergang zum Dialekt, in dem der Schüler eine grössere verbale, aber auch ganz allgemein eine grössere kommunikative Kompetenz als im Standard hat, eine Symmetrisierung der Positionen statt: Der Schüler gewinnt grössere sprachliche und kommunikative Sicherheit, was auch sein Selbstbewusstsein in der aktuellen Kommunikationssituation stärkt und das Autoritätsgefälle teilweise abzubauen vermag. Die Norm, dass im Unterricht die Standardsprache zu sprechen sei, kann sich gerade in diesem Gebiet, in dem es um Konflikte zwischen Lehrer und Schülern geht, als enorme Barriere für die Schüler erweisen, als Mittel zur Fixierung ihrer sekundär-komplementären Position, das sie einer ganzen Reihe wichtiger kommunikativer Möglichkeiten beraubt. Zum zweiten wird durch den Varietätenwechsel der Aufbau einer Ebene der möglichen Solidarisierung mit den Mitschülern gefördert: Der Dialekt signalisiert hier die Oppositionsstellung zum Lehrer und appelliert gleichzeitig an die andern Schüler, die die gleiche (unterlegene) Position mit dem Sprecher teilen, ebenfalls Stellung zu beziehen und sich wenn möglich unterstützend zu äussern. Drittens schliesslich wird durch den Rückgriff auf die

'Ernstfallsprache' und die damit assoziierten sozial-situativen Informationen das Gewicht des Protests, die Ernsthaftigkeit des Anliegens unterstrichen. Es zeigt sich dabei, dass auch schon jüngere Schüler recht oft und durchaus wirkungsvoll von den diesbezüglichen Möglichkeiten, die sich aus dem Nebeneinander von Standard und Dialekt im Unterricht ergeben, Gebrauch machen.

Diese verschiedenen Aspekte zeigten sich bei der Diskussion einiger konkreter Beispiele auf unterschiedliche Weise: Bei den Sequenzen mit Protestfunktion bei einzelnen Schülern (a) stand das Gewinnen sprachlicher Sicherheit und eines grösseren Selbstbewusstseins im Vordergrund, aber auch schon die dadurch ermöglichte Solidarisierung mit den Mitschülern, auf die unter b genauer eingegangen wurde. In c stand der häufig zu beobachtende kollektive Protest mit Varietätenwechsel im Mittelpunkt. Besonders hervorgehoben wurde dabei die Möglichkeit, im Uebergang zum Dialekt auch grössere Emotionen freizusetzen, die, wie andere Verhaltensbereiche auch, besonders zu Beginn des Aufbaus der Standardkompetenz stark zurückgebunden sind und sich im allgemeinen nur allmählich auch in der neuen Varietät kundtun können, wenn der verbale Bereich keine grossen Schwierigkeiten mehr bereitet. Unter d ging es - mit thematischem Blickwinkel - um die in vielen Klassen häufigen kurzen Wechsel mit Protestfunktion, die sich gegen ein vom Lehrer vorgeschlagenes Vorgehen wenden, wobei dort jeweils eine Nähe zur Bagatellisierungsfunktion des Dialekts gegeben ist. In der letzten Gruppe (e) schliesslich war von Aeusserungen die Rede, bei denen sich der Protest nicht gegen den Lehrer, sondern gegen Mitschüler richtet, wobei hier die kommunikative Relevanz der Protestfunktion des Dialekts aufgrund des Faktors 'Adressierung' stark abgeschwächt ist, da der Dialog zwischen Schülern weniger stark an die Standardnorm gebunden ist.

7.3.3 Sabotagefunktion

Den Schluss dieses Kapitels bildet eine Funktion dialektalen Sprechens, die im zur Verfügung stehenden Datenmaterial nicht angetroffen wurde und wohl auch nur selten vorkommt. Es handelt sich dabei vielleicht um die radikalste Form von Dialekteinsatz im Unterricht; sie setzt auch einen hohen Bewusstseinsgrad hinsichtlich der institutionellen und interaktionellen schulischen Verhaltensmechanismen voraus. Es dürften deshalb nur ältere Schüler sein, die den Dialekt mit Sabotagefunktion einsetzen.

Im Zentrum der Bemühungen des Schülers steht die Aktivierung der dialektalen Grundfunktionen der Abgrenzung und der negativen Emotionalisierung; er macht dabei von seinem Wissen Gebrauch, dass er durch Sprachformvariation eine Norm, an die Schüler und Lehrer gebunden sind, verletzen kann. Es versteht sich deshalb von selbst, dass Wechsel dieser Art umso wirksamer sind, je mehr sich ein Lehrer dieser Norm verpflichtet fühlt. Zu umschreiben wäre die Haltung des zum Dialekt wechselnden Schülers bzw. der kommunikative Sinn dieses Wechsels etwa mit: 'Ich weiss, dass es Sie trifft, wenn ich nicht Standard spreche; ich spreche deshalb Dialekt,

- damit Sie merken, dass ich Sie bzw. ihren Unterricht nicht akzeptiere;
- um mich zu revanchieren dafür, dass auch Sie mich / uns plagen;
- weil ich Freude habe, wenn Sie sich aufregen etc.'

Der Dialekt wird so zum Kampf- und Sabotagemittel gegen den Lehrer und seinen Unterricht durch ostentatives Missachten der Standardnorm, deren Vertreter der Lehrer ist. Eine weitere Voraussetzung, dass solche Wechsel in diese Richtung kommunikativ relevant werden, ist demnach, dass der Lehrer diese Absicht erkennt: Es darf also zum einen kein Zweifel darüber bestehen, dass der Schüler von seiner Standardkompetenz her ebensogut in dieser Varietät hätte sprechen können; mittels sprecherischer Realisation bzw. aus dem Unterrichtskontext muss ferner deutlich werden - ohne dass es allerdings explizit formuliert würde! -, dass der Sprachformwechsel bezüglich seines kommunikativen Sinns nicht anders als eben so interpretiert werden kann, dass also die andern kommunikativen Funktionen des Dialekts nicht in Betracht gezogen werden können.

Der Symmetrisierungseffekt besteht bei dieser Funktion vor allem darin, dass der Schüler - der ohnehin über ein gut entwickeltes Selbstbewusstsein verfügen muss, wenn er sich mit dem Lehrer anlegen will - seine eigene Position aufwertet durch die Beanspruchung des sprachformspezifischen Variationsrechts, das eigentlich nur dem Lehrer zusteht.

Von den andern kommunikativen Funktionen liegt die Absagefunktion der hier erörterten am nächsten. Zu ihrer Abgrenzung können wohl am ehesten jene typischen Eigenschaften herangezogen werden, dass die Absagefunktion an Aeusserungen gebunden ist, die reagierend sind in dem Sinn, dass sie auf eine Sprechaufforderung des Lehrers hin erfolgen, während Beiträge mit Sabotagefunktion meist initiativen, sicher aber provozierenden Charakter haben, was bei jener weniger der Fall ist.

Ich verzichte hier auf ein Beispiel - das, um eindeutig zu sein, neben den konkreten sprecherischen Beiträgen auch die Ausprägung verschiedener anderer kommunikativ relevanter Faktoren wie die Beziehung des Dialekt sprechenden Schülers zum Lehrer, seine varietäre 'Vorgeschichte' in der betreffenden Klasse, die vorgängigen Reaktionen des Lehrers darauf sowie dessen Einstellung zur unterrichtlichen Standardnorm etc. berücksichtigen müsste -, ebenso auf eine Zusammenfassung dieser bloss in groben Zügen umrissenen letzten Funktion dialektalen Sprechens. Es dürfte sich jedoch lohnen, in höheren Schulstufen einmal genauer darauf zu achten, ob und wie diese Möglichkeit, mittels Sprachformvariation kommunikativen Sinn zu stiften, tatsächlich genutzt wird - eine Möglichkeit, die in der sozial-situativen Verankerung der beiden Varietäten im Unterricht zweifellos gegeben ist!

7.4 Abschliessende Bemerkungen zu diesem Kapitel

Wie am Schluss des Lehrerkapitels ist auch hier zu fragen, ob nun wirklich alle Varietätenwechsel der Schüler von der Standardsprache zum Dialekt durch diese Funktionskategorien erfasst werden können. Um eine Antwort darauf zu finden, muss kurz auf die Ausführungen zur kommunikativen Relevanz von Sprachformvariationen (Abschnitt 4.2) zurückgegriffen werden: Es wurde dort festgehalten, dass grundsätzlich jeder Dialektgebrauch im Unterricht Objekt einer Untersuchung zur kommunikativen Funktion solcher Aeusserungen sein müsse; dass das Erkennen der dialektalen Ausprägung einer Aeusserung durch mindestens einen Unterrichtsteilnehmer aber die Voraussetzung dafür bilde, dass die dialektale Komponente überhaupt kommunikativ relevant werde und damit auch eine kommunikative Funktion erhalte. Es ist auch bereits hervorgehoben worden, dass die Schüler in ihrer Gesamtheit - von der Einschulung bis zum Schulabgang - eine sehr inhomogene Sprechergruppe darstellen, was sich u.a. auch in ihrem sprachlichen Verhalten niederschlägt. Insbesondere ist dabei natürlich auch die standardsprachliche Kompetenz je nach Schulstufe, Schultyp und individueller Entwicklung sehr unterschiedlich ausgebildet.

Bei jüngeren Schülern sind, als Folge davon, häufig Interferenzen zwischen Dialekt und Standardsprache festzustellen, die sich auf verschiedenen Ebenen äussern können, wobei das Einschieben rein dialektaler Ausdrücke, 'verstandardsprachlichter' Dialektausdrücke und Redewendungen sowie die Uebernahme dialektaler Syntax-Strukturen wohl am häufigsten sind. Von den Sprechern selbst werden solche Interferenzen mehrheitlich nicht wahrgenommen, von den Mitschülern im allgemeinen wohl nicht mehr und nicht weniger, so dass oft nur der Lehrer einen Verstoss gegen die Standardnorm feststellt. Als Interferenz kann jedoch auch das Einflechten von Dialektausdrücken gelten, das sich dem Schüler aufdrängt, weil er nicht über eine standardsprachliche Entsprechung verfügt, dessen Wechselcharakter er sich aber bewusst ist.

Solche Interferenzen sind in den aufgeführten kommunikativen Funktionen nicht berücksichtigt, da sie rein kompetenzbedingt sind, der varietären Komponente m.E. demnach kein eigentlicher kommunikativer Sinn unterstellt werden kann - ausser etwa demjenigen, einem kompetenteren Kommunikationspartner - wie der Lehrer einer ist - (unbeabsichtigt) das im betreffenden Bereich durch den Wechsel manifestierte Kompetenzdefizit zu signalisieren, was mir jedoch zur Einführung einer 'Kompetenzdefizitanzeigefunktion' nicht zu genügen schien. Auch auf offensichtliche Versprecher wurde nicht eingegangen.

Ebenfalls unberücksichtigt blieb eine andere Kategorie von Dialektwechseln, die ebenfalls stark an jüngere Schüler gebunden sind und bei denen als Ursachen das 'Vergessen' der Standardnorm, die Spontaneität des Sprechens, die diese Norm nicht in Betracht zieht, eine Rolle spielen. Möglich wäre hier die Einführung einer 'Unmittelbarkeitsanzeigefunktion' gewesen, für die das Prädikat 'kommunikativ' im bisher gebrauchten Sinn jedoch kaum angebracht gewesen wäre. Wie die Interferenzen müssten diese Wechsel demnach als kommunikativ funktionslos eingestuft werden.

Des weiteren sei nochmals in Erinnerung gerufen, dass nur jene Wechsel von der Analyse erfasst wurden, die nicht stark ausgeprägten Dialekt-Revieren angehörten, also regelmässigen Dialekt darstellten, wie er in Abschnitt 5.3 behandelt wurde.

Wie es sich hinsichtlich eventueller kommunikativer Funktionen im vokal-nonverbalen Bereich des Varietätenakzents, also bei den dialektgerichteten Aeusserungen verhält, ob dort u.U. neue Kategorien eingeführt werden müssten oder ob die hier präsentierten genügen, kann vor allem deshalb nicht entschieden werden, weil solche Fälle in den untersuchten Lektionen nicht ausgemacht werden konnten.

Sieht man ab von den hier kurz zusammengefassten Variationsbereichen, die entweder bewusst beiseite gelassen wurden oder nicht vorkamen, war eine Zuordnung der dialektalen Aeusserungen bzw. Aeusserungsteile zu den einzelnen kommunikativen Funktionen jeweils möglich, wobei Probleme vor allem dann auftraten, wenn eine Zuordnung zu verschiedenen Funktionen in Frage kam, bei Ueberlappungen der einzelnen Funktionen also. Dieses Phänomen kam auch bei der Interpretation konkreter Sequenzen in der Arbeit verschiedentlich vor und liegt in der Vielgestaltigkeit der einzelnen Aeusserungen, ihrer Absichten und Interpretationsmöglichkeiten begründet, zu deren Erfassung das Kategoriensystem kommunikativer Funktionen nur einen recht groben Raster abgeben kann. Probleme dieser Art hatten sich ja schon im Lehrerkapitel ergeben.

8. SCHLUSSBEMERKUNGEN

Das Ziel dieser Arbeit ist es gewesen, dem kommunikativen Stellenwert des Dialekts im Deutschschweizer Schulunterricht nachzugehen und zu versuchen, mögliche kommunikative Funktionen des Varietätenwechsels von der Standardsprache als offizieller Unterrichtssprache zum - grundsätzlich unerlaubten - Dialekt aufzuzeigen.

Es wurde dabei ein Vorgehen gewählt, das sich auch in der deutlichen Zweiteilung der Arbeit widerspiegelt: Ein erster, theoretisch ausgerichteter Teil sollte den Hintergrund sowie das begriffliche Instrumentarium liefern, die zur Analyse konkreter Unterrichtssequenzen notwendig sein würden. Bei der Zusammenstellung der 'kommunikativ relevanten Faktoren', die in ihrer Summe einerseits für Varietätenwahl und Varietätenwechsel auf Sprecherseite bestimmend sein, andererseits aber auch den Kommunikationspartnern bzw. einem externen Beobachter als Schlüssel zur Interpretation der varietären Komponente einer Aeusserung dienen sollten, wurde der Versuch unternommen, der Vielfalt solcher Faktoren, die z.T. weit ausserhalb des linguistischen Fachbereichs zu suchen sind, nach Möglichkeit Rechnung zu tragen oder wenigstens auf sie hinzuweisen.

Während in Kapitel 1 aus kommunikationstheoretischer Sicht ein erstes Gerüst kommunikativ relevanter Faktoren zusammengetragen wurde, das noch von jeglicher konkreten Anwendungssituation abstrahierte, erfolgte in den nächsten Kapiteln eine stufenweise Konkretisierung auf den Deutschschweizer Schulunterricht hin. In diesem theoretischen Teil wurde ferner, auf Gumperz Bezug nehmend, die These diskutiert, wonach verschiedene Varietäten einer Sprache in einer Sprachgemeinschaft unter bestimmten Bedingungen Trägerinnen von sozial-situativer Information sein können, die, wiederum unter bestimmten Bedingungen, aktualisiert und damit kommunikativ relevant werden kann. Diese These bildet denn auch den eigentlichen Ausgangspunkt der ganzen Arbeit. In kritischer Auseinandersetzung mit der Arbeit von Ramge (1978) und im Anschluss an die vorhergehenden Erörterungen zur Verteilung der Varietäten in der deutschen Schweiz wurde sie daraufhin derart konkretisiert, dass dem Dialekt prinzipiell drei Grundfunktionen zugeordnet wurden, jene der Solidarisierung, der Emotionalisierung sowie der Abgrenzung, wobei die letzte auf die spezifischen Verhältnisse des Unterrichts zugeschnitten ist. Wiederum im Anschluss an Ramge wurde eine Definition der 'kommunikativen Funktion dialektalen Sprechens' vorgenommen. Kommunikative Funktionen, so wurde gesagt, sollten sich jeweils aus dem subjektiv gewichteten Zusammenwirken der kommunikativ relevanten Faktoren ergeben. Aufgrund der offiziellen Norm, wonach im Unterricht generell der Standard zu sprechen sei, wurde ferner davon ausgegangen, dass prinzipiell jeglicher Dialektgebrauch Objekt einer Analyse der kommunikativen Funktionen dieser Varietät sein müsse. Hinsichtlich der kommunikativen Relevanz eines Varietätenwechsels wurde darauf hingewiesen, dass einem solchen Wechsel per se noch keine Bedeutung zukomme, sondern dass sie ihm von den Unterrichtspartnern zugewiesen werden müsse, sprecherseits in einer mehr oder weniger bewussten Absicht, hörerseits in einer mehr oder weniger bewussten Interpretation der varietären Komponente einer Aeusserung; dass ausserdem keine objektive Norm, sondern das varietätenspezifische Differenzierungsvermögen der Kommunizierenden als Entscheidungsinstanz diene bei der Frage, ob es sich bei einer Aeusserung jeweils um eine dialektale oder um eine standardsprachliche Realisierung handle, und dass dieses Erkennen die Voraussetzung dafür bilde, dass der Aeusserung überhaupt eine kommunikative Funktion zukommen könne. Die aus den theoretischen Erörterungen resultierende Hypothese, die den unterrichtsanalytischen Kapiteln 6 und 7 vorangestellt wurde, lautete schliesslich wie folgt:

> Jeder dialektalen / dialektgerichteten Aeusserung bzw. jedem dialektalen / dialektgerichteten Aeusserungsteil einer Lehrperson bzw. eines Schülers lässt sich eine bestimmbare kommunikative Funktion zuordnen, die abzuleiten ist aus der gewichteten Summe der kommunikativ relevanten Faktoren der Kommunikationssituation, in der die betreffende Aeusserung steht.

Das unterrichtsanalytische Verfahren, das im zweiten Teil der Arbeit zur Anwendung kam, wurde als ein hermeneutisches beschrieben, als Verstehensprozess, der sich ständig zwischen den konkreten Aeusserungen, dem theoretischen Hintergrund und der sich differenzierenden Kategorienbildung der kommunikativen Funktionen bewegt.

Es kann hier sicher nicht darum gehen, die Ergebnisse der Arbeit im einzelnen zu referieren. Was die verschiedenen kommunikativen Funktionen anbelangt, sei in diesem Zusammenhang auf die knappen Zusammenfassungen am Schluss einer jeden Kategorie hingewiesen. Vielmehr sollen einige Punkte herausgehoben werden, die allgemein von Interesse scheinen, unabhängig von den einzelnen Funktionen der Varietätenwechsel.

Bereits im theoretischen Teil wurde erwähnt, dass im Unterricht verschiedene Arten von Normen das Sprechen von Lehrern und Schülern bestimmen: Der offiziell vorgegebenen Norm, wonach im Unterricht die Standardsprache zu sprechen sei, wurden jene nicht-kodifizierten, interaktionell gebildeten Normen entgegengestellt, die im stillen Einverständnis der Sprechpartner begründet liegen und sich oft in einem labilen Verhältnis zwischen Neubildung, Bestätigung und Auflösung befinden. Obwohl die Existenz dieser Normen, die innerhalb der Lektionen auch für die Steuerung der Varietätenwechsel zuständig sind, den Kommunizierenden kaum je bewusst ist, sind einige von ihnen aufgrund der relativ starren interaktionellen Strukturen, die sich im Unterricht üblicherweise ausbilden, oft derart verhaltensbestimmend, dass ein Abweichen von ihnen - oder anders: ein konsequentes Befolgen der offiziellen Standardnorm - den Unterrichtsteilnehmern sofort auffallen würde.

Solch regelmässiges Auftreten des Dialekts im Unterricht, das auf jeweils ähnliche Konstellationen kommunikativ relevanter Faktoren zurückgeführt werden kann, war auch der Anlass dafür, den Begriff des Dialekt-Reviers einzuführen und für jene Dialektsequenzen, die von derartigen interaktionellen Normen gedeckt sind, eine Revierbestätigungsfunktion zu postulieren: Der varietären Komponente einer Dialektsequenz, deren Konstellation kommunikativ relevanter Faktoren den Gebrauch des Dialekts aufgrund der klassenintern etablierten sprachformspezifischen Regeln nahelegt oder zumindest erlaubt, kann demnach innerhalb der Standarddomäne 'Schulunterricht' zunächst einmal der kommunikative Sinn zukommen, diese Regeln zu bestätigen und damit das Revier zu festigen. Diesen Sequenzen können durchaus auch noch andere kommunikative Funktionen zukommen, wobei es sich so verhält, dass die varietäre Komponente desto weniger wirksam wird, je stärker der Dialekt sich auf eine interaktionelle Norm abstützen kann; je mehr der Sequenz also Revierbestätigungsfunktion zukommt, desto schwächer werden allfällige andere kommunikative Funktionen zum Tragen kommen.

Mit den verschiedenen Arten und den unterschiedlichen Gültigkeitsansprüchen der varietätenspezifischen Normen in engem Zusammenhang steht auch der nächste Aspekt, auf den kurz eingegangen werden soll. Es hat sich im Verlauf der Unterrichtsanalysen gezeigt, dass nicht jedem Varietätenwechsel die gleiche kommunikative Relevanz zukommt[132]: Kommunikativ funktionslos bleiben einmal all jene Wechsel, deren dialektale Ausprägung von den Unterrichtsteilnehmern nicht erkannt wird, die also als standardsprachlich realisiert gelten. Diesen 'Wechseln', die als solche nicht erkannt werden, stehen jene gegenüber, die von den Kommunizierenden zwar erkannt würden, jedoch - vorwiegend wegen ihrer Kürze und ihrer thematischen 'Bedeutungslosigkeit' im Hinblick auf die Lerninhalte - kaum oder oft gar nicht bewusst wahrgenommen werden, deren varietäre Komponente aber oft bedeutungsvoll ist in dem Sinn, dass dadurch assoziativ zusätzliche Informationen freigesetzt werden, die zur Steuerung und Gliederung des Unterrichts, aber auch zur Interpretation der Beziehung der Unterrichtsteilnehmer untereinander herangezogen werden können[133]. Aber auch jene Varietätenwechsel, deren dialektale Komponente von den Kommunizierenden sowohl erkannt als auch wahrgenommen wird, haben z.T. sehr unterschiedliche kommunikative Relevanz, was besonders darauf zurückgeführt werden kann, dass sie in einem unterschiedlichen Verhältnis zu den diversen varietätenspezifischen interaktionellen Normen stehen: Aeusserungen, die aufgrund der Konstellation der kommunikativ

---

132 Anzumerken wäre hier, dass dem Gebrauch des Dialekts nur dann eine kommunikative Funktion zukommen kann, wenn im Unterricht generell die Standardsprache gesprochen wird; je stärker standardsprachlich die varietäre Umgebung einer Aeusserung geprägt ist und je mehr der Wechsel als Verstoss gegen sprachformspezifische Normen zu werten ist, desto eher wird auch die im Wechsel aktualisierte sozial-situative Information kommunikativ relevant.

133 Siehe Abschnitt 5.3 sowie die Behandlung dieser Kürzest-Wechsel in den einzelnen Funktionskategorien.

relevanten Faktoren einem fest etablierten Dialekt-Revier zuzuordnen sind, werden hinsichtlich ihrer varietären Komponente kommunikativ wesentlich weniger relevant sein als solche, die nicht nur gegen die offizielle Standardnorm, sondern auch gegen nicht-kodifizierte interaktionelle Regeln verstossen. Welcher Stellenwert einer bestimmten Aeusserung diesbezüglich zukommt, kann deshalb nur jeweils im konkreten Einzelfall entschieden werden unter Berücksichtigung der dann in der betreffenden Klasse geltenden interaktionellen Normen.

Dass die varietäre Komponente eines Wechsels von der Standardsprache zum Dialekt im Unterricht tatsächlich sinnstiftend wirken kann, dürfte sich m.E. im Lauf der Arbeit mit genügender Deutlichkeit gezeigt haben. Nicht vergessen darf man dabei jedoch den Umstand, dass die kommunikative Bedeutung, die einer Aeusserung als ganzer zukommt, nicht nur von der varietätenspezifischen Information bestimmt wird, sondern auch von andern Faktoren, die im Widerspruch zu dieser stehen oder aber sie unterstützen können. Es wurde während der Interpretation der einzelnen Sequenzen denn auch verschiedentlich darauf hingewiesen, dass die varietäre Komponente oft 'nur' jene sozial-situative Information verstärkt, die bereits im Sprechakttyp, in der grammatischen Form und der nonverbalen Realisierung einer Aeusserung angelegt ist. Auch das Verhältnis zwischen diesen verschiedenen Informationsträgern wird - und dies geht sowohl ihre Bedeutung als auch ihre Gewichtung an - nur anhand des konkreten Analysematerials zu eruieren sein, und man wird gut daran tun, ob der Konzentration auf die eine Komponente die andern nicht aus den Augen zu verlieren. In diesem Sinn sind auch die Interpretationsprozesse und Ergebnisse in dieser Arbeit zu betrachten, die nicht ausschliesslich, aber doch primär auf die Erfassung der sprachformspezifischen Sinnkonstituierung ausgerichtet war.

Was die kommunikativen Funktionen jener Dialektsequenzen anbelangt, die nicht oder nur schwach von interaktionellen Normen gedeckt sind, sollen die folgenden Aspekte nochmals hervorgehoben werden:

- Die Kategorienbildung, die hier vorgenommen wurde, erlaubt es nicht, scharfe Grenzen zwischen den einzelnen Funktionen zu ziehen, kann dies auch gar nicht erlauben aus Gründen, die primär im Wesen des Untersuchungsobjekts - der eine subjektive Absicht verfolgenden und interpretationsbedürftigen verbalen Aeusserung - zu suchen sind. Dass sich bei der Entwicklung der einzelnen Kategorien z.T. Ueberschneidungen mit andern Kategorien ergaben, ist darauf zurückzuführen. Ziel der Gliederung war es, anhand von sich wiederholenden Strukturen kommunikativ relevanter Faktoren die Vielfalt der äusserungsspezifischen Interpretationsmöglichkeiten einer ersten, als plausibel erscheinenden Ordnung zuzuführen und damit die Wahrnehmung für die Wirkungsweise sozial-situativer Information, die an den Gebrauch des Dialekts geknüpft ist, zu schärfen.
- Die Faktorenkonstellationen, die die einzelnen Funktionskategorien bestimmen, sind zum Teil sehr unterschiedlich ausgebildet sowohl hinsichtlich der Zahl als auch der Gewichtung der einzelnen Komponenten: Sind es einmal sehr wenige Faktoren, die

entscheidend zur Bedeutungskonstitution beitragen, so ist die Faktorenkonstellation ein andermal vielfältiger und offener.

- Die Varietätenwechsel und die damit verbundenen Absichten sind den Unterrichtsteilnehmern nicht alle in gleicher Weise bewusst; gehören ein hoher Bewusstseinsgrad hinsichtlich des 'Wissens' um die varietätenspezifischen Wirkmechanismen sowie eine bewusste Absicht zu den notwendigen Voraussetzungen einiger Funktionskategorien - man denke etwa an die Sabotagefunktion auf Schülerseite -, so erfolgen andere Wechsel stark intuitiv und gewohnheitsmässig, ohne dass damit eine bewusste Absicht verbunden wäre. Es wurde jedoch die Ansicht vertreten, dass auch bei diesen Wechseln die varietäre Komponente interaktionell durchaus relevant werden, dass einem Wechsel also auch unabhängig von einer damit verbundenen bewussten Absicht bzw. einer daran geknüpften bewussten Interpretation eine kommunikative Funktion zukommen könne.
- Vergleicht man die Funktionen dialektalen Sprechens bei Schülern und Lehrern, so fällt zunächst auf, dass einerseits einzelne Kategorien - wie etwa die Verständnissicherungs-, die Veranschaulichungs- und die Bagatellisierungsfunktion - bei beiden Gruppen von Unterrichtsteilnehmern anzutreffen sind, wobei sie in ihren Grundzügen mehr oder weniger übereinstimmen, nicht jedoch in den konkreten Realisierungsformen; die Gründe dafür sind vorwiegend in den unterschiedlichen Positionen von Schülern und Lehrern zu suchen - es sei hier nur an die didaktische Komponente erinnert, die das Verhalten eines Lehrers in starkem Mass leitet und sich oft auch in seiner Variation der beiden Sprachformen niederschlägt, auf Schülerseite - definitionsgemäss - aber völlig fehlt. Andererseits können, wiederum vorwiegend rollen-, z.T. aber auch (sprach-)kompetenzbedingt, Funktionen des Dialekts angenommen werden, die typisch für den Lehrer sind - etwa die Aktivierungs-, die Abschwächungs- und die Zuwendungsfunktion -, und andere, die nur auf Schülerseite vorkommen, wie die Annäherungs-, die 'Hilfe!'-, die Einbezugs- und Rückzugsfunktion sowie all jene Funktionen, bei denen die Grundfunktion der Abgrenzung eine zentrale Rolle spielt.
- Betrachtet man allein die Funktionen, die dem Dialektgebrauch bei den Schülern zukommen können, trifft man auf einen ähnlichen Umstand. Einzelnen Kategorien, die nur bei jüngeren Schülern zu beobachten sind - als Extremfall kann hier die 'Hilfe!'-Funktion gelten -, stehen andere gegenüber, deren sich nur ältere Schüler bedienen (z.B. die Sabotagefunktion), und schliesslich gibt es auch hier jenen Typ von Dialektfunktion, der für Schüler aller Altersstufen grundsätzlich gleich definiert werden kann, der sich jedoch im Unterricht je nach Alter in z.T. sehr unterschiedlichen Realisierungsformen präsentiert. In der Arbeit wurde dies besonders bei der Behandlung der Annäherungsfunktion deutlich, gilt jedoch in mehr oder weniger starkem Mass für alle Kategorien, die in jeder Altersgruppe zu finden sind. Als primärer Grund dafür sind die unterschiedlichen Voraussetzungen hinsichtlich der kommunikativen Kompetenzen genannt worden, wozu neben der rein standardsprachlichen auch eine spezifische Sprachformvariationskompetenz zu zählen ist, die sich mit zunehmendem Alter ebenfalls qualitativ verändert; daneben wirken sich

aber auch sprachunabhängige Komponenten auf die Handhabung der beiden Varietäten aus, wobei insbesondere auf einige entwicklungspsychologische und institutionelle Faktoren hingewiesen wurde (Umgang mit fremden Autoritätsansprüchen und Normen; Schülerselbstbild und -selbstbewusstsein zwischen Mitschülern und Lehrperson; zunehmend differenziertes 'Wissen' um die Gestaltung interaktioneller Prozesse und Fähigkeit, solches 'Wissen' bewusst in Handeln umzusetzen etc.).
- Bei den kommunikativen Funktionen dialektalen Sprechens beim Lehrer stand - was auf Schülerseite nicht der Fall war - in Ramges Kategorisierung bereits ein Ansatz zu ihrer Erfassung zur Verfügung, der als Vorlage für diese Arbeit übernommen wurde. Ramges Funktionen wurden daraufhin geprüft, ob sie auch unter Deutschschweizer Verhältnissen zur Beschreibung und Erklärung von Sprachformvariation herangezogen werden könnten. Bei der genaueren Betrachtung der einzelnen Kategorien ergaben sich einige Modifikationen, die teils wegen der Anpassung an die veränderten sprachlich-geographischen Verhältnisse, teils wegen des hier gewählten theoretischen Ansatzes notwendig wurden. Insbesondere schien Ramges Konzept etwas zu stark auf rein didaktisches Handeln ausgerichtet, während hier die gesamte unterrichtliche sprachliche Interaktion berücksichtigt werden sollte, unabhängig von ihrem didaktischen Stellenwert. Ferner wurden Ramges Kategorien intern weiter differenziert. Das derart modifizierte und differenzierte Konzept schien jedoch als ganzes im Hinblick auf die gestellte Aufgabe zu genügen.

Die Arbeit hat - um nun zu einem abschliessenden Fazit zu kommen -, ausgehend von einem theoretischen Ansatz, der die wichtigsten für Varietätenwahl und Varietätenwechsel verantwortlichen Faktoren zu integrieren bemüht war, eine Perspektive aufzuzeigen versucht, wie Schüler und Lehrer im schulischen Unterricht die sich abspielenden interaktionellen Prozesse mittels Sprachformvariation mitgestalten können. Es hat sich dabei gezeigt, dass alle Unterrichtsteilnehmer - und zwar von dem Moment an, da die Standardsprache zur offiziellen Unterrichtssprache wird - in der Fähigkeit zur Sprachformvariation über ein z.T. sehr feines, hoch differenziertes Instrument verfügen, um jeweils mehr oder weniger bewusst
- die thematische Komponente ihrer Aeusserungen zu konnotieren;
- den interaktionellen Stellenwert ihrer Aeusserungen im laufenden Unterrichtsprozess zu bestimmen;
- die Situation, in der sie sprechen, zu definieren;
- den aktuellen Interaktionsablauf zu gliedern und zu steuern;
- Definitionen der Sicht von sich selbst und der Beziehung zu den andern Kommunikationsteilnehmern zu geben;
- Informationen zum eigenen Sprachproduktionsprozess zu liefern.

Bringt man diese Komponenten alle auf einen Nenner, so kann man sagen, dass sowohl Schüler als auch Lehrer im standardsprachlichen Unterricht durch den Einsatz dialektaler bzw. dialektgerichteter Aeusserungen bzw. Aeusserungsteile die Möglichkeit haben, sozialsituative Information zu transportieren und dadurch den Unterrichtsprozess zu gestalten, wobei weder eine bewusste Absicht - auf seiten des Sprechers - noch eine bewusste Interpretation - auf seiten der Hörer - damit verbunden sein muss.

Für den Lehrer bietet der Varietätenwechsel insbesondere die Möglichkeit, unter Aktivierung der dialektalen Grundfunktionen der Solidarisierung und der Emotionalisierung die zu vermittelnden Lerninhalte didaktisch 'aufzubereiten', der Wechsel kann aber auch der Gestaltung der primär pädagogisch-didaktisch ausgerichteten Beziehung zu den Schülern nutzbar gemacht werden, und zwar vorwiegend in Richtung auf eine Symmetrisierung hin.

Doch auch der Schüler kann - allerdings auf andere Weise - durch den Gebrauch des Dialekts darauf hinwirken, seine institutionell und interaktionell im Vergleich zum Lehrer sekundär-komplementäre Position symmetrischer zu gestalten: Durch den Wechsel zum Dialekt gewinnt er nicht nur verbale, sondern generell kommunikative Sicherheit - denken wir nur etwa daran, dass durch ein Dialektverbot oft auch der Ausdruck sprachgebundener Emotionen sowie die nonverbalen Aeusserungsmöglichkeiten zurückgebunden sind. Zu einem Abbau asymmetrischer Rollenstrukturen trägt aber auch der Umstand bei, dass sich der zum Dialekt wechselnde Schüler immer auch eines Rechts - des Sprachformvariationsrechts nämlich - bedient, das prinzipiell nur dem Lehrer zusteht. Und schliesslich wirkt auch der durch den Varietätenwechsel ermöglichte Aufbau einer Ebene der Solidarisierung mit den Mitschülern in diese Richtung.

Hinsichtlich der Hypothese, von der bei der Unterrichtsanalyse ausgegangen wurde, drängt sich der gleiche Schluss auf, zu dem schon Ramge in seiner Arbeit zu den kommunikativen Funktionen des Dialekts beim Lehrer gekommen ist: Die Hypothese "kann nicht als im strengen Sinn verifiziert betrachtet werden: Sie kann durch die Beschreibung der beobachteten kommunikativen Funktionen nur als evident richtig erscheinen."[134]

Was bedeutet dies nun im Hinblick auf den Unterricht in der bivarietären deutschen Schweiz? Zunächst wohl einmal folgendes: Selbst dann, wenn man in Betracht zieht, dass die varietätenspezifische Information, die bei Sprachformwechseln von der Standardsprache zum Dialekt zwischen den Unterrichtsteilnehmern übermittelt wird, nur einen Teil aller mit einer verbalen Aeusserung verbundenen nicht-verbalisierten sozial-situativen Information darstellt, scheint mir doch offensichtlich, dass der Dialektgebrauch im Standardunterricht nicht nur auf ein Fehlen der standardsprachlichen Kompetenz zurückgeführt werden kann. Wenn also in einem generell standardsprachlich zu führenden und generell auch standardsprachlich geführten Unterricht zuweilen - von Schülern und Lehrern - zum Dialekt gewechselt wird, so dürfte es mit grosser Wahrscheinlichkeit verfehlt sein, daraus den (einzigen) Schluss zu ziehen, die Schüler (und die Lehrer) 'könnten' es nicht, es mangle ihnen an standardsprachlicher Kompetenz, oder, aus anderer Perspektive, die Schule vernachlässige ihren Auftrag, den Schülern die Standardsprache beizubringen.

Wenn es sich nun aber tatsächlich so verhält, wie Boettcher (1975) schreibt, dass der "Kommunikationsstil in der Klasse [...] für den Verlauf und die Folgen des Unterrichts entscheidender

---

[134] Ramge (1978), S. 219.

[ist] als der <u>Unterrichtsinhalt</u>"[135] - und zum Unterrichtsinhalt gehört ja auch der Gebrauch der Standardsprache als Unterrichtssprache -, zeigt sich erst der eigentliche Stellenwert der Fähigkeit und der Möglichkeit zum Varietätenwechsel, indem, wie aufgezeigt, auch durch sie die kommunikativen Repertoires von Schülern und Lehrern erweitert und kommunikative Prozesse gestaltet werden, und zwar bis in verbale Mikrobereiche hinein und oft ohne bewusste Absicht und Interpretation von seiten der am Unterricht Beteiligten.

Die Frage, wie mit den beiden Varietäten im Unterricht umgegangen werden soll, ist also keine Frage, die sich auf den Aspekt der linguistischen Kompetenz der Sprachformen beschränkt, sondern sie bezieht die Gestaltung des gesamten Unterrichts mit ein. Wer auch immer diese Frage entscheidet und wo dies auch geschehen mag - was ja spätestens im aktuellen unterrichtlichen Handeln der Fall ist -: Stets wird zu berücksichtigen sein, dass dieser Entscheid auch ein Entscheid zugunsten einer bestimmten Art von Unterricht generell ist, indem damit gewisse kommunikative Handlungsmöglichkeiten entweder zugelassen oder aber unterdrückt werden - für Schüler und für Lehrer.

---

135 Boettcher (1975), S. 65.

LITERATURVERZEICHNIS

Aebli, Hans (1983): Zwölf Grundformen des Lehrens. Eine allgemeine Didaktik auf psychologischer Grundlage. Stuttgart.

Althaus, Hans Peter / Henne, Helmut / Wiegand, Herbert Ernst (Hrsg.)(²1980): Lexikon der Germanistischen Linguistik. Tübingen.

Ammon, Ulrich (1972): Dialekt, soziale Ungleichheit und Schule. (=Pragmalinguistik, Bd.2) Weinheim.

-- (1978): Schulschwierigkeiten von Dialektsprechern. Empirische Untersuchungen sprachabhängiger Schulleistungen und des Schüler- und Lehrerbewusstseins - mit sprachdidaktischen Hinweisen. (=Pragmalinguistik, Bd.17) Weinheim / Basel.

Ammon, Ulrich / Knoop, Ulrich / Radtke, Ingulf (Hrsg.)(1978): Grundlagen einer dialektorientierten Sprachdidaktik. Theoretische und empirische Beiträge zu einem vernachlässigten Schulproblem. (=Pragmalinguistik, Bd.12) Weinheim / Basel.

Arbeitsgruppe Braunschweig (1983): Zum Verhältnis von Haupt- und Nebenkommunikation im Unterricht. In: Ehlich / Rehbein (Hrsg.)(1983), S. 102 - 129.

Bausch, Karl-Heinz (1980): Soziolekt. In: Althaus / Henne / Wiegand (Hrsg.)(²1980), S. 358 - 363.

Bayer, Klaus (1977): Sprechen und Situation. Aspekte einer Theorie der sprachlichen Interaktion. (=Reihe Germanistische Linguistik, Bd.6) Tübingen.

Behr, Klaus / Grönwoldt, Peter / Nündel, Ernst / Röseler, Richard / Schlotthaus, Werner (²1978): Folgekurs für Deutschlehrer: Didaktik und Methodik der sprachlichen Kommunikation. Weinheim / Basel.

Boettcher, Wolfgang (1975): Kommunikation und Sprache in der Schule. In: Sowinski (Hrsg.)(1975), S. 64 - 78.

Boettcher, Wolfgang / Sitta, Horst (²1981): Der andere Grammatikunterricht. München.

Boosch, Alwin (1983): Motivation und Einstellung. In: Solmecke (Hrsg.)(1983), S. 21 - 40.

Braunroth, Manfred / Seyfert, Gernot / Siegel, Karsten / Vahle, Fritz (1975): Ansätze und Aufgaben der linguistischen Pragmatik. Frankfurt a. M.

Brock-Sulzer, Erich (1960): Der Schweizer und die deutsche Sprache. In: Sprachspiegel, Heft 1, 16. Jg., S. 1 - 7.

Brophy, Jere E. / Good, Thomas L. (1976): Die Lehrer - Schüler - Interaktion. München / Berlin / Wien.

Buhofer, Annelies / Meister, Livia (1978): Richtlinien für die Transkription schweizerdeutscher Texte. Intern vervielfältigtes Manuskript. Deutsches Seminar der Universität Zürich.

Calvert, Barbara (1976): Die Schülerrolle. Erwartungen und Beziehungen. Ravensburg.

Derner, Norbert (1978): Die Analyse verschiedener Lehrer - Schüler - Interaktionen und ihre Auswirkungen auf Leistung und Leistungsmotivation im naturwissenschaftlichen Unterricht. Stuttgart.

Deutrich, Karl-Helge / Schank, Gerd (1980): Redekonstellation und Sprachverhalten I. In: Funk-Kolleg Sprache (^{7}1980), S. 242 - 252.

Diegritz, Theodor / Rosenbusch, Heinz S. (1977): Kommunikation zwischen Schülern. Schulpädagogische und linguistische Untersuchungen. Didaktische Konsequenzen. München / Wien / Baltimore.

Duden: Grammatik der deutschen Gegenwartssprache (^{4}1984) (=Bd.4 des Duden in 10 Bänden). Hrsg. von Günther Drosdowski. Mannheim / Wien / Zürich.

Ehlich, Konrad (1981): Schulischer Diskurs als Dialog? In: Schröder / Steger (Hrsg.)(1981), S. 334 - 369.

Ehlich, Konrad / Rehbein, Jochen (1976 a): Sprache im Unterricht - linguistische Verfahren und schulische Wirklichkeit. In: Studium Linguistik, Heft 1, 1. Jg., S. 47 - 69.

-- (1976 b): Halbinterpretative Arbeitstranskriptionen (HIAT). In: Linguistische Berichte, Heft 45, S. 21 - 41.

-- (1980): Sprache in Institutionen. In: Althaus / Henne / Wiegand (Hrsg.)(^{2}1980), S. 338 - 345.

-- (Hrsg.)(1983): Kommunikation in Schule und Hochschule. Linguistische und ethnomethodologische Analysen. (=Kommunikation und Institution, Bd.2) Tübingen.

Fend, Helmut (1980): Theorie der Schule. München / Wien / Baltimore.

Fenner, Hans-Jörg (1978): Soziale Interaktionsformen I: Lehrer - Schüler - Interaktion. In: Minsel / Roth (Hrsg.)(1978), S. 91 - 109.

Fischer, Hardi (1981): Allgemeine Didaktik für höhere Schulen. Zürich.

Fishman, Joshua A. (1975): Soziologie der Sprache. Eine interdisziplinäre sozialwissenschaftliche Betrachtung der Sprache in der Gesellschaft. (=Hueber Hochschulreihe, Bd.30) München.

Flader, Dieter (1977): Soziale Rolle und psychosoziale Konflikte. Der Rollenträger als Determinanten der Unterrichtskommunikation. In: Goeppert (Hrsg.)(1977), S. 115 - 141.

Flavell, John H. (1977): Die Entwicklung der Rollenübernahme- und Kommunikationsfähigkeiten bei Kindern (Auszüge). In: Kochan,

Barbara (Hrsg.)(1977), S. 281 - 315.

Frommer, Helmut (Hrsg.)(1981/1982): Handbuch Praxis des Vorbereitungsdienstes. Bd.1: Erziehungswissenschaftliche Grundlagen (1981); Bd.2: Erziehungswissenschaftliche Problemfelder (1982). Düsseldorf.

Funk-Kolleg Sprache ([7]1980). Eine Einführung in die moderne Linguistik. Bd.2. Frankfurt a. M.

Gebauer, M. / Holefleisch, U. / Niessen, M. / Seiler, H. / Vogelsberg, R. (1977): Praxis der Unterrichtsvorbereitung. - Ein Studienbuch. Stuttgart.

Geissler, Erich E. (1981): Allgemeine Didaktik. Grundlegung eines erziehenden Unterrichts. Stuttgart.

Germain, Claude (1973): La notion de situation en linguistique. Ottawa.

Goeppert, Herma C. (Hrsg.)(1977): Sprachverhalten im Unterricht. Zur Kommunikation von Lehrer und Schüler in der Unterrichtssituation. München.

Göschel, Joachim / Nail, Norbert / Van der Elst, Gaston (Hrsg.) (1976): Zur Theorie des Dialekts. (=Beiheft Nr. 16 der Zeitschrift für Dialektologie und Linguistik) Wiesbaden.

Gramer, Egon (1981): Lehrerrolle - Schülerrolle. In: Frommer (Hrsg.)(1981), Bd.1, S. 75 - 102.

Gumperz, John J. (1975 a): Sprache, lokale Kultur und soziale Identität. Theoretische Beiträge und Fallstudien. (=Sprache und Lernen, Bd.48) Düsseldorf.

-- (1975 b): Sprachliche und soziale Interaktionen in zwei Sprechgemeinschaften. In: Gumperz (1975 a), S. 143 - 164.

-- (1982): Language and social identity. (=Studies in Interactional Sociolinguistics, Bd.2) Cambridge / New York / New Rochelle / Melbourne / Sydney.

Gumperz, John J. / Blom, Jan-Petter (1975): Die soziale Bedeutung in sprachlichen Strukturen: Kodewechsel in Norwegen. In: Gumperz (1975 a), S. 33 - 64.

Gumperz, John J. / Cook-Gumperz, Jenny (1982): Introduction: Language and the communication of social identity. In: Gumperz (1982), S. 1 - 21.

Gumperz, John J. / Gumperz, Jenny C. (1975): Die kommunikative Basis von Sprachproblemen in der Erziehung. In: Gumperz (1975 a), S. 80 - 89.

Gumperz, John J. / Hernandez-Chavez, Eduardo (1975): Bilingualismus, Bidialektalismus und Interaktion im Klassenzimmer. In: Gumperz (1975 a), S. 165 - 187.

Haas, Walter (1982): Die deutschsprachige Schweiz. In: Schläpfer (Hrsg.)(1982), S. 73 - 160.

Hasselberg, Joachim (1976): Dialekt und Bildungschancen. Eine empirische Untersuchung an 26 hessischen Gesamtschulen als

Beitrag zur soziolinguistischen Sprachbarrierendiskussion. Weinheim.

Heckhausen, Heinz (1978): Lehrer - Schüler - Interaktion. In: Weinert / Graumann / Heckhausen / Hofer (Hrsg.)([6]1978), S. 547 - 573.

Heinemann, Peter (1976): Grundriss einer Pädagogik der nonverbalen Kommunikation. Kastellaun / Saarbrücken.

Höder, Jürgen / Tausch, Reinhard / Weber, Alexander (1979): Die Qualität der Schülerbeiträge im Unterricht und ihr Zusammenhang mit 3 personenzentrierten Haltungen ihrer Lehrer. In: Zeitschrift für Entwicklungspsychologie und Pädagogische Psychologie, Bd.XI, Heft 3, 11. Jg., S. 232 - 243.

Hymes, Dell (1973): Modelle für die Wechselwirkung von Sprache und sozialer Situierung. In: Kochan, Detlef C. (Hrsg.)(1973), S. 80 - 108.

Joss, Hans (1974): Sprechverhalten in Mundart und Hochsprache. Ein Vergleich zwischen 7-jährigen Kindern und Erwachsenen. Diss. Bern.

Keller, Rudolf / Pia, Daniel / Rufer, Martin (1976): Das Konfliktfeld Schule als Ursache zur Aufgabe des Lehrerberufes. Sozial-psychologische Untersuchung zur (ehemaligen) Berufssituation aus dem Schuldienst ausgetretener Primarlehrer und -lehrerinnen der Kantone Bern und Aargau. Bern / Stuttgart.

Kickhöfer, Botho (1981): Rolle und Handeln. Beispiel: Lehrer. Zum Erkenntnispotential rollentheoretischer Ansätze. Weinheim / Basel.

Kloss, Heinz (1976): Abstandsprachen und Ausbausprachen. In: Göschel / Nail / Van der Elst (Hrsg.)(1976), S. 301 - 322.

Knapp, Mark L. (1979): Nonverbale Kommunikation im Klassenzimmer. In: Scherer / Wallbott (Hrsg.)(1979), S. 320 - 329.

Kochan, Barbara (Hrsg.)(1977): Rollenspiel als Methode sprachlichen und sozialen Lernens. Kronberg Ts.

Kochan, Detlef C. (Hrsg.)(1973): Sprache und kommunikative Kompetenz. Theoretische und empirische Beiträge zur sprachlichen Sozialisation und Primärsprachdidaktik. Stuttgart.

Kohler, Monika / Ramge, Hans (1978): Wie Grundschüler den Gebrauch von Dialekt und Standardsprache einschätzen. In: Praxis Deutsch, Heft 27, S. 9 - 11.

Kolde, Gottfried (1981): Sprachkontakte in gemischtsprachigen Städten. Vergleichende Untersuchung über Voraussetzungen und Formen sprachlicher Interaktion verschiedensprachiger Jugendlicher in den Schweizer Städten Biel/Bienne und Fribourg/Freiburg i. Ue. (=Beiheft Nr. 37 der Zeitschrift für Dialektologie und Linguistik) Wiesbaden.

Kropf, Thomas (1981): Mundart und Standardsprache in der Schule. Unterrichtsprotokoll vom 23.2. - 29.2.1980 und dessen Auswertung. Ungedruckte Seminararbeit. Zürich.

-- (1983): Zur gesprochenen Standardsprache in der Primarschule. Fallstudie in 2 Klassen der Unterstufe im Kanton Zürich. Ungedruckte Lizentiatsarbeit. Zürich.

Kühn, Peter (1980): Deutsche Sprache in der Schweiz. In: Althaus / Henne / Wiegand (Hrsg.)(²1980), S. 531 - 536.

Leschinsky, Achim / Roeder, Peter Martin (1981): Gesellschaftliche Funktionen der Schule. In: Twellmann (Hrsg.)(1981), Bd.3, S. 107 - 154.

Löffler, Heinrich (1974): Deutsch für Dialektsprecher: Ein Sonderfall des Fremdsprachenunterrichts? Zur Theorie einer kontrastiven Grammatik Dialekt / Hochsprache. In: Deutsche Sprache, Heft 2, 2. Jg., S. 105 - 122.

-- (1979): Mundart als Problem und Möglichkeit im Unterricht. In: Rheinische Vierteljahresblätter, 43. Jg., S. 344 - 355.

Lötscher, Andreas (1983): Schweizerdeutsch. Geschichte, Dialekte, Gebrauch. Frauenfeld / Stuttgart.

Lohmann, Jürgen / Minsel, Beate (Hrsg.)(1978): Störungen im Schulalltag. (=Studienprogramm Erziehungswissenschaft, Bd.6) München / Wien / Baltimore.

Lüttge, Dieter / Martens, Sönke / Sumaski, Werner (1978): Aspekte der sozialen Interaktion in Erziehung und Unterricht. (=Hildesheimer Beiträge zu den Erziehungs- und Sozialwissenschaften, Bd.9) Hildesheim / New York.

Lux, Friedemann (1981): Text, Situation, Textsorte. Probleme der Textsortenanalyse, dargestellt am Beispiel der britischen Registerlinguistik. Mit einem Ausblick auf eine adäquate Textsortentheorie. (=Tübinger Beiträge zur Linguistik, Bd.172) Tübingen.

Mattheier, Klaus J. (1980): Pragmatik und Soziologie der Dialekte. Einführung in die kommunikative Dialektologie des Deutschen. Heidelberg.

Mayer, Joachim (1982): Interaktionsverläufe und unterrichtlicher Kontext. Eine Methode zur handlungsorientierten Analyse von Unterrichtsdokumenten. München.

Mazeland, Harrie (1983): Sprecherwechsel in der Schule. In: Ehlich / Rehbein (Hrsg.)(1983), S. 77 - 101.

McHoul, Alexander (1978): The organization of turns at formal talk in the classroom. In: Language in Society, Bd.7, Heft 3, S. 183 - 213.

Messner, Rudolf / Garlichs, Ariane (1976): Elementare sprachliche Kommunikation. Ueberlegungen zur curricularen Reform der unterrichtlichen Kommunikation in der Grundschule. In: Messner / Rumpf (Hrsg.)(1976), S. 51 - 70.

Messner, Rudolf / Rumpf, Horst (Hrsg.)(1976): Schuldeutsch? Materialien zur Einführung in die Sprachdidaktik. (=Studientexte zur Analyse und Entwicklung von Unterricht, Bd.2) Wien.

Minsel, Beate / Roth, Wolfgang Klaus (Hrsg.)(1978): Soziale

Interaktion in der Schule. (=Studienprogramm Erziehungswissenschaft, Bd.5) München / Wien / Baltimore.

Moser, Heinz (1977): Methoden der Aktionsforschung. Eine Einführung. München.

Moser, Hugo u.a. (Hrsg.)(1972): Gesprochene Sprache. Jahrbuch 1972 des Instituts für deutsche Sprache. (=Sprache der Gegenwart, Bd.26) Düsseldorf.

Mühlen-Achs, Brigitta (1983): Non-verbale Kommunikation im Unterricht. In: Ehlich / Rehbein (Hrsg.)(1983), S. 130 - 136.

Neidenbach, Norbert (1978): Methodik - Medien. In: Schmidt (Hrsg.) (1978 a), S. 74 - 119.

Nickel, Horst (1976): Die Lehrer - Schüler - Beziehung aus der Sicht neuerer Forschungsergebnisse. Ein transaktionales Modell. In: Psychologie in Erziehung und Unterricht, Heft 3, 23. Jg., S. 153 - 172.

Niermann, Johannes (1981): Methoden der Unterrichtsdifferenzierung. Düsseldorf.

Nündel, Ernst (1976): Zur Grundlegung einer Didaktik des sprachlichen Handelns. Kronberg Ts.

Pallasch, Waldemar / Strehlow, Volker (1978): Probleme in der Schul- und Unterrichtssituation. In: Lohmann / Minsel (Hrsg.) (1978), S. 132 - 156.

Petillon, Hanns (1981): Soziale Anerkennung durch Mitschüler. In: Twellmann (Hrsg.)(1981), Bd.1, S. 267 - 289.

Plotke, Herbert (1979): Schweizerisches Schulrecht. (=Schriftenreihe der Schweizerischen Konferenz der kantonalen Erziehungsdirektoren (EDK), Bd.3) Bern.

Portmann, Paul R. (1981): 'Kommunikation' als Problem der Sprachdidaktik. Untersuchungen zur Integration kommunikationstheoretischer Modelle in einige neuere Theorien des Sprachunterrichts. (=Reihe Germanistische Linguistik, Bd.33) Tübingen.

Portz, Renate (1982): Sprachliche Variation und Spracheinstellungen bei Schulkindern und -jugendlichen. Eine empirische Untersuchung in Norwich / England. (=Tübinger Beiträge zur Linguistik, Bd.184) Tübingen.

Priesemann, Gerhard (1971): Zur Theorie der Unterrichtssprache. (=Sprache und Lernen, Bd.11) Düsseldorf.

Pütt, Heinz (1981): Organisations- und Interaktionsformen des Unterrichts. Ueberlegungen zur Unterrichtsmethode. In: Twellmann (Hrsg.)(1981), Bd. 4.1, S. 375 - 391.

Ramge, Hans (1978): Kommunikative Funktionen des Dialekts im Sprachgebrauch von Lehrern während des Unterrichts. In: Ammon / Knoop / Radtke (Hrsg.)(1978), S. 197 - 227.

-- (1983): Unterrichtspläne als komplexe Handlungsformen im Deutschunterricht. In: Ehlich / Rehbein (Hrsg.)(1983),

S. 157 - 176.

Ris, Roland (1978): Sozialpsychologie der Dialekte und ihrer Sprecher. In: Ammon / Knoop / Radtke (Hrsg.)(1978), S. 93 - 115.

-- (1979): Dialekte und Einheitssprache in der deutschen Schweiz. In: International Journal of the Sociology of Language, Bd.20, S. 41 - 61.

Roeder, Peter Martin / Schümer, Gundel (1976): Unterricht als Sprachlernsituation. Eine empirische Untersuchung über die Zusammenhänge der Interaktionsstrukturen mit der Schülersprache im Unterricht. Düsseldorf.

Roeser, Karsten (1981): Rechte und Pflichten des Schülers - Rechte und Pflichten des Lehrers. In: Twellmann (Hrsg.)(1981), Bd.3, S. 206 - 225.

Rollet, Brigitte (1981): Formen der Unterrichtsorganisation: unmittelbarer und mittelbarer Unterricht. In: Twellmann (Hrsg.)(1981), Bd.4.1, S. 392 - 405.

Rosemann, Bernhard (1978): Bedingungsvariablen der Lehrer - Schüler - Beziehung. In: Psychologie in Erziehung und Unterricht, Heft 1, 25. Jg., S. 39 - 50.

Rosenthal, Robert / Jacobson, Lenore ([2]1974): Pygmalion im Unterricht. Lehrererwartungen und Intelligenzentwicklung der Schüler. Weinheim.

Rumpf, Horst (1976): Schuldeutsch. Ueber Verfahren und Konsequenzen der Ablösung der Sprache von Erfahrung. In: Messner / Rumpf (Hrsg.)(1976), S. 10 - 25.

Schenker, Walter (1973): Schweizerdeutsch als Modell. Zum Terminus Dialekt. In: Wirkendes Wort, Heft II, 23. Jg., S. 93 - 101.

Scherer, Hans Siegfried (1984): Sprechen im situativen Kontext. Theorie und Praxis der Analyse spontanen Sprachgebrauchs. (=Romanica et Comparatistica, Bd.3) Tübingen.

Scherer, Klaus R. (1979 a): Kommunikation. In: Scherer / Wallbott (Hrsg.)(1979), S. 14 - 24.

-- (1979 b): Die Funktionen des nonverbalen Verhaltens im Gespräch. In: Scherer / Wallbott (Hrsg.)(1979), S. 25 - 32.

Scherer, Klaus R. / Wallbott, Harald G. (Hrsg.)(1979): Nonverbale Kommunikation. Forschungsberichte zum Interaktionsverhalten. Weinheim / Basel.

Schläpfer, Robert (Hrsg.)(1982): Die viersprachige Schweiz. Zürich / Köln.

Schlieben-Lange, Brigitte ([2]1979): Linguistische Pragmatik. Stuttgart / Berlin / Köln / Mainz.

Schmidt, Siegfried J. ([2]1976): Texttheorie. Probleme einer Linguistik der sprachlichen Kommunikation. München.

Schmidt, Wolfgang (Hrsg.)(1978 a): Unterrichtsgestaltung. (=Studienprogramm Erziehungswissenschaft, Bd.3) München / Wien / Baltimore.

Schmidt, Wolfgang (1978 b): Unterricht und Unterrichtsvorbereitung. In: Schmidt (Hrsg.)(1978 a), S. 13 - 30.

Schröder, Peter / Steger, Hugo (Hrsg.)(1981): Dialogforschung. Jahrbuch 1980 des Instituts für deutsche Sprache. (=Sprache der Gegenwart, Bd.54) Düsseldorf.

Schwarzenbach, Rudolf (1969): Die Stellung der Mundart in der deutschsprachigen Schweiz. Studien zum Sprachgebrauch der Gegenwart. (=Beiträge zur schweizerdeutschen Mundartforschung, Bd.17) Frauenfeld.

Selg, Rainer (1978): Soziale Interaktionsformen II: Schüler - Schüler - Interaktion. In: Minsel / Roth (Hrsg.)(1978), S. 110 - 122.

Sieber, Peter / Sitta, Horst (1984): Schweizerdeutsch zwischen Dialekt und Sprache. In: Kwartalnik Neofilologiczny, Bd.XXXI, Heft 1, S. 3 - 40.

Sieber, Peter / Sitta, Horst (1986): Mundart und Standardsprache als Problem der Schule. (=Sprachlandschaft, Bd.3) Aarau.

Solmecke, Gert (Hrsg.)(1983): Motivation und Motivieren im Fremdsprachenunterricht. (=Informationen zur Sprach- und Literaturdidaktik, Bd.6) Paderborn / München / Wien / Zürich.

Sowinski, Bernhard (Hrsg.)(1975): Fachdidaktik Deutsch. Köln.

Spanhel, Dieter (1971): Die Sprache des Lehrers. Grundformen des didaktischen Sprechens. (=Sprache und Lernen, Bd.12) Düsseldorf.

-- (Hrsg.)(1973 a): Schülersprache und Lernprozess. Düsseldorf.

-- (1973 b): Die Schülersprache. Formen und Funktionen im Lernprozess. In: Spanhel (Hrsg.)(1973 a), S. 159 - 192.

-- (1981): Die Rolle des Lehrers in unserer Gesellschaft. In: Twellmann (Hrsg.)(1981), Bd.1, S. 101 - 121.

Steger, Hugo / Deutrich, Helge / Schank, Gerd / Schütz, Eva (1972): Redekonstellation, Redekonstellationstyp, Textexemplar, Textsorte im Rahmen eines Sprachverhaltensmodells. In: Moser u.a. (Hrsg.)(1972), S. 39 - 97.

Steindorf, Gerhard (1981): Grundbegriffe des Lehrens und Lernens. Bad Heilbrunn Obb.

Steinhoff, Erwin (1981): Lehrer als 'Repräsentanten' von Bildungsinstitutionen und das Theorie - Praxis - Problem in der Lehrerausbildung. In: Twellmann (Hrsg.)(1981), Bd.5.1, S. 3-17.

Stellmacher, Dieter (1977): Kommunikation und Redesituation. Zur Analyse des Sprachverhaltens von Schülern in einer soziolinguistischen Untersuchung. In: Goeppert (Hrsg.)(1977), S. 303 - 318.

Stirnemann, Knut (1980): Zur Syntax des gesprochenen Schweizer Hochdeutschen. Eine Untersuchung zur Sprache des Deutschunterrichts an der Luzerner Kantonsschule. (=Studia Linguistica Alemannica, Bd.7) Frauenfeld.

Streeck, Jürgen (1983): Lehrerwelten - Kinderwelten. Zur vergleichenden Ethnographie von Lernkommunikation innerhalb und ausserhalb der Schule. In: Ehlich / Rehbein (Hrsg.) (1983), S. 203 - 213.

Tausch, Reinhard (1973): Merkmalsbeziehungen und psychologische Vorgänge in der Sprachkommunikation des Unterrichts. In: Spanhel (Hrsg.)(1973 a), S. 249 - 284.

Tausch, Reinhard / Tausch, Anne-Marie (^{7}1973): Entwicklungspsychologie. Psychologische Prozesse in Erziehung und Unterricht. Göttingen.

Thomke, Hellmut (1978): Mundart und Hochsprache in unseren Schulen. In: Schweizer Monatshefte, Heft 11, S. 875 - 883.

Trapp, Sigmar (1981): Sozialformen des Unterrichts. In: Frommer (Hrsg.)(1981), Bd.1, S. 277 - 300.

Tuzinski, Konrad (1981): Funktionen der Schule: Historische, gesellschafts- und bildungstheoretische sowie didaktische Aspekte. In: Frommer (Hrsg.)(1981), Bd.1, S. 35 - 72.

Twellmann, Walter (Hrsg.)(1981): Handbuch Schule und Unterricht. Bd.1: Pädagogisch-personelle Aspekte der Schule und des Unterrichts; Bd.3: Historische, gesellschaftliche, juristische und wissenschaftliche Einflussfaktoren auf Schule und Unterricht; Bd.4.1: Schule und Unterricht unter dem Aspekt der Didaktik unterrichtlicher Prozesse; Bd.5.1: Schule und Unterricht unter dem Aspekt der didaktischen Bereiche. Düsseldorf.

Ulich, Dieter (1981): Die Lehrer - Schüler - Interaktion. In: Twellmann (Hrsg.)(1981), Bd.1, S. 161 - 177.

Ullrich, Otto (1978): Soziale Rolle in der Industriegesellschaft. (Unter Mitarbeit von Dieter Claessens) München.

Walter, Otto F. (1983): Wie wird Beton zu Gras. Fast eine Liebesgeschichte. Reinbek bei Hamburg.

Watzlawick, Paul / Beavin, Janet H. / Jackson, Don D. (^{4}1974): Menschliche Kommunikation. Formen, Störungen, Paradoxien. Bern.

Wegener, Philipp (1885): Untersuchungen über die Grundfragen des Sprachlebens. Halle.

Weinert, Franz E. / Graumann, Carl Friedrich / Heckhausen, Heinz / Hofer, Manfred (Hrsg.)(^{6}1978): Pädagogische Psychologie. (=Funk-Kolleg Pädagogische Psychologie) Bd.1. Frankfurt a. M.

Weissbrodt, Werner (1982): Lehrer, Schüler, Klasse. In: Frommer (Hrsg.)(1982), Bd.2, S. 349 - 389.

Wellendorf, Franz (^{2}1979): Schulische Sozialisation und Identität. Zur Sozialpsychologie der Schule als Institution. Weinheim / Basel.

Wiersing, Erhard (1978): Sprechhandeln im Unterricht. Auf dem Wege zu einer Theorie und Analysemethode. Stuttgart.

-- (1983): Prozessualität und Situationsbezogenheit kommunikativer Akte im Unterricht. In: Ehlich / Rehbein (Hrsg.)(1983), S. 355 - 370.

Wunderlich, Dieter (1971): Pragmatik, Sprechsituation, Deixis. In: Zeitschrift für Literaturwissenschaft und Linguistik, Heft 1/2, 1. Jg., S. 153 - 190.

Zinnecker, Jürgen (Hrsg.)(1975): Der heimliche Lehrplan. Untersuchungen zum Schulunterricht. Weinheim / Basel.

AUTORENREGISTER

SACHREGISTER

Stichworte, die aus Adjektiv und Substantiv zusammengesetzt sind, werden jeweils in der Reihenfolge Substantiv, Adjektiv aufgeführt (Beispiel: das Stichwort 'räumliche Distanz' ist zu suchen unter 'Distanz, räumliche').

Mit * bezeichnete Stichworte kommen in der Arbeit öfter vor, als dies im Register aufgeführt ist. In diesen Fällen wurde das Stichwort nur dann ins Register aufgenommen, wenn es von allgemeiner Bedeutung ist; nicht berücksichtigt wurden solche Stichworte insbesondere dort, wo es um die Interpretation konkreter Belegstellen im zweiten Teil der Arbeit geht.

FSC
www.fsc.org
MIX
Papier | Fördert gute Waldnutzung
FSC® C083411

Kolibri 360 GmbH
Ferdinand-Jühlke-Straße 7
99095 Erfurt, Deutschland
produktsicherheit@kolibri360.de